高等应用型人才培养规划教材

多媒体计算机基础
项目教程

主　编　彭　斌　周大朋　段欣妤

副主编　朱　勇　袁　钦　傅　娟

参　编　潘芳芳　翁存福　沈文娟　刘　浪　官有保

電子工業出版社

Publishing House of Electronics Industry

北京・BEIJING

内 容 简 介

本书介绍了多媒体计算机的硬件知识、系统软件和常用应用软件的应用，以“项目驱动教学”为指导思想，以学生乐学、勤思、会用为准则，精心设计了 12 个项目的教学案例。每个项目均通过“项目分析”引入项目的产生背景和需完成的学习任务，然后制定“学习目标”，从“知识目标”到“能力目标”再到“素质目标”，学习目标逐渐明晰和升级，再以“项目导图”明确项目的主要学习内容和过程，并由此进入“知识讲解”，详细介绍完成该项目需要的理论知识，再进入“项目实施”环节完成该项目，并通过“项目考评”对该项目的学习和实施进行评价和总结，最后还为学有余力的读者提供了“项目拓展”内容，方便读者继续学习和提升。

本书可作为普通高等本科院校和高等职业院校学生公共基础课教材，同时，本书也是一本实用性较强的多媒体计算机应用培训教材。

图书在版编目（CIP）数据

多媒体计算机基础项目教程 / 彭斌，周大朋，段欣妤主编. —北京：电子工业出版社，2018.10

ISBN 978-7-121-35057-3

Ⅰ. ①多… Ⅱ. ①彭… ②周… ③段… Ⅲ. ①多媒体计算机—高等学校—教材 Ⅳ. ①TP37

中国版本图书馆 CIP 数据核字（2018）第 214080 号

策划编辑：魏建波
责任编辑：裴　杰
印　　刷：北京虎彩文化传播有限公司
装　　订：北京虎彩文化传播有限公司
出版发行：电子工业出版社
　　　　　北京市海淀区万寿路 173 信箱　邮编　100036
开　　本：787×1 092　1/16　印张：21.5　字数：633 千字
版　　次：2018 年 10 月第 1 版
印　　次：2021 年 7 月第 5 次印刷
定　　价：56.80 元

凡所购买电子工业出版社图书有缺损问题，请向购买书店调换。若书店售缺，请与本社发行部联系，联系及邮购电话：（010）88254888，88258888。

质量投诉请发邮件至 zlts@phei.com.cn，盗版侵权举报请发邮件至 dbqq@phei.com.cn。

本书咨询联系方式：（010）88254386。

前　言

目前，计算机技术与信息技术已经成为大学生必须掌握的基础技术。大学生不仅要掌握基本的计算机基础知识，还要掌握各种多媒体信息处理技术，才能更好地应用于自己的专业学习与工作。当前高校里通常开设“计算机应用基础”课程作为计算机入门课程，教学采用“以教师为中心”方式来传授知识，教学模式单调枯燥，难以适应信息化时代对大学生计算机应用能力和素养的要求。因此，对计算机应用基础的教学内容及教学模式进行改革势在必行。

本书以培养学生计算机技能、信息化素养、计算思维能力为目标，为学生后续课程学习打下必要基础，对大学生计算机应用基础的教学进行改革，着力于改变当前大学计算机应用基础技术课程“以传授知识”作为能力培养的方法和观念，结合理论与实践，以“项目任务驱动为中心”，每个项目按项目分析、学习目标、项目导图、知识讲解、项目实施、项目考评和项目拓展等对多媒体计算机的知识进行展开，把项目知识与学生生活、学习和就业生动地结合起来，使学生在愉快学习的同时能迅速掌握一定的计算机技能与信息处理能力。

本书的编者是长期从事高校教学管理和计算机基础课教学的一线教师，他们不仅教学经验丰富，还对当代大学生的学习习惯和信息化素养现状非常熟悉，在编写时注重原理与实践紧密结合，注重实用性和可操作性；在项目的选取上，注重从当代大学生日常学习和工作的需要出发；在文字叙述上，深入浅出、通俗易懂。本书由彭斌、周大朋、段欣妤、朱勇、袁钦、傅娟、潘芳芳、翁存福、沈文娟、刘浪、官有保等编写。

本书共 12 个项目，项目一至项目四，主要讲述计算机基础知识；项目五至项目七，主要讲述 Office 操作应用；项目八至项目十二，主要讲述图片、音频、视频、动画等多媒体信息处理。

在本书形成和撰写过程中，编者得益于众多同类教材的启发，其中参考、引用的国内外的研究成果和相关文献已在本书的参考文献中一一列出，在此向这些成果和文献作者表示诚挚的谢意，如有遗漏，恳请谅解。

因编写时间较短，书中难免存在不足之处，恳请广大读者批评指正。

编　者

目　　录

项目一　绘制多媒体计算机发展图谱 ……1

1.1　多媒体计算机的发展历程 ……2
1.2　多媒体计算机的出现与发展 ……3
1.3　多媒体计算机的发展趋势 ……4
1.3.1　计算机支持的协同工作环境的完善 ……4
1.3.2　智能多媒体技术的应用 ……5
1.3.3　多媒体信息实时处理和压缩编码算法在 CPU 芯片中的集成 ……5
1.4　多媒体技术的基本概念 ……5
1.4.1　媒体 ……5
1.4.2　多媒体 ……6
1.4.3　多媒体技术 ……7
1.5　多媒体技术的特征 ……8
1.6　多媒体关键技术的发展 ……9
1.7　计算机文化 ……10
1.7.1　计算机文化的内涵 ……10
1.7.2　计算机文化对社会的影响 ……10
1.8　网络文化 ……11
1.8.1　网络文化的内涵 ……11
1.8.2　网络文化的表现形式 ……11
1.8.3　网络文化的特征 ……12
1.9　多媒体文化 ……13
1.9.1　多媒体文化的内涵 ……13
1.9.2　多媒体文化的水平 ……13

项目二　数制转换技巧 ……20

2.1　进制数的基本概念 ……21
2.2　进制数的转换原理 ……21
2.3　字符编码 ……23

项目三　安装使用多媒体计算机外部设备 ……29

3.1　多媒体计算机系统 ……31
3.1.1　多媒体计算机的硬件系统 ……31

3.1.2 多媒体计算机的软件系统 ······ 32
3.2 计算机基础硬件系统的组成与选购 ······ 33
3.2.1 中央处理器的选购 ······ 34
3.2.2 主板的选购 ······ 34
3.2.3 内存条的选购 ······ 37
3.2.4 显卡和视频卡的选购 ······ 38
3.2.5 显示器的选购 ······ 39
3.2.6 声卡与音箱的选购 ······ 39
3.2.7 硬盘的选购 ······ 40
3.2.8 光驱的选购 ······ 41
3.2.9 网卡的选购 ······ 41
3.2.10 机箱与电源的选购 ······ 41
3.2.11 键盘和鼠标的选购 ······ 42
3.2.12 其他外部设备的选购 ······ 42
3.3 装机配置方案 ······ 44
3.4 设置 BIOS 参数 ······ 47
3.4.1 基础知识 ······ 47
3.4.2 BIOS 设置项 ······ 48

项目四 安装多媒体计算机软件系统与连接网络 ······ 59

4.1 操作系统 ······ 60
4.2 网络连接 ······ 62
4.3 系统软件安装和宽带网络连接——以 Windows 10 为例 ······ 65

项目五 设计和制作公司简介 ······ 79

5.1 Word 2016 概述 ······ 80
5.1.1 Word 2016 的新特性 ······ 80
5.1.2 Word 2016 的启动和退出 ······ 80
5.1.3 Word 2016 窗口的组成 ······ 81
5.2 文档的基本操作 ······ 83
5.2.1 创建新文档 ······ 83
5.2.2 保存文档 ······ 84
5.2.3 打开已有的文档 ······ 84
5.2.4 关闭文档 ······ 84
5.2.5 文档的输入 ······ 85
5.2.6 编辑文档 ······ 85
5.3 文档的格式排版 ······ 87
5.3.1 设置字符格式 ······ 87
5.3.2 设置段落格式 ······ 88

5.4 表格……92
5.4.1 表格的制作……92
5.4.2 表格的编辑……92
5.4.3 表格的计算和排序……94
5.5 图形……95
5.5.1 插入图片……95
5.5.2 设置图片格式……96
5.5.3 绘制图形……96
5.5.4 设置图形格式……97
5.5.5 绘制文本框……97
5.5.6 插入艺术字……97
5.5.7 水印……98
5.6 页面布局和打印文档……99
5.6.1 页眉、页脚和页码……99
5.6.2 页面设置……101
5.6.3 打印文档……101
5.7 高级应用……102
5.7.1 样式……102
5.7.2 目录……102
5.7.3 邮件合并……103

项目六 设计和制作学生信息表……109

6.1 Excel 2016 简介……110
6.1.1 Excel 2016 概述……110
6.1.2 Excel 2016 的主要功能……110
6.1.3 Excel 2016 的新增功能……112
6.2 Excel 2016 的基本操作……112
6.2.1 认识 Excel 2016 的工作界面……112
6.2.2 工作表的基本操作……113
6.2.3 单元格的基本操作……115
6.3 计算数据……119
6.3.1 认识和使用公式……119
6.3.2 认识和使用函数……120
6.4 数据管理与分析……121
6.4.1 排序数据……121
6.4.2 筛选数据……122
6.4.3 分类汇总数据……123
6.4.4 数据图表化……124
6.4.5 创建数据透视表……125

6.4.6 创建数据透视图 …… 126

项目七 设计和制作大学精彩生活演示文稿 …… 135

7.1 PowerPoint 2016 概述 …… 136
7.2 PowerPoint 2016 的功能结构 …… 136
7.3 PowerPoint 2016 的使用方法 …… 137
7.3.1 PowerPoint 2016 的基本操作 …… 137
7.3.2 PowerPoint 2016 的工作界面 …… 138
7.3.3 演示文稿的基本操作 …… 144
7.3.4 制作多媒体幻灯片 …… 146
7.3.5 演示文稿的版面设置 …… 150
7.3.6 幻灯片的放映设置 …… 152
7.3.7 幻灯片分节 …… 155
7.3.8 打印幻灯片 …… 156
7.4 设计和制作大学精彩生活演示文稿 …… 157
7.4.1 素材的准备阶段 …… 157
7.4.2 演示文稿制作阶段 …… 157
7.4.3 结束语 …… 161

项目八 设计和制作个人美颜照片 …… 164

8.1 数字图像基础知识 …… 165
8.1.1 像素和分辨率 …… 165
8.1.2 矢量图像和位图图像 …… 166
8.1.3 矢量软件和位图软件 …… 166
8.2 Photoshop 的主要作用 …… 166
8.3 Photoshop CC 2018 简介 …… 167
8.3.1 Photoshop CC 2018 的配置要求及简介 …… 168
8.3.2 Photoshop CC 2018 的工作界面 …… 172
8.3.3 Photoshop CC 2018 的图像管理 …… 175
8.3.4 Photoshop CC 2018 的图层 …… 178

项目九 设计和制作个人专辑音乐 …… 190

9.1 数字音频基础知识 …… 191
9.1.1 模拟信号与数字信号 …… 191
9.1.2 模拟音频的数字化 …… 192
9.1.3 数字音频的文件格式 …… 193
9.2 Adobe Audition 简介 …… 193
9.2.1 Adobe Audition 的基本功能介绍 …… 193
9.2.2 Adobe Audition CC 2018 的系统要求 …… 194

9.3 Adobe Audition CC 2018 的基本操作方法 ······194
9.3.1 Adobe Audition CC 2018 的基本工作界面 ······194
9.3.2 工具栏的使用方法 ······196
9.3.3 编辑查看模式下常用的面板功能 ······200
9.4 音频素材的采集与制作 ······203
9.4.1 波形录音 ······203
9.4.2 多轨录音 ······206
9.4.3 音频编辑 ······207
9.5 音频特效处理 ······215
9.5.1 噪声处理 ······215
9.5.2 均衡效果处理 ······216
9.5.3 混响效果处理 ······217
9.5.4 压限效果处理 ······219
9.5.5 延迟效果处理 ······219
9.6 音频制作实例 ······220
9.6.1 制作《咏鹅》的口吃效果（波形案例） ······220
9.6.2 制作个性化的手机铃声（波形案例） ······222
9.6.3 制作个人专辑（多轨案例） ······224

项目十　设计和制作个人电子影集 ······228

10.1 视频文件的基本知识 ······229
10.1.1 视频的基础知识 ······229
10.1.2 视频文件 ······231
10.2 会声会影软件的功能 ······232
10.2.1 新增功能 ······233
10.2.2 系统要求 ······233
10.3 会声会影的工作区 ······234
10.4 会声会影编辑器的基本操作 ······236
10.5 编辑影片的转场效果 ······238
10.6 为影片添加和编辑标题 ······239
10.7 添加与编辑声音 ······240
10.8 使用影音快手制作影片 ······241
10.9 保存影片 ······243
10.10 案例——设计和制作个人电子影集 ······243

项目十一　“龟兔赛跑”动画短片制作 ······251

11.1 动画的基本知识 ······252
11.2 Adobe Animate CC 2018 的界面介绍 ······253
11.2.1 Adobe Animate CC 2018 的基本操作 ······257

11.2.2 绘图和处理图片 ······ 262
11.2.3 制作动画 ······ 266
11.2.4 使用文本 ······ 267
11.2.5 使用声音 ······ 268

项目十二 设计和制作“我的个人网站” ······ 281

12.1 网页设计概述 ······ 282
12.1.1 网页基础知识 ······ 282
12.1.2 网站建设的基本流程 ······ 283
12.2 Dreamweaver CC 简介 ······ 286
12.2.1 Dreamweaver CC 的工作界面 ······ 286
12.2.2 Dreamweaver 的基本操作 ······ 290
12.2.3 HTML 语言 ······ 292
12.3 在网页中插入元素 ······ 294
12.3.1 建立站点 ······ 294
12.3.2 新建 HTML 文件 ······ 295
12.3.3 在网页中插入文本 ······ 295
12.3.4 在网页中插入图像 ······ 297
12.3.5 在网页中插入 An 动画 ······ 299
12.3.6 在网页中插入背景音乐 ······ 301
12.3.7 在网页中添加视频 ······ 302
12.3.8 创建超链接 ······ 302
12.3.9 在网页中插入表格 ······ 304
12.3.10 网页中 CSS 样式的应用 ······ 306
12.4 网页制作综合知识运用 ······ 308
12.4.1 网页主题 ······ 309
12.4.2 网页布局 ······ 309
12.4.3 素材收集 ······ 310
12.4.4 与网站设计相关的软件 ······ 310
12.4.5 网站文件层次结构图 ······ 310
12.4.6 网站主页和部分子页面的实现 ······ 310
12.4.7 小结 ······ 330

参考文献 ······ 334

项目一　绘制多媒体计算机发展图谱

【项目分析】

自20世纪40年代世界诞生第一台电子计算机以来，在短短的70多年时间里，计算机已经在人们的生活中占据了越来越重要的地位。计算机的飞速发展与推广，推动人类文明进入一个崭新的阶段。20世纪80年代，多媒体技术的出现，使计算机从实验室、办公室中的专用品变成了信息社会的普遍工具，被广泛应用于工业生产管理、学校教育、公共信息咨询、商业广告、军事指挥与训练，甚至家庭生活与娱乐等领域。多媒体技术与计算机技术结合的产物就是现在人们所熟悉的多媒体计算机。多媒体计算机的出现，是人类处理信息手段的又一次飞跃，它的不断发展与应用已经深刻地改变了人们的生产方式、生活方式和娱乐方式。

本项目要求学习者通过手工或利用软件编制的方式绘制出多媒体计算机发展的时间序列图谱。其目的是希望学习者能够依据教材所讲授的知识点，以多媒体计算机的发展历程为主线，围绕计算机及多媒体计算机的不同发展阶段，综合理解多媒体计算机所具有的技术特点和文化特征。本项目的完成过程就是学习者掌握多媒体及多媒体技术的相关概念，了解多媒体计算机的技术特点，理解随着多媒体计算机的发展而形成的社会文化现象的过程。

学习者需要查阅相关的文献、上网浏览和收集相关的资料，整理出与多媒体计算机发展有关的技术、特点、事件、人物，等等，并以直观的形式描述出来。

【学习目标】

1．知识目标

（1）了解多媒体、多媒体技术、多媒体计算机等相关的概念。

（2）掌握计算机的发展历史。

（3）掌握多媒体计算机的发展历程。

（4）理解多媒体文化、网络文化及计算机文化的内涵。

2．能力目标

（1）能够解释多媒体计算机的相关概念和基本特点。

（2）能够简述多媒体计算机文化在社会生活的现象及影响。

（3）能够用图示的方式描述计算机及多媒体计算机的发展历程。

3．素质目标

（1）培养学习者的信息素养。

（2）能够综合分析和归纳所学的知识。

（3）能够对项目过程进行自我评价和判断。

【项目导图】

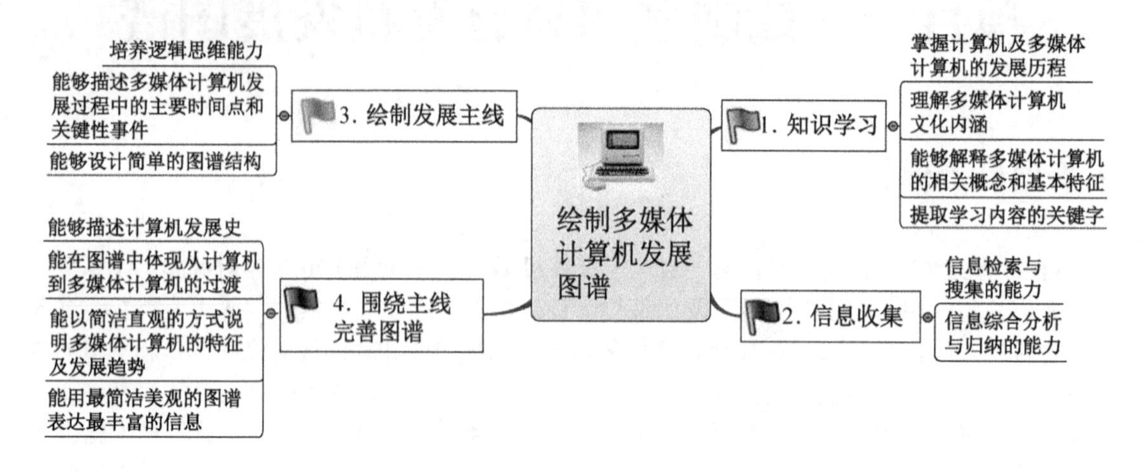

【知识讲解】

1.1 多媒体计算机的发展历程

1946 年 2 月，世界上第一台计算机 ENIAC（Electronic Numerical Integrator And Computer）诞生于美国宾夕法尼亚大学。它使用了 1 800 个电子管、10 000 个电容和 7 000 个电阻，占地 170m^2，重达 30t，耗电 150kW • h，每秒可以进行 5 000 次加法、减法运算，价值 40 万美元。当时它的设计目的是为美国陆军弹道实验室解决弹道特性的计算问题。虽然它无法与现代的计算机相比，但在当时，它可以把计算一条发射弹道的时间缩短到 30s 以下，使工程设计人员从繁重的计算中解放出来。在当时这是一个伟大的创举，它开创了计算机的新时代。

自第一台计算机诞生以来，每隔数年，计算机在软件、硬件方面就会有一次重大的突破，至今，计算机的发展已经经历了四代。

1．电子管计算机时代（1946—1955 年）

从 1946 年至 1955 年，一些著名的计算机陆续出现，其用途已经从军事进入为公众服务的领域。它们都属于第一代计算机，其特征如下：使用电子管为逻辑元件，内存储器开始时使用水银延迟线或静电存储器，后期采用磁芯，外存储器有纸带、卡片、磁带等。运算速度在每秒几千次到几万次。程序设计语言使用的是二进制码表示的机器语言和汇编语言。第一代计算机体积都比较庞大，造价很高，速度慢，主要用于科学计算。

2．晶体管计算机时代（1955—1964 年）

1955 年，第一台全晶体管计算机问世。从 1958 年开始，以 IBM 公司的 7000 系列为代表的全晶体管计算机成为第二代计算机的主流产品。第二代计算机的主要特征如下：全部使用晶体管，用磁芯做主存储器，用磁盘或磁带做外存储器，运算速度达到每秒几十万次。程序设计语言也在这个时期取得了较大发展，例如 ALGO 60、FORTRAN、COBOL 等都相继投入使用。程序的编制也较第一代计算机方便，通用性也增强了。因此，计算机的应用也扩展到事务管理及工业控制等方面。

3．集成电路计算机时代（1964—1970 年）

1964 年，美国 IBM 公司公布了采用集成电路制造的 System/360 系列计算机，同时开发了供该系列机使用的 OS/360 操作系统。它使系列机内的低档机向高档机升级时，原有的操作系统与应用软件可以继续使用，这使 360 系列机成为第三代计算机的主流产品。第三代计算机的特征如下：用中小规模集成电路代替了分立的晶体管元件，内存开始使用半导体存储器，计算速度可以达到每秒几十万次到几百万次，个别的可以达到 1 000 万次，内存储容量可以达到兆字节。这个时期对计算机的设计提出了系列化、通用化和标准化的要求。例如，将系列机扩展到大、中、小型以便适应不同层次的需要。在硬件设计过程中，采用标准的半导体存储芯片和输入/输出接口部件。在软件设计过程中，提倡模块化和结构化设计。这样不但使计算机的成本降低了，而且扩大了计算机的应用范围。

4．大规模集成电路计算机时代（1971 年到现在）

1972 年，Intel 公司研制出了第一代微处理器，它集成了 2 250 个晶体管组成的电路，标志着计算机的发展已进入了大规模集成电路的应用时代。大规模集成电路的应用是第四代计算机的基本特征。在这一代计算机上采用集成度更高的半导体芯片做存储器，计算机的速度可以达到每秒几百万次至上亿次。操作系统不断地完善，应用软件层出不穷。在计算机系统结构方面的发展主要包括分布式计算机、并行处理技术和计算机网络等。这个时期计算机的发展进入了以计算机网络为特征的时代。

微处理器的发展大大地推动了计算机的发展，现在的计算机已经呈现出多极化、网络化、多媒体化和智能化等特征。

1.2　多媒体计算机的出现与发展

多媒体技术最早起源于 20 世纪 80 年代中期。1984 年，美国 Apple 公司首先在 Macintosh 机上引入位图（Bitmap）等技术，并提出了视窗和图标的用户界面形式，使计算机完成了从文字到视图、从黑白到彩色的历史性跨越。紧接着，美国 Commodore 公司在 1985 年推出了世界上第一台真正的多媒体系统——Amiga。这套系统具有功能完备的视听处理能力、大量丰富的实用工具以及性能优良的硬件，是多媒体计算机向世人的第一次亮相。此后，多媒体计算机系统不断地发展、完善。

1986 年，荷兰 Philips 公司和日本 Sony 公司联合推出了交互式紧凑光盘系统——CD-I，它将高质量的声音、文字、计算机程序、图形、动画及静止图像等以数字的形式存储在 650MB 的只读光盘上。用户可以通过读取光盘上的数字化内容来进行播放。大容量光盘的出现为存储表示文字、声音、图形、视频等高质量的数字化媒体提供了有效的途径。

1987 年，RCA 公司首次公布了交互式数字视频系统技术的科研成果。它以计算机技术为基础，用标准光盘片来存储和检索静止图像、动态图像、音频和其他数据。1988 年，Intel 公司购买了 RCA 公司的技术，并于 1989 年与 IBM 公司合作，在国际市场上推出了第一代 DVI 技术产品，随后在 1991 年推出了第二代 DVI 技术产品。

随着多媒体技术的迅速发展，特别是多媒体技术向产业化发展，为了规范市场，使多媒体计算机进入标准化的发展时代，1990 年，Microsoft 公司与多家厂商成立了“多媒体计算机市场协会”，并制定了多媒体个人计算机（MPC-1）的第一个标准。在这个标准中，规定了多媒体计算机系统应该具备的最低标准。

1991 年，在第六届国际多媒体和 CD-ROM 大会上宣布了扩展结构系统标准 CD-ROM/XA，从而填补了原有标准在音频方面的缺陷。经过几年的发展，CD-ROM 技术日趋完善和成熟。而计算机价格的下降，为多媒体技术的实用化提供了可靠的保证。

1992 年，多媒体计算机市场协会正式公布 MPEG-1 数字电视标准，它是由运动图像专家组（Moving Picture Expert Group，MPEG）开发制定的。MPEG 系列的其他标准还有 MPEG-2、MPEG-4、MPEG-7 和现在正在制定的 MPEG-21。

1993 年，多媒体计算机市场协会又推出了 MPC 的第二个标准，其中包括全动态的视频图像，并将音频信号数字化的采集量化位数提高到 16 位。

1995 年 6 月，多媒体个人计算机市场协会又宣布了新的多媒体计算机技术规范 MPC 3.0。事实上，随着应用要求的提高，多媒体技术的不断改进，多媒体功能已经成为新型个人计算机的基本功能，MPC 的新标准也无继续发布的必要性。

1992 年，Microsoft 公司推出了真正的多媒体操作系统——Windows 3.1。后来出现了更高版本的 Windows 操作系统，例如 Windows 95、Windows 97、Windows 2000、Windows XP，等等，目前的最新版本是 Windows 10。多媒体个人计算机具有的多媒体功能越来越强大，已经成为 PC 的主流，标志着 PC 已经进入了多媒体时代。

1.3　多媒体计算机的发展趋势

多媒体技术是顺应信息时代的需要而出现的多学科交汇的技术，它能促进和带动新产业的形成和发展，能在多领域应用。多媒体技术正朝着标准化、高分辨率化、高速度化、简单化、高维化、智能化的方向发展。多媒体计算机的发展趋势是计算机支持协同工作（Computer Supported Collaborative Work，CSCW）环境。增加计算机的智能，例如文字和语音的识别与输入、自然语言理解和机器翻译、图形的识别和理解、机器人视觉和计算机视觉、知识工程以及人工智能等。把多媒体和通信技术融合到 CPU 芯片中等。

1.3.1　计算机支持的协同工作环境的完善

CSCW 的含义是计算机支持协同工作，它是一个非常热门的研究课题。由于 CSCW 是一个跨学科的研究领域，它涉及计算机科学、信息科学、社会学、心理学及人类学等多种学科，研究工作刚刚开始，所以目前还没有一个确切的定义。有人认为，CSCW 致力于研究协同工作的本质和特征，探讨如何利用各种计算机技术设计出支持协同工作的信息系统。

由于 CSCW 系统具有能够适应信息化社会中人们工作方式的群体性、交互性、分布性和协作性的特点，所以其发展特别迅速。目前世界上很多研究者正在从事 CSCW 系统的有关研究工作。例如，群体协作理论的研究，协同工作的本质和特征的研究，即研究个人和群体的行为特点，协作的目的、意义和手段，有效的协作方式和协作模型，协作的支持技术。

CSCW 系统具有非常广泛的应用领域，它可以应用到远程医疗诊断系统、远程教育系统、远程协同编著系统、远程协同设计制造系统以及军事应用中的协同指挥和协同训练系统等。

计算机支持的协同工作环境可以缩短时间和空间的距离。例如，清华大学的分布式协同编著子系统（TH-DMCW），处在不同地点的人员，可以在该分布式协同编著子系统中共同完成编辑工作，协同编辑窗口中的内容是所有参加会议的人员都能看到的，发言人可以在私人编辑窗口中完成准备工作，然后将发言稿提交到协同编辑窗口中。

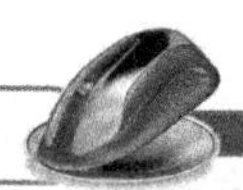

1.3.2　智能多媒体技术的应用

多媒体计算机充分利用了计算机的快速运算能力，综合处理声音、文字、图像信息，用交互性弥补计算机智能的不足。

多媒体计算机进一步的发展应该是增加计算机的智能，例如以下几方面。

（1）文字的识别和输入。

（2）汉语语音的识别和输入。

（3）自然语言理解和机器翻译。

（4）图形的识别和理解。

（5）机器人视觉和计算机视觉。

（6）知识工程以及人工智能的一些课题。

目前，国内有的单位已经初步研制成功了智能多媒体数据库，它的核心技术是将具有推理功能的知识库与多媒体数据库结合起来形成智能多媒体数据库。另一个重要的研究课题是多媒体数据库基于内容检索技术，它需要把人工智能领域中的高维空间的搜索技术、视频音频信息的特征抽取和识别技术、视频音频信息的语义抽取问题以及知识工程中的学习、挖掘及推理等问题应用到基于内容检索技术中。

总之，把人工智能领域某些研究课题和多媒体计算机技术很好地结合，就是多媒体计算机长远的发展方向。

1.3.3　多媒体信息实时处理和压缩编码算法在 CPU 芯片中的集成

计算机产业的发展趋势应该是把多媒体和通信的功能集成到 CPU 芯片中。过去计算机结构设计较多地考虑计算功能，主要用于数学运算及数值处理，最近几年随着多媒体技术和网络通信技术的发展，需要计算机具有综合处理声音、文字、图像信息及通信的功能。

经过大量的实验分析，多媒体信息的实时处理、压缩编码算法及通信，大量运行的是 8 位和 16 位定点矩阵运算。把这些功能和算法集成到 CUP 芯片中，要遵循下述几条原则。

（1）压缩算法采用国际标准算法的原则。

（2）将多媒体功能的单独解决变成集中解决的原则。

（3）体系结构设计和算法相结合的原则。

为了使计算机能够实时处理多媒体信息，对多媒体数据进行压缩编码和解码，最早的解决办法是采用专用芯片，设计制造专用的接口卡。最佳的方案是把上述功能集成到 CPU 芯片中。从目前的发展趋势看，可以把这种芯片分成两类：一类是以多媒体和通信功能为主，融合 CPU 芯片原有的计算功能，其设计目的是应用在多媒体专用设备、家电及宽带通信设备中，以便取代这些设备中的 CPU 及大量 ASIC 和其他芯片；另一类是以通用 CPU 计算功能为主，融合多媒体和通信功能，其设计目的是与现有的计算机系列相兼容，同时具有多媒体和通信功能，主要应用在多媒体计算机中。

1.4　多媒体技术的基本概念

1.4.1　媒体

所谓媒体（Medium）是指承载信息的载体，是信息的表现形式。在计算机领域中，媒体有两种含义：一是“指用以存储信息的实体，例如磁带、磁盘、光盘和半导体存储器等”；二是“指信息的载体，例如数字、文字、声音、图形和图像”。多媒体计算机技术中的媒体是指后者。

国际电话与电报咨询委员会（CCITT）将媒体分类如下。

1．感觉媒体

感觉媒体主要是图形、图像、动画、语音、声音、音乐等。

2．表示媒体

表示媒体通常以图像编码、声音编码的形式来描述，它定义了信息的特征，例如 ASCII 码、图像编码、声音编码等。

3．显示媒体

显示媒体主要是指表达用户信息的物理设备，例如键盘、鼠标、话筒、屏幕、打印机等。

4．存储媒体

存储媒体主要是指存储数据的物理设备，例如软盘、硬盘、光盘等。

5．传输媒体

传输媒体主要是指传输数据的物理设备，例如网络等。

在多媒体技术中所说的媒体一般指感觉媒体。感觉媒体通常又分为以下 3 种。

（1）视觉类媒体（Vision Media）

视觉类媒体包括图像、图形、符号、视频、动画等。

（2）听觉类媒体

听觉类媒体包括语音、音乐和音响等。

（3）触觉类媒体

触觉类媒体通过直接或间接与人体接触，使人能感觉到对象的位置、大小、方向、方位、质地等性质。计算机可以通过某种装置记录参与者（人或物）的动作及其他性质，也可以将模拟的自然界的物质通过一些事实上的电子、机械的装置表现出来。

1.4.2 多媒体

多媒体译自英文“Multimedia”，该词由 Multi（多）和 Media（媒体）复合而成，而对应词是单媒体“Monomedia”。国际电信联盟对多媒体含义的表述如下：使用计算机交互式综合技术和数字通信网络技术处理多种表示媒体（例如文本、图形、视频和声音等），使多种信息建立逻辑连接，集成为一个交互系统。在日常生活中媒体传递信息的基本元素是声音、文字、图形、图像、动画、视频等，这些基本元素的组合就构成了人们平常接触的各种信息。

在计算机领域中，多媒体是指融合两种或两种以上媒体的人—机互动的信息交流和传播媒体，这些媒体包括文字、图像、声音、视频和动画等。在这个定义中有如下几个含义。

1．多媒体是信息交流和传播媒体

从信息传播这个意义上说，多媒体和电视、报纸、杂志等媒体的功能是一样的。

2．多媒体是人—机交互媒体

这里所指的“机”，主要是指计算机，或者是由微处理器控制的其他终端设备。计算机的一个重要特性是“交互性”，使用它容易实现人—机交互功能，这是多媒体和电视、报纸、杂志等传统媒体不太相同的地方。

3．多媒体是数字媒体

多媒体信息都是以数字媒体的形式而不是以模拟信号的形式存储和传输的。可见，多媒

体是有两种或两种以上媒体的有机集成体，但多媒体不仅是指多种媒体本身，还包含处理和应用它的一整套技术，因此，“多媒体”与“多媒体技术”是同义词。

1.4.3　多媒体技术

通常多媒体技术是指把文字、音频、视频、图形、图像、动画等多媒体信息通过计算机进行数字化采集、获取、压缩/解压缩、编辑、存储等加工处理，再以单独或合成形式表现出来的一体化技术。其实质是将自然形式存在的媒体信息数字化，然后利用计算机对这些数字信息进行加工，以一种最友好的方式提供给使用者使用。

多媒体使用具有划时代意义的“超文本”思想与技术，组成了一个全球范围的超媒体空间，通过网络和多媒体计算机，人们表达、获取和使用信息的方式及方法已经产生了重大变革，对人类社会也产生了长远和深刻的影响。

1．超文本

1965 年，Ted Nelson 在计算机上处理文本文件时，想到一种把文本中遇到的相关文本组织在一起的方法，让计算机能够响应人的思维，以及能够方便地获得所需要的信息，他为这种方法杜撰了一个词，称为 Hypertext（超文本）。实际上，这个词的真正含义是“链接”，用来描述计算机中的文件的组织方法，后来人们把用这种方法组织的文本称为“超文本”。

超文本是包含指向其他文档或文档元素的指针的电子文档。与传统的文本文件相比，它们之间的主要差别是，传统文本是以线性方式组织的，而超文本是以非线性方式组织的。这里的“非线性”是指文本中遇到的一些相关内容通过链接组织在一起，用户可以很方便地浏览这些相关内容。这种文本的组织方式与人们的思维方式和工作方式比较接近。

超文本的概念可以用图 1-1 来说明。超文本中带有链接关系的文本通常用下画线和不同的颜色表示。文本①中的“超文本”与文本②中的“超文本”建立了链接关系，文本①中的“超媒体”与文本③中的“超媒体”建立了链接关系，文本③中的“超链接”与文本④中的“超链接”建立了链接关系……，这种文件就称为超文本文件。

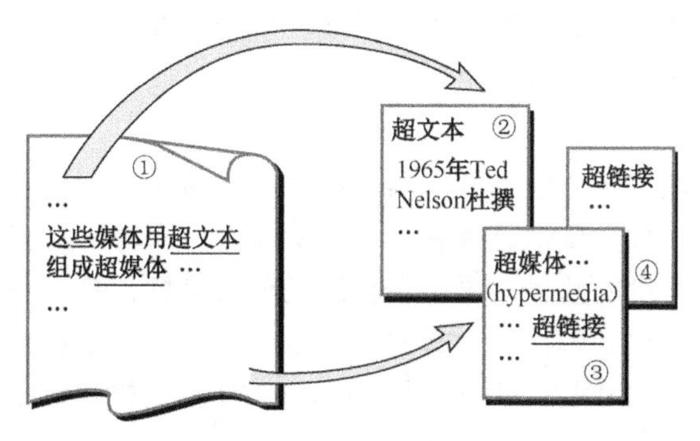

图 1-1　超文本的概念

超链接是两个对象或文档元素之间的定向逻辑链接，也称为“热链接”或称为“超文本链接”。对象或文档元素通常是指一个词、短语、符号、图像、声音文件、影视文件和其他文件。实际上，超链接是一个对象指向另一个对象的指针，建立互相链接的这些对象不受空间位置的限制，可以是同一个文件、不同的文件或世界上任何一台联网计算机上的文件。这些带指针的对象或元素通常具有下画线或有不同的颜色，用户可以用鼠标单击带有链接的对象以便显示被链接的对象。

2. 超媒体

超媒体是超文本的扩展，是由文字、声音、图形、图像或电视等媒体元素相互关联的媒体，用户可以方便地浏览与主题相关的内容。超媒体试图提供一种符合人类思维习惯的工作和学习环境。

超媒体与超文本之间的不同之处是，超文本主要是以文字的形式表示信息的，建立的链接关系主要是语句之间的链接关系。超媒体除了使用文本以外，还使用图形、图像、声音、动画或影视片段等多种媒体来表示信息，建立的链接关系是文本、图形、图像、声音、动画和影视片段等媒体之间的链接关系。

可见，多媒体技术是一种基于计算机的综合技术，包括数字信号处理技术、音频和视频压缩技术、计算机硬件和软件技术、人工智能和模式识别技术、网络通信技术等。它包含了计算机领域内较新的硬件技术和软件技术，并将不同性质的设备和媒体处理软件集成为一体，以计算机为中心综合处理各种信息。

简而言之，利用计算机交互式综合处理多种媒体信息——文本、图形、图像、声音、动画和视频，使多种信息建立逻辑连接，集成为一个系统并具有交互性的技术就是多媒体技术，或称为多媒体计算机技术。同样，能够对声音、图像、视频等多媒体信息进行综合处理的计算机即为多媒体计算机。

1.5 多媒体技术的特征

与传统的计算机技术相比，多媒体技术从本质上具有多样性、集成性、实时性、数字化及交互性，这也是它区别于传统计算机系统的特征。

1. 多样性

计算机中信息的表达不再局限于文字和数字，而是广泛采用图像、图形、视频、音频等信息形式来表达思想。与传统的计算机技术只能产生和处理文字、图形及动画相比较，多媒体技术显然更生动、更活泼、更自然。

2. 集成性

集成性包括两个方面：一方面是媒体信息的集成，即文字、声音、图形、图像、视频等的集成，在众多信息中，每一种信息都有自己的特殊性，同时又具有共性，多媒体信息的集成处理把信息看成一个有机的整体，采用多种途径获取信息、统一格式存储信息、组织与合成信息，对信息进行集成化处理；另一方面是显示或表现媒体设备的集成，即多媒体系统不仅包括计算机本身，还包括电视、音响、摄像机、DVD 播放机等设备，并把不同功能、不同种类的设备集成在一起使其共同完成信息处理工作。

3. 实时性

实时性是指在多媒体系统中，声音及活动的视频图像是强实时的，多媒体系统需要提供对这些与时间密切相关的媒体的实时处理能力。

4. 数字化

数字化是指多媒体系统中的各种媒体信息都以数字形式存储在计算机中。

5. 交互性

交互性是多媒体技术的关键特征，没有交互性的系统就不是多媒体系统。例如，看电视、

听广播，人们只能被动地接受信息，没有交互能力，因此它们不是多媒体系统。如果将电视技术具有的声音、图像、文字并茂的信息传播能力，通过多媒体技术与计算机结合起来，产生交互功能，从而形成全新的信息传播能力，就组成了多媒体系统。多媒体系统向用户提供交互使用、加工和控制信息的手段，为应用开辟了更加广阔的领域，也为用户提供了更加方便的信息存取手段。交互可以增加对信息的注意力和理解能力，延长信息的保留时间。但在单向的信息空间中，这种接受的效果和作用很差，只能使用所给的信息，很难做到自由的控制和干预信息的获取及处理过程。

多媒体信息在人—机交互中的巨大潜力，主要来自于它能提高对信息表现形式的选择和控制能力，同时也能提高信息表现形式与人的逻辑和创造能力结合的程度。多媒体信息相比单一信息对人具有更大的吸引力，它有利于人对信息的主动探索而不是被动接受。在动态信息和静态信息之间，人们更倾向于前者。多媒体信息所提供的种类丰富的信息源恰好能够满足人们这方面的需要。

1.6　多媒体关键技术的发展

1. 流媒体技术

流媒体是从英语“Streaming Media”翻译过来的，它是一种可以使音频、视频和其他多媒体信息在 Internet 及 Intranet 上以实时的、无须下载等待的方式进行播放的技术。

目前，在网络上传输音频、视频等要求较高带宽的多媒体信息主要有下载和流式传输两种方案。下载方式的主要缺点是用户必须等待所有的文件都传送到位，才能够利用软件播放。随着互联网的普及和多媒体技术在互联网上的应用，迫切需要能解决实时传送视频、音频、计算机动画等媒体文件的技术。因此，流式传输就应运而生了。通俗地讲，流式传输就是在互联网上的音视频服务器将声音、图像或动画等媒体文件从服务器向客户端实时连续传输，用户不必等待全部媒体文件下载完毕，而只需延迟几秒或十几秒，就可以在用户的计算机上播放，而文件的其余部分则由用户计算机在后台继续接收，直至播放完毕或用户中止。这种技术使用户在播放音频、视频或动画等媒体的等待时间减少，而且不需要太多的缓存。

流媒体技术的出现，使在窄带互联网中传播多媒体信息成为可能，是一种解决多媒体播放时带宽问题的“软技术”。这是融合了很多网络技术之后所产生的技术，涉及流媒体数据的采集、压缩、存储、传输和通信等众多领域。

2. 虚拟现实技术

虚拟现实是一项与多媒体密切相关的边缘技术，它通过综合应用计算机图像处理、模拟与仿真、传感、显示系统等技术和设备，以模拟仿真的方式，给用户提供一个真实反映操作对象变化与相互作用的三维图像环境，从而构成一个虚拟世界，并通过特殊的输入/输出设备提供给用户一个与该虚拟世界相互作用的三维交互式用户界面。

虚拟现实技术结合了人工智能、计算机图形技术、人—机接口技术、传感技术、计算机动画等多种技术，它的应用包括模拟训练、军事演习、航天仿真、娱乐、设计与规划、教育与培训、商业等领域，发展潜力不可估量。

3. 多媒体计算机文化

随着计算机的诞生和日益普及，从 20 世纪 80 年代初开始逐渐形成一种新的文化——计算机文化。进入 20 世纪 90 年代以后，随着多媒体技术及 Internet 的日益普及，又出现了网络文化和多媒体文化。那么，什么样的事物才能称得上是一种文化呢？所谓文化，通常有两种理解。第一种是一般意义上的理解，认为只要是能对人类的生活方式产生广泛而深刻影响的事物都属于文化，例如饮食文化、茶文化、汽车文化等。第二种是严格意义上的理解，认为应该具有信息传递和知识传授功能，并对人类社会从生产方式、工作方式、学习方式到生活方式都产生过广泛而深刻影响的事物才能称得上是文化，例如语言文字的应用、计算机的日益普及和 Internet 的迅速扩展，计算机文化、网络文化和多媒体文化即属于此类。

1.7　计算机文化

1.7.1　计算机文化的内涵

"计算机文化"术语源于 1972 年阿特·鲁赫曼（Art Luhrmann）发表的一篇会议论文"Should the Computer Teach The Student，or Vice-versa？"，该文介绍并定义了"computing literacy"。后来，人们开始使用"computer literacy"来指代计算机文化。直到 1981 年，他协助创建的出版公司正式命名为"computer literacy press"。1981 年，在瑞士洛桑召开的第三次世界计算机教育大会上，苏联学者伊尔·肖夫首次提出"计算机程序设计语言是第二文化"这个不同凡响的观点，几乎得到了所有与会专家的支持。从此以后，计算机文化的说法就在世界各国广为流传。

所谓计算机文化，就是人类社会的生存方式因为使用计算机而发生根本性变化而产生的一种崭新的文化形态，这种崭新的文化形态体现如下。

（1）计算机理论及其技术对自然科学、社会科学的广泛渗透表现的丰富文化内涵。

（2）计算机的软件、硬件设备，作为人类所创造的物质设备丰富了人类文化的物质设备品种。

（3）计算机应用介入人类社会的方方面面，从而创造和形成的科学思想、科学方法、科学精神、价值标准等成为一种崭新的文化观念。

1.7.2　计算机文化对社会的影响

计算机的普及和计算机文化的形成及发展，对社会产生了深远的影响。网络技术的飞速发展，使计算机成为人们获取信息、享受网络服务的重要来源。随着网络经济时代的到来，人们对计算机及其所形成的计算机文化，有了更全面的认识。

1．信息高速公路的形成

1993 年 9 月，美国政府发表了"国家信息基础设施行动日程（National Information Infrastructure：Agenda for Action)"，即"美国信息高速公路计划"，或称为"NII"计划。按照这个日程，美国计划在 1994 年把 100 万户家庭接入高速信息传输网，至 2000 年连通全美国的学校、医院和图书馆，最终在 10～51 年内（即 2010 年以前）把信息高速公路的"路面"——大容量的高速光纤通信网，延伸到全美国 9500 万个家庭。NII 计划宣布后，也受到世界各国（包括许多发展中国家）的高度重视。很多国家也开始研究 NII 计划，并制定和提出本国的对策。网络系统是 NII 计划的基础。早在 1969 年，美国就建成了第一个国家级的广域网——ARPAnet。随着网络技术的发展和计算机的普及，以计算机为主体的局域网有了很

大的发展。目前，世界上最大的计算机网络——Internet（常称为“互联网”）就是在ARPAnet的基础上，由35 000多个局域网、城域网和国家网互联而成的一个全球网络。Internet已经把全世界190多个国家和地区的几千万台计算机及几千万的用户连接在一起，网上的数据信息量每月以10%以上的速度递增。仅以电子邮件（Electronic Mail或E-mail）为例，每天就有几千万人次使用Internet的E-mail信箱。NII计划的提出，给未来的信息社会勾画出了一个清晰的轮廓，而Internet的扩大运行，也给未来的全球信息基础设施提供了一个可供借鉴的原型，信息化社会的雏形已经开始显现。

2. 信息化社会的出现

信息化社会的主要特征已经出现。

（1）信息成为重要的战略资源

信息技术的发展，使人们日益认识到信息在促进经济发展过程中的重要作用。信息被当作一种重要的战略资源。一个企业如果不实现信息化，就很难增加生产，提高与其他企业的竞争能力。一个国家如果缺乏信息资源，又不重视信息的利用和交换能力，就只能是一个贫穷落后的国家。目前，信息业与工业、农业、服务业并列为四大产业，上升为一个国家最重要的产业之一。

（2）信息网络成为社会的基础设施

随着NII计划的提出和Internet的扩大运行，“网络就是计算机”的思想已经深入人心。因此，信息化不单是让计算机进入普通家庭，更重要的是将信息网络联通到千家万户。如果说供电网、交通网和通信网是工业社会中不可缺少的基础设施，那么信息网的覆盖率和利用率，理所当然地将成为衡量信息社会是否成熟的标志。

1.8　网络文化

1.8.1　网络文化的内涵

概括来说，网络文化是人们使用计算机网络进行通信、工作、娱乐和从事商业活动的技能与体现的思想行为。网络文化是在日益发达的计算机网络和相关软件的基础上形成的，是社会与信息科学和信息技术相融合的产物。

《英汉多媒体技术辞典》（第2版）对网络文化也做了比较具体的解释，网络文化定义为群体成员在计算机网络上进行通信或社交的行为、信仰、风俗、习惯和礼节等，一个群体的网络文化可以与另一个群体的网络文化截然不同。这里所说的群体是指虚拟群体，他们是使用通信网络而不是面对面进行交流的一群人，例如通过网络电话、电子邮件、聊天、各种论坛、即时通信等软件，使用文字、声音、图像、视频等多种媒体进行交流而构成的群体。

1.8.2　网络文化的表现形式

网络文化和传统文化都是文化，它们的区分通常是用人们的思想和行为是否通过计算机网络来体现，并由各种软件来支持。网络文化的表现形式多种多样，现举以下几个例子并加以说明。

1. 公告板系统

BBS是20世纪70年代出现的装有网络通信软硬件的计算机系统，作为远程用户的信息传送服务中心，配置有网络通信软件、硬件的任何计算机终端都可以访问它。BBS 着眼于用户感兴趣的信息资源的交流和特定主题的论坛。现在的许多 BBS 系统允许用户联机聊天、上传和下载包括免费软件和共享软件在内的文件、发送电子邮件和访问互联网。许多软件和硬件公司都为其客户运行专门的 BBS，提供的信息包括销售、技术支持、软件升级和修补程序等。BBS 提供的访问既可以是免费的，也可以是收费的，或者是二者相结合的。

2．网络日志

网络日志是 Weblog 的简写，也称为“博客”。博客是用于表达作者或 Web 站点个性的共享在线杂志。网络日志以网页形式出现，张贴的文章简短且经常更新，并按年月日倒序编排。网络日志的内容广泛，例如提供对其他网站的评论和链接，公司或个人的新闻、照片、诗歌和散文等。读、写或编辑网络日志的行为称为 blogging，编写和维护网络日志的个人称为“博客”或“微博客”。

3．即时通信工具

即时通信工具是允许多个用户使用计算机通过本地网络或互联网收发信息以便实现实时交谈的程序。有些程序不仅可以通过文字，还可以通过语音和视频实现“面对面”的交谈。

4．网络游戏

网络游戏是在计算机网络上进行的游戏，既可以两个人玩儿，也可以多个人同时玩儿。

5．电子商务

电子商务是通过计算机网络进行商业活动的软件。可以通过在线信息服务、互联网或电子公告板系统（BBS）进行，也可以通过电子数据交换系统（EDI）进行。

6．社会网络服务

社会网络服务是为有共同兴趣和行为的人构建在线群体（例如同学、朋友、亲人等）的网络服务。

1.8.3 网络文化的特征

从网络文化的基本特征入手进行研究，有助于我们全面、深刻地认识网络文化，促进网络文化的可持续发展。概括地说，网络文化具有补偿性、极端性和大众性三大特征。

1．网络文化的补偿性

互联网是有着巨大吸引力的虚拟空间。在这里，人们可以大胆发表自己的意见，贡献自己的聪明才智，充分展现自己的闪光点，并相互交流、相互帮助，获得尊重、友情和自我价值的实现。对于很多人来说，现实生活中难有这样的机会。因此，网络文化具有“补偿性”特征。人们通过在网上发泄，以便补偿难以实现的愿望。正是由于这种原因，网络成为一种社会安全阀，为社会各阶层的利益诉求和情绪宣泄提供了一个很好的渠道，客观上起到化解情绪、缓和矛盾的作用。社会上的不公平、工作中的重压、怀才不遇的感慨，都可以通过网络进行宣泄，并得到呼应，从而获得心理上的平衡和满足感。

由于人们乐于在网上反映自己的喜怒哀乐，宣泄积累的不平和怨气，对社会、文化、经济等方面的话题发表自己的看法，网络成了反映民情的最好渠道，成为了社会的晴雨表。政府部门不但可以在互联网上看到民众的基本心态和社会的主要问题之所在，还可以有意识地利用网络，对关系到国计民生的重大事件，广泛征求民众的意见，使决策更具有科学性，且有着更广泛的群众基础。

2. 网络文化的极端性

社会心理学家认为，通过群体讨论，无论最初的意见是哪一种倾向，其观点都会被强化，称之为“群体极化效应”。人们普遍有着从众倾向，并希望自己表现得更加突出，于是在不知不觉中把原有的观点推向极端化。网络具有的实时性、互动性和开放性的特点，能在极短的时间内，将数量巨大的人群卷入到讨论之中。人们相互攀比、逐步强化，产生了极其强大的群体极化效应。

互联网放大了个体行为影响，聚合了个体行为能量。原本一些分散在各处、被社会忽略的少数人聚集起来，形成了小的群体，并有着不断增大的趋势。网络文化的极端性特征，可以迅速把“善”放到最大，有利于促进社会公德、推动制度完善。现实生活中的丑恶和不公等现象，一旦在网上被曝光，就会迅速被正义的洪流所淹没。

3. 网络文化的大众性

网络文化是“草根文化”，有着很强的大众性。从互联网上可以及时搜集到大量信息，使少数人对信息和知识的垄断难以为继。人们不再仰视专家和学者，而是将他们的观点与自己掌握的知识进行比较和分析，从新的角度提出自己的看法。在传统媒介上，普通民众缺少话语权。只有在网络上，他们才能畅述胸怀、指点江山，表现出对传统的颠覆和对权威的挑战。

网络文化的大众性，使之成为提升人类智慧的重要途径。通过网络构筑整个社会的神经系统，将低智商转化为高智商，将相互分离的个别人的智慧，转化为更高层次的组织智慧、国家智慧和人类智慧。维基百科（https://www.wikipedia.org）就是一个很好的例子，它让每个人都成为百科全书的编撰者，贡献出自己在某个领域的专门知识。维基百科收录的词条数是大英百科全书的15倍。与后者相比较，维基百科容量更大，更具有时效性，而且在许多主题上更加深刻。

1.9　多媒体文化

1.9.1　多媒体文化的内涵

由于多媒体技术对社会产生的深刻影响而让人们看到了它所具有的文化属性，并出现了“多媒体文化”一词。但是目前还没有哪个词典或文献对“多媒体文化”在“社会群体思想和行为”方面的影响做过定义。在林福宗编著的《多媒体文化基础》一书中，对“多媒体文化”做了这样的界定：“多媒体文化是使用多媒体计算机、网络和多媒体软件的技能，包括演示、创作和发行组合文字、图形、图像、声音和视频的多媒体文档”。从这个定义中看，主要将多媒体文化限定在了“技能”领域。

1.9.2　多媒体文化的水平

多媒体文化的水平实际上就是使用计算机软硬件和网络的技能。按照林福宗在《多媒体文化基础》一书中的划分，多媒体文化水平可以分为初级多媒体文化水平、中级多媒体文化水平和高级多媒体文化水平。

1. 初级多媒体文化水平

（1）掌握计算机的基本知识和操作系统的基本操作。

（2）掌握网络的基本知识并能够使用网页目录浏览和查找信息。

（3）能够使用信息搜索工具在网上查找信息和资料。
（4）掌握图像知识和能够用数字图像管理软件管理图片。
（5）掌握网络礼仪和能够使用通信软件与他人通信。
（6）能够使用文字处理软件（例如 Word）创建和编辑文档。
（7）能够使用绘图软件（例如 Visio）创建绘图。
（8）能够使用电子表格软件（例如 Excel）创建和编辑数据文件。
（9）能够使用演示软件（例如 PowerPoint）创建和编辑演讲文件。

2. 中级多媒体文化水平

（1）能够具备初级多媒体文化水平。
（2）能够使用搜索引擎快速和准确查找所需的信息及资料。
（3）能够使用下载工具（例如 FTP）下载资料，安装和卸载应用软件。
（4）能够使用文字处理软件创建和编辑大型的复杂文档。
（5）能够使用电子表格软件创建和编辑比较复杂的数据文件。
（6）能够使用演示软件创建和编辑较复杂的多媒体演讲文件。
（7）掌握声音知识和能够使用声音处理软件（例如 GoldWave）。
（8）掌握使用图形表格制作软件（例如 Visio）制作各种插图。
（9）掌握使用图像处理软件（例如 Photoshop）处理图片。
（10）掌握使用动画软件（例如 Flash）制作二维动画。
（11）掌握使用 Web 开发软件制作高水平的多媒体网页。
（12）掌握胜任计算机的日常维护，包括消除病毒和清理磁盘等。

3. 高级多媒体文化水平

（1）具备中级多媒体文化水平。
（2）掌握图像、字体、声音、电视、光盘和摄录设备的专业技术知识。
（3）能够使用专业级动画软件制作 3D 动画，例如 3ds Max 软件。
（4）能够使用视频处理软件创作和编辑影视文件，例如会声会影软件。
（5）掌握程序设计知识和能使用程序设计语言编程。

【项目实施】

1. 实施条件

该项目要求学习者具备一定的信息素养，能够利用教材和相关的文献，主要是利用网络查找完成项目所需的信息，并能综合分析和运用所获得的信息对多媒体计算机的发展历程进行描述。

2. 实施方式

学习者可以通过手工的方式绘制，可以使用表格或者图文结合的方式。有一定的软件应用基础的学习者则可以利用一些常用软件绘制多媒体计算机发展的时间图谱。

3. 实施步骤

（1）知识学习

仔细阅读教材，了解多媒体计算机的发展过程，找出关键词，例如计算机发展、多媒体技术、多媒体计算机的发展、多媒体计算机的发展趋势等。

（2）信息收集

① 利用网络搜索引擎，通过查找关键字获取信息。例如，在百度（https://www.baidu.com）中输入关键字“多媒体技术”进行搜索，如图 1-2 所示。

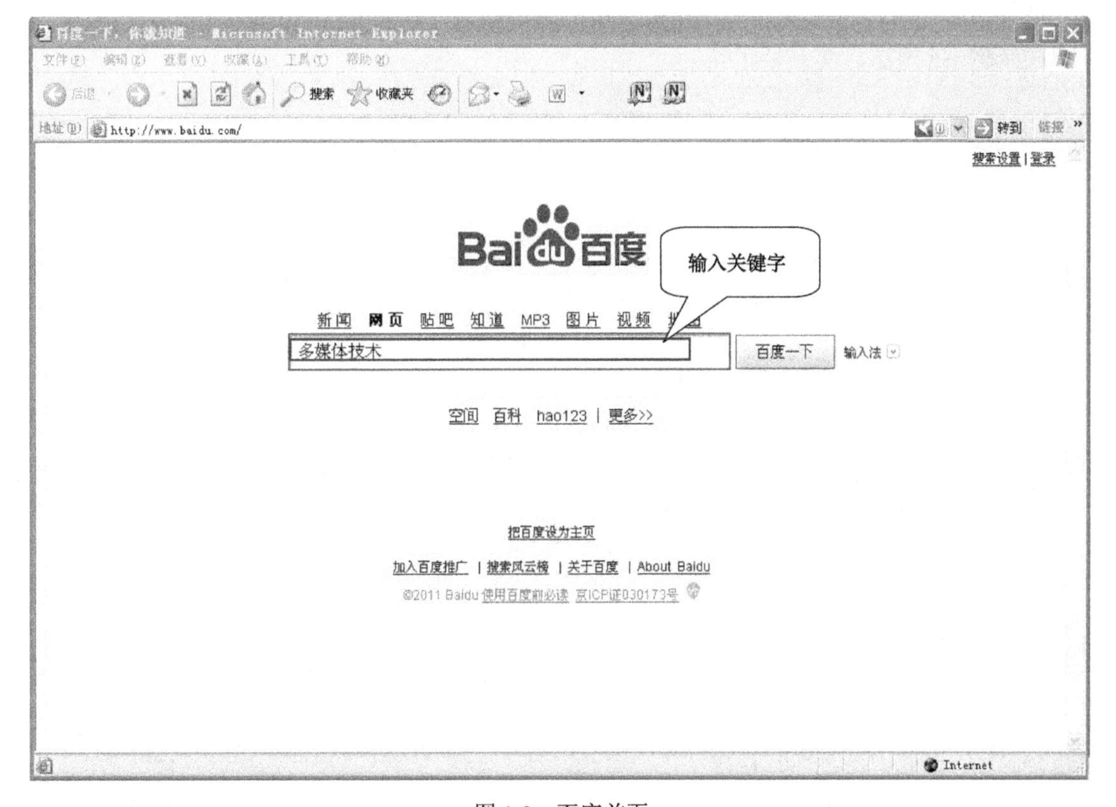

图 1-2　百度首页

② 在搜索结果页面中查看需要的信息，如图 1-3 所示。

多媒体技术_百度百科
专业名称：计算机多媒体技术 专业培养目标：培养具备较强的计算机操作技能，能熟练进行计算机多媒体软件设计和开发、交互式多媒体作品的设计与制作...共33次编辑
多媒体技术定义 - 多媒体计算机 - 基本概念 - 基本类型
baike.baidu.com/view/3503.htm 2011-3-13

多媒体技术_百度文库
多媒体技术 高等职业教育 计算机类课程规划教材 （第二版） 第二版）主编 张凌雯 顾兆旭 教学课件 GAODENG ZHIYE JIAOYU JISUANJILEI KECHENG GUIHUA JIAOCAI 大连...
wenku.baidu.com/view/179dde1efad6195f312b ... 2011-6-6 - 百度快照

多媒体技术的相关新闻
励丰问鼎多媒体数字灯行业龙头地位 人民网 59分钟前
多媒体数字灯产品和技术成为展会亮点,励丰、ROBE、HES展出的大量新品,让展会流光溢彩,色彩纷呈。 励丰围绕主题“科技演绎艺术”,展示励丰的企业...
集多媒体技术于一身 诺基亚n97低价热卖 和讯网 10小时前
福州大学多媒体语音教学系统 投影时代 3小时前

多媒体技术应用_百度百科
多媒体技术应用是当今信息技术领域发展最快、最活跃的技术，是新一代电子技术发展和竞争的焦点。多媒体技术融计算机、声音、文本、图像、动画、视频和通信等多种功能...
baike.baidu.com/view/574557.htm 2011-5-18 - 百度快照

图 1-3　搜索结果列表

提示：关于“百度”的使用方法可以进入“百度帮助中心”（https://www.baidu.com/search/jiqiao.html）详细了解。

4. 绘制发展主线

搜集整理信息，找出多媒体计算机发展的时间序列，并对每个时间点的标志性事件进行描述，如图 1-4 所示。

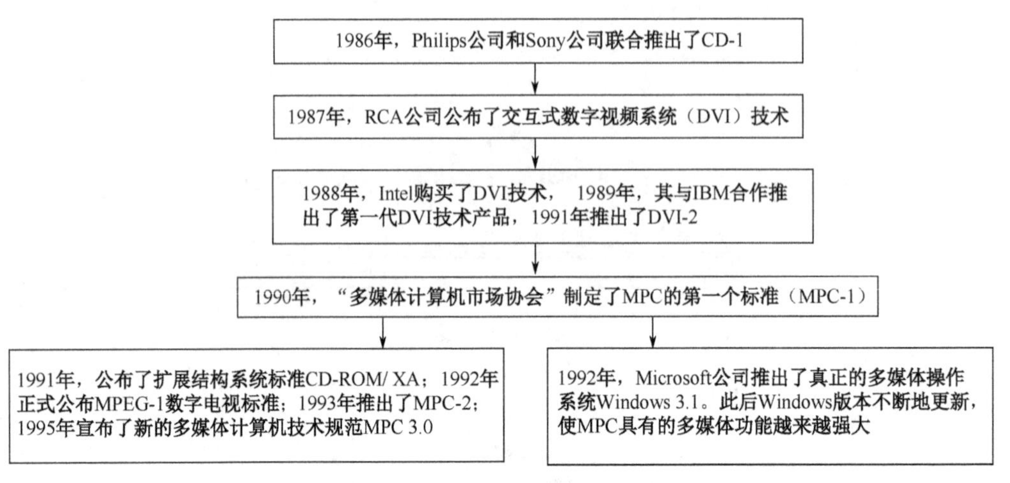

图 1-4　多媒体计算机的发展时间序列

5. 围绕主线完善图谱

（1）以多媒体计算机发展为核心，继续描述多媒体计算机的起源与发展趋势。例如，结合计算机和媒体的发展来描述起源，结合多媒体技术的应用领域、新技术的发展等来描述趋势。

（2）用绘图或贴图的方式进一步完善图谱信息。例如，用简单的图形表示媒体内容或多媒体的特征，用图片说明多媒体计算机对社会生产方式、生活方式、工作方式的影响，等等。这样既能以直观的形式对图谱信息进行补充，也可以起到美化图谱的作用。

6. 项目示例——多媒体计算机发展图谱

多媒体计算机发展图谱如图 1-5 所示。

【项目考评】

本项目主要从图谱绘制过程逻辑的严密性、思维的延展性，信息呈现的科学性、完整性、丰富性等方面进行考评。考评的形式既可以是自评，也可以由教师或者同伴进行评价，如表 1-1 所示。

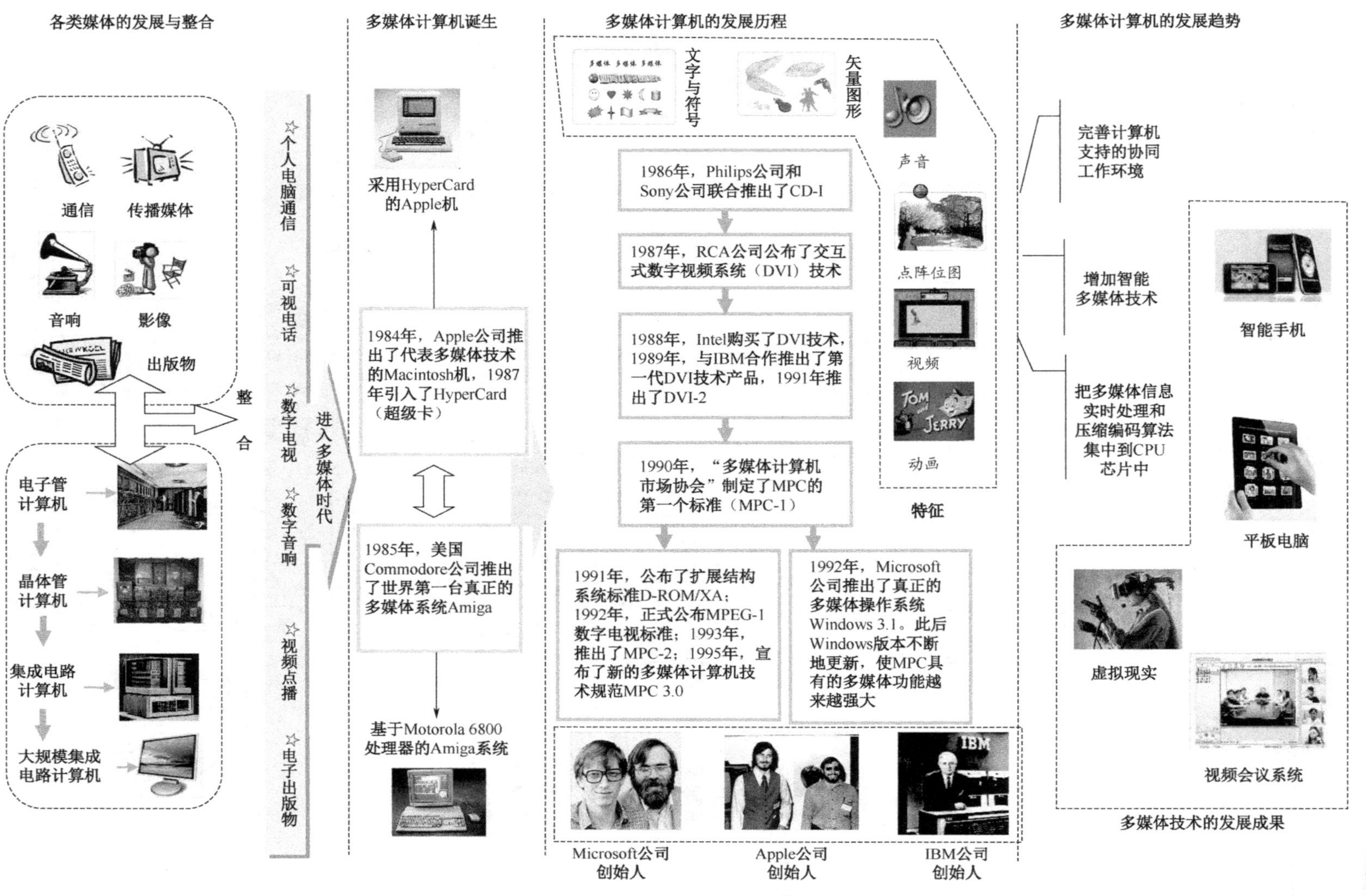

图 1-5　多媒体计算机的发展图谱

表 1-1　绘制多媒体计算机发展图谱考评表

项目名称：绘制多媒体计算机的发展图谱						
评价指标	评价要点	评价等级				
		优	良	中	及	差
图谱绘制的逻辑性	能够根据时间的顺序将多媒体计算机发展史上标志性的事件按顺序罗列					
图谱绘制的延展性	能够将与多媒体技术发展相关的技术结合在图谱中，例如计算机的发展、多媒体的发展及多媒体计算机的发展趋势等					
信息呈现的科学性	所呈现的信息正确无误					
信息呈现的完整性	能够尽可能多地展现与多媒体计算机发展相关的人物、事件、技术等信息					
信息呈现的丰富性	能够尽可能使用多样的信息呈现方式，简洁地对项目进行描述，例如图形、表格、连接线等					
总　　评	总评等级					
	评语：					

【项目拓展】

项目：绘制多媒体技术演变过程图谱

多媒体技术是当今信息技术领域发展最快、最活跃的技术。随着高速信息网络的日益普及，多媒体技术正被广泛应用到咨询服务、医疗、教育、通信、军事、金融、图书等诸多领域。了解多媒体技术的发展及应用，能够帮助学习者更深入地理解多媒体技术带给人类社会的影响，进而理解人们的生活、工作和学习都与多媒体技术的发展和应用密不可分。

拓展项目要求学习者用表格清晰地描述多媒体技术发展过程中出现的主要技术、软硬件标准、机型或产品、相关的特性及应用领域，等等。其内容应包含多媒体技术的发展阶段、主要技术、应用领域及发展趋势等方面。

项目思维导图如图 1-6 所示。

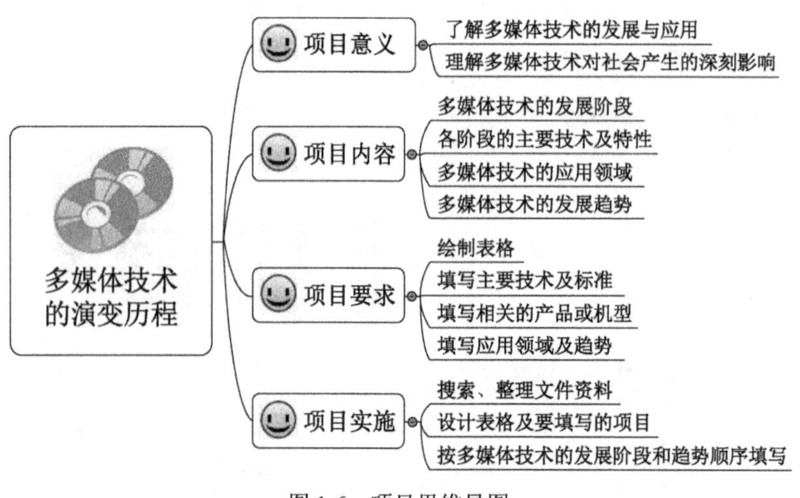

图 1-6　项目思维导图

【思考练习】

1．你知道哪些多媒体产品？它们具有什么特性？

2．在多媒体计算机的发展过程中，有哪些标志性的事件和技术使计算机具备了综合处理多种媒体信息的功能？

3．多媒体计算机的出现和发展对人们的文化生活产生了哪些影响？

项目二　数制转换技巧

【项目分析】

在日常生活中，通常使用的是十进制数据，但在计算机的世界里，采用的则是二进制数。而在程序设计当中，还会使用到八进制、十六进制等其他进制数。

二进制是计算机内部数据的表示形式，是计算机课程学习的基础。本项目主要是通过对进制数转换的学习，掌握进制数转换的原理，理解二进制数据在计算机中的作用，并且通过对字符编码的学习，理解计算机对字符的实际处理过程。了解计算机的数据表示和转换，为今后学习与计算机相关的专业课程打下基础。

【学习目标】

1．知识目标

（1）进制数的基本概念。

（2）进制数之间转换的原理。

（3）字符编码的基本概念和过程。

2．能力目标

（1）能够熟练使用进制数转换原则进行进制转换。

（2）了解字符在计算机内部编码的过程，并能够进行字符、ASCII 码的相互转换及计算汉字点阵存储汉字所需的存储空间。

3．素质目标

通过学习，认识到计算机数据与现实生活数据表示的区别，理解计算机为了能实现数据的存储、处理和显示所采用的不同的字符编码。

【项目导图】

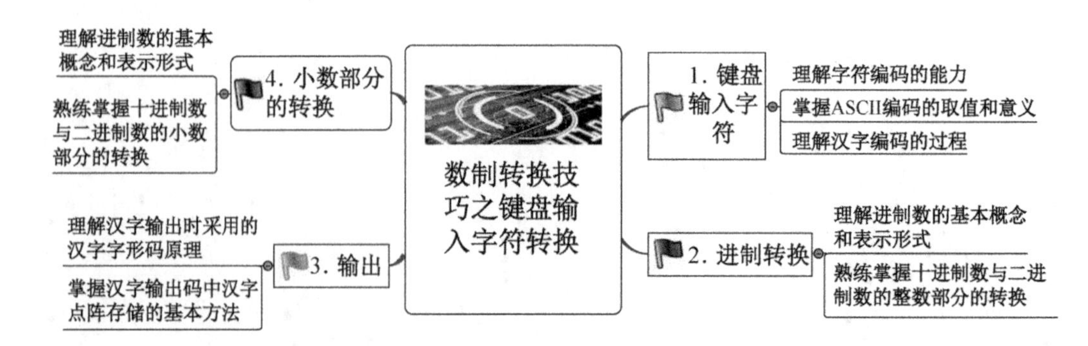

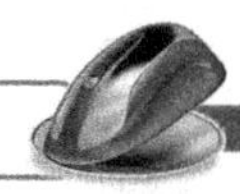

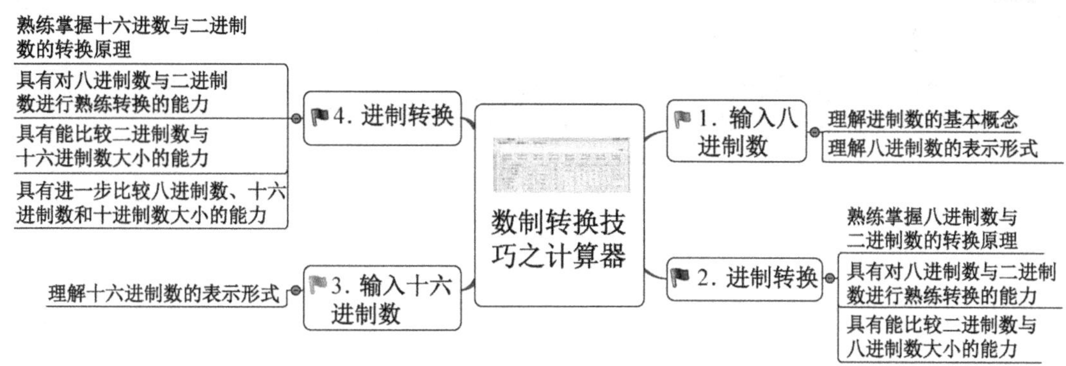

【知识讲解】

2.1　进制数的基本概念

将数字符号按序位排列成数位，并遵照某种由低到高进位的方法进行计数，来表示数值的方式，称为进位计数制，简称进制数。

进制数主要包含 3 个基本要素：数位、基数、位权。

数位——数码在数中所处的位置。

基数——在某种进制数中，每个数位所能使用的数码的个数。

位权——在某种进制数中，每个数位上所代表的数值的大小，这个固定的数值就是这种进制数中该数位上的位权。

例如，日常生活中常用的十进制数的基数为 10，每个数位上能取的数是 0～9，数码在不同的位置上有日常所说的个位、十位、百位，等等，其中，个位的位权是 10^0，十位的位权是 10^1，百位的位权是 10^2，……，将一个十进制数按位权展开，让大家来理解这三个概念。

$$(325.68)_{10}=3\times10^2+2\times10^1+5\times10^0+6\times10^{-1}+8\times10^{-2}$$

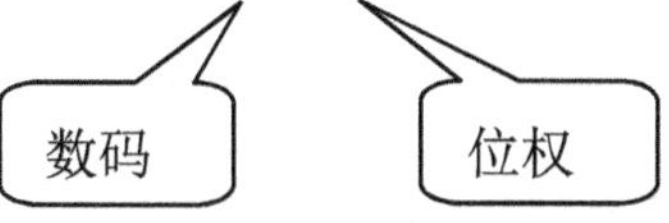

常用的进制数有二进制、八进制、十进制和十六进制数。

2.2　进制数的转换原理

1．十进制数转换成非十进制数

转换口诀如下。

（1）整数部分

除以基数取余数，从下往上取。

（2）小数部分

乘以基数取整数，从上往下取。

2．非十进制数转换成十进制数

转换口诀：非十进制数各位按位权展开求和。

3．非二进制数（以八进制和十六进制为主）转换成二进制数

转换口诀：从小数点开始分界，整数部分从右往左，小数部分从左往右，将每位八进制数转换成 3 位二进制数（每位十六进制数转换成 4 位二进制数）。对应的转换关系如表 2-1 和表 2-2、表 2-3 所示。

表 2-1　进制数对应数码表

	二进制	八进制	十进制	十六进制
数码	0	0	0	0
	1	1	1	1
		2	2	2
		3	3	3
		4	4	4
		5	5	5
		6	6	6
		7	7	7
			8	8
			9	9
				A
				B
				C
				D
				E
				F

表 2-2　八进制与二进制对应转换表

八进制	二进制
0	000
1	001
2	010
3	011
4	100
5	101
6	110
7	111

表 2-3　十六进制与二进制对应转换表

十六进制	二进制
0	0000
1	0001
2	0010
3	0011
4	0100
5	0101
6	0110
7	0111
8	1000
9	1001
A	1010
B	1011
C	1100
D	1101
E	1110
F	1111

4．二进制数转换成非二进制数

转换口诀：从小数点开始分界，整数部分从右往左，小数部分从左往右，将每 3 位二进制数转换成 1 位八进制数（每 4 位二进制数转换成 1 位十六进制数）。

2.3　字符编码

1．ASCII 编码

美国标准信息交换码（American Standard Code for Information Interchange，ASCII）是目前使用最普遍的字符编码，它是基于拉丁字母的一套电脑编码系统。

ASCII 码有 7 位码和 8 位码两种形式，国际通用的是 7 位码。它第一次以规范标准的形态发表是在 1967 年，最后一次更新则是在 1986 年，至今为止共定义了 128 个字符，其中 0～32 号及第 127 号共 34 个是控制字符，33～126 号共 94 个是图形字符，48～57 号是 10 个阿拉伯数字，65～90 号是 26 个大写英文字母，97～122 号为 26 个小写英文字母，其余的是标点符号、运算符等。

2．汉字编码

汉字编码过程为汉字输入码、汉字国标码、汉字机内码、汉字字形码、汉字地址码。

（1）汉字输入码（外码）

汉字输入码是为了利用输入设备把汉字输入到计算机而设计的一种编码。目前主要有 4 种类型：音码、形码、音形码、数字码。

（2）汉字国标码

汉字国标码主要用于汉字信息的交换。GB 2312—1980 中共有 7 445 个字符符号，汉字符号 6 763 个，非汉字符号 682 个。其中，汉字字符又分为两级：一级汉字 3 755 个，二级汉字 3 008 个。

（3）汉字机内码（内码）

汉字机内码是在计算机内部存储、处理的代码。内码的作用是统一各种不同的汉字输入码在计算机内部的表示，以方便对机内汉字的处理。

（4）汉字字形码（输出码）

汉字字形码用于汉字的显示和打印，是汉字字形的数字化信息。汉字的字形有两种表示方式：点阵法和矢量表示法。使用点阵表示字形，需要占用存储空间，例如 24×24 点阵，每个汉字需要 72 个字节，因为每个点表示 1 个二进制位，所以 $n \times n$ 点阵的每个汉字所占字节数为（$n \times n$）/8。

（5）汉字地址码

汉字地址码是指每个汉字字形码在汉字字库中的相对位移地址。在汉字字库中，字形信息都是按一定的顺序连续存放在存储介质上的，所以汉字地址码也大多是连续有序的，并且与汉字内码存在着简单的对应关系，以便简化汉字内码到汉字地址码的转换。

【项目实施】

项目 1：当我们敲击键盘的时候，实际上获取的是敲击字符所对应的 ASCII 码，ASCII 码实际上就是一个十进制数值，而计算机内部只能识别二进制数据，所以，系统会自动将 ASCII 码的十进制值转换成二进制值，以便计算机内部进行识别和处理。当计算机内部的数据要输出显示时，需要将二进制数据转换成十进制数据，输出给用户观看。

1．十进制数转换成非十进制数

【例 2-1】敲击键盘字符“A”，它在计算机内部所对应的二进制值是多少呢？

【解答】字符“A”对应的 ASCII 码值是 65，这是一个十进制数，要求出它的二进制表示，实际上就是求十进制数转换成二进制数，根据转换口诀，可以得出：

除数	被除数	余数
2	65	1 ↑
2	32	0
2	16	0
2	8	0
2	4	0
2	2	0
2	1	1
	0	

最终，求出字符“A”的二进制数为 1000001。

由此延伸，对于其他的十进制数也可以转换成相应的二进制数。

【例 2-2】$(328.25)_{10}$ 转换成二进制数是多少呢？

【解答】根据转换口诀，将十进制数分成整数和小数两个部分，分别求出转换结果，再进

行结合。

整数部分：　　　　　　　　　　　　　　　小数部分：

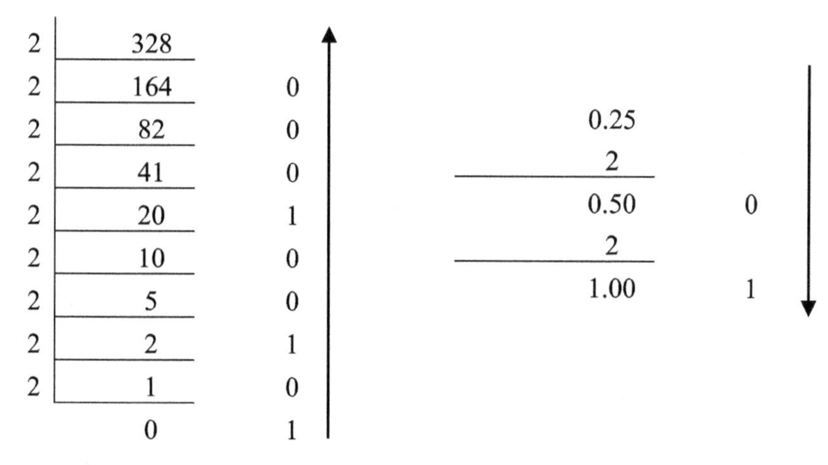

$(328)_{10}=(101001000)_2$　　　　　　　$(0.25)_{10}=(0.01)_2$

将整数部分和小数部分的转换结果进行合并，得到最终结果：

$(328.25)_{10}=(101001000.01)_2$

提示：整数部分在除以基数取余数时，一直除到商为 0 为止。而小数部分乘以基数取整数，一直乘到小数部分为 0 为止。

大家可以考虑十进制数转换成八进制或十六进制数。

【例 2-3】$(328.25)_{10}$ 转换成八进制数是多少？

整数部分：　　　　　　　　　　　　　　　小数部分：

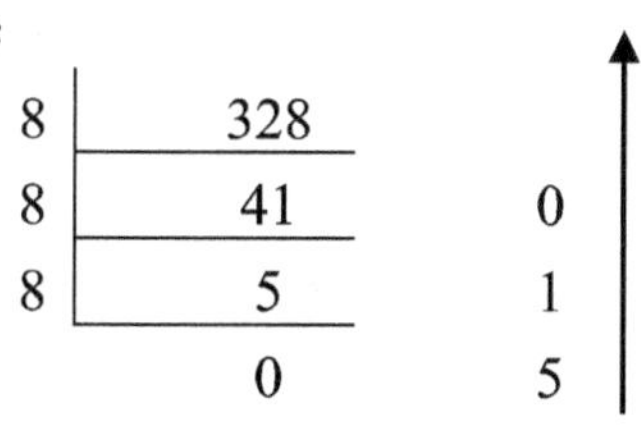

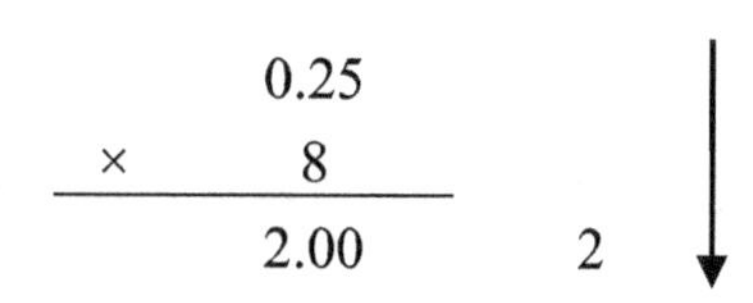

$(328)_{10}=(510)_8$　　　　　　　$(0.25)_{10}=(0.2)_8$

将整数部分和小数部分的转换结果进行合并，得到最终结果：

$(328.25)_{10}=(510.2)_8$

【例 2-4】$(328.25)_{10}$ 转换成十六进制数是多少？

整数部分：　　　　　　　　　　　　　　　小数部分：

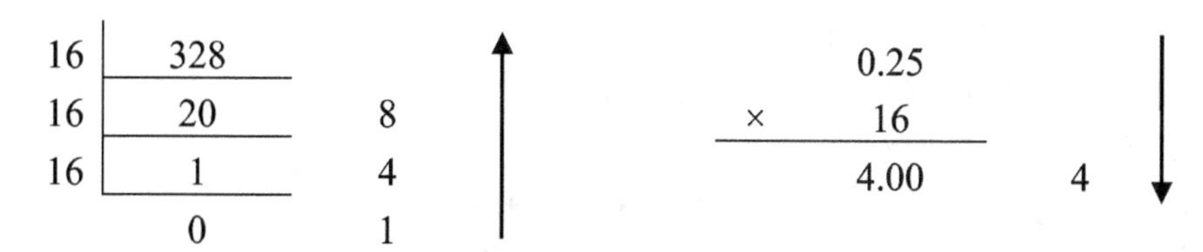

提示：十六进制数超出 10 的部分要用 A～F 的字母来表示。

$(328)_{10}=(148)_{16}$　　　　　　　$(0.25)_{10}=(0.4)_{16}$

将整数部分和小数部分的转换结果进行合并，得到最终结果：

$(328.25)_{10}=(148.4)_{16}$

2．非十进制数转换成十进制数

【例 2-5】$(1011.11)_2$ 转换成十进制数是多少？

【解答】根据转换口诀，将非十进制数按相应的位权进行展开求和。

$(1011.11)_2=1\times2^3+0\times2^2+1\times2^1+1\times2^0+1\times2^{-1}+1\times2^{-2}=(11.75)_{10}$

还可以将八进制数或十六进制数转换成十进制数。

【例 2-6】$(27.3)_8=2\times8^1+7\times8^0+3\times8^{-1}=(23.375)_{10}$

$(3A.8C)_{16}=3\times16^1+10\times16^0+8\times16^{-1}+12\times16^{-2}=(58.546875)_{10}$

项目 2：在日常使用的计算器中，会看见它具有进制转换的功能，尤其是可以将八进制、十六进制等非二进制数转换成二进制数，也可以将二进制数转换成非二进制数，如图 2-1 所示。

图 2-1 计算器

1．非二进制数（以八进制和十六进制为主）转换成二进制数

【例 2-7】$(27.3)_8$ 转换成二进制数是多少？

【解答】根据转换口诀，将每位八进制数转换成相应的 3 位二进制数，然后再组合起来。

由于 2—010，7—111，3—011，

所以$(27.3)_8=(010111.011)_2=(10111.011)_2$。

提示：转换的数据头尾的零不影响最终结果，所以可以删除。

【例 2-8】$(A3.C)_{16}$ 转换成二进制数是多少？

【解答】根据转换口诀，将每位十六进制数转换成相应的 4 位二进制数，然后再组合起来。

由于 A—1010，3—0011，C—1100

所以$(A3.C)_{16}=(10100011.1100)_2=(10100011.11)_2$

2．二进制数转换成非二进制数

方法与上面的方法正好相反，在转换成八进制时，每 3 位二进制转换成相应的 1 位八进制数，再组合起来。而转换成十六进制数时，是每 4 位二进制转换成相应的 1 位十六进制数，再组合起来。

【例 2-9】$(10111.101)_2$ 转换成八进制数是多少？转换成十六进制数是多少？

$(\underline{10}\ \underline{111}.\underline{101})_2=(\underline{010}\ \underline{111}.\underline{101})_2=(27.5)_8$

$(\underline{1}\ \underline{0111}.\underline{101})_2=(\underline{0001}\ \underline{0111}.\underline{1010})_2=(17.A)_{16}$

提示： 当进行分组时，头尾可能数量不够，可以先在头尾进行补 0，再进行转换。

【项目考评】

数字转换技巧考评表如表 2-4 所示。

表 2-4　数字转换技巧考评表

项目名称：数字转换技巧					
评价指标	评价要点	评价等级			
		优	良	中	差
是否掌握十进制与非十进制的转换	熟练掌握二进制数与十进制数之间的转换原理，并能熟练进行十进制数与非十进制数的转换				
是否掌握二进制与八进制、二进制与十六进制的转换	熟练掌握二进制数与八进制数、十六进制数之间的转换原理，并能熟练进行二进制数与八进制数、十六进制数的转换				
是否掌握进制数的比较大小	能熟练对各种进制数进行大小比较				
是否掌握 ASCII 字符编码和汉字编码	熟练掌握并理解 ASCII 字符编码和汉字编码的原理及使用，能进行 ASCII 码的运算和字形码所占存储空间的计算				
总　评	总评等级				
	评语：				

【项目拓展】

项目：重量计量单位转换

在学习二进制与八进制、十进制、十六进制的转换关系基础上，大家可以用相同的理论方法，实现十进制与其他进制的转换（例如过去的重量计量单位是十六进制数，现在的重量计量单位是十进制数，大家可以实现现在和过去两种重量计量的转换）以及二进制与其他进制的转换。项目思维导图如图 2-2 所示。

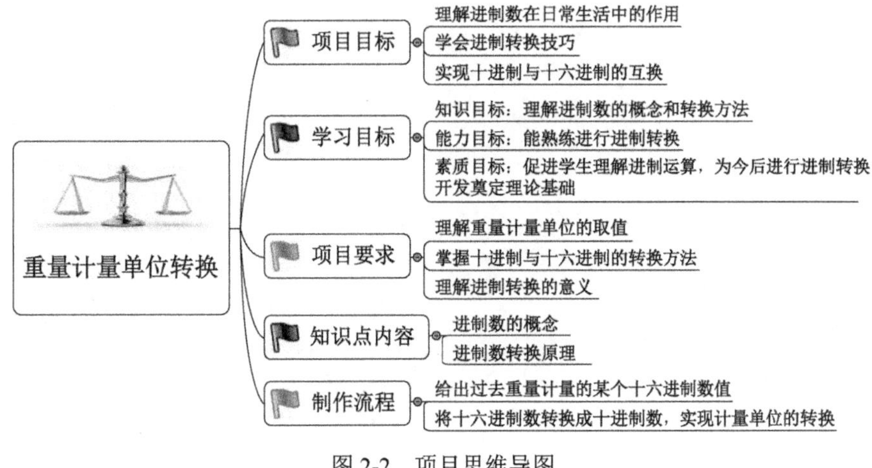

图 2-2　项目思维导图

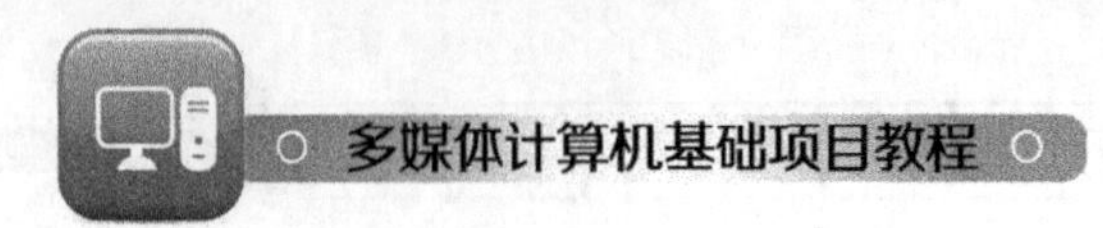

【思考练习】

1．请将十进制数$(239.45)_{10}$ 转换成对应的二进制数、八进制数和十六进制数，同时考虑从数字的表示形式上谁大谁小？

2．请将二进制数$(1011011001.01101)_2$ 转换成对应的八进制数和十六进制数。

3．如果采用 16×16 点阵表示汉字，请计算出存储 20 个汉字所需的字节数。

4．如果已知字符 A 的 ASCII 码值为 65，那么请问字符 H 的 ASCII 码值是多少？你知道字符 D 和字符 a 谁的 ASCII 码值更大吗？

项目三　安装使用多媒体计算机外部设备

【项目分析】

计算机是信息处理的重要工具，已经基本普及到家庭或个人，了解计算机硬件的基本结构和安装方法，已经成为人们所迫切希望掌握的知识与技能。而随着扫描仪、打印机等计算机外部设备的广泛应用，以及我国信息自动化和办公自动化的普及，OCR 软件与扫描仪的搭配已经应用到信息化时代的多个领域，例如数字化图书馆、各种报表的识别以及银行、税务系统票据的识别等。本项目由编制组装一台多媒体计算机的预算和多媒体计算机外部设备的安装与使用两个子任务组成。

1．编制组装一台多媒体计算机的预算

其以微型计算机的组装作为任务和目的，要求学习者在掌握计算机硬件系统知识的基础上，对计算机系统组成的认识有进一步提高。不仅掌握计算机的基本组成，还能够了解计算机主要硬件结构、功能及其参数。了解当前计算机主要配件的性能、技术参数，懂得如何合理选择搭配计算机元器件。能够根据需求设计系统配置方案，编制组装一台多媒体计算机的预算。掌握计算机硬件系统组装的方法、步骤和技术要点，掌握 BIOS 参数的设置，对计算机组装的全过程有一个整体的认识。

2．多媒体计算机外部设备的安装和使用

安装指定型号的扫描仪与打印机，使用扫描仪进行图片和文字的扫描（可以自备照片、印刷文字材料），将扫描的图片和文字保存为一个 Word 文档，编辑排版后打印输出。

其以学会扫描仪、打印机的安装和使用为任务和目的，要求学习者掌握扫描仪与打印机的安装方法。熟悉扫描仪和打印机的基本操作技能，掌握扫描软件的设置方法。了解 OCR 基本知识，掌握扫描仪利用 OCR 软件扫描文件的方法、步骤。掌握 Word 的基本编辑操作，能够使用打印机输出文件。

【学习目标】

1．能力目标

总体能力目标：掌握计算机硬件系统基础知识；能够熟练配置组装一台微型计算机；能够安装使用扫描仪机、打印机；能够利用扫描仪录入纸质文档，编辑并输出文档。

（1）了解微型计算机的硬件系统。

（2）了解多媒体计算机各个硬件设备的名称与功能。

（3）能够设计出满足需求、性价比高及稳定性好的计算机配置方案。

（4）能够熟练组装一台微型计算机。

（5）理解 BIOS 和 CMOS。

（6）能够熟练安装扫描仪、打印机。

（7）能够使用 OCR 软件识别文字。

2. 知识目标

（1）了解微型计算机的硬件系统。
（2）了解多媒体计算机各个硬件设备的名称与功能。
（3）了解计算机主流设备的性能参数、作用及市场参考价格。
（4）掌握组装一台微型计算机的具体方法、步骤。
（5）掌握 BIOS 参数的设置。
（6）掌握打印机、扫描仪的安装方法。
（7）掌握运用扫描仪录入纸质文稿的方法。
（8）了解打印机输出的方法。

3. 素质目标

（1）培养学生的实际动手能力。
（2）培养学生在学习过程中解决困难的能力。
（3）培养学生在学习过程中的兴趣，提高工作、学习的主动性。
（4）培养学生理论联系实际的工作和学习方法。

【项目导图】

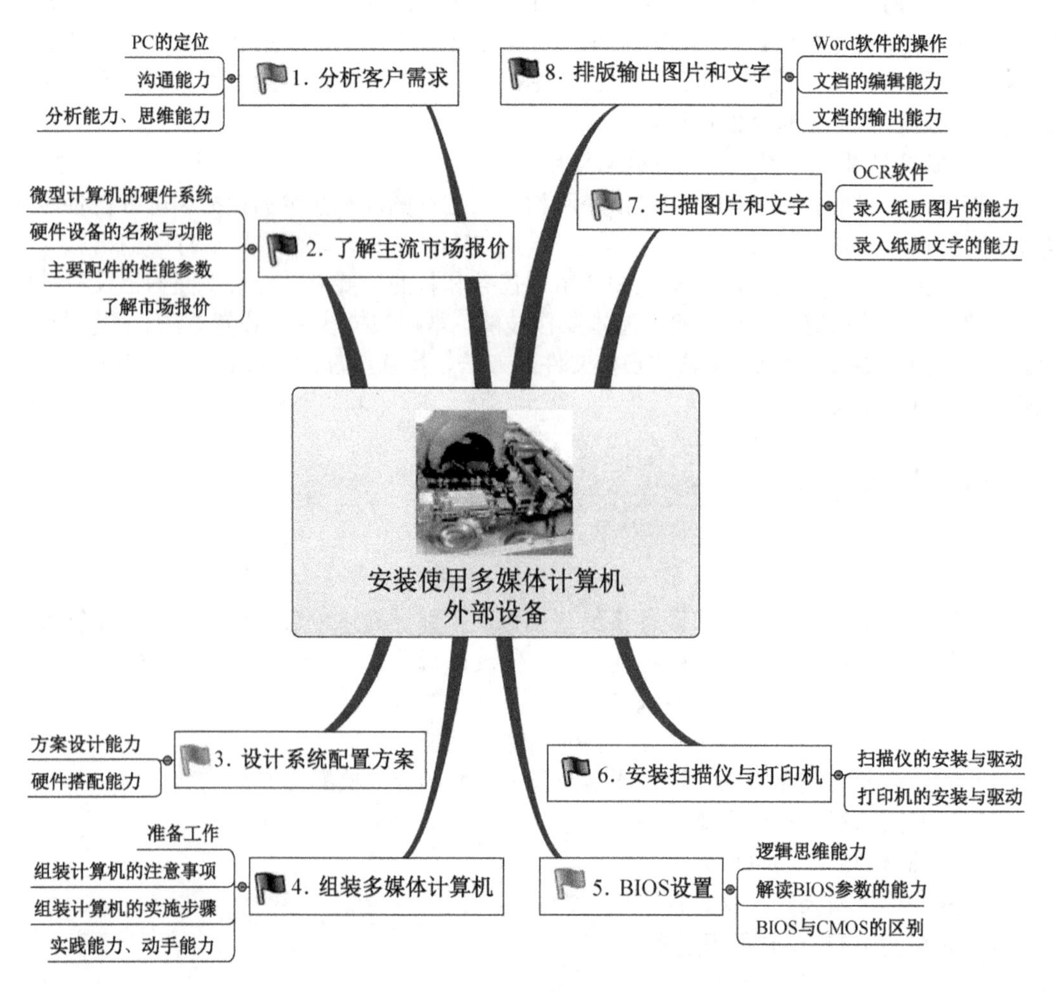

【知识讲解】

3.1　多媒体计算机系统

多媒体计算机系统是指能综合处理多媒体信息，且能为多媒体信息之间建立联系而又具有动态交互性的计算机系统。一个功能较齐全的多媒体计算机系统是在普通计算机硬件系统的基础上（见图 3-1），配以多媒体所必需的硬件和软件，即由多媒体硬件系统和多媒体软件系统两部分组成。

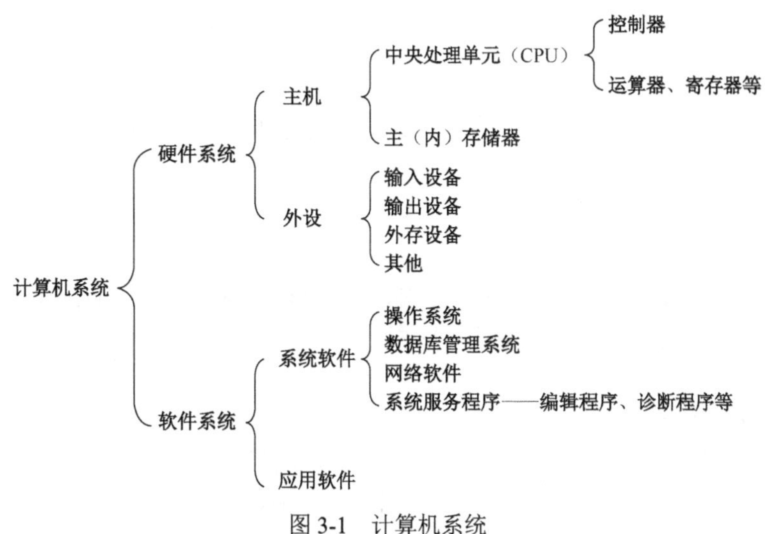

图 3-1　计算机系统

其中，硬件系统主要包括计算机、各种外部设备以及与各种外部设备对应的控制接口卡（例如多媒体实时压缩和解压缩电路），软件系统包括多媒体驱动软件、多媒体操作系统、多媒体数据处理软件、多媒体创作工具软件和多媒体应用软件等。

多媒体计算机系统层次结构如图 3-2 所示。

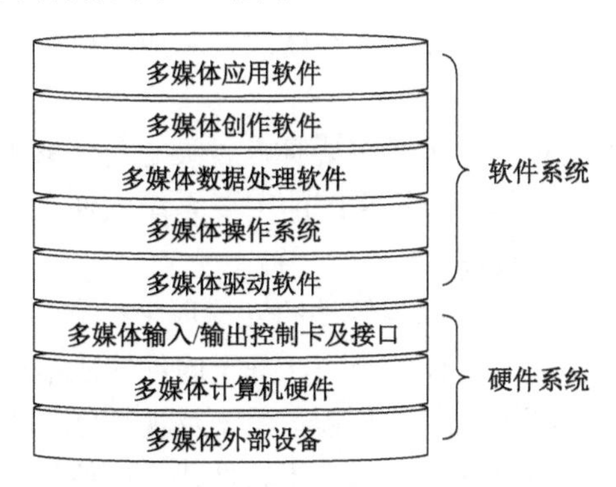

图 3-2　多媒体计算机系统的层次结构

3.1.1　多媒体计算机的硬件系统

多媒体计算机的硬件系统是在个人计算机的基础上，增加各种多媒体输入和输出设备及其接口卡而组成的，如图 3-3 所示为多媒体计算机硬件系统。

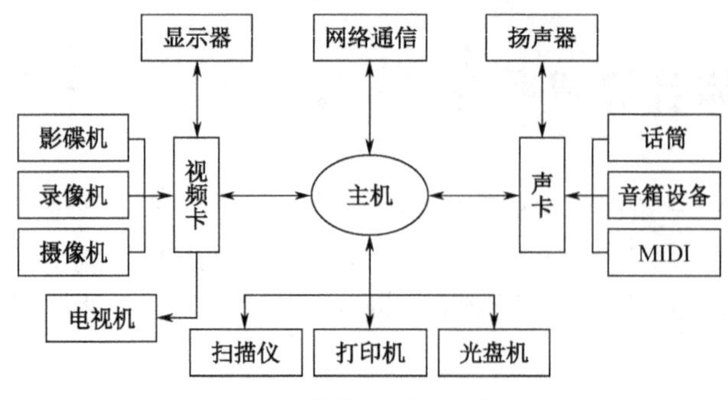

图 3-3　多媒体计算机硬件系统

1. 主机

多媒体计算机主机既可以是大中型机，也可以是工作站，目前最普遍的是多媒体个人计算机（Multimedia Personal Computer，MPC）。多媒体计算机的主机既要有功能强、运算速度高的中央处理器，又要有高分辨率的显示接口以及较大的内存（RAM）。

2. 多媒体接口卡

多媒体接口卡是根据多媒体系统获取、编辑音频或视频的需要，插接在计算机上的硬件设备。多媒体接口卡是制作和播放多媒体应用程序必不可少的硬件设备。常用的接口卡有声卡、显卡、视频捕捉卡等。

3. 多媒体外部设备

多媒体外部设备十分丰富，工作方式一般为输入和输出。按其功能又可以分为如下四类。

（1）视频、音频输入设备（摄像机、录像机、扫描仪、传真机、数码相机、话筒等）。

（2）视频、音频播放设备（电视机、投影电视、大屏幕投影仪、音响等）。

（3）人—机交互设备（键盘、鼠标、触摸屏、绘图板、光笔及手写输入设备）。

（4）存储设备（移动硬盘、U 盘、光盘等）。

3.1.2　多媒体计算机的软件系统

多媒体计算机软件系统按功能可以分为系统软件和应用软件。

1. 系统软件

系统软件是多媒体系统的核心，各种多媒体软件要运行于多媒体操作系统平台上，故操作系统平台是软件的基础。多媒体计算机系统的主要系统软件有以下几种。

（1）多媒体驱动软件和接口程序

多媒体驱动软件和接口程序是最底层硬件的支撑环境，它直接与计算机硬件相关，完成设备的初始化、设备的打开和关闭、设备操作、基于硬件的压缩/解压缩、图像快速变换及功能调用等。通常驱动软件有视频子系统、音频子系统及视频/音频信号获取子系统。接口程序是高层软件与驱动程序之间的接口软件，为高层软件建立虚拟设备。

（2）多媒体操作系统

多媒体操作系统实现多媒体环境下多任务调度，保证音频、视频同步控制及信息处理的实时性，提供多媒体信息的各种基本操作和管理。操作系统还具有独立于硬件设备的特点和较强的可扩展性。

（3）多媒体素材制作工具及多媒体库函数

多媒体素材制作工具及多媒体库函数为多媒体应用程序进行数据准备的软件，主要是多媒体数据采集软件，作为开发环境的工具库，供开发者调用。多媒体素材制作工具按功能划分有文本素材编辑工具、图形素材编辑工具、图像素材编辑工具、声音素材及 MIDI 音乐的编辑工具、动画素材编辑工具和视频影像素材编辑工具等。

（4）多媒体创作工具

多媒体创作工具是在多媒体操作系统上进行开发的软件工具，用于编辑生成多媒体应用软件。多媒体创作工具提供将媒体对象集成到多媒体产品中的功能，并支持各种媒体对象之间的超级链接以及媒体对象呈现时的过渡效果。

2. 应用软件

多媒体应用软件是在多媒体创作平台上设计开发的面向应用领域的软件系统，通常由应用领域专家和多媒体开发人员共同协作、配合完成。开发人员利用开发平台、创作工具制作、组织各种多媒体素材，生成最终的多媒体应用程序，并在应用中测试、完善，最终成为多媒体产品，例如各种多媒体教学系统、多媒体数据库、音像俱全的电子图书等。多媒体应用软件广泛应用于教育培训、电子出版、影视特技、电视会议、咨询服务、演示系统等各个方面。

3.2　计算机基础硬件系统的组成与选购

计算机是由多个配件有序地组合在一起形成的一个有机整体，要选购一台适合自己使用的计算机，就必须从选购单个配件开始，并最终将所有配件选购齐全。计算机的基本硬件组成按照作用，可以将上述配件归属为以下几个分系统。

（1）CPU、主板、内存

构成基本系统，这是个人电脑的基础。

（2）显卡、显示器

显示子系统，影响显示性能。

（3）声卡、音箱

声音子系统，影响音响性能。

（4）硬盘、光驱、软驱

存储子系统，影响数据存储的读写性能。

（5）键盘、鼠标器

输入子系统，影响操作性能。

（6）机箱、电源

“整合”和供电子系统，电源影响整机性能。

（7）网卡

通信模块，影响与外部设备的通信性能。

其中，CPU、主板、内存、电源是决定系统基本性能的部件，其他部件则更多地影响子系统性能。当人们为了满足某种需求（例如降低成本）而不得不牺牲一些性能时，应该在配置了能满足应用要求的基本系统之后，考虑降低一些子系统的配置。

3.2.1 中央处理器的选购

中央处理器即CPU，是计算机中最核心的部件，它主要由运算器、控制器、寄存器等组成。CPU的主要功能是按照程序给出的指令序列分析指令、执行指令，完成对数据的加工处理。计算机所发生的全部动作都受CPU的控制。

CPU是计算机的心脏，人们常常用它的性能水平来衡量一台计算机的档次高低。在购买计算机时一般要首先确定选择什么样的CPU，CPU的类型确定后才能进一步搭配主板和其他部件。目前，用在台式电脑或笔记本电脑上的CPU生产厂家主要有Intel和AMD，主流产品是Intel酷睿系列处理器和AMD的羿龙系列处理器，CPU外形图如图3-4所示。

图3-4　CPU外形图

性能参数是对一块CPU品质的数字化标注，因此，在选购之前，需要对下面几个指标有一个大致的了解。

1．主频

即CPU的时钟频率，也就是CPU的工作频率。主频越高，CPU的速度也就越快。购买CPU时主要看它的主频参数。

2．前端总线频率

它是直接影响CPU与内存交换速度的一个性能参数，关系到整台电脑的运行效率。

3．缓存

缓存是指可以进行高速数据交换的存储器。CPU的缓存分为两种，即L1 Cache（一级缓存）和L2 Cache（二级缓存）。目前所有产品的一级缓存容量基本相同，在选购时，重点了解二级缓存的容量。

4．工作电压

CPU正常工作所需的电压。目前主流CPU的工作电压已经从早前的5V降低到现在的1.5V左右。低电压能够解决CPU耗电过多和发热过高的问题，使其更加稳定地运行，也延长了CPU的使用寿命。

5．制造工艺

越精细的工艺生产的CPU线路和元件越小，可以极大地提高CPU的集成度和工作频率。这也是CPU功能不断增强而体积却不大的重要原因。

6．核心代号

即芯片生产商为了便于区分和管理而给CPU设置的一个相应的代号。

3.2.2 主板的选购

如果说CPU是整个电脑系统的心脏，那么主板将是整个身体的躯干。主板（Main Board）

也叫母板，是微型计算机中连接其他部件的载体，是最主要的部件之一。现在市场上的主板虽然品牌繁多，布局不同，但是其基本组成是一致的，主要包括南桥芯片、北桥芯片、板载芯片（I/O 控制芯片、时钟频率发生器、RAID 控制芯片、网卡控制芯片、声卡控制芯片、电源管理芯片、USB 2.0/IEEE 1394 控制芯片）、核心部件插槽（安装 CPU 的 Socket 插座或 Slot 插槽、内存插槽）、内部扩展槽（AGP 插槽、PCI 插槽、ISA 插槽）、各种接口（硬盘及光驱的 IDE 或 SCSI 接口、软驱接口、串行口、并行口、USB 接口、键盘接口、鼠标接口）及电子电路器件，如图 3-5 所示。主板几乎集合了全部系统的功能，控制着各部分之间的指令流和数据流。

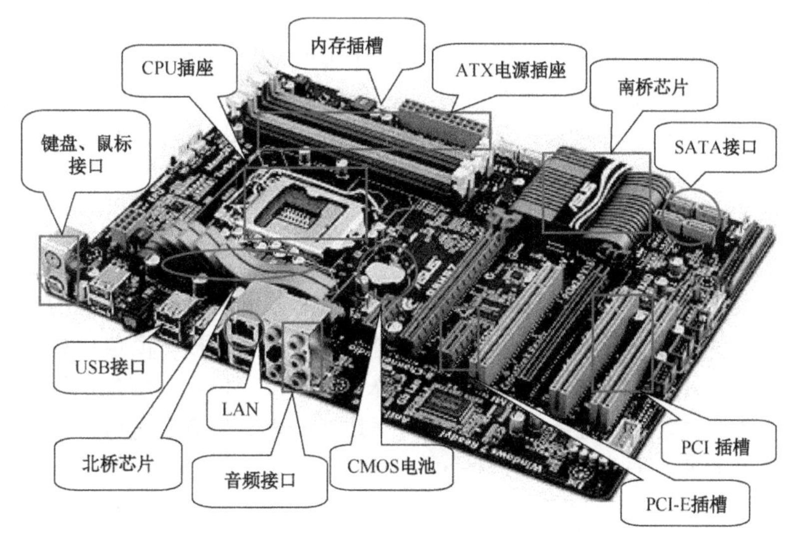

图 3-5　主板图解

主板主要包括以下几个部分。

1. CPU 插座或插槽

2. 控制芯片组

一块主板的性能稳定与否和芯片组有很大的关系，它们是主板的“灵魂”，对于主板而言，芯片组几乎决定了这块主板的功能。而主板的功能又影响到整个电脑系统的发挥，所以芯片是主板的核心或者中心。

3. 内存插槽

内存插槽是用来安装内存条的，它是主板上必不可少的插槽，一般主板中有两到四个内存条插槽可以在升级时使用。

4. 总线扩展槽（I/O 插槽）

总线是构成计算机系统的桥梁，是各个部件之间进行数据传输的公共通道。在主板上占用面积最大的部件就是总线扩展插槽，它们用于扩展 PC 的功能，也被称为 I/O 插槽，大部分主板有 1～6 个扩展槽。总线扩展槽是总线的延伸，也是总线的物理体现，在其上可以插入任意的标准选件，例如显卡、声卡、网卡等。

5. IDE 接口插座

集成设备电子部件（Integrated Device Electronics，IDE）接口也称为 PATA 接口，主要用于连接 IDE 硬盘和 IDE 光驱。

6. 软盘驱动器接口插座

随着 USB 设备的流行，目前有些主板已经不再提供软驱接口。

7. SATA 接口

SATA 接口仅用 4 根针脚就能完成所有的工作，分别用于连接电源、连接电线、发送数据和接收数据。SATA 接口插槽带有防插错设计，可以方便地拔、插。

8. 板载芯片

通过使用不同的板载芯片，用户可以根据自己的需求选择产品。与独立板卡相比，采用板载芯片可以有效地降低成本，提高产品的性价比。

9. BIOS 芯片

基本输入/输出系统（Basic Input/Output System，BIOS）是安装在主板上的一个 FlashROM 芯片，其中固化保存着计算机系统最重要的基本输入/输出程序、系统 CMOS 设置程序、开机上电自检程序和系统启动自检程序，为计算机提供最低级的、最直接的硬件控制。目前主板 BIOS 有两种类型：AWARD 和 AMI。

10. CMOS 芯片

CMOS（本意是指互补金属氧化物半导体，一种应用于集成电路芯片制造的原料）是计算机主板上的一块可读写的 RAM 芯片，用来保存当前系统的硬件配置和用户对某些参数的设定（例如 BIOS 参数）。开机时看到的系统检测过程（例如主板厂商信息和各种系统参数信息的显示等）就是 CMOS 中设定执行的程序。CMOS 芯片可以由主板的电池供电，即使关闭机器，信息也不会丢失。CMOS RAM 本身只是一块存储器，只有数据保存功能，而对 CMOS 中各项参数的设定要通过专门的程序。

11. 电池

为了在主板断电期间维持系统 CMOS 内容和主板上系统时钟的运行，主板上特别地装有一个电池，电池的使用寿命一般为 3～5 年。

12. 电源插座

计算机电源通过电缆连接主板电源接口为主板供电，电源接口类型依电源版本或标准而定。

13. 输入/输出接口

主板上的输入/输出接口是主板用于连接机箱外部各种设备的接口。通过这些接口，可以把键盘、鼠标、打印机、扫描仪、U 盘、移动硬盘等设备连接到计算机上，并且已经实现计算机之间的互连。主板上常见的输入/输出接口有串口、并口、USB 接口、鼠标接口、键盘接口、IEEE 1394 接口等。

主板在计算机系统中占有很重要的地位，因此主板的选购至关重要。目前主板市场的总的发展趋势在主板控制芯片组的开发研究方面，主板产品主要分为 Intel 和以 VIA、SiS、AMD、NVIDIA、ATI 为代表非 Intel 两大类，其中以 Intel 和 VIA 的芯片组最为常见。

选购主板应该考虑的主要指标是速度、稳定性、兼容性、扩展能力和升级能力。

选择主板时应该注意以下几个问题。

（1）与 CPU 是否相匹配。

（2）注意芯片组。

（3）注意散热。

（4）注意主板布局。

（5）注意扩展性。

（6）注意主板器件的质量。

（7）性能价格比。

不少人在选购主板时只为求好，只注重性能参数，忽视了价格和自身使用等因素，因此造成了不少的浪费，编者认为选购主板时应该考虑到自身需要，不能盲目追求参数。

3.2.3　内存条的选购

内存也叫主存，是 PC 系统存放数据与指令的半导体存储器单元，也称为主存储器（Main Memory），如图 3-6 所示。

图 3-6　内存条

内存是 CPU 直接与之沟通，并用其存储数据的部件，存放当前正在使用的数据和程序，它的物理实质就是一组或多组具备数据输入/输出和数据存储功能的集成电路，内存只用于暂时存放程序和数据，一旦关闭电源或发生断电，其中的程序和数据就会丢失。我们平常所指的内存条其实就是 RAM，其主要的作用是存放各种输入、输出数据和中间计算结果，以及与外部存储器交换信息时做缓冲之用。作为随机存储器，它需要快速更新，无法长期保存其中的信息。

1．内存的分类

内存一般采用半导体存储单元，包括随机存储器（RAM）、只读存储器（ROM）以及高速缓存（Cache）。

（1）随机存储器

随机存储器（Random Access Memory，RAM）表示既可以从中读取数据，也可以写入数据。当机器电源关闭时，存于其中的数据就会丢失。市场上常见的内存条容量为 1GB、2GB、4GB 等。

（2）只读存储器

只读存储器（Read Only Memory，ROM）在制造时，信息（数据或程序）就被存入并永久保存。这些信息只能读出，一般不能写入，即使机器掉电，这些数据也不会丢失。ROM 一般用于存放计算机的基本程序和数据，例如 BIOS ROM，其物理外形一般是双列直插式（DIP）的集成块。

（3）高速缓冲存储器

Cache 也是我们经常遇到的概念，也就是平常看到的一级缓存（L1 Cache）、二级缓存（L2 Cache）、三级缓存（L3 Cache），其位于 CPU 与内存之间，是一个读写速度比内存更快的存储器。当 CPU 向内存中写入或读出数据时，这个数据也被存储到高速缓冲存储器中。当 CPU 再次需要这些数据时，CPU 就从高速缓冲存储器读取数据，而不是访问较慢的内存，如果需要的数据在 Cache 中没有，那么 CPU 会再去读取内存中的数据。

2．内存的性能指标

内存的性能指标包括存储容量、存储速度、CAS 延迟时间、内存带宽等。

（1）存储容量

即一根内存条可以容纳的二进制信息量，例如目前常用的 168 线内存条的存储容量一般多为 32MB、64MB 和 128MB，而 DDR3 普遍为 1GB 到 2GB。

（2）存储速度（存储周期）

即两次独立的存取操作之间所需的最短时间，又称为存储周期，半导体存储器的存取周期一般为 60～100ns。

（3）存储器的可靠性

存储器的可靠性用平均故障间隔时间来衡量，可以理解为两次故障之间的平均时间间隔。

（4）性能价格比

性能主要包括存储器容量、存储周期和可靠性三项内容，性能价格比是一个综合性指标，对于不同的存储器有不同的要求。

常见的内存条品牌有现代（HY）、三星（SAMSUNG）、华邦（WINBOND）、金士顿（Kingston）、威刚（ADATA）、昱联（Asint）等。

3.2.4 显卡和视频卡的选购

1. 显卡的选购

显卡全称显示接口卡（Video Card，Graphics Card），又称为显示适配器（Video Adapter）。显卡的用途是将计算机系统所需要的显示信息进行转换驱动，并向显示器提供行扫描信号，控制显示器的正确显示，是连接显示器和个人电脑主板的重要元件，承担输出显示图形的任务。目前，市面上的显卡芯片供应商主要来自 AMD（ATI）和 NVIDIA（英伟达）两家。显卡主要由显示芯片、显存、显卡风扇和各种接口等组成，如图 3-7 所示。

图 3-7　显卡

选购显卡和选购 CPU 相似，必须根据自己的实际需要来选择合适的显卡，既不能过于保守，也不能盲目追新，可以利用专业软件测试挑选。

2. 视频卡的选购

视频采集卡（Video Capture Card）也叫视频卡，是将模拟摄像机、录像机、LD 视盘机、电视机输出的视频信号等输出的视频数据或者视频音频的混合数据输入电脑，并转换成电脑可辨别的数字数据，存储在电脑中，成为可编辑处理的视频数据文件的硬件，如图 3-8 所示。

和其他电脑硬件一样，购买的基本准则是够用就好，关键是适用于自己，不盲目追求。在挑选自己适用的采集卡的时候，用户应该对以下几项主要的性能参数进行比较。

（1）是否支持视频数据的硬件级处理，这可是重要的一点。

（2）帧速率，这个指标则更为重要且具体，帧速率的高低直接影响了采集卡制作的视频文件能否流畅，一般帧速率比较低的产品，CPU 占用率也高。

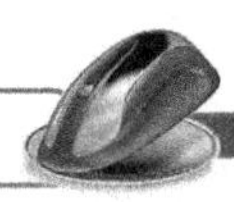

图 3-8　视频采集卡

（3）分辨率，它是视频文件质量好坏的主要参数。分辨率有静态画面捕捉分辨率和动态分辨率，分辨率越高，画面越清晰。

（4）是否带音频输入功能以及是否附赠配套软件。

3.2.5　显示器的选购

显示器通常也被称为监视器，是一种将一定的电子文件通过特定的传输设备显示到屏幕上再反射到人眼的显示工具。显示器属于电脑的 I/O 设备，即输入/输出设备。显示器常被比作电脑的“脸”，它可以分为 CRT、LCD 等多种，如图 3-9 所示。一般用户建议选择使用 LCD（液晶显示屏）较为合适，从事设计等有特殊要求的人员可以根据需要选用 CRT 显示器。

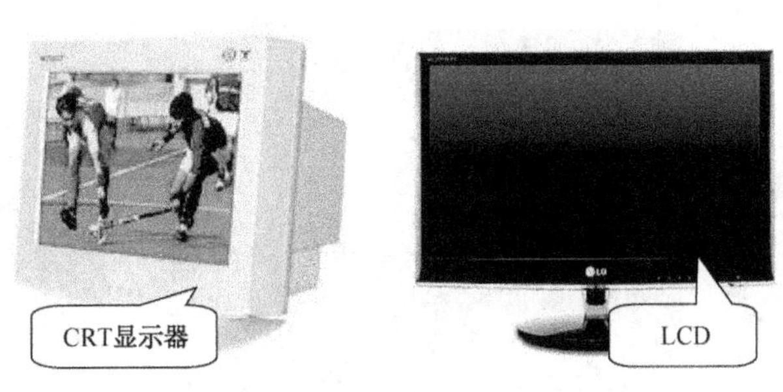

图 3-9　显示器

选购液晶显示器时，需要详细了解其可视面积、可视角度、点距、色彩度、对比值、亮度值及响应时间的具体技术参数。

3.2.6　声卡与音箱的选购

在计算机中，声卡和音箱的作用非常类似于显卡和显示器，只不过声卡和音箱是将音频信号转换成人耳能听到的声音的设备。要通过计算机播放出动听的音乐，必须具备优质的声卡和音箱设备。

1．声卡的选购

声卡是一台多媒体电脑的主要设备之一，是实现声波/数字信号相互转换的一种硬件。声卡的基本功能是把来自话筒、磁带、光盘的原始声音信号加以转换，输出到耳机、扬声器、扩音机、录音机等音响设备，或通过音乐设备数字接口（MIDI）使乐器发出声音。按照声卡芯片的不同，可以将声卡分成集成声卡和独立声卡，如图 3-10 所示。

图 3-10　声卡

集成声卡是指芯片组支持整合的声卡类型，比较常见的是 AC'97 和 HD Audio，使用集成声卡的芯片组的主板就可以在比较低的成本上实现声卡的完整功能。独立声卡是指独立安装在主板 PCI 插槽中的声卡。独立声卡一般有独立的音频处理芯片，结合功能强大的音频编辑软件，可以得到比同档次的集成声卡更好的音频处理效果。

选购声卡时，明确所需声卡的定位之后，主要关注声卡性能的 4 个因素：音频品质，WAV 通道的处理能力，包括回放音质和录音效果两个方面；MIDI 以及波表合成的效果；三维效果，声卡对各种三维音效 API 的支持和体现；兼容能力，包括音频软件和 DOS 兼容性。同时，应该注意多声道的声卡与音箱的搭配。

2．音箱的选购

音箱的主要技术指标有功率、制作用料、箱体设计等，如图 3-11 所示。音箱的功率决定了音箱产生的声音大小，音场的震撼力也和它密切相关。在制作用料上，箱体采用木质的一般效果要比塑料的好。在箱体的外形设计上，既要考虑美观又要注意这对音箱表现力的影响。另外，失真度越低越好，信噪比要大于 85。

图 3-11　音箱

3.2.7　硬盘的选购

硬盘（Hard Disc Drive，HDD），是电脑主要的存储媒介之一，由一个或者多个铝制或者玻璃制的碟片组成，如图 3-12 所示。这些碟片外覆盖有铁磁性材料。绝大多数硬盘是固定硬盘，被永久性地密封固定在硬盘驱动器中。

硬盘作为电脑数据的主要载体，其质量和性能都需要有可靠的保证。硬盘的主要技术参数包括硬盘容量、转速、缓存、平均寻道时间（Average Seek Time）、硬盘的数据传输率（Data Transfer Rate）、突发数据传输率（Burst Data Transfer Rate）、持续传输率（Sustained Transfer Rate）、控制电路板。由于这些技术参数大部分是由厂商提供的，所以在选购硬盘时，可以借助测试软件重点测评数据传输率、平均寻道时间及 CPU 占用率。

图 3-12　硬盘

3.2.8　光驱的选购

光驱是采用光盘作为存储介质的数据存储装置，是台式机里比较常见的一个配件。光驱可以分为 CD-ROM 驱动器、DVD 光驱（DVD-ROM）、康宝（COMBO）和刻录机等。

目前，用户装机的光驱多选用刻录机，如图 3-13 所示。刻录机可以将要存储的数据写入到刻录光盘，与硬盘相比，刻录机所能存储的资料可以无限多，而且更加安全。

图 3-13　刻录机

3.2.9　网卡的选购

网卡是连接计算机与网络的硬件设备，是局域网中最基本的部件之一。常见的网卡为以太网网卡，按其传输速率来分可以分为 10Mbps 网卡、10/100Mbps 自适应网卡以及 1 000Mbps 网卡。目前台式机的网卡基本采用 10/100Mbps 自适应网卡，该网卡具有一定的智能，可以自动适应远端网络设备（集线器或交换机），以便确定当前可以使用的速率。1 000Mbps 网卡多用于服务器。目前台式机多使用集成网卡，如图 3-14 所示。

图 3-14　集成网卡

选择一款性能稳定、品质优秀的网卡，是建立畅通高速网络的首要条件。在选购时应该选择正规厂商的产品，正规厂商生产的网卡上都直接标明了该网卡的卡号。

3.2.10　机箱与电源的选购

机箱（见图 3-15）虽然对系统性能没有直接的影响，但是与系统的稳定性和用户的健康有着密切的关系。买机箱除了看外形、扩展性、安全性以外，最重要的就是电源。衡量一个电源是否合格，主要通过其安全性能和使用性能两个方面来考察。

图 3-15　机箱

1. 安全性能

电源的安全性能是涉及人身和财产安全的性能指标，它包含很多方面的内容，主要看它是否通过了中国电工安全认证协会的安全认证，即长城认证。长城认证主要是考察电源的漏电电流和耐电强度，通过了这个认证的产品的安全性是有保障的。

2. 使用性能

使用性能就是电源质量的指标，它主要包含负载稳定度、电压稳定度、纹波和噪音、效率、功率因数等。与购买电器相似，电源通过认证是越多越好，最好是通过长城认证、FCC 认证和 CE 认证。

3.2.11 键盘和鼠标的选购

键盘和鼠标都是整个电脑系统中最基本的输入设备，如图 3-16 所示。随着制造技术的不断发展与用户需求的多样化，键盘和鼠标的种类也越来越丰富。键盘和鼠标的选用因人而异，主要观察是否设计精良，各部件加工是否精细，手感是否舒适。

图 3-16 键盘和鼠标

3.2.12 其他外部设备的选购

1. 打印机的选购

打印机是广泛应用的输出设备，它可以将在电脑中编辑制作的文档或图片内容呈现在纸张上。从打印原理来看，打印机大致可以分为针式打印机、喷墨打印机和激光打印机，如图 3-17 所示。

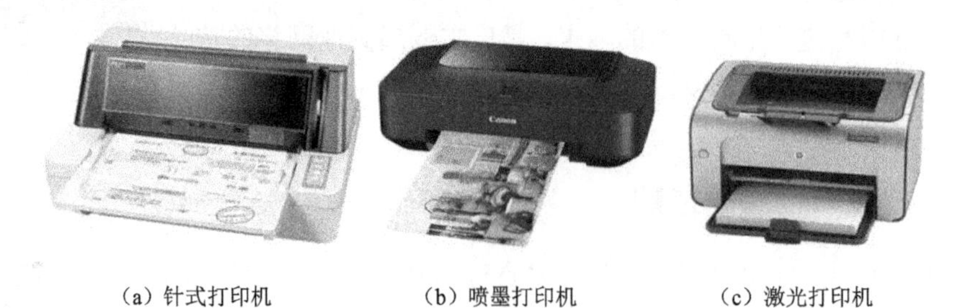

（a）针式打印机　　（b）喷墨打印机　　（c）激光打印机

图 3-17 打印机

选购打印机时应该从用途、价格、功能、打印质量、打印速度及耗材费用等方面确定选购方案。

2. 扫描仪的选购

扫描仪是一种高精度的光电一体化的输入设备，如图 3-18 所示。它可以将照片、底片和图纸图形等实物资料扫描后输入到电脑中进行编辑管理。扫描仪的光学字符识别利用 OCR 软件可以把印刷体上的文章通过扫描，转换成可以编辑的文本。选购扫描仪时，要注意衡量光

学分辨率、最大分辨率、色彩深度、灰阶度、扫描幅面和接口形式这六项主要性能指标。

3．传真机的选购

传真机是把记录在纸上的内容通过扫描后从发送端传输出去，再在接收端的记录纸上重现的办公通信设备，如图 3-19 所示。用户应该根据自身需求确定采购何种打印方式的传真机。值得注意的是，由于传真机上的许多专用器件，例如感热记录头、CCD 或 CIS 和 Modem，在市场上都较难采够，所以传真机的售后服务也是需要重点考察的因素之一。

图 3-18　扫描仪

图 3-19　传真机

4．摄像头的选购

摄像头是一种将接收到的光信号转换为电信号的设备，通过它可以实现拍摄照片、录制短片和网络视频等功能，如图 3-20 所示。摄像头使用简便，价格实惠，被广泛运用于视频会议、远程医疗和实施监督等方面。

目前，市面上摄像头的品牌众多，产品性能参差不齐，选购时应该注意成像速度与帧数、调焦功能和数据传输接口这三项性能指标。

5．手写输入设备的选购

手写输入设备是一种通过硬件直接向电脑输入汉字，并通过汉字识别软件将其转变成为文本文件的电脑外设产品，如图 3-21 所示。手写板/笔的选购可以从手写板、手写笔、识别软件及附加价值这四个方面着手。

图 3-20　摄像头

图 3-21　手写板

6．DC 与 DV 的选购

DC 是英文 Digital Camera 的缩写，即数码照相机（见图 3-22）。它具有即拍即看、数字化存取、与电脑交互处理等优点。DV 是英文 Digital Video 的缩写，即数码摄像机，它是用数字视频格式即动态视频格式的摄像装置（见图 3-23）。DV 和 DC 虽然同属数码成像设备，但是在挑选上还是有不少区别，最显著的就是在数码照相机上作为硬指标的像素，对于数码摄像机来说并不是决定性的。选购 DC 最关键的是 CCD 和镜头，选购 DV 主要参考动态拍摄效果、存储介质和输出制式。

图 3-22　DC

图 3-23　DV

3.3　装机配置方案

在不同的应用环境下，用户对计算机的需求也不同，所以在进行计算机组装之前，应该根据需求确定具体的装机方案。个人多媒体计算机主要用于学习、娱乐和工作之用，因此一般在选购时需要兼顾各种需求。若是普通家用，则较低端的配置即可满足一般的需求。若是偏游戏娱乐或专业的图形图像的设计处理，则需要更高档的配置，需要 CPU 的主频更高，内存容量足够大，有多级缓存，匹配独立显卡，硬盘采用固态硬盘+机械硬盘的搭配方式，更大功率的电源等。

由于装机配置硬件的价格有很强的时效性，价格甚至每天都有变动，且价格随时间一般会下降很快，同时各类硬件供应商各不相同、型号众多，因此装机配置方案各有不同，以下是编者根据目前的主流配置，同时兼顾大部分用户的学习、游戏和娱乐需求，推荐的两台个人多媒体计算机的配置方案，读者可以登录中关村在线的模拟攒机（http://zj.zol.com.cn）、太平洋电脑网（http://www.pconline.com.cn）、攒机之家（http://www.zgcdiy.com）等网站了解最新的硬件报价确定个人电脑的配置方案。

主流机型配置方案：主流的中高端配置，兼顾大多数用户满足一般上网、学习和游戏娱乐的需求。

（1）装机预算：预算 5 500 元左右。

（2）装机配置单如表 3-1 所示。

表 3-1　5 500 元中高端游戏机配置

品名	产品类型	数量	单价	产品说明
CPU	Intel 酷睿 i5 4690K	1	1 550 元	CPU 系列：酷睿 i5 4 代系列 CPU 主频：3.5GHz 核心数量：四核心 制作工艺：22nm 三级缓存：6MB 热设计功耗：88W
内存	Team 冥神 Dark 16GB DDR3 2400	2	549 元	内存容量：16GB（2×8GB） 内存类型：DDR3 内存主频：2400MHz 散热片：支持散热

续表

品名	产品类型	数量	单价	产品说明
主板	七彩虹战斧 C.Z97 X5 魔音版 V20	1	549 元	主芯片组：Intel Z97 音频芯片集成：Realtek ALC892 8 声道音效芯片 网卡芯片：板载 Intel 千兆网卡 CPU 类型：Core i7/i5/i3/Pentium/Celeron 内存类型：4×DDR3 DIMM PCI-E：标准 PCI-E 3.0 USB 接口：4×USB 3.0 接口（2 内置+2 背板），8×USB2.0 接口（4 内置+4 背板） 视频接口：1×VGA 接口，1×DVI 接口，1×HDMI 接口 其他接口：1×RJ-45 网络接口，1×光纤接口，音频接口 多显卡技术：支持 AMD CrossFireX 混合交火技术
硬盘	希捷 Barracuda 1TB 7200 转 64MB	1	299 元	硬盘容量：1000GB 缓存：64MB 转速：7200rpm 接口速率：6Gb/s
固态硬盘	朗科越影 N650S（128GB）	1	249 元	存储容量：128GB 接口类型：SATA3（6Gbps） 闪存架构：MLC 多层单元
显卡	华硕 PH-GTX 1050-2G	1	899 元	显卡芯片：GeForce GTX 1050 显存频率：7008MHz 显存类型：GDDR5 显存容量：2GB 最大分辨率：7680 像素×4320 像素 标准：3D APIDirectX 12，OpenGL 4.5
显示器	AOC C2491VWHE/WW	1	799 元	产品类型：LED 显示器，广视角显示器，曲面显示器 屏幕尺寸：23.6 英寸 最佳分辨率：1920 像素×1080 像素 屏幕比例：16∶9（宽屏） 高清标准：1080p（全高清） 背光类型：LED 背光 3D 显示：裸眼 3D 可视面积：521.4mm×293.28mm 可视角度：178°/178° 扫描频率水平：30～83kHz 垂直：50～76Hz 刷新率：60Hz

续表

品名	产品类型	数量	单价	产品说明
机箱	金河田风爆 I	1	89 元	机箱样式：立式 机箱结构：ATX 适用主板：ATX 板型、MATX 板型 电源设计：上置电源 扩展插槽：6 个 面板接口：1×USB2.0 接口，1×USB3.0 接口，1×耳机接口，1×麦克风接口
光驱	先锋 DVR-221CHV	1	139 元	SATA 接口：USB2.0 DVD-R：16X CD-R：40X CD-RW：40X
电源	金河田海象 600	1	179 元	额定功率：500W 最大功率：600W 主板接口：20+4pin CPU 接口：（4+4pin）×2 CPU 接口：（方 4pin）×1 显卡接口：（6+2Pin）×2 硬盘接口：4 个
鼠标键盘套装	森松尼金属混光键鼠套装	1	69 元	键盘接口：USB 键盘按键数：104 键 人体工学：支持 键盘类别：有线 鼠标类型：有线光电 鼠标接口：USB 按键数：3 个 滚轮方向：双向滚轮
音箱	雅兰仕 AL-931	1	79 元	音箱系统：2.1 声道 有源无源：有源 调节方式：旋钮 供电方式电源：220V/50Hz 额定功率：9W 扬声器单元：4 英寸+2×2.5 英寸 音箱尺寸低音炮：150mm×196mm×215mm 卫星箱：92mm×128mm×72mm 音箱材质：木质
合计：5 449 元				

3.4　设置 BIOS 参数

3.4.1　基础知识

BIOS 是系统内置的在计算机没有访问磁盘程序之前决定机器基本功能的软件系统。就个人电脑而言，BIOS 包含控制键盘、显示屏幕、磁盘驱动制串行通信设备和其他功能的代码。BIOS 为计算机提供最低级、最直接的控制，计算机的原始操作都是依照固化在 BIOS 的内容来完成的。

常用的 BIOS 芯片基本是由 AMI 和 Award 两家推出的，如图 3-24 所示。

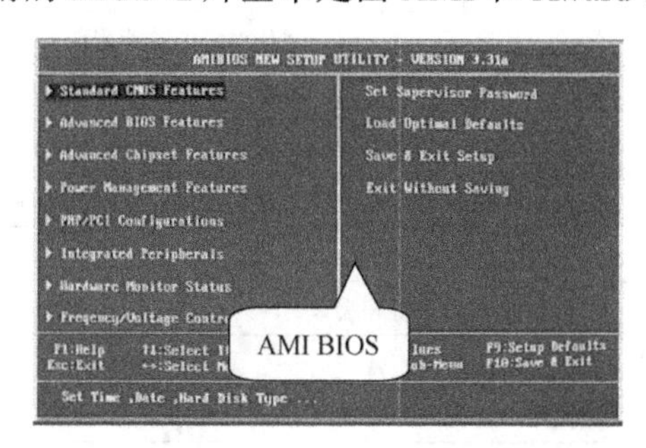

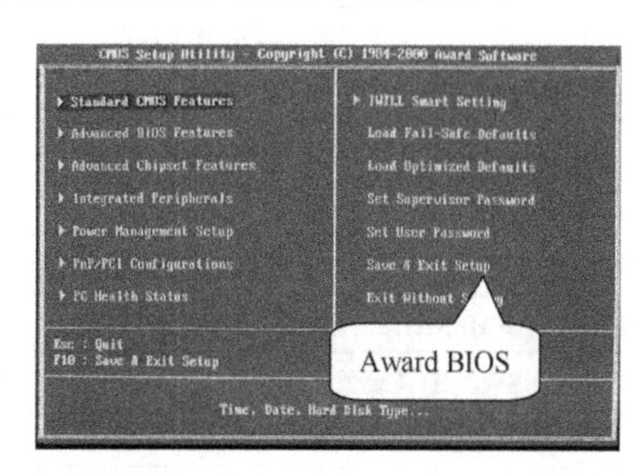

图 3-24　AMI BIOS 和 Award BIOS

一块主板或者说一台电脑性能优越与否，从很大的程度上取决于其 BIOS 管理功能是否先进。BIOS 主要有自检及初始化、程序服务处理、硬件中断处理三个功能。

1．系统自检和初始化

开机自检程序（POST）是 BIOS 在开机后最先启动的程序，启动后 BIOS 将对计算机的全部硬件设备进行检测。当检测通过后按照系统 CMOS 设置中所设置的启动顺序信息将操作系统盘的引导扇区记录读入内存，然后将系统控制权交给引导记录，并由引导程序装入操作系统的核心程序，以便完成系统平台的启动过程。

2．程序服务

程序服务功能主要是为应用程序和操作系统等软件的服务。BIOS 直接与计算机的 I/O 设备交互，通过特定的数据端口发出命令，传送或接收各种外部设备的数据。软件程序通过 BIOS 完成对硬件的操作。

3．设定中断

设定中断也称为硬件中断处理程序。在开机时，BIOS 就将各硬件设备的中断号提交到 CPU（中央处理器），当用户发出使用某个设备的指令后，CPU 就会暂停当前的工作，并根据中断号使用相应的软件完成中断的处理，然后返回原来的操作。DOS/Windows 操作系统对软盘、硬盘、光驱与键盘、显示器等外围设备的管理就是建立在系统 BIOS 的中断功能基础上的。

与 BIOS 紧密相关的还有 CMOS。CMOS RAM 是存放系统参数的地方，而 BIOS 芯片是存放系统设置程序的地方，BIOS 设置和 CMOS 设置是不完全相同的，准确的说法应该是通过 BIOS 设置程序对 CMOS 参数进行设置。而我们平常所说的 CMOS 设置和 BIOS 设置是其简化说法，也就在一定的程度上造成了两个概念的混淆。

3.4.2 BIOS 设置项

目前 BIOS 系统设置程序有多种流行的版本，每个版本针对某一类或几类硬件系统，因此各个版本不尽相同，但每个版本的主要设置选项大同小异。BIOS 设置程序的各项基本功能如表 3-2 所示。

表 3-2 BIOS 设置程序的各项基本功能

BIOS 设置项	基 本 功 能
STANDARD CMOS SETUP（标准 CMOS 设置）	对诸如时间、日期、IDE 设备、软驱参数等基本的系统配置进行设定
BIOS FEATURES SETUP（高级 BIOS 设置）	对系统的高级特性进行设定
CHIPSET FEATURES SETUP（高级芯片组特征设置）	修改芯片组寄存器的值，优化系统的性能表现
POWER MANAGEMENT SETUP（电源管理设置）	对系统电源管理进行特别的设定
PNP/PCI CONFIGURATION（PNP/PCI 配置）	对 PNP/PCI 设置进行配置
LOAD BIOS DEFAULTS（载入 BIOS 默认设置）	载入出厂默认值作为稳定的系统使用，但性能表现不佳
LOAD PERFORMANCE DEFAULTS（载入高性能默认值）	载入最优化的默认值，但可能影响系统稳定
INTEGRATED PERIPHERALS（整合周边设置）	设置主板周边设备和端口
SUPERVISOR PASSWORD（设置管理员密码）	设置管理员密码
USER PASSWORD（设置用户密码）	设置用户密码
SAVE &EXIT SETUP（保存退出）	保存对 CMOS 的修改，然后退出设置程序
EXIT WITHOUT SAVING（不保存退出）	不对 CMOS 的修改进行保存，并退出设置程序

【项目实施】

组装多媒体计算机

1. 装机前的准备工作

在动手组装电脑硬件之前，首先要做好相应的准备工作，才能在组装电脑的过程中游刃有余。

（1）工具准备

装机之前需要准备尖嘴钳、十字螺钉旋具、一字螺钉旋具、镊子等工具，如图 3-25 所示。

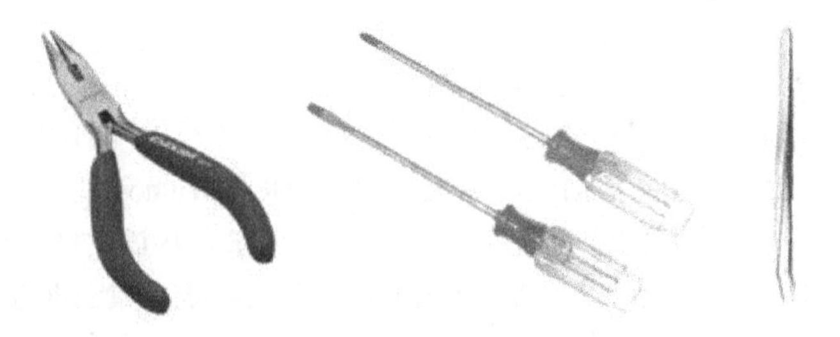

图 3-25 装机工具

（2）材料准备

准备好装机所用的配件、电源排型插座、盛装小零件的器皿及工作台。

（3）装机过程中的注意事项

① 防止静电。

② 防止液体进入计算机内部。

③ 使用正常的安装方法，不可粗暴安装。

④ 认真阅读说明书。

⑤ 以主板为中心，把配件按照顺序排好。

2．安装机箱内的硬件

准备工作完成之后，下面开始正式的装机工作。

（1）安装 CPU

从图 3-26 中可以看到，LGA 1155 接口的英特尔处理器全部采用了触点式设计，与 AMD 的针式设计相比，最大的优势是不用再去担心针脚折断的问题，但对处理器的插座要求则更高。

图 3-26　LGA1155 接口

准备好主板，找到 CPU 安装槽，将 CPU 轻轻放入主板的 CPU 安装槽内，如图 3-27 和图 3-28 所示。

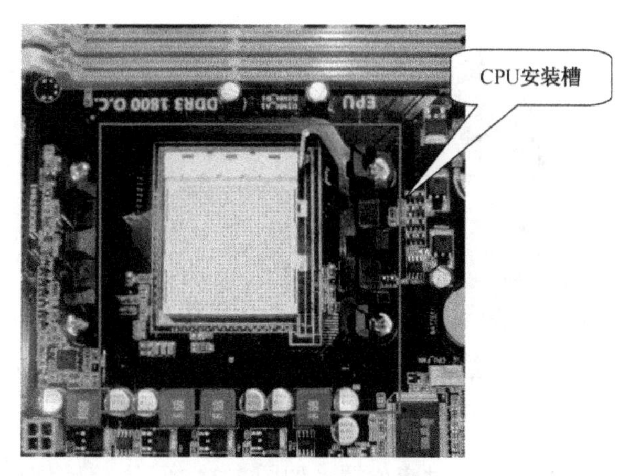

图 3-27　CPU 安装槽

图 3-28　对齐 CPU 与插槽的缺口

将 CPU 风扇放在 CPU 上，调整对齐之后轻轻扣下风扇的压杆，如图 3-29 和图 3-30 所示。

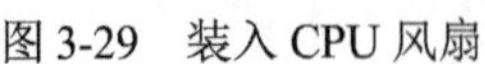

图 3-29　装入 CPU 风扇

图 3-30　固定 CPU 风扇

（2）安装内存条

打开内存插槽两端扣具，将内存条平行放入内存插槽中，用两个大拇指轻微下压，听见“咔”的响声，说明内存条安装到位，如图 3-31 所示。

图 3-31　安装内存条

（3）固定主板

准备好机箱，安装调整机箱背部金属挡板，如图 3-32 和图 3-33 所示。

图 3-32　准备好机箱

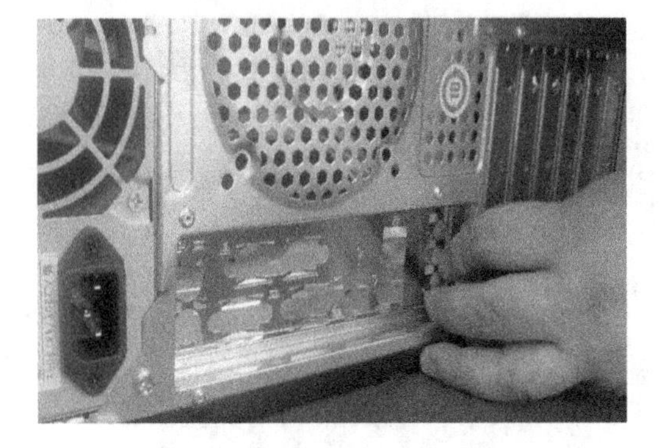

图 3-33　安装机箱背部的金属挡板

将机箱提供的主板垫脚螺母安放到机箱主板托架的对应位置，如图 3-34 所示。双手平行托住主板，将主板放入机箱中，确定在机箱中安放到位，如图 3-35 所示。拧紧螺钉，固定好主板，主板安装完毕，如图 3-36 和图 3-37 所示。

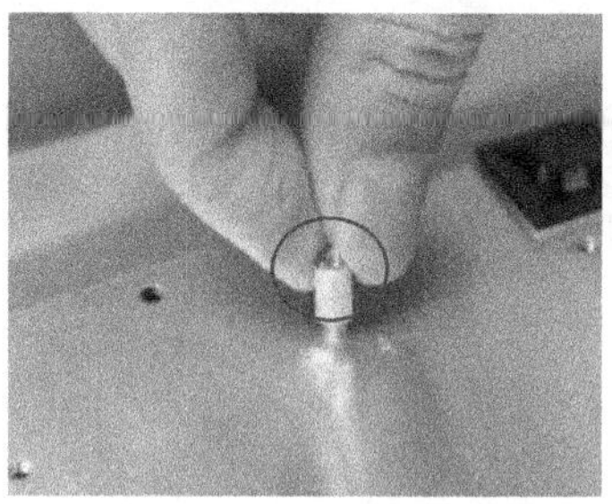

图 3-34　安装主板垫脚螺母　　　　图 3-35　将主板放入机箱

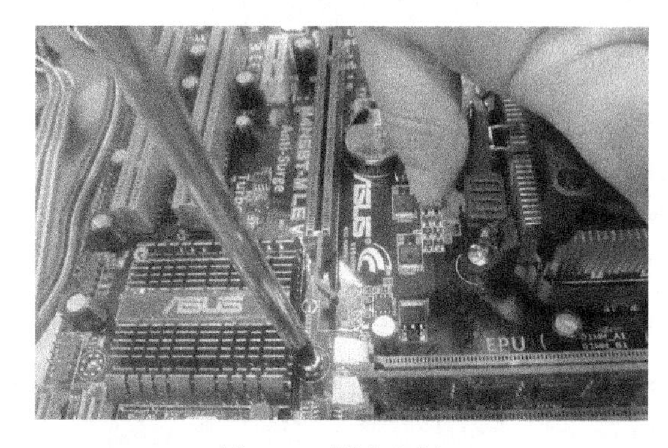

图 3-36　固定主板

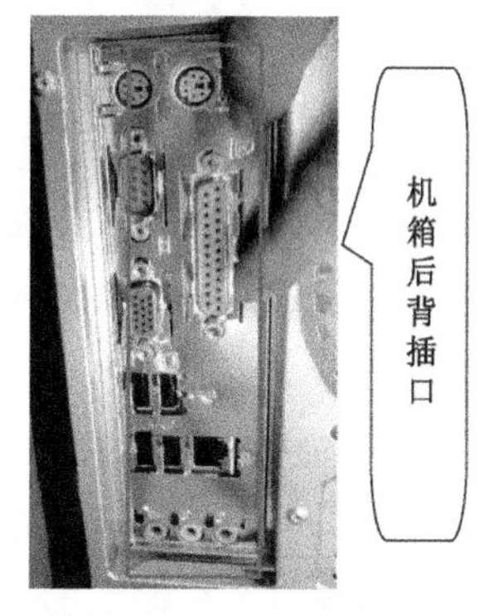

图 3-37　主板安装完毕

（4）安装硬盘

将硬盘放入机箱的硬盘托架上，拧紧螺钉使其固定，如图 3-38 和图 3-39 所示。

图 3-38　放入硬盘

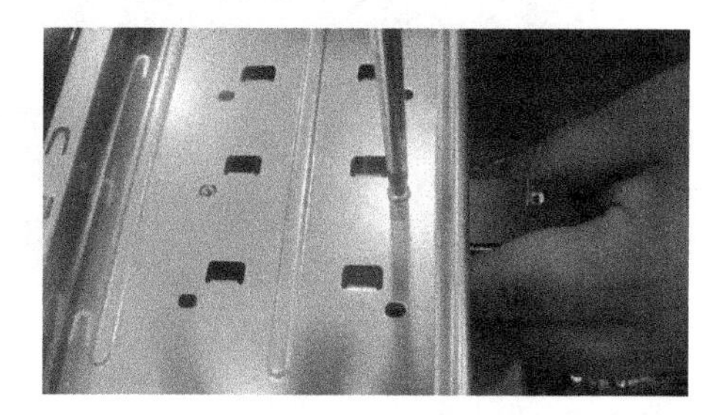

图 3-39　固定硬盘

（5）安装光驱

对于普通的机箱，只需要将机箱托架前的面板拆除，并将光驱将入对应的位置，拧紧螺钉使其固定即可，如图 3-40 所示。

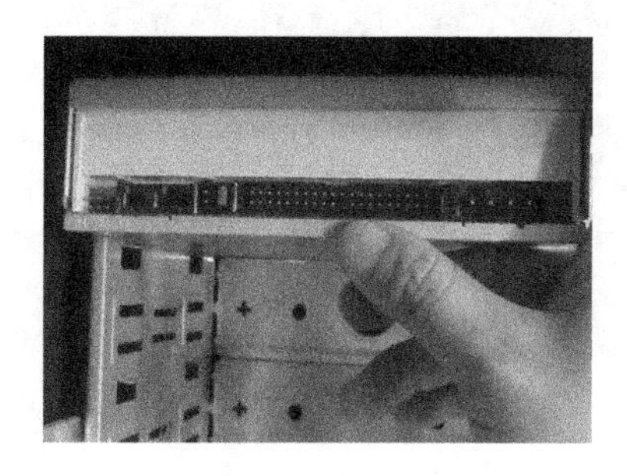

图 3-40　安装光驱

（6）安装电源

将机箱电源有风扇的一侧对着机箱上的电源孔放入电源托架中，注意电源线一侧应该靠近主板，以便连接，如图 3-41 所示。用一只手托起电源，对准机箱上的螺钉孔放好。从机箱后部在电源四个角的螺钉孔中拧入螺钉，如图 3-42 所示。最后用手搬动电源，查看是否安装稳妥。

图 3-41　放入电源

图 3-42　固定电源

（7）安装显卡

将显卡平行放入显卡插槽中，用两个大拇指轻微下压，听见“咔”的响声，说明显卡安装到位，拧紧螺钉，如图 3-43 和图 3-44 所示。

图 3-43　插入显卡

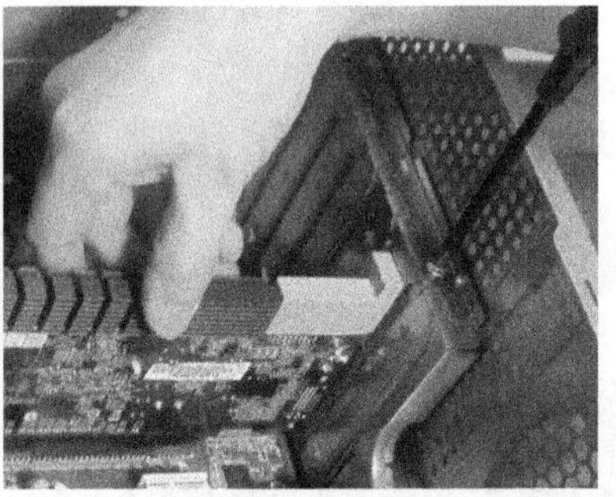

图 3-44　固定显卡

（8）连接各种线缆

如图 3-45～图 3-51 所示。

（9）主机外部连线

如图 3-52～图 3-57 所示。

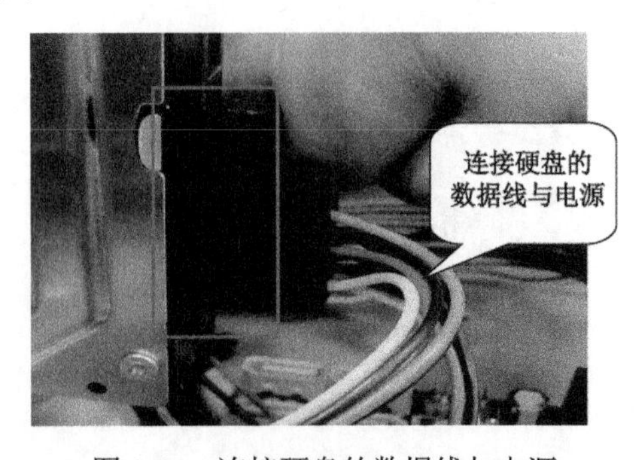

图 3-45　连接硬盘的数据线与电源

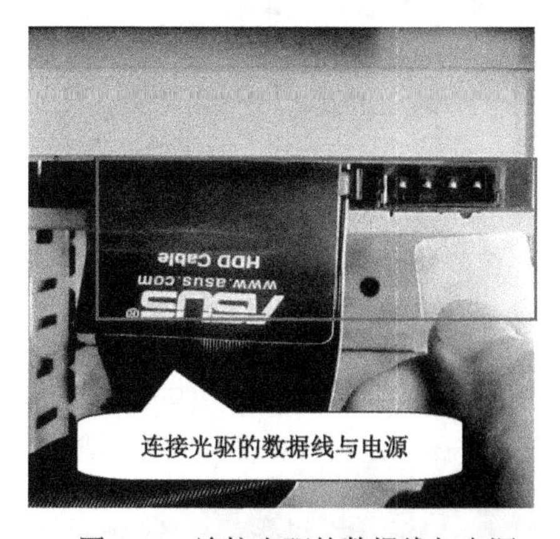

图 3-46　连接光驱的数据线与电源

图 3-47　插入双列 8pin 的 12V 插头

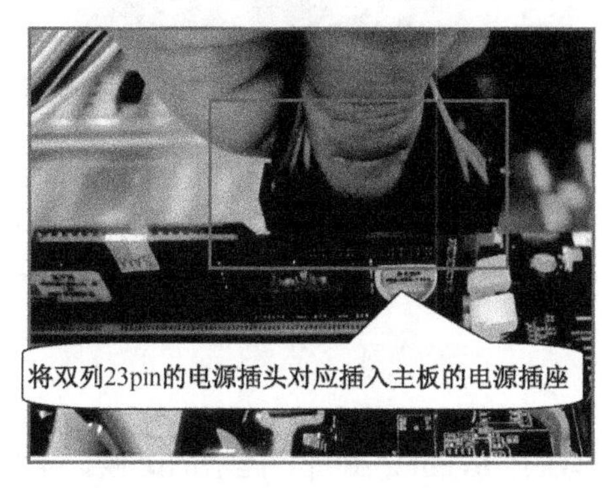

图 3-48　插入 23pin 的电源插头

图 3-49　安装 IDE 数据线

图 3-50　插入风扇电源线

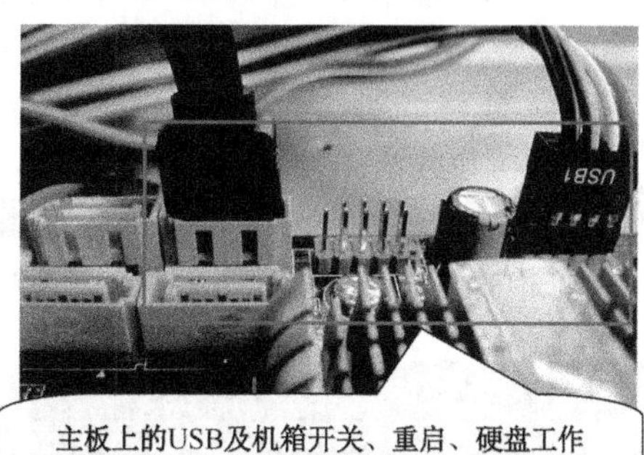

图 3-51　连接 USB 及机箱开关等跳线

图 3-52　连接键盘

图 3-53　连接鼠标

图 3-54　连接显示器信号线

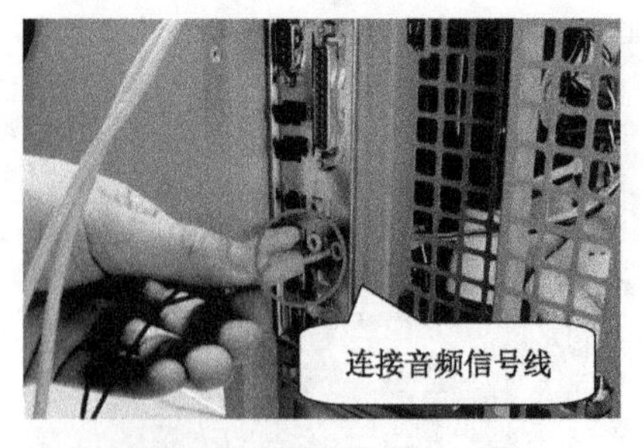

图 3-55　连接音频信号线

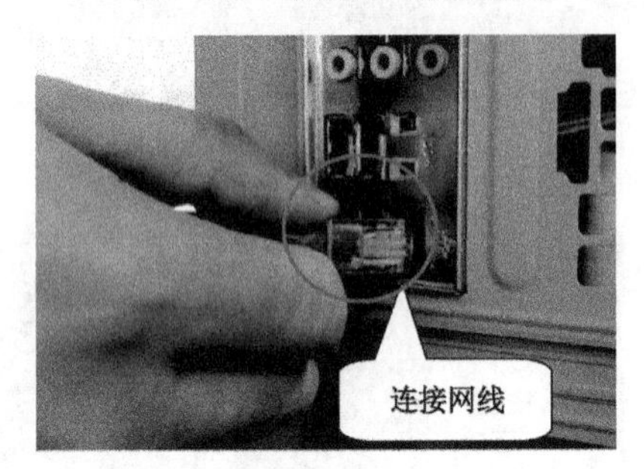

图 3-56　连接网线

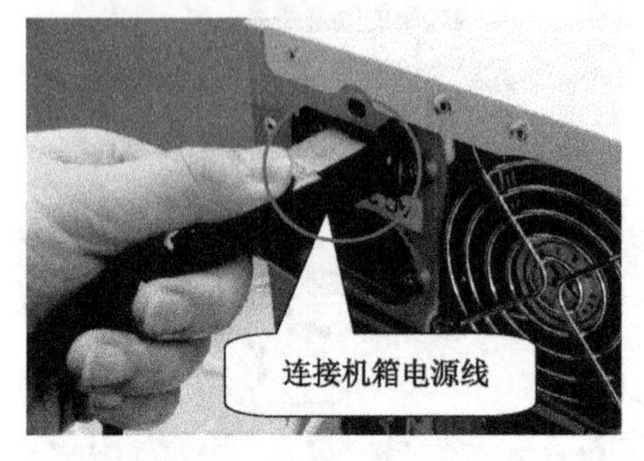

图 3-57　连接机箱电源线

经过以上一系列步骤，一台台式电脑组装完成。

3. BIOS 参数设置

计算机开机启动后，当显示器屏幕出现“Press <Del> to enter setup”提示的时候，按“Del”键进入 BIOS 设定程序。在设置界面中我们使用方向键移动当前设置选项位置，按“Enter”键进入设置选项界面，使用“PageUp”和“PageDown”键更改参数值，按“Esc”键退出设置窗口，如图 3-58 所示。

（1）检测硬盘参数

将光标移动到IDE HDD AUTO DETECTION上按“Enter”键进入设定窗口（见图 3-59），在设定窗口的数据停止闪动时，按“Y”键确定即可。当参数检测完毕后按“Esc”退出该窗口。

CMOS SETUP UTILITY
AWARD SOFTWARE, INC.

STANDARD CMOS SETUP	INTEGRATED PERIPHERALS
BIOS FEATURES SETUP	SUPERVISOR PASSWORD
CHIPSET FEATURES SETUP	USER PASSWORD
POWER MANAGEMENT SETUP	IDE HDD AUTO DETECTION
PNP/PCI CONFIGURATION	SAVE & EXIT SETUP
LOAD BIOS DEFAULTS	EXIT WITHOUT SAVING
LOAD OPTIMUM SETTINGS	

Esc : Quit　↑ ↓ → ←　: Select Item
F10 : Save & Exit Setup　(Shift)F2　: Change Color

Time, Date, Hard Disk, Type...

图 3-58　BIOS 设定程序界面

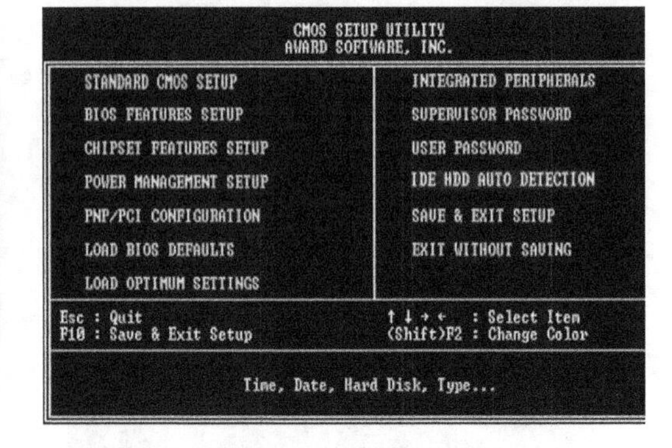

图 3-59　检测硬盘参数

（2）进入设置程序主菜单“STANDARD CMOS SETUP”选项

将光标移动到STANDARD CMOS SETUP上，按“Enter”键进入设定窗口，检查并调整系统显示时间，如图 3-60 所示。

```
Date (mm:dd:yy) : Fri  Jun 17 2011
Time (hh:mm:ss) :  16 : 3 : 28

HARD DISKS          TYPE    SIZE   CYLS HEAD PERCOMP LAND2 SECTOR  MODE
```

图 3-60　调整系统显示时间

（3）设置硬盘参数

屏幕中间显示着 IDE 设备参数列表（见图 3-61），将“Primary Master”对应的这一行上面的“TYPE”参数设置为 User，“MODE”参数设置为 LBA；将“Primary Slave Secondary Master”和“Secondary Slave”对应的“TYPE”均设置为 None，通常只有一个硬盘。其余选项保持默认，如图 3-62 所示，按“Esc”键退出该设置窗口。

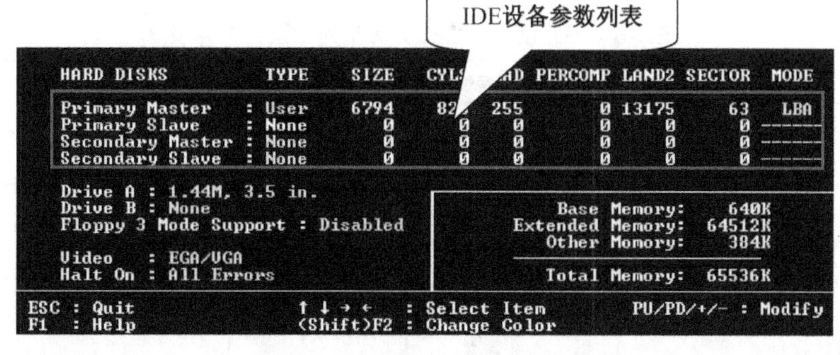

图 3-61　IDE 设备参数列表

```
HARD DISKS          TYPE    SIZE   CYLS HEAD PERCOMP LAND2 SECTOR  MODE

Primary Master    : User    6794    826  255       0 13175     63   LBA
Primary Slave     : None       0      0    0       0     0      0 ------
Secondary Master  : None       0      0    0       0     0      0 ------
Secondary Slave   : None       0      0    0       0     0      0 ------
```

图 3-62　设置硬盘参数

（4）进入“BIOS FEATURES SETUP”选项

将光标移动到 BIOS FEATURES SETUP 上，按“Enter”键进入设定窗口。将“Boot Sequence”（启动顺序）选项的参数值改为以 CDROM 光驱为首的设备序列，这样在硬盘还没有建立操作系统的情况下从光驱启动电脑，进而进行操作系统的安装。

将“HDD S.M.A.R.T capability”选项设置为“Enabled”，以便启用硬盘数据保护功能。

其余选项保持默认值，如图 3-63 所示，按“Esc”键退出该设置窗口。

```
Boot Virus Deltection          : Disabled
CPU Level 1 Cache              : Enabled
CPU Level 2 Cache              : Enabled
CPU Level 2 Cache ECC Check    : Enabled
BIOS Update                    : Enabled
Turbo Mode                     : Disabled
Quick Power On Self Test       : Enabled
HDD Sequence SCSI/IDE First    : IDE
Boot Sequence                  : CDROM,C,A
Boot Up Floppy Seek            : Enabled
Floppy Disk Access Control     : R/W
IDE HDD Block Mode Sectors     : Disabled
HDD S.M.A.R.T. capability      : Enabled
PS/2 Mouse Function Control    : Auto
OS/2 Onboard Memory > 64M      : Disabled
```

图 3-63　设置启动顺序及硬盘数据保护

（5）完成 BIOS 的设置工作

按“F10”键，保存并退出。重新启动计算机后，新的设置生效。

【项目考评】

项目考评主要是以学习目标为依据，根据科学的标准，运用一切有效的技术手段，对项目的过程及其结果进行测定、衡量，是整个项目中的重要组成部分之一，其目的是激励学生进一步学习，进一步提高学生的学习效果，促进教学最优化。

本项目主要从选购硬件组装电脑的方法、过程，扫描仪、打印机的安装和使用的完整性、熟练性、丰富性等方面进行考评，如表 3-3 所示。

表 3-3　安装使用多媒体计算机外部设备考评表

项目名称：安装使用多媒体计算机外部设备						
评价指标	评价要点	评价等级				
		优	良	中	及	差
装机设计	对特点需求进行分析与研究					
选购计算机的配件	计算机硬件设备的选型					
组装前的工作准备	组装工具和组装环境					
主机部件的安装	CPU、内存条、主板、电源、显卡、机箱的安装					
线路的连接	电源线和数据线的连接					
组装完成情况	操作方法和速度					
CMOS 的设置	根据需求设置 CMOS					
外接设备的安装	扫描仪与打印机的驱动					
扫描仪的使用	OCR 软件的使用					
打印机的使用	打印预览和输出					
小组协作	互助情况					
总　评	总评等级					
	评语：					

【项目拓展】

项目 1：计算机硬件系统的日常维护和升级

随着现代计算机科学的发展，计算机成为人们学习、生活、娱乐必不可少的工具。作为使用者，应该养成良好的计算机使用习惯。本项目是对一台旧的计算机进行日常清洁、保养，任务是根据客户需求升级计算机硬件，通过完成任务了解运行环境对计算机的影响；掌握计算机配件的日常保养；掌握计算机硬件升级的基本方法。项目 1 思维导图如图 3-64 所示。

项目 2：选购笔记本电脑

笔记本电脑已经成为 IT 时代的新标志，它的全面发展已经替代台式机而成为普通大众的一种工具。从无线网络、移动办公、影音娱乐到商务会议，笔记本电脑处处皆在。本项目以虚拟选购满足客户需求的笔记本电脑为任务，通过完成任务了解笔记本电脑的内部构造，了

解笔记本最新硬件技术，了解笔记本电脑主要配件的性能、技术参数，掌握笔记本电脑的选购技巧。项目 2 思维导图如图 3-65 所示。

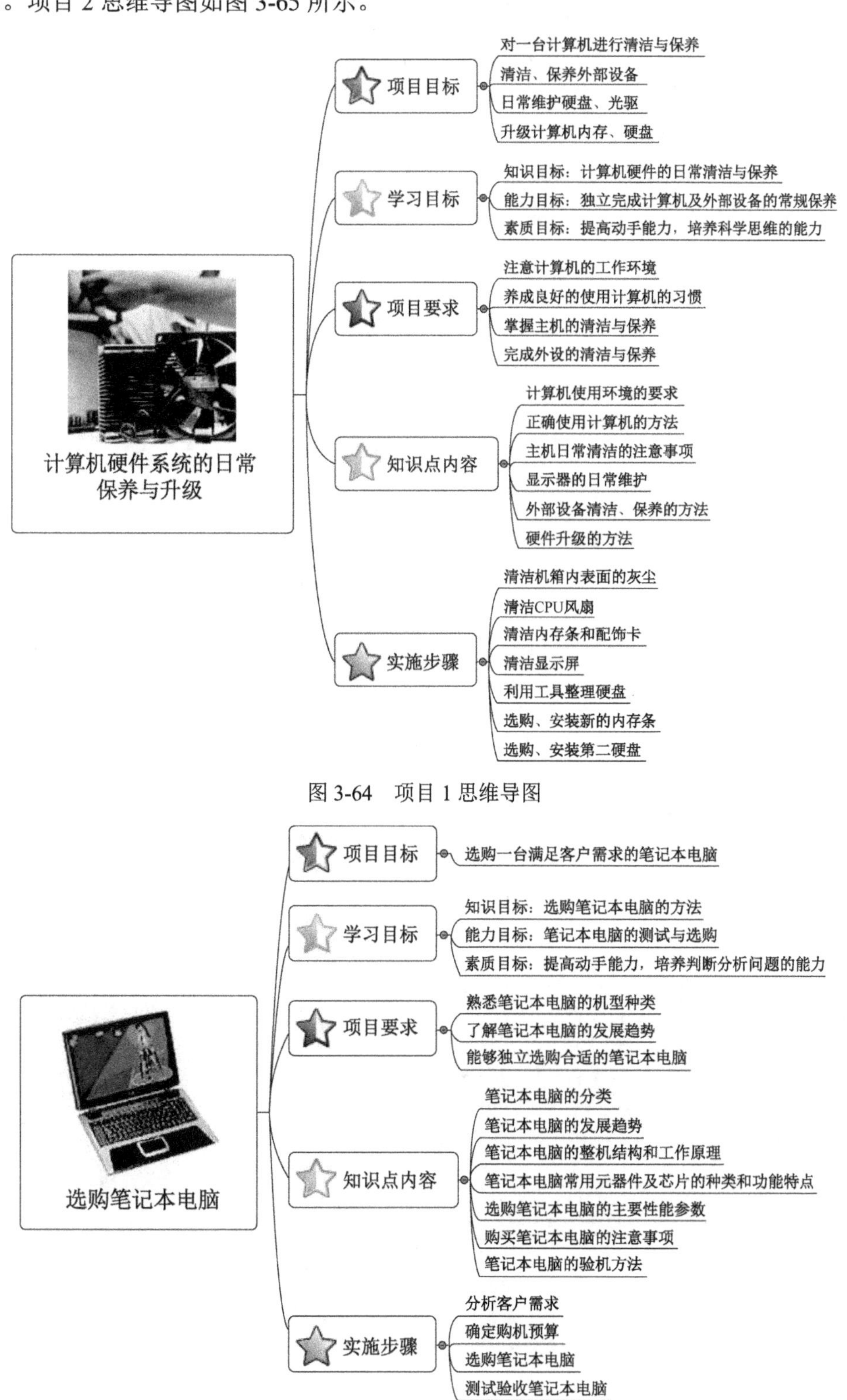

图 3-64　项目 1 思维导图

图 3-65　项目 2 思维导图

【思考练习】

1．能否为家庭配置一台适合老人用的计算机？请简述配置方案。

2．USB 接口的特点是什么？

3．BIOS 与 CMOS 有哪些区别？

4．如何为计算机快速恢复 BIOS 并重新设置密码？

项目四　安装多媒体计算机软件系统与连接网络

【项目分析】

在日常使用计算机的环境中，需要的软件环境有操作系统和一些常用的应用软件。操作系统有多种，它是其他软件的运行基础。另外，随着网络的迅猛发展，连接互联网网成为经常性工作。

软件安装是操作计算机的前提和基础。本项目通过安装配置计算机多媒体系统和网络连接，使学习者能掌握多媒体计算机需要的软件环境，并能自己动手完成多媒体计算机的软件安装，为今后使用其他的多媒体软件奠定基础。同时，学会软件安装和网络的连接，为今后从事计算机的装机、维修销售奠定理论和应用基础。

为了掌握多媒体计算机的安装，本项目不仅要实现系统软件安装和网络的连接，还要实现常用应用软件安装，使多媒体计算机真正实现办公、娱乐、开发的功能。

【学习目标】

1. 知识目标

（1）掌握计算机软件系统的组成以及操作系统。

（2）熟悉操作系统的定义、特征和功能。

（3）了解网络的定义、分类、互联网技术和联网技术。

2. 能力目标

（1）能够熟练安装 Windows 10 操作系统。

（2）能够熟练设置网络的连接方式并设置相应的 IP。

（3）能够熟练安装应用软件。

3. 素质目标

（1）具有一定的理论学习和分析的能力，能够了解和安装其他操作系统及应用软件。

（2）具有一定的实际动手、操作计算机的能力，具有网络的应用和安全意识。

【项目导图】

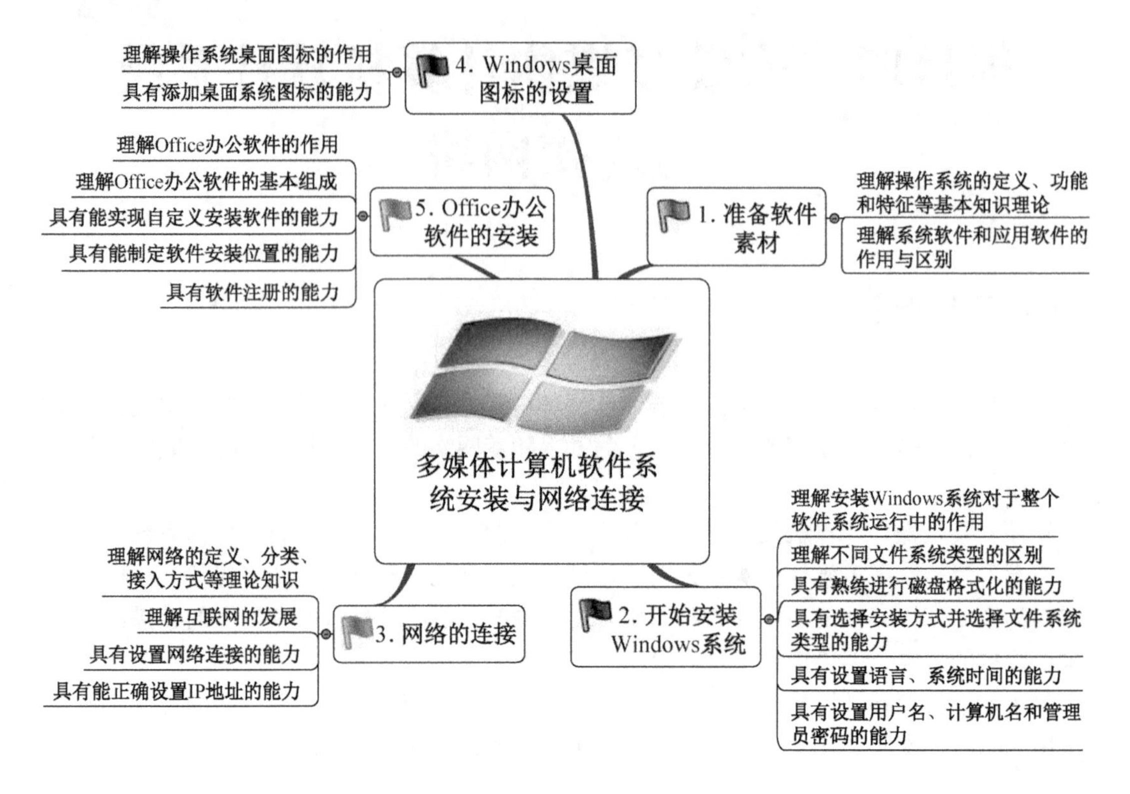

【知识讲解】

4.1 操作系统

一个完整的计算机系统由计算机硬件系统和软件系统两个部分组成。其中，硬件系统由运算器、控制器、存储器、输入设备和输出设备组成。只有硬件系统而没有软件系统的计算机称为“裸机”。软件是计算机系统中的程序和有关的文件的集合。程序是计算任务的处理对象和处理规则的描述。文件是为了便于了解程序所需的资料说明。软件是用户与硬件之间的接口界面，用户主要通过软件与计算机进行交互。软件系统分为系统软件和应用软件两大类。系统软件最靠近硬件层，是计算机的基础软件，例如操作系统、高级语言处理程序等。高级语言处理程序包括编译程序和解释程序等。编译程序能将高级语言编写的源程序翻译成计算机执行的目标程序，解释程序是边解释边执行源程序。应用软件处于计算机系统的最外层，是按照某种特定的应用而编写的软件。

1. 操作系统的地位

操作系统是紧靠着硬件的第一层软件，它是对硬件功能的首次扩充，并统一管理和支持各种软件的运行。因此，操作系统在计算机系统中占据一个非常重要的地位，它不仅是硬件与所有其他软件之间的接口，而且任何数字电子计算机都必须在硬件的基础上加载操作系统之后，才能构成一个可以运行的计算机系统，也只有在操作系统的指挥控制下，各种计算机

资源才能得到统一的分配管理，各种软件才有运行的环境。

2．操作系统的定义

操作系统（Operating System，OS）是一种运行于裸机之上并对计算机各种硬件和软件资源进行管理、控制和协调的系统程序，使管理的计算机系统的所有硬件和软件资源协调一致、高效地运行。操作系统是系统软件的核心，对计算机系统十分重要。

操作系统主要有两方面的作用。

（1）管理系统中的各种资源，包括硬件及软件资源

操作系统就是资源的管理者和仲裁者，由它负责在各个程序之间调度和分配资源，保证系统中的各种资源得以有效地利用。操作系统对每一种资源的管理主要有以下几项工作。

① 监视各种资源。确定资源的多少、状态、分配情况、使用者等。

② 实施资源分配策略。决定谁有权获得资源、何时获得、获得多少、如何退回资源等。

③ 分配各种资源。按照资源分配策略，对符合条件的申请者分配相应的资源，并处理相应的管理事务。

④ 回收资源。对某些资源进行回收、整理，以备再次使用。

（2）为用户提供良好的界面

操作系统为用户的各种工作提供良好的界面，以方便用户的工作。目前，典型的操作系统界面有两类：命令行界面和图形化界面。

3．操作系统的特征

操作系统作为系统软件，具有与其他软件不同的特征。

（1）并发性

所谓程序的并发性是指在计算机系统中同时存在多个程序，从宏观来看，它们是同时向前推进的。

（2）共享性

共享性是指操作系统程序与多个用户程序共用系统中的各种资源。

（3）随机性

操作系统的运行是在一个随机的环境中进行的，因此一般来说无法明确地知道操作系统正处于什么样的状态之中，但是这并不是说操作系统不可以很好地控制资源的使用和程序的运行，而是强调操作系统的设计与实现要考虑各种可能性，以便稳定、可靠、安全和高效地达到程序并发和资源共享的目的。

4．操作系统的功能

（1）进程管理

进程管理主要是对处理器的管理。CPU是计算机系统中最宝贵的硬件资源，为了提高CPU的利用率，操作系统采用多道程序技术。当一个程序因为等待某个条件而不能运行下去时，就把处理器占用权转交给另一个可运行程序，或者有一个更重要的程序要运行时抢占CPU。为了描述多道程序的并发执行，需要引入进程的概念。操作系统通过进程管理协调多道程序之间的关系，以便使CPU资源得到最充分的应用。

（2）存储管理

存储管理主要是管理内存资源。当多个程序共享内存资源时，解决用户存放在内存的程序和数据彼此隔离，又共享内存资源的问题。还有当内存不够用时，存储管理解决内存的扩

充问题。

（3）文件管理

系统中的信息资源以文件的形式存放在外存储器上，需要时才装入内存。文件管理的任务就是有效地支持文件的存储、检索和修改等操作，解决文件的共享、保密和保护问题，以便使用户方便、安全地访问文件。

（4）作业管理

作业管理的任务是为用户提供一个使用系统的良好环境，使用户能有效地组织自己的工作流程，并使整个系统能高效地运行。

（5）设备管理

设备管理是指对计算机系统中的外部设备的管理。

除了上述功能以外，操作系统还具有中断处理、错误处理等功能。

4.2 网络连接

1．网络定义

计算机网络是计算机科学技术与现代通信技术结合的产物。它是由各自具备独立功能的计算机和其他设备，通过允许用户相互通信和共享资源方式，互相连接在一起的系统。计算机网络的主要功能是资源共享、数据通信、集中管理、分布处理、综合信息服务和提高系统的可靠性。

2．网络分类

（1）按网络地理覆盖范围可将网络分为局域网、城域网和广域网

① 局域网（Local Area Networks，LAN）

局域网是一种最普遍的网络。现在局域网随着整个计算机网络技术的发展和提高得到充分的应用和普及，几乎每个单位都有自己的局域网，有的甚至家庭中都有自己的小型局域网。很明显，所谓局域网，就是在局部地区范围内的网络，它所覆盖的地区范围较小。局域网在计算机数量配置上没有太多的限制，少的可以只有两台，多的可达几百台。一般来说在企业局域网中，工作站的数量在几十台到 200 台。在网络所涉及的地理距离上一般来说可以是几米至 10km 以内。局域网一般位于一个建筑物或一个单位内。

局域网的特点：传输地域小；传输速度快；传输延迟小；用户数少、配置容易；可以灵活设计，应用多种拓扑结构。

② 城域网（Metropolitan Area Network，MAN）

城域网是介于局域网与广域网之间的一种网络。这种网络一般来说是在一个城市，但不在同一个地理区范围内的计算机互联。这种网络的连接距离可以在 10～100km。MAN 与 LAN 相比扩展的距离更长，连接的计算机数量更多，在地理范围上可以说是 LAN 网络的延伸。在一个大型城市或都市地区，一个 MAN 网络通常连接着多个 LAN 网，例如连接政府机构的 LAN、医院的 LAN、电信的 LAN、公司企业的 LAN，等等。由于光纤连接的引入，所以使 MAN 中高速的 LAN 互连成为可能。

城域网多采用 ATM 技术做骨干网。ATM 是一个用于数据、语音、视频以及多媒体应用程序的高速网络传输方法。ATM 也包括硬件、软件以及与 ATM 协议标准一致的介质。ATM

的最大缺点就是成本太高，所以一般在政府城域网中应用，例如邮政、银行、医院等。

③ 广域网（Wide Area Network，WAN）

广域网 WAN 也称为远程网，所覆盖的范围比城域网（MAN）更广，它一般是在不同城市之间的 LAN 或者 MAN 网络互联，地理范围可从几百千米到几千千米。因为距离较远，信息衰减比较严重，所以这种网络一般要用专线。通常广域网的数据传输速率比局域网低，而信号的传播延迟却比局域网要大得多。广域网的典型速率是 56kbps～155Mbps，现在已经有 622Mbps、2.4 Gbps 甚至更高速率的广域网，传播延迟从几毫秒到几百毫秒不等。

特点：范围广，全球性，一般使用 TCP/IP 协议。

（2）按网络传输技术可以将网络（局域网）分为以太网、令牌环网、ATM 和无线局域网

① 以太网

以太网最早是由 Xerox（施乐）公司创建的，在 1980 年由 DEC、Intel 和 Xerox 三家公司联合开发为一个标准。以太网是应用最为广泛的局域网，包括标准以太网（10Mbps）、快速以太网（100Mbps）、千兆以太网（1000Mbps）和 10G 以太网，它们都符合 IEEE 802.3 系列标准规范。

② 令牌环网

令牌环网是 IBM 公司于 20 世纪 70 年代发展的，现在这种网络比较少见。在老式的令牌环网中，数据传输速率为 4Mbps 或 16Mbps，新型的快速令牌环网数据传输速率可达 100Mbps。

③ 无线局域网

无线局域网（Wireless Local Area Network，WLAN）是目前最新的，也是最为热门的一种局域网，特别是自 Intel 推出首款自带无线网络模块的迅驰笔记本处理器以来。无线局域网与传统的局域网主要不同之处就是传输介质不同，传统局域网都是通过有形的传输介质进行连接的，例如同轴电缆、双绞线和光纤等，而无线局域网则是采用空气作为传输介质的。正因为它摆脱了有形传输介质的束缚，所以这种局域网的最大特点就是自由，只要在网络的覆盖范围内，就可以在任何一个地方与服务器及其他工作站连接，而不需要重新铺设电缆。这个特点非常适合那些移动办公一族，有时在机场、宾馆、酒店等（通常把这些地方称为“热点”），只要无线网络能够覆盖到，它就可以随时随地连接上互联网。

无线局域网所采用的是 802.11 系列标准，它也是由 IEEE 802 标准委员会制定的。目前这一系列标准主要有 802.11b、802.11a、802.11g、802.11c、802.11d、802.11e、802.11f、802.11h、802.11i、802.11n 和 802.11z。其中，802.11b、802.11a、802.11g 标准都是针对传输速度异常进行的改进，最开始推出的是 802.11b，它的传输速度为 11Mbps，因为它的连接速度比较低，随后推出了 802.11a 标准，它的连接速度可达 54Mbps，但由于两者不互相兼容，致使一些早已购买 802.11b 标准的无线网络设备在新的 802.11a 网络中不能用，所以后续又正式推出了兼容 802.11b 与 802.11a 两种标准的 802.11g，这样原有的 802.11b 和 802.11a 两种标准的设备都可以在同一个网络中使用了。802.11z 于 2010 年 9 月被 IEEE 正式批准通过，是一种专门为了加强无线局域网安全的标准。因为无线局域网的“无线”特点，致使任何进入此网络覆盖区的用户都可以轻松以临时用户身份进入网络，给网络带来了极大的不安全因素，为此 802.11z 标准专门就无线网络的安全性方面做了明确规定，加强了用户身份论证制度，并对传输的数据进行加密。

（3）按网络拓扑结构可以将网络分为总线型、星形、环形、树形和网状形

① 总线型拓扑结构

特点：如果总线形拓扑结构中某一点断开，整个网络就会断开，在网络上的所有计算机都不能通信。

② 星形拓扑结构

在星形拓扑结构中，信号通过交换机传递到网络上的计算机上。交换机（集线器）是将几台计算机连接在一起的设备。

特点：如果该结构上的一台计算机出现故障，那么只有这台计算机不能发送或接收数据，网络的其余部分功能不受影响。但是，由于每台计算机均连接交换机，如果交换机出现故障，那么整个网络将瘫痪。这种结构便于查错，如果网络不通，或者计算机出现故障，那么从交换机上可以直接看出来。

③ 环形拓扑结构

在环形拓扑结构中，计算机连接到线缆组成的环上，信号以一个方向在环中运行，通过每台计算机，计算机的作用就像一个中继器，增强该信号，并将信号发到下一个计算机上。

特点：早期的环形拓扑结构如果一点断开，整个网络就瘫痪了。新型的环网结构（双环）已经解决了这个问题。

④ 网状形拓扑结构

在网状形拓扑结构中，每台计算机通过单独的线缆连接到其余的计算机。提供通过网络的冗余路径，如果一条线缆出现故障，那么另一条线缆可以继续通信，网络仍然能够发挥作用。

⑤ 树形拓扑结构

树形拓扑结构是一种层次结构。在树形结构中，把整个电缆连接成树形，树枝分层每个分枝点都有一台计算机，数据依次从上往下传，数据交换主要在上下节点之间（有父子关系的节点）进行，而相邻节点或同层节点之间一般不进行数据交换。

特点：树形结构布局灵活，维护方便，适用于汇集信息的应用要求；但是它的资源共享能力较低，可靠性不高，而且故障检测较为复杂。

3．Internet 概述和网络接入

Internet 起源于 1969 年，美国为了军事需要建立 ARPA 网，到 1972 年，此网接入美国的大学与研究机构，同时制定了 TCP/IP 协议，然后逐步扩展到商业及各行各业，到了 20 世纪 80 年代形成了 Internet。

网络的接入方式有拨号上网、DDN 上网、ISDN 上网、宽带 ADSL 上网和局域网上网。

（1）拨号上网

用 Modem（调制解调器）与电话线连接上网，速度慢、通信质量差、易中断。

（2）DDN 上网

由 DDN 数据数字网上网，速度快、线路质量好，但收费高。

（3）ISDN 上网

由 ISDN 综合业务数字网上网，网速在拨号上网与 DDN 方式上网之间，收费较高。

（4）宽带 ADSL 方式上网

ADSL（非对称数字用户环路）技术是运行在原有普通电话线上的一种新的高速宽带技术，它利用现有的一对电话铜线，为用户提供上行、下行非对称的传输速率（带宽）。非对称主要体现在上行速率（最高 640Kbps）和下行速率（最高 8Mbps）的非对称性上。上行（从用户到网络）为低速的传输，可达 640Kbps。下行（从网络到用户）为高速传输，可达 8Mbps。它最初主要是针对视频点播业务开发的，随着技术的发展，逐步成为了一种较方便的宽带接

入技术，为电信部门所重视。通过网络电视的机顶盒，可以实现许多以前在低速率下无法实现的网络应用。

（5）局域网上网：用户通过网卡连接到某个与 Internet 连接的局域网上进行上网。

【项目实施】

4.3　系统软件安装和宽带网络连接——以 Windows 10 为例

Windows 10 是美国微软公司研发的跨平台及设备应用的操作系统，共有 7 个发行版本，包括家庭版、专业版、企业版、教育版、移动版、移动企业版、专业工作站版和物联网核心版等，分别面向不同用户和设备。各版本安装过程大同小异，此项目以安装 Windows 10 家庭版简体中文版为例。

1．初步准备工作

安装 Windows 10 分为两种类型，一是升级原有操作系统，二是全新安装 Windows 10，本项目为 U 盘安装 64 位家庭版。安装平台最低配置要求如表 4-1 所示。

表 4-1　安装平台最低配置要求

处理器	1 GHz 或更快的处理器或 SoC
RAM	1 GB（32 位）或 2 GB（64 位）
硬盘空间	16 GB（32 位操作系统）或 20 GB（64 位操作系统）
软件环境	Windows 7、Windows 8、Windows 8.1
网络环境	需要建立 Internet 连接

2．下载 Windows 10

进入官网下载页面 https://www.microsoft.com/zh-cn/software-download/Windows 10 进行下载，单击“立即下载工具”按钮下载安装工具，如图 4-1 所示。

图 4-1　下载安装工具

下载安装工具，并安装到本地计算机工具 Media Creation Tool 1803 中，运行安装工具就进入 Windows 10 的安装程序，显示微软软件适用的声明和许可条款界面，如图 4-2 所示。

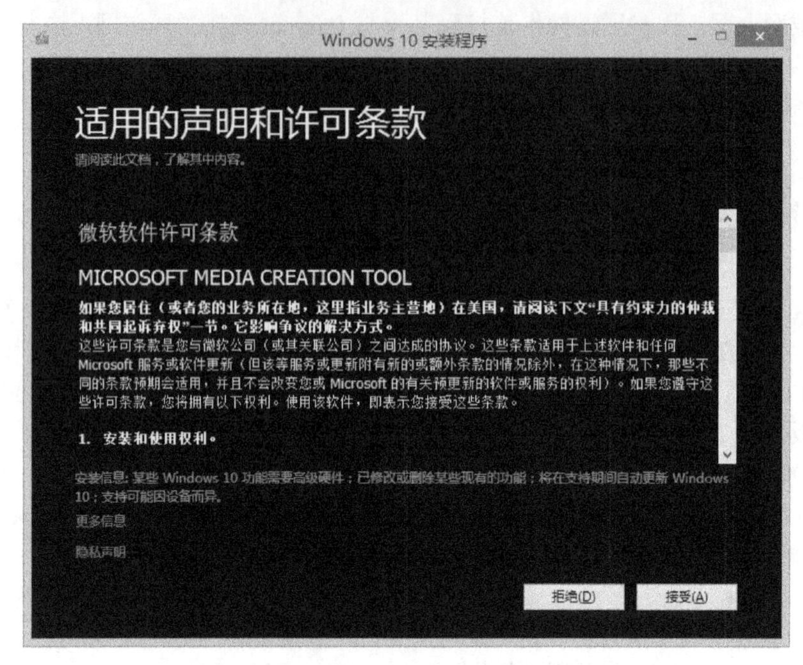

图 4-2 微软软件适用的声明和许可条款界面

单击“接受”按钮，进入系统安装的准备工作，单击“下一步”按钮，进入“选择要使用介质”界面，本项目选择“U 盘”安装介质，则需要将一个容量不少于 8GB 的 U 盘插入计算机，并将 U 盘内容做好备份（创建 U 盘启动盘时会将 U 盘内容清空），如图 4-3 所示。

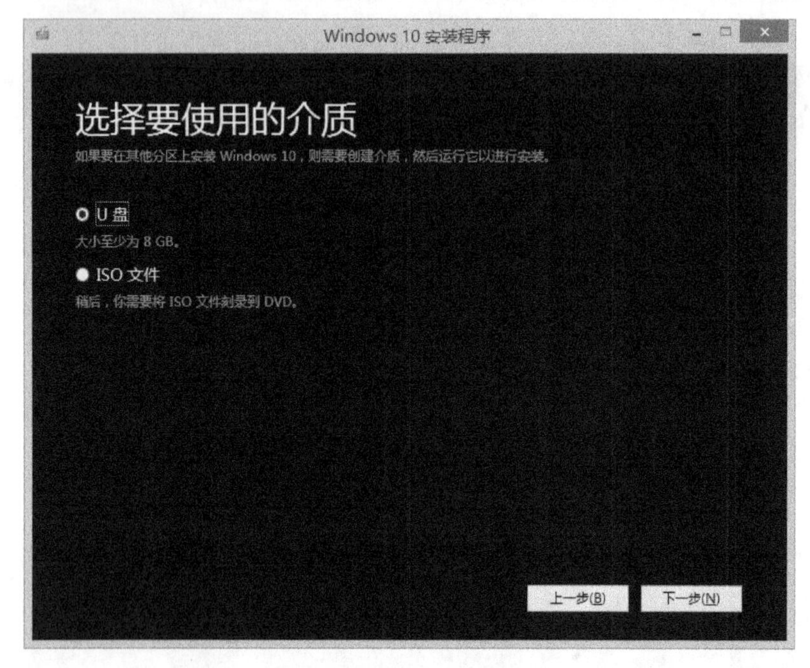

图 4-3 选择创建 U 盘启动盘

继续单击“下一步”按钮，开始下载 Windows 10，如图 4-4 所示，此过程需要一定时间，用户耐心等待或者继续做其他工作。

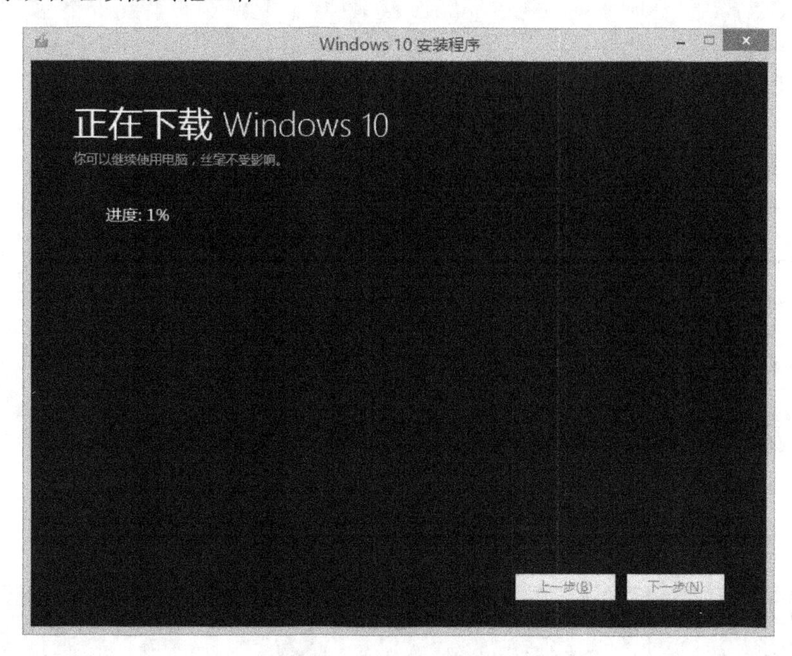

图 4-4　下载 Windows 10

3. 安装 Windows 10 专业版

重启计算机，或者使用 U 盘启动计算机，进入如图 4-5 所示的安装界面。

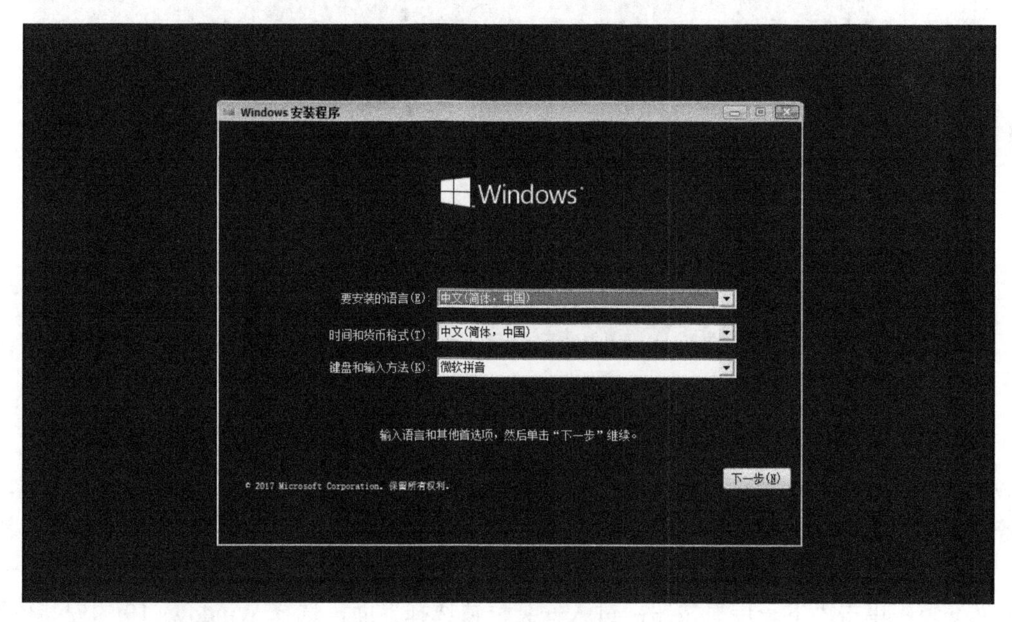

图 4-5　安装程序界面

在该界面下选择要安装的语言、时间和货币格式，以及键盘和输入方法，单击“下一步”按钮，进入 Windows 10“现在安装”界面，如图 4-6 所示。

图 4-6　Windows 10“现在安装”界面

单击“现在安装”按钮，启动安装程序，如图 4-7 所示。

图 4-7　启动安装程序

安装程序启动之后，进入系统安装的第一个阶段——“1 正在收集信息”，首先进入“激活 Windows”界面，输入产品密钥或者选择“我没有产品密钥”并单击 “下一步”按钮，显示需要安装的版本，此处选择专业版；单击“下一步”按钮，进入适用的声明和许可条款界面，勾选“我接受许可条款”复选框，单击“下一步”按钮；进入安装类型选择界面，选择自定义安装，单击“下一步”按钮；进入安装位置选择界面，选择 Windows 10 的安装位置，此时，第一阶段“收集信息”完成。继续单击“下一步”按钮，进入安装的第二个阶段，以上步骤如图 4-8～图 4-12 所示。

图 4-8　激活 Windows 界面

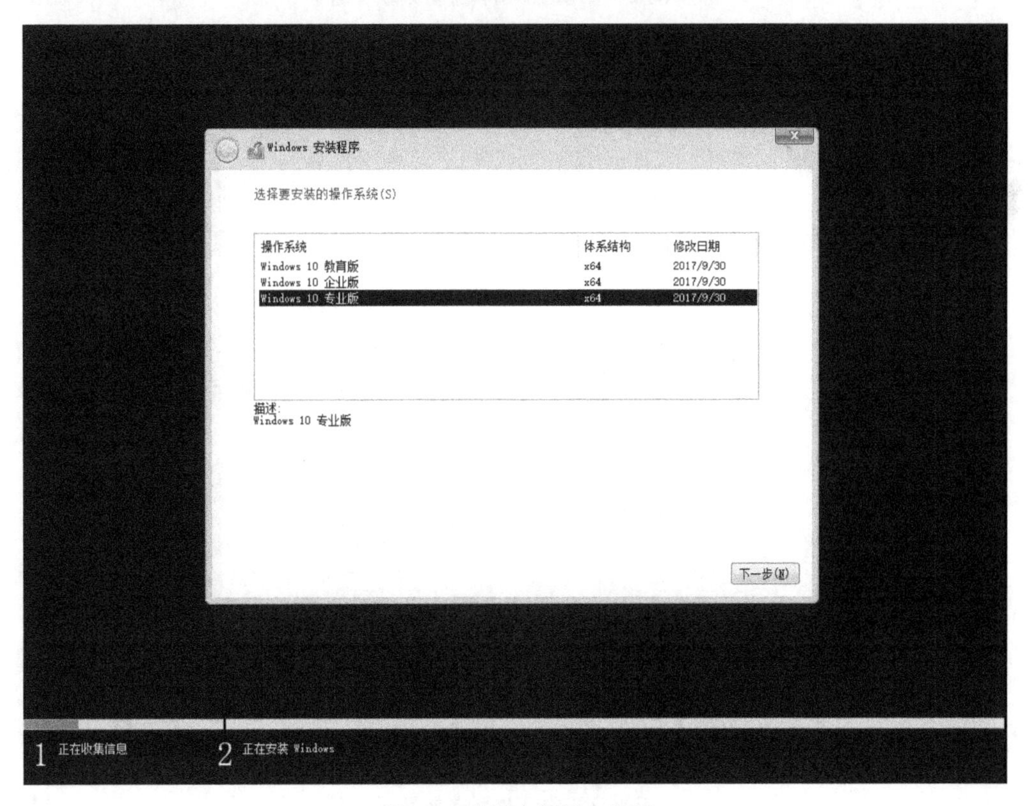

图 4-9　选择安装版本界面

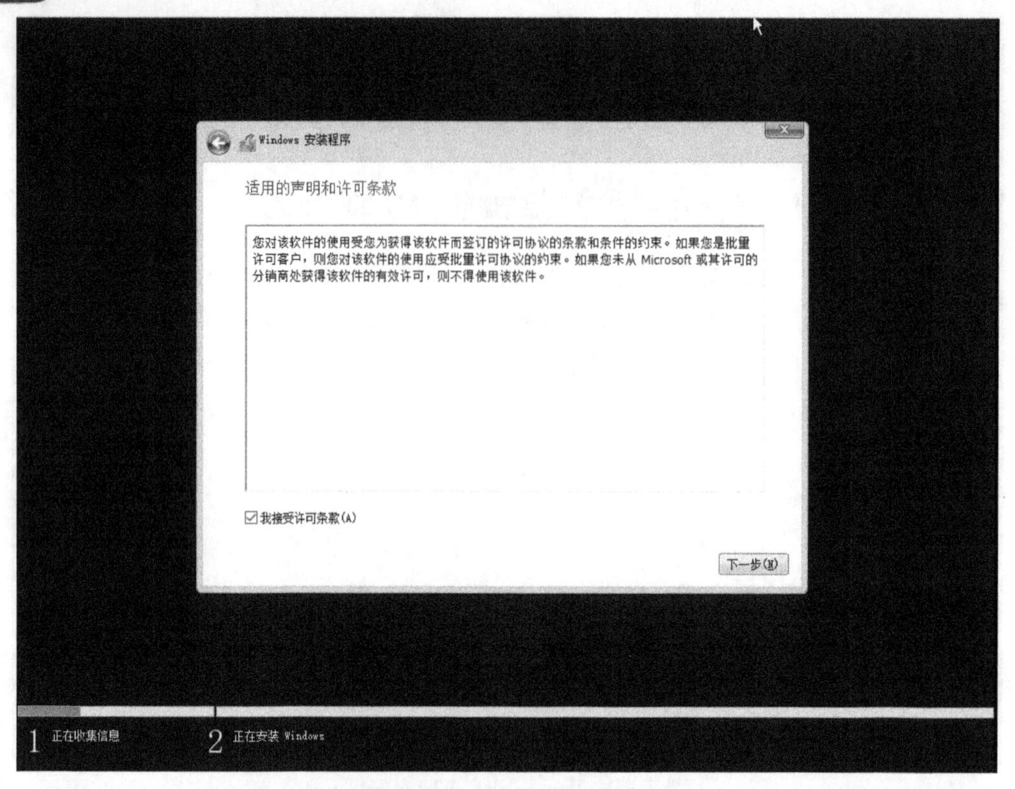

图 4-10　适用的声明和许可条款界面

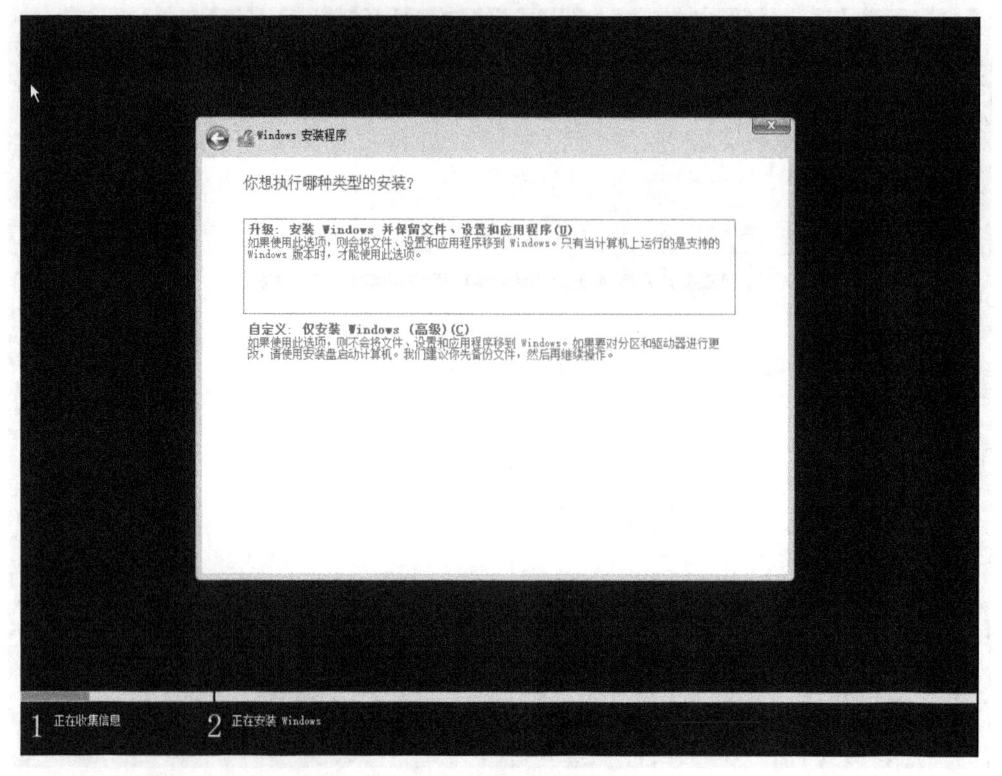

图 4-11　安装类型选择界面

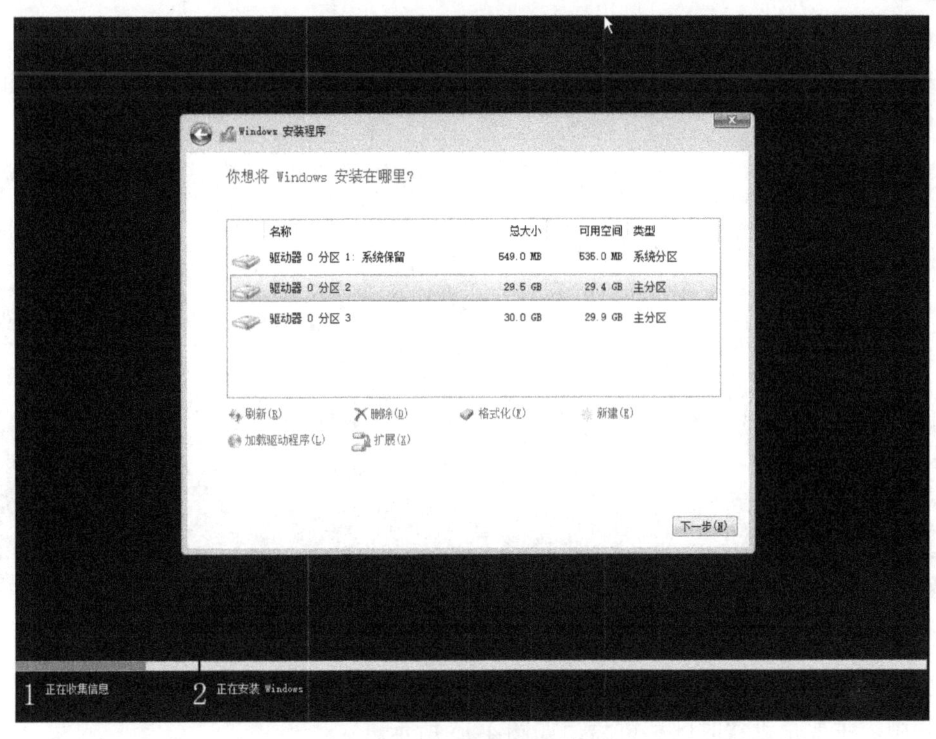

图 4-12　安装位置选择界面

当安装信息收集完毕之后，进入安装 Windows 的第二个阶段“2 正在安装 Windows”，系统会自动进行安装，如图 4-13 所示。

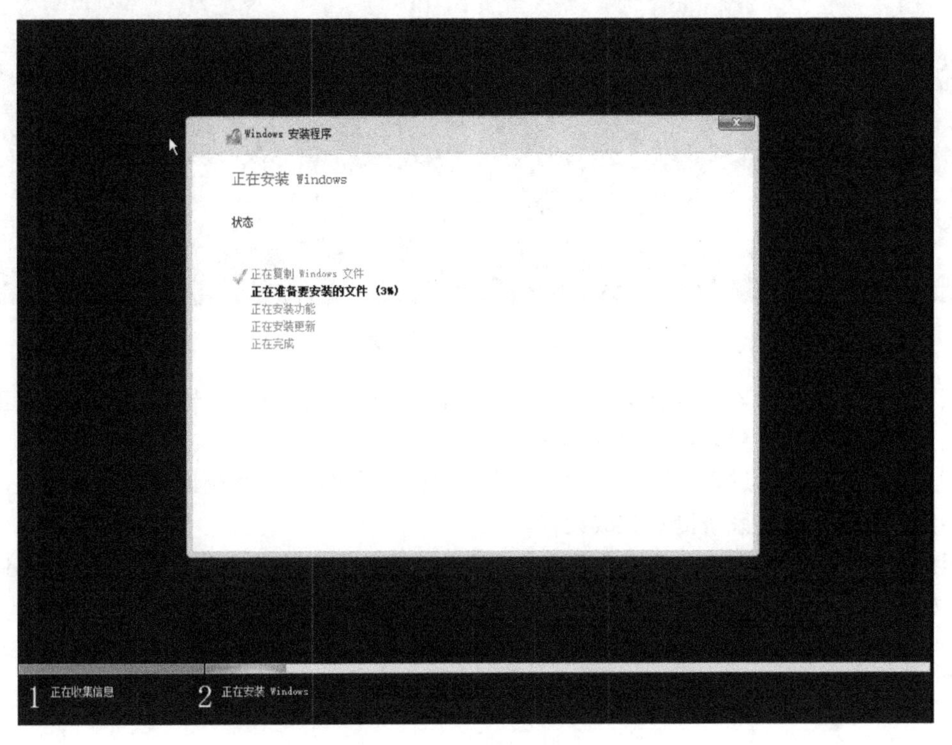

图 4-13　正在安装 Windows

在自动安装的过程中，计算机会自动重启，重启之后会出现多个界面，如图 4-14 所示，此时系统都在进行一些必要的配置，用户无须参与，只需静待几分钟，然后进入系统的设置过程阶段。

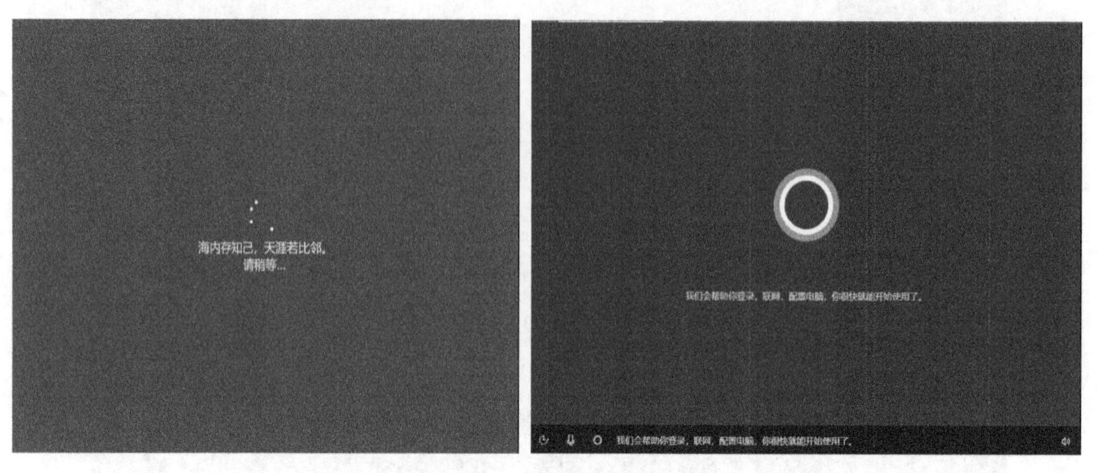

图 4-14　正在启动 Windows

系统的设置过程阶段主要包括“欢迎”、“基本”、“账户”和“服务”四部分内容。在“基本”过程中，主要是设置时区和键盘，如图 4-15 所示。

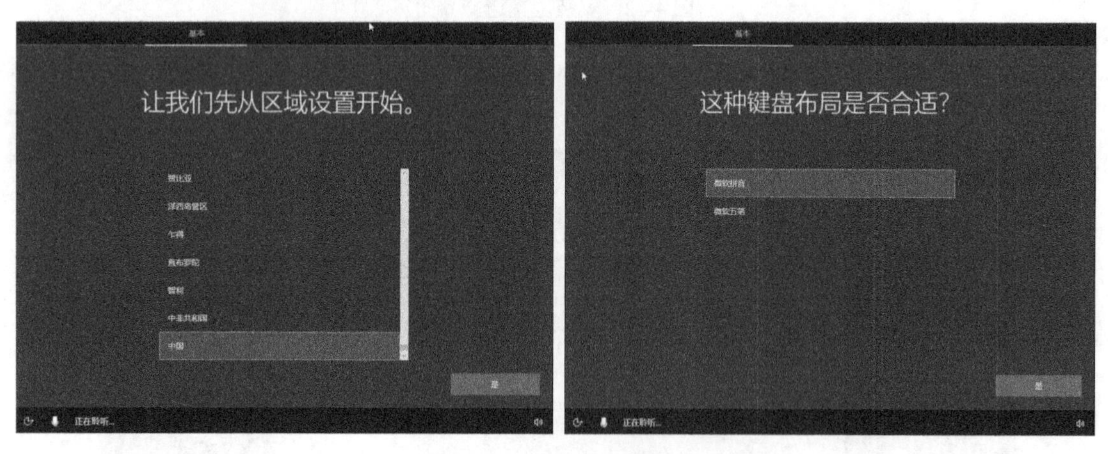

图 4-15　“基本”设置界面

在“账户”设置阶段，同样会出现多个界面，主要是设置用户账号和密码，设置工作只要按照系统提示进行设置即可，如图 4-16 所示。

账户设置完成后，进入“服务”设置的多个界面，图 4-17 为系统设备的隐私设置，用户亦可参照实际情况根据系统提示完成设置。

至此，系统安装基本完成，系统会再次自动重启，然后耐心等待几分钟，即可进入 Windows 10 桌面，如图 4-18 所示，至此完成 Windows 10 系统的安装。

图 4-16　“账户”设置界面

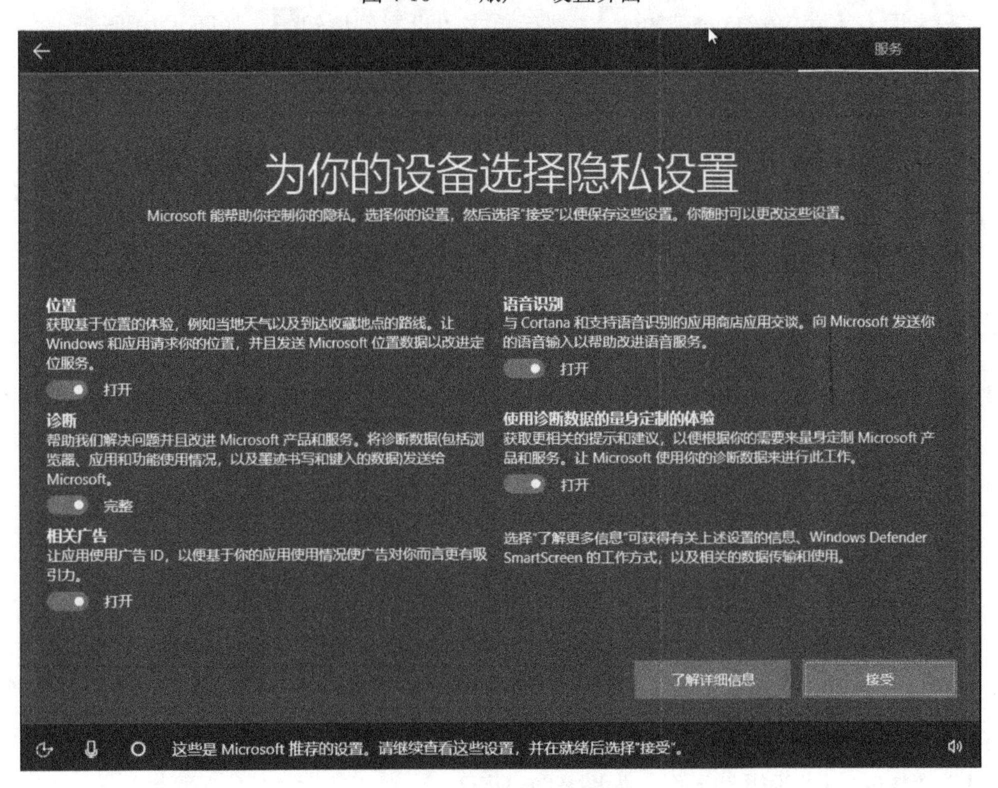

图 4-17　“服务”设置界面

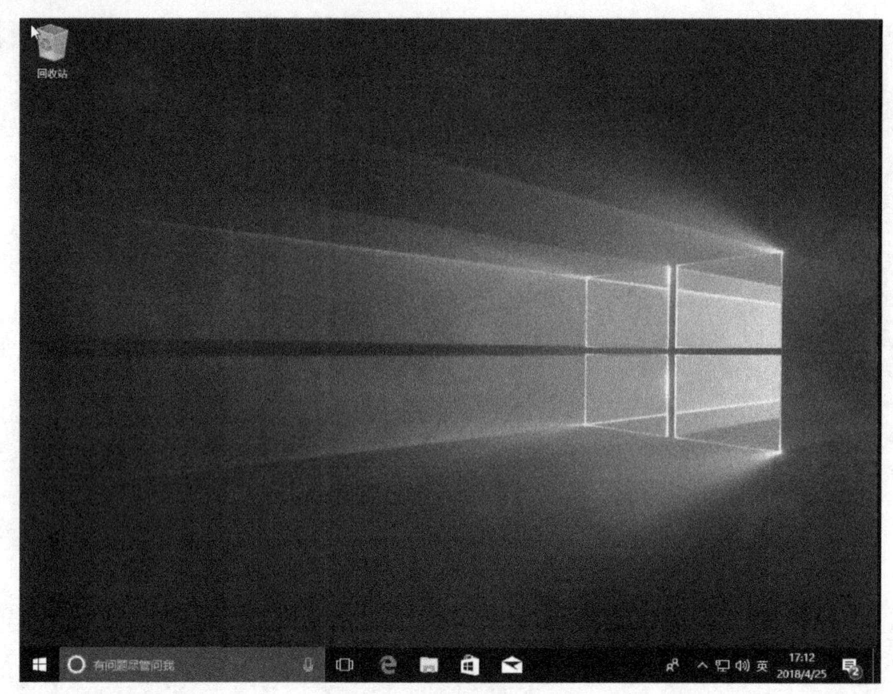

图 4-18　Windows 10 桌面

4．连接网络

打开桌面左下角 Windows 菜单，然后单击“设置”按钮，如图 4-19 所示。

图 4-19　Windows 菜单

进入“Windows 设置”界面，如图 4-20 所示。

图 4-20　“Windows 设置”界面

选择“网络和 Internet”选项，进入网络设置界面，可以对网络配置进行各项设置。选择“以太网”选项，然后选择“网络和共享中心”选项，进入“网络和共享中心”界面，如图 4-21 所示。

图 4-21　“网络和共享中心”界面

若系统此时没有连接网络，则可单击“设置新的连接或网络”按钮，进入“选择一个连接选项”界面，如图 4-22 所示。选择“连接到 Internet”选项，单击“下一步”按钮，进入“连接到 Internet”界面，输入用户名和密码，单击“连接”按钮，进入连接界面，如图 4-23 和图 4-24 所示。

连接成功之后，返回到“网络和共享中心”界面，此时可发现已连接到 Internet。至此，网络连接设置成功，打开浏览器就可以上网冲浪了。

图 4-22　“选择一个连接选项”界面

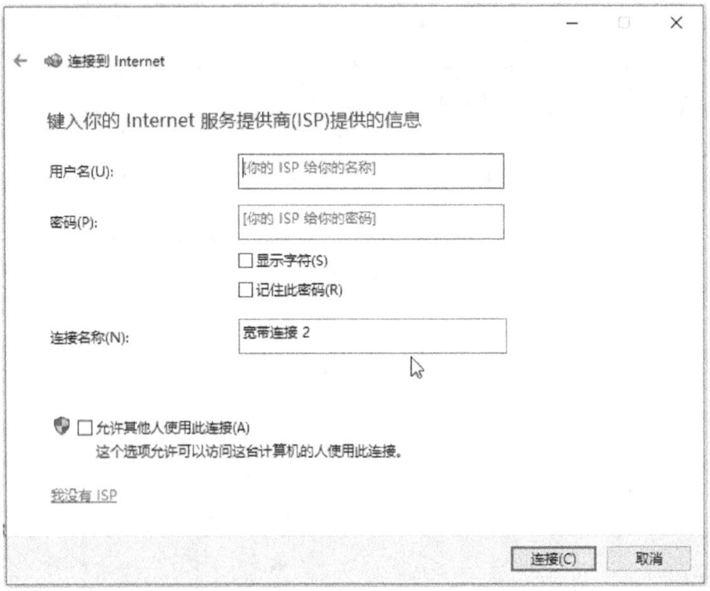

图 4-23　输入用户名和密码

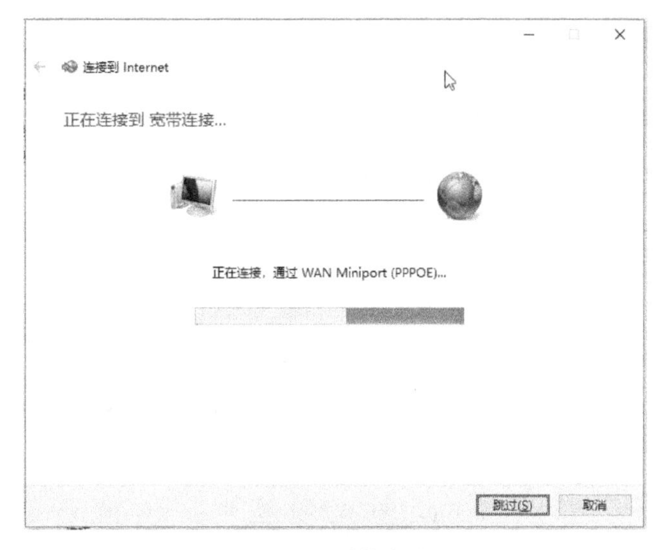

图 4-24　连接宽带

【项目考评】

多媒体计算机系统软件安装及网络连接考评表如表 4-2 所示。

表 4-2　多媒体计算机系统软件安装及网络连接考评表

项目名称：多媒体计算机系统软件安装及网络连接						
评价指标	评价要点	评价等级				
		优	良	中	及	差
操作系统和网络基本知识	（1）操作系统的地位 （2）操作系统的特征 （3）操作系统的功能 （4）网络的定义 （5）网络的分类 （6）网络的连接方法					
Windows 系统的安装和桌面的设置	（1）能够成功的安装 Windows 系统及其相应驱动程序 （2）设置桌面的背景和常用图标					
网络连接技能	（1）设置正确的网络连接方式 （2）设置正确的 IP 地址 （3）计算机能正常上网，并登录常用网址					
Office 办公软件安装技能	（1）Word 软件安装正常，能正常使用 （2）Excel 软件安装正常，能正常使用 （3）PowerPoint 软件安装正常，能正常使用 （4）Access 软件安装正常，能正常使用 （5）Office 中工具（如公式编辑器等）安装正常，能正常使用					
总评	总评等级					
	评语：					

【项目拓展】

应用软件 Photoshop 的安装

项目实施介绍了系统软件 Windows 10 的安装及网络连接设置，读者可以借鉴安装其他的应用软件（如 Photoshop），进一步理解软件的安装过程。

项目思维导图如图 4-25 所示。

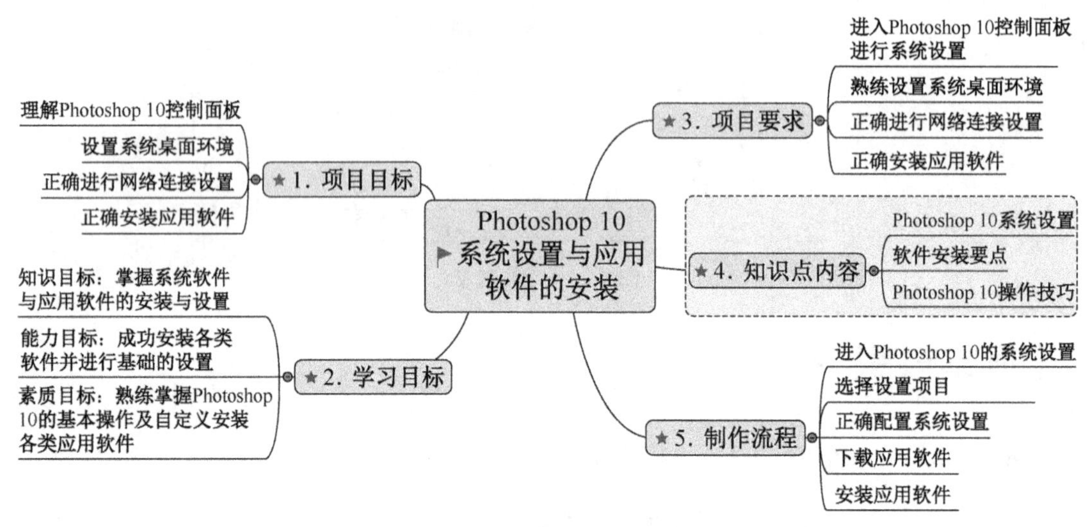

图 4-25　项目思维导图

【思考练习】

1．网络连接是不是一定要在 Windows 的安装过程中进行设置，能否在 Windows 安装结束后再进行网络连接的设置呢？

2．在安装 Office 的时候，如果没有选择“从本机上运行全部程序”，会有什么结果呢？

3．如何更改 IP 地址？

项目五　设计和制作公司简介

【项目分析】

随着信息化技术的发展，计算机越来越普及，无纸化办公已成为一种潮流。政府组织、商业机构和学校等单位，都在推行无纸化办公。熟练地使用 Word 文档处理软件，迅速、高效地进行文档排版，已成为所有人必须掌握的基本职业技能，它对学习和工作都会起到十分重要的作用。而微软的办公软件组件 Word 是最流行的文档处理软件之一。

用 Word 2016 设计和制作公司简介，主要目的是让学习者更好地掌握 Word 2016 的基本操作和如何进行文档编辑、图文混排，熟练运用表格进行数据分析，以达到熟练处理和美化文档的目的。该项目包括 Word 2016 文档的排版、图文混排、表格设计和邮件合并，批量制作样式和模板相同的文档等一系列的操作。

【学习目标】

1．知识目标

（1）掌握 Word 2016 的文档编排，了解其基本概念、功能和特点。

（2）掌握 Word 2016 的图文混排，长篇文档的排版。

（3）了解 Word 2016 的应用范围和领域。

2．能力目标

（1）能够熟练建立 Word 2016 文档，熟悉菜单操作、文字录入等功能。

（2）能够熟练操作图文混排。

（3）熟练掌握页面设置和排版以及打印设置等。

（4）能够独立完成一个完整的文档制作。

（5）熟悉邮件合并功能，并能批量制作文档。

3．素质目标

培养学生的审美观及逻辑思维能力，使学生在今后的工作学习中能够独立处理文档的编排、信函及一切与 Word 有关的事情。

【项目导图】

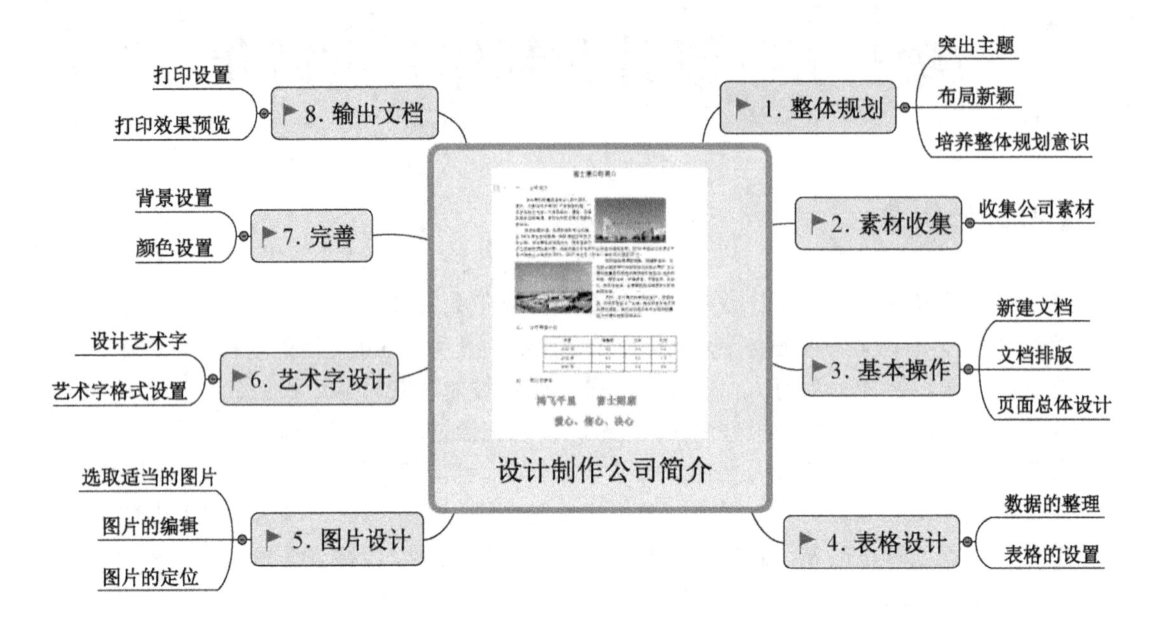

【知识讲解】

5.1 Word 2016 概述

5.1.1 Word 2016 的新特性

Microsoft Office 2016 是一款由微软官方近日发布的 Microsoft office 最新版本，而且免费开放给所有 Windows 用户使用，其中 Excel、Word、PowerPoint 都非常智能化，界面新加入暗黑主题，并且按钮的设计风格开始向 Windows 10 靠拢。Word 2016 提供了世界上最出色的功能，其增强后的功能可创建专业水准的文档，用户可以更加轻松地与他人协同工作并可在任何地点访问自己的文件。Word 2016 具有向下兼容原有旧版本的功能，如文字录入与排版、表格制作、图形与图像处理等，更增添了导航窗格、屏幕截图、屏幕取词、背景移除、文字视觉效果等新功能。

5.1.2 Word 2016 的启动和退出

1. 启动

启动 Word 2016 常用以下几种方法。

（1）利用开始菜单：单击任务栏中的“开始”按钮，选择“程序”→“Microsoft Office”→“Microsoft Office”→“Microsoft Word 2016”选项，即可启动 Word 2016。

（2）利用文档：双击任意一个 Word 文档，Word 2016 就会启动并且打开相应的文件。

（3）利用桌面快捷图标：如果桌面上已显示 Microsoft Office 快捷方式，可单击“Microsoft Word 2016”快捷方式图标。

2．退出

退出 Word 2016 常用以下几种方法。

（1）单击 Word 应用程序窗口左上角的“文件”→“退出”按钮。

（2）双击 Word 窗口左上角的控制菜单框中的“W”图标。

（3）单击 Word 应用程序窗口右上角的“关闭”按钮。

（4）按“Alt+F4”组合键。

5.1.3　Word 2016 窗口的组成

Word 2016 工作窗口如图 5-1 所示，工作窗口由标题栏、快速访问工具栏、文件选项卡、功能区、编辑窗口、状态栏、视图切换按钮和显示比例等部分组成。

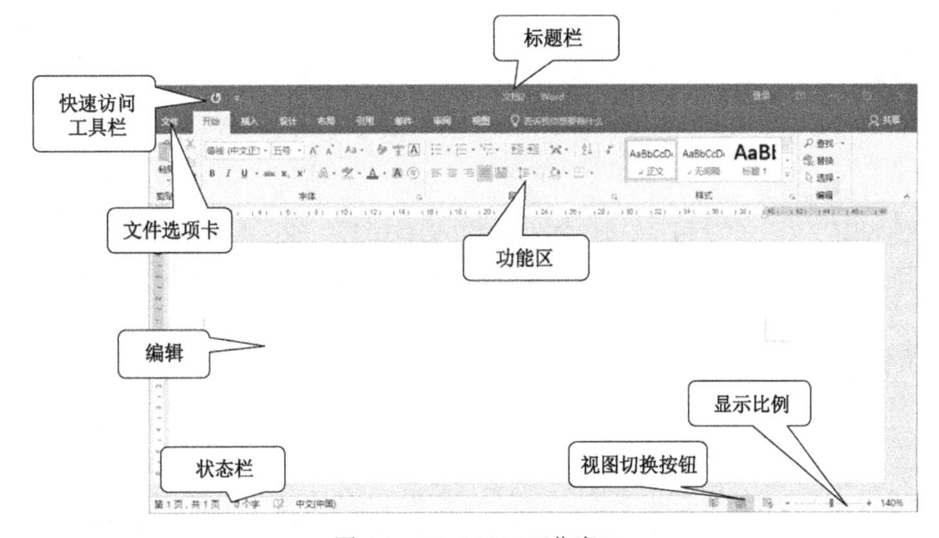

图 5-1　Word 2016 工作窗口

1．标题栏

标题栏主要显示正在编辑的文档名称及所使用的软件名称信息。

2．快速访问工具栏

快速访问工具栏主要显示用户日常工作中频繁使用的命令，默认显示“保存”、“撤销”和“重复”命令按钮。

3．“文件”选项卡

“文件”选项卡可以查找对文档本身而非对文档内容进行操作的命令，如“信息”“新建”“打开”“保存”“最近所用文件”“打印”等常用命令，如图 5-2 所示。

4．功能区

功能区由选项卡、选项组和命令 3 个基本组件组成，工作时需要用到的命令位于此处。选中一个选项卡，右下角出现该选项卡“功能扩展”按钮。

5．标尺栏

标尺栏分水平标尺和垂直标尺；用来对齐文档中的文本、图形、表格等，也可用来设置所选段落的缩进方式和距离；通过垂直滚动条上方的“标尺”按钮显示或隐藏标尺，也可通过勾选“视图”选项卡“显示”选项组中的“标尺”复选框来显示或隐藏标尺。

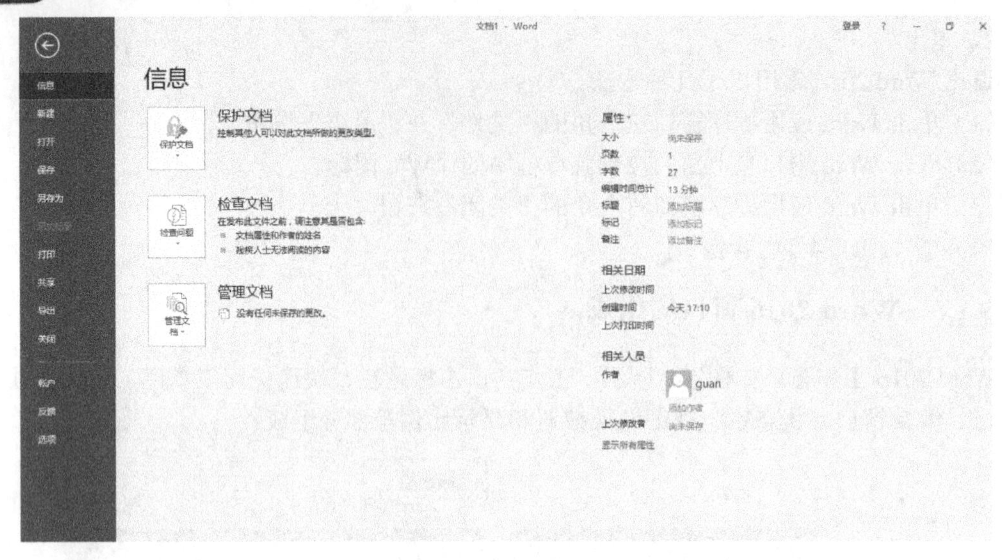

图 5-2　“文件”选项卡

6．文档编辑窗口

文档编辑窗口为用户使用 Word 2016 进行文档编辑排版的主要工作区域，在编辑窗口可以输入文本、表格或插入图形。有一个垂直闪烁的光标，称为“插入点”。通过鼠标或键盘也可以改变插入点的位置。

7．滚动条

滚动条可用于更改正在编辑的文档的显示位置。

在编辑窗口的右侧和下方各有一个滚动条，分别称为垂直滚动条和水平滚动条。利用滚动条，可将编辑窗口之外的文档移到可视区以便查看。

滚动条可以显示也可以隐藏。选择“文件”→“选项”命令，在弹出的“Word 选项”对话框中选择“高级”选项卡，在“显示”栏中进行设置，如图 5-3 所示。

图 5-3　“Word 选项”对话框

8．状态栏与视图栏

状态栏中左侧显示文档当前是第几页、共几页、字数、输入法等信息，右侧视图栏显示“阅读版式”“页面视图”“Web 版式视图”3 种视图模式切换按钮。右侧视图还显示当前文档显示比例的“缩放级别”按钮及缩放当前文档的缩放滑块。

5.2　文档的基本操作

在 Word 中进行文字处理操作，其基本步骤是，首先创建或打开一个文档，然后进行文档的输入、编辑和排版，工作完成后将文档以文件形式存盘，文件的默认扩展名是“.docx”，早期版本的文件扩展名是“.doc”。

5.2.1　创建新文档

1．新建空白文档

（1）启动 Word 2016 软件，Word 自动创建“文档 1”，此时，用户便可以输入文本，编辑文档，然后保存文档。

（2）启动 Word 2016 软件，单击“文件”→“新建”命令，进入新建界面，选择“空白文档”图标，单击“创建”按钮，如图 5-4 所示。

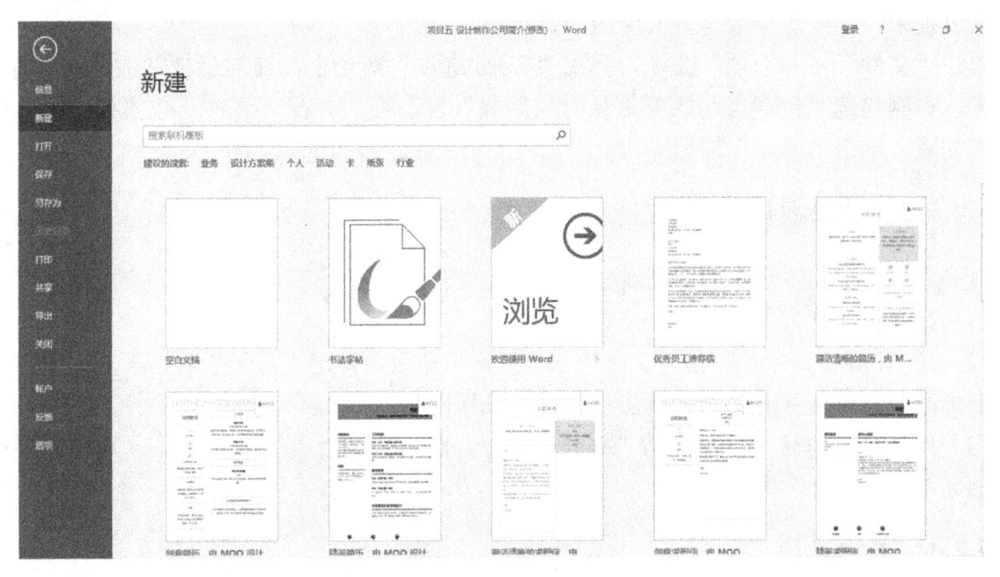

图 5-4　新建文档

（3）单击自定义快速访问工具栏中的“新建”按钮。

2．根据模板创建文档

Word 2016 提供了许多已经设置好的文档模板，选择不同的模板可以快速地创建各种类型的文档，如信函和传真等，其具体方法如下：

（1）选择“文件”→“新建”→可用模板，然后单击“创建”按钮。

（2）在“文件”→“新建”→“Office.com 模板”中选择合适的模板，然后单击“下载”按钮。

5.2.2 保存文档

1．新建文档的保存

（1）单击快速访问工具栏中的“保存”按钮。

（2）单击“文件”按钮，然后选择“保存”按钮，在弹出的“另存为”对话框中指定文档的保存位置和文件名。

2．已有文档的保存

直接单击“保存”按钮，或者单击“另存为”按钮，在“另存为”对话框中指定保存位置和文件名。

3．文档加密保存

单击“另存为”对话框中的“工具”下拉按钮，在弹出的下拉列表框中选择“常规选项”选项，则弹出“常规选项”对话框。

分别在“常规选项”对话框中的“打开文件时的密码”和“修改文件时的密码”文本框中输入密码，单击“确定”按钮后，弹出“确认密码”对话框，再次输入打开及修改文件时的密码后，单击“确定”按钮，返回到“另存为”对话框。

单击“保存”按钮保存文档。

4．文档定时保存

在遇到计算机死机、停电等意外情况时，Word 提供的自动定时保存功能可以将已保存的内容恢复过来，尽量减少数据丢失所造成的损失。

单击“文件”→“选项”命令，弹出“Word 选项”对话框，在对话框左侧选择“保存”选项卡，右侧勾选“保存自动恢复信息时间间隔”复选框，并在“分钟”数值框中输入保存的时间间隔，单击“确定”按钮即可。

5.2.3 打开已有的文档

打开已有文档的方法有以下几种：

（1）在“资源管理器”中双击文件的图标。

（2）在 Word 窗口中，单击“文件”→“打开”命令，弹出“打开”对话框，在下方的文档列表中选中需要打开的文档，单击“打开”按钮即可。

（3）单击快速访问工具栏中的“打开”命令，也可弹出“打开”对话框，选中需要打开的文档，单击“打开”按钮。

5.2.4 关闭文档

关闭文档的方法有以下几种：

（1）单击“文件”→“关闭”命令。

（2）单击标题栏右端的“关闭窗口”按钮。

（3）在工作界面中按“Alt+F4”组合键。

如果文档编辑后未保存，关闭时将会弹出是否保存更改提示对话框，选择“是”按钮则保存当前文档并关闭，选择“否”按钮则放弃保存并关闭，选择“取消”按钮则会取消关闭文档的操作。

5.2.5　文档的输入

根据用户的需要调整输入法，可在文档的插入点处进行输入，当输入内容到达右边界时，Word 会自动换行，光标移至下一行开头，可继续输入；当本段输入完毕后，按回车键结束输入操作。

1．输入时碰到的问题

（1）删除内容：当输入内容有错时，可在错误处单击，使插入点定位在出错的文本处，然后，按“Delete”键可删除插入点右面的字符，按“Backspace”键可删除插入点左面的字符。

（2）切换输入模式：如果需要插入文本，应处于插入状态。如果需要改写文本，应处于改写状态。按“Insert”键或单击状态栏上的“插入”字样，可在插入模式和改写模式之间快速切换。

（3）回车键的作用：只有开始新段落，才需按回车键。

2．输入符号与特殊符号

在文档中，除了需要输入英文和中文外，往往需要输入键盘上没有的符号。单击“插入”→“符号”命令，在弹出的对话框中可以选择所需插入的符号。

5.2.6　编辑文档

编辑文档是指对文本进行删除、移动、复制、查找和替换等修改操作。

1．选定文本

“先选定，后操作”是 Windows 软件的共同规律。Word 中，在对文本进行移动、复制或排版等操作之前，需要先选定文本。可以通过鼠标、键盘及命令选定文本。

1）使用鼠标

（1）选定任何数量的文本：将鼠标指针移到欲选定内容的起始处，按住鼠标左键拖动鼠标到欲选定内容的结尾处，释放鼠标。

（2）选定一个单词：将鼠标指针移到该单词前，双击。

（3）选定一个句子：按住 Ctrl 键，然后在该句的任意位置上单击。

（4）选定一行文本：将鼠标指针移到文本选定区（该行的左侧），单击。

（5）选定多行文本：将鼠标指针移到文本选定区，按住鼠标左键，然后向上或向下拖动鼠标。

（6）选定一个段落：将鼠标指针移到该段的文本选定区，然后双击；或者在该段落的任意位置上三击鼠标左键。

（7）选定整篇文档：将鼠标指针移到文本选定区的任意位置，然后三击鼠标左键；或者选择“开始”→“选择”→“全选”命令。

2）使用键盘

利用键盘上的光标移动键，也可快速选定文本。快速选定文本的组合键如下。

（1）选定输入点右侧的一个字符：Shift+右箭头。

（2）选定输入点左侧的一个字符：Shift+左箭头。

（3）选定输入点右侧单词：Ctrl+Shift+右箭头。

（4）选定输入点左侧单词：Ctrl+Shift+左箭头。

（5）选定输入点到行尾：Shift+End。

（6）选定输入点到行首：Shift+Home。

（7）选定输入点的下一行：Shift+下箭头。

（8）选定输入点的上一行：Shift+上箭头。

（9）选定输入点到段尾：Ctrl+Shift+下箭头。

（10）选定整篇文档：Ctrl+A。

2．删除文本

选定文本后，若要将其删除，可按“Delete”键或按“Backspace”键。

3．查找或替换文本

1）查找

（1）文章输入完成后，往往要对文章进行检查、校对以修正错误，单击“开始”→“编辑”→“查找”命令，弹出“导航”对话框，在“搜索文档”文本框中输入要查找的文字，显示所有查找到的内容，如图 5-5 所示。

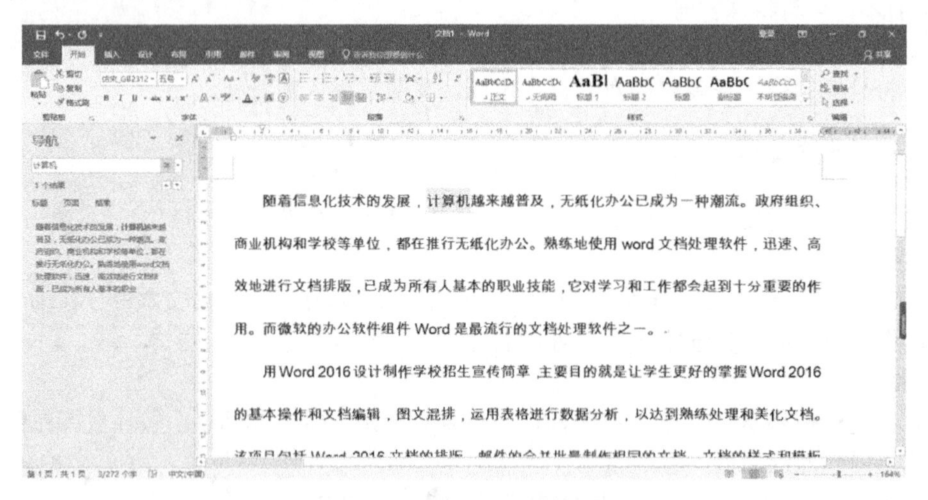

图 5-5　在“导航”对话框中查找

（2）也可以选择“查找”下拉列表中的“高级查找”选项，弹出“查找和替换”对话框。在“查找”选项卡的“查找内容”文本框中输入要查找的文字，单击“查找下一处”按钮，即开始查找，如图 5-6 所示。

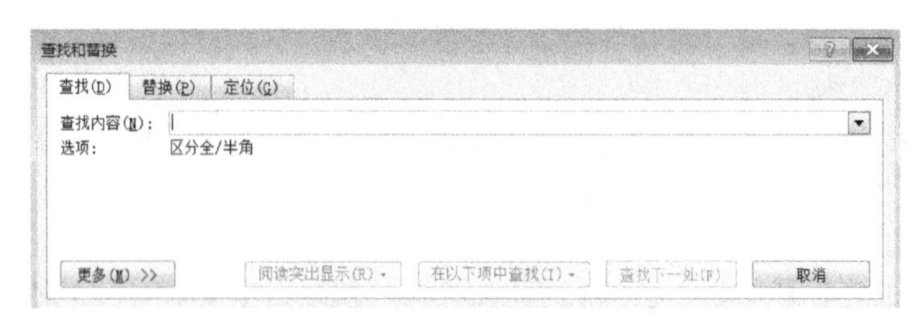

图 5-6　“查找”选项卡

2）替换

（1）单击“开始”→“编辑”→“替换”命令，弹出“查找和替换”对话框。在“替换”选项卡的“查找内容”文本框中输入被替换的文字，在“替换为”文本框中输入替换后的文字，单击“替换”按钮或“全部替换”按钮，如图 5-7 所示。

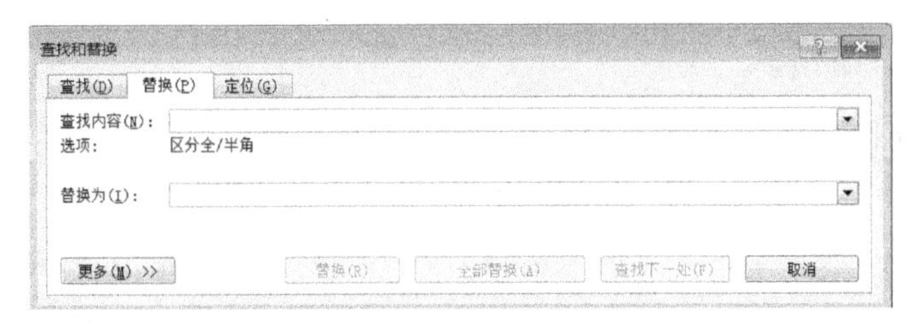

图 5-7　“替换”选项卡

5.3　文档的格式排版

5.3.1　设置字符格式

对文字进行编辑或设置格式之前，必须先选择文字，具体步骤如下。

1．通过功能区进行设置

“开始”选项卡的“字体”组的相关命令按钮如图 5-8 所示，可利用这些命令按钮完成对字符的格式设置。“字体”组常用命令按钮如图 5-8 所示。

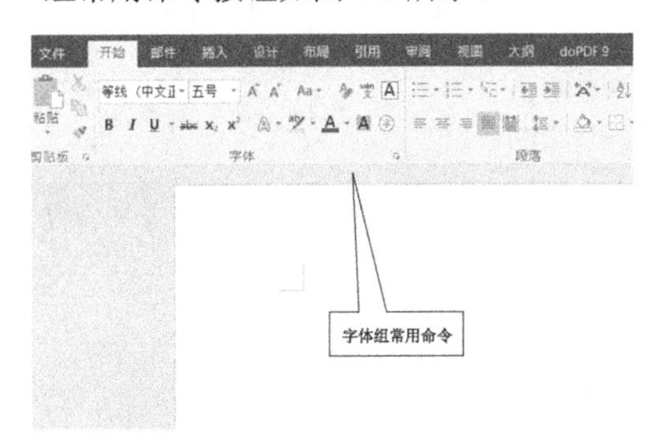

图 5-8　“字体”组常用命令按钮

2．通过对话框进行设置

选中要设置的字符后，单击“字体”组右下角的“对话框启动器”按钮，会弹出如图 5-9 所示的“字体”对话框。

图 5-9　“字体”对话框

5.3.2 设置段落格式

1. 段落命令按钮

常用的“段落”命令按钮如图 5-10 所示。

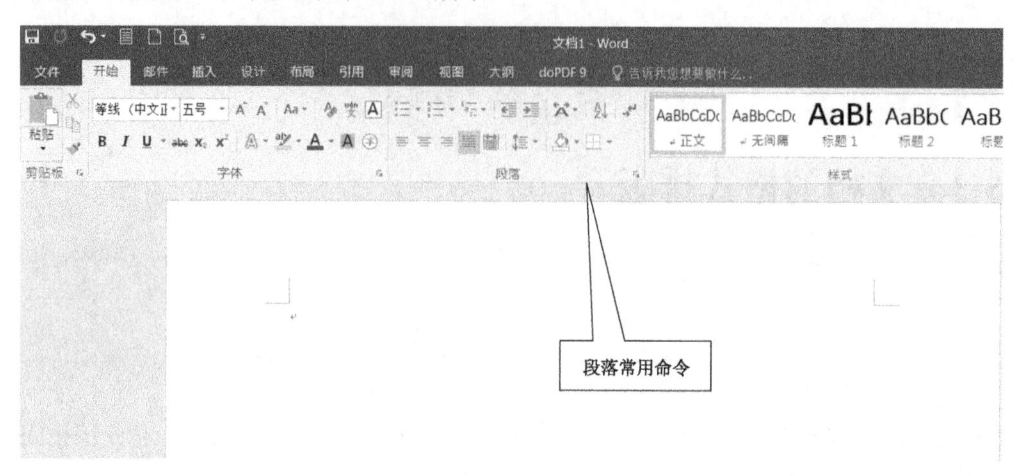

图 5-10 常用“段落”命令

2. 使用“段落”命令

段落的格式设置如图 5-11 所示。

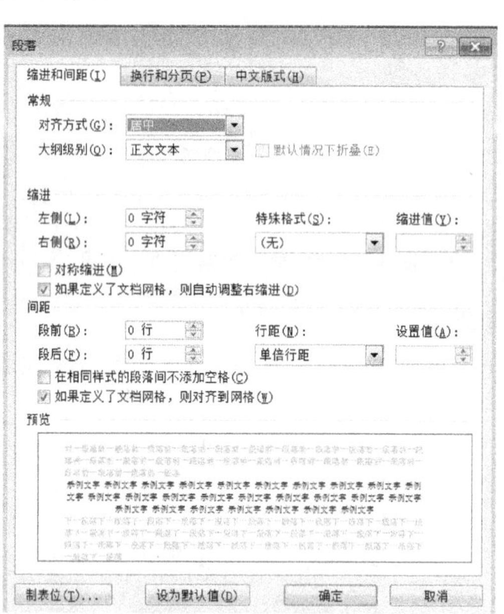

图 5-11 设置段落格式

缩进决定了段落到左、右页边距的距离，段落的缩进方式分为以下 4 种。

（1）左缩进：段落左侧到页面左侧页边距的距离。

（2）右缩进：段落右侧到页面右侧页边距的距离。

（3）首行缩进：段落的第一行由左缩进位置起向内缩进的距离。

（4）悬挂缩进：段落除第一行以外的所有行由左缩进位置起向内缩进的距离。

在“预览”框中可以看到所选格式的效果。

如要修改文档中的行距，则可以在“行距”下拉列表中进行选择，除系统设定的行距外，还可以使用固定行距进行设置。

3．首字下沉

为了引起读者的注意，段落的第一个字符可以使用“首字下沉”格式突出显示。

设置“首字下沉”格式的操作步骤如下：

选中段落，在“插入”选项卡中，单击“首字下沉”按钮，效果如图5-12所示。

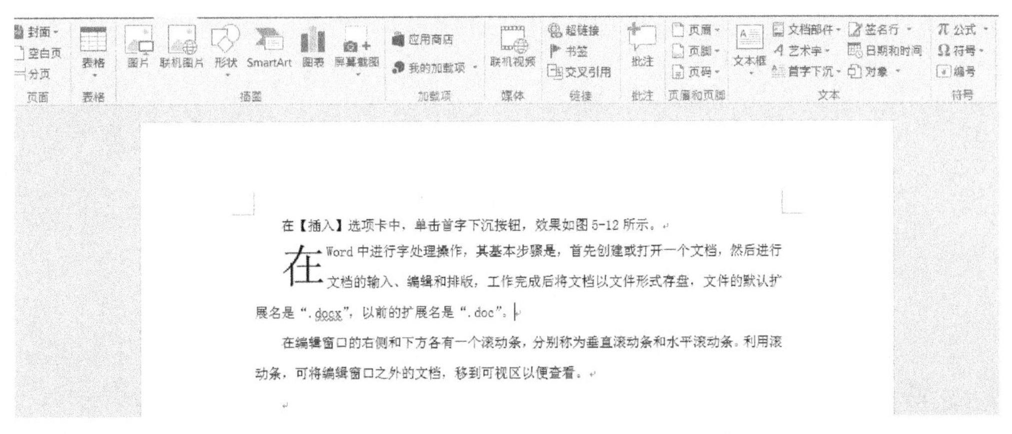

图5-12　首字下沉效果

4．项目符号和编号

快速为文档内容添加项目符号、编号或多级符号，使文章的层次更清楚。

1）设置项目符号

选定需要设置的段落，单击“开始”→“段落”→“项目符号”命令，在各段前即添加了默认的项目符号，或者单击按钮右侧的下拉按钮，从下拉列表中选择其他的项目符号形式，效果如图5-13所示。

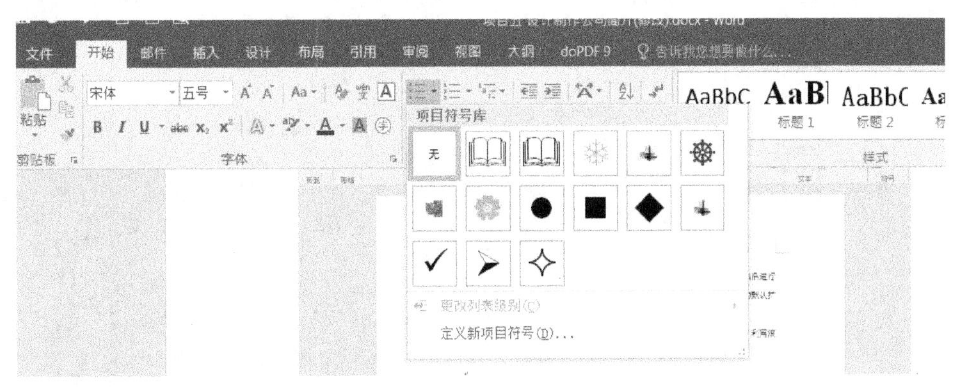

图5-13　项目符号效果

2）设置编号

选定需要设置的段落，单击“开始”→“段落”→“编号”命令，在各段前即添加了默认的编号（1）、（2）等，或者单击按钮右侧的下拉按钮，从下拉列表中选择其他的编号形式，效果如图5-14所示。

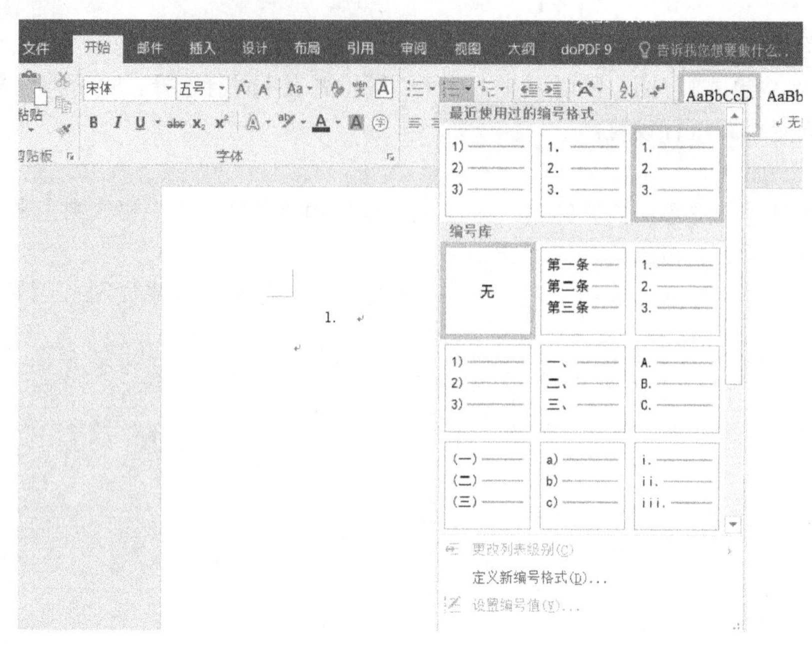

图 5-14　编号效果

5. 边框和底纹

可以为段落、表格、图形等内容添加边框和底纹，以使内容更醒目、突出。

1）添加边框

选择要添加边框的内容，单击“开始”→“段落”→“下框线”按钮右侧的下拉按钮，在弹出的下拉列表框中选择“边框和底纹”选项，弹出“边框和底纹”对话框，在此对话框的“边框”选项卡中可以进行边框设置，如图 5-15 所示。

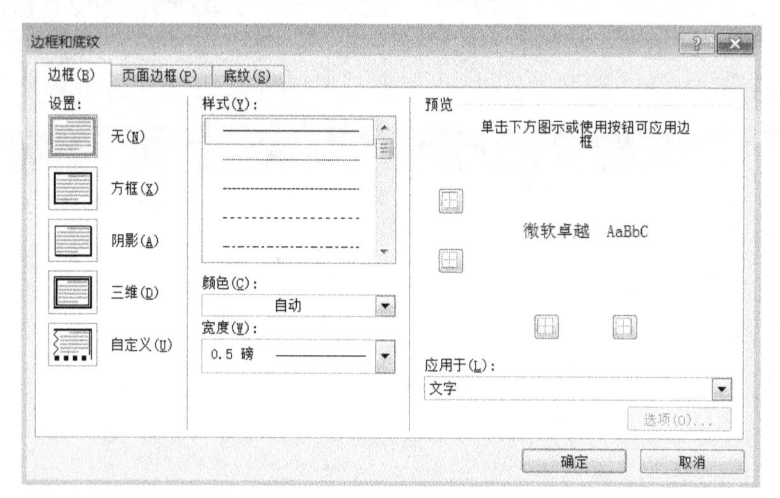

图 5-15　“边框”选项卡

2）添加底纹

选择要添加底纹的内容，选择“边框和底纹”对话框中的“底纹”选项卡，在相应选项中设置填充色、图案样式和颜色及应用的范围后，再单击“确定”按钮即可，如图 5-16 所示。

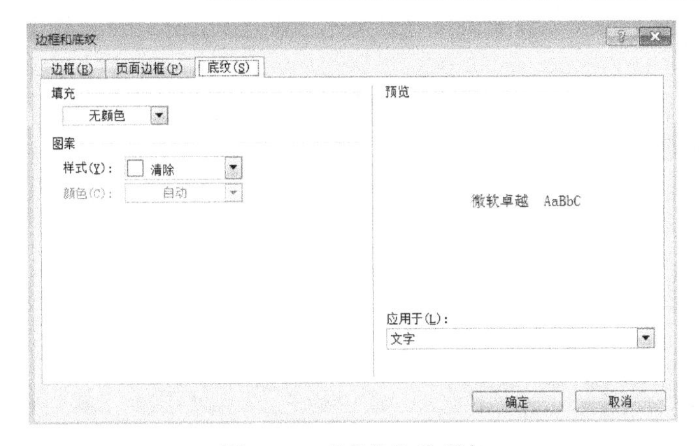

图 5-16　“底纹”选项卡

6．分栏

在报纸杂志中，经常看到文章以分栏格式排版。在 Word 2016 中，先选择需要分栏排版的文字，若不选择，则系统默认对整篇文档进行分栏排版，再单击“页面布局”→“页面设置”→“分栏”下拉按钮，在弹出的下拉列表框中选择某个选项即可将所选内容进行相应的分栏设置，如图 5-17 所示。

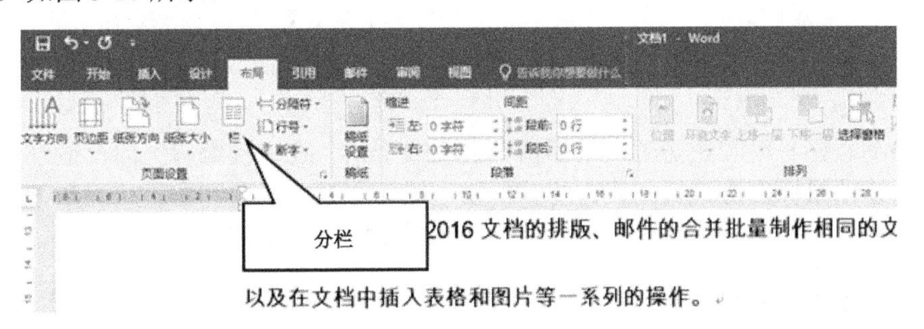

图 5-17　“页面设置”组

单击“栏”按钮，可按自己的需要进行分栏设置。例如，选择分为两栏，效果如图 5-18 所示。

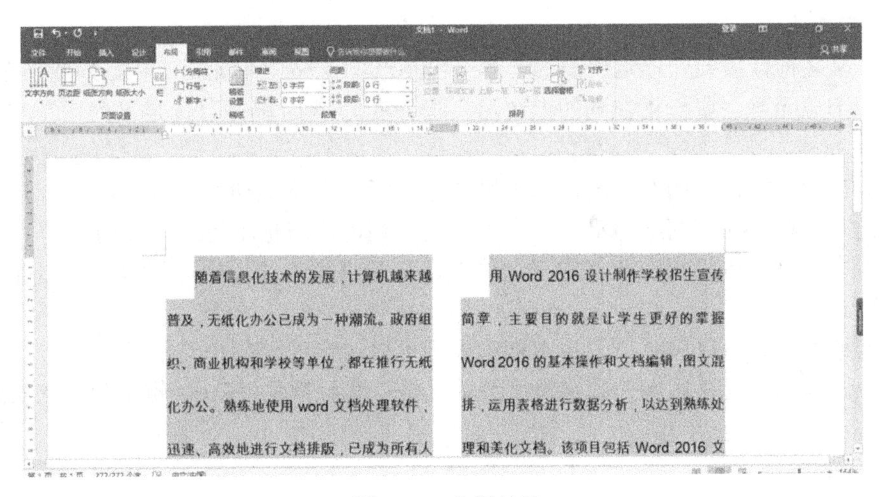

图 5-18　分栏效果

5.4 表格

5.4.1 表格的制作

在制作表格时，通常是先创建一个空白表格，然后再向表格输入内容。Word 也提供了将文字转换成表格的功能。

表格的制作方法有两种：

（1）单击“插入”→“表格”→“表格”命令，可以根据需要插入表格，如图 5-19 所示。

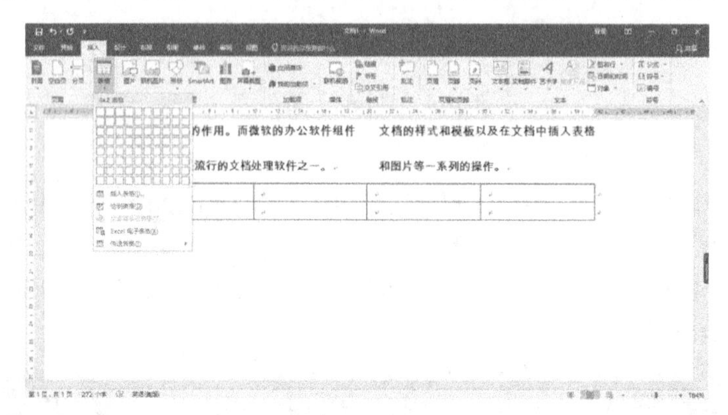

图 5-19 表格组

（2）绘制表格。绘制表格时，鼠标指针会变成形状。在文档编辑区的合适位置，从左上角到右下角拖动鼠标即可绘制出表格的外框线，然后在框内从左到右、从上到下拖动鼠标即可绘制表格内部的行、列分隔线，完成后按“Esc”键退出表格绘制状态。

5.4.2 表格的编辑

1. 表格输入

表格中的每一个方格叫做单元格。内容的输入方法如下：在单元格上单击，或者使用方向键，或者使用“Tab”键将光标移至单元格中，输入内容即可。

2. 选定表格

编辑表格之前，需要先选定所需的内容，包括选中表格中单元格、行、列或整个表格等。

选定一个单元格：鼠标指在列的上边沿，指针变为⬇时单击可选定一列，左右拖动可选定多列。

选定行：鼠标指在行的左边沿，单击可选定一行，上下拖动可选定多行。

选定列：鼠标指在列的上边沿，单击可选定一列，左右拖动可选定多列。

选定整个表格：鼠标指在表格的任意位置，当表格左上角出现图标时，单击此标记可选定整个表格。

选定连续的单元格区域：在表格中拖动鼠标可以选定连续的单元格区域。

选定不连续的单元格区域：先选择一个单元格，然后按住“Ctrl”键不放，依次选定其他单元格。

3. 布局表格

表格可以进行插入行和列、插入单元格、删除行和列、删除单元格的操作；合并和拆分

单元格，调整行高或列宽等编辑操作。插入表格后，会出现“表格工具”功能区，在“布局”菜单中可以进行相应的操作，如图 5-20 所示。

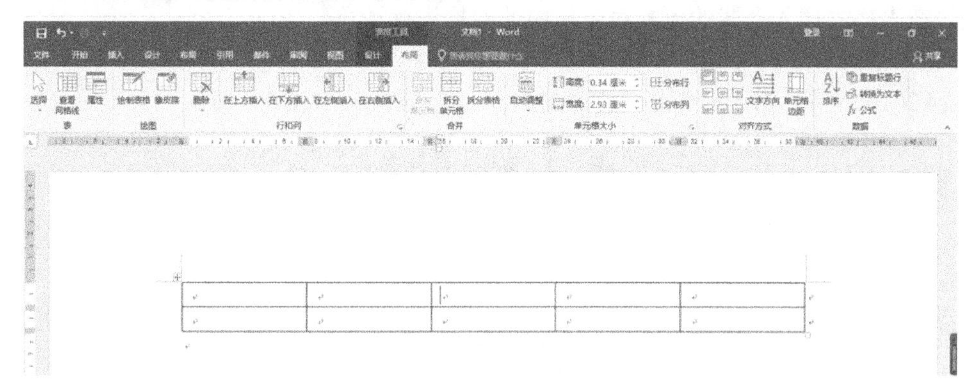

图 5-20　“布局”菜单

4．自动套用表格格式

选定表格，出现“表格工具”功能区，单击“设计”→“表格样式”命令，应用所需要的样式，如图 5-21 所示。

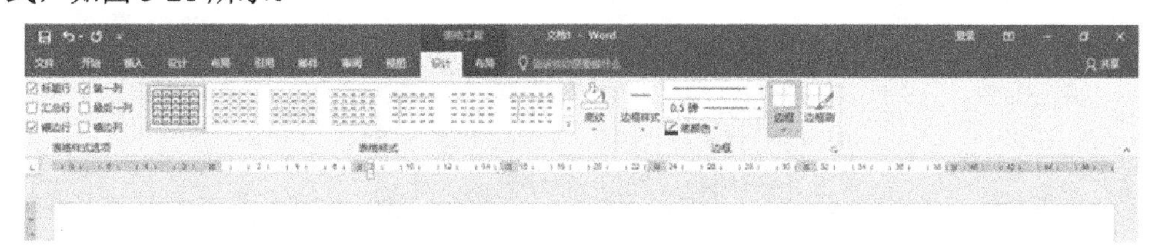

图 5-21　“设计”菜单

5．边框和底纹

可以根据需要为表格设计边框和底纹。在“设计”→“表格样式”→“边框”下拉列表框中选择“斜下框线”选项，如需要进一步设置，单击“绘图边框”下拉按钮，可以在弹出的如图 5-22 所示的对话框中进行设置。

6．表格环绕方式

选定表格后，单击“表格工具”→“布局”→“表格大小”下拉按钮，弹出如图 5-23 所示的“表格属性”对话框，根据需要进行设置。

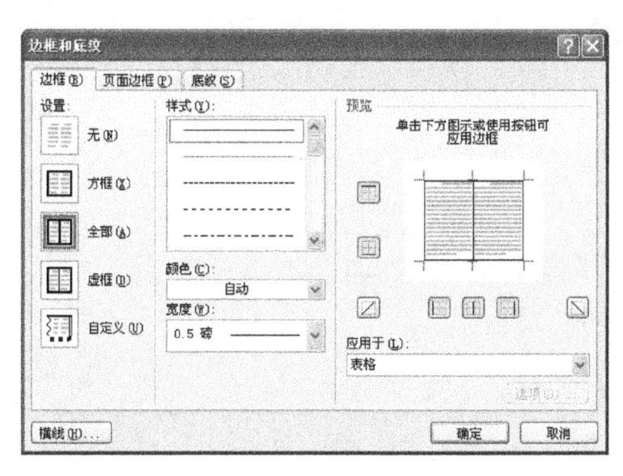

图 5-22　“边框和底纹”对话框

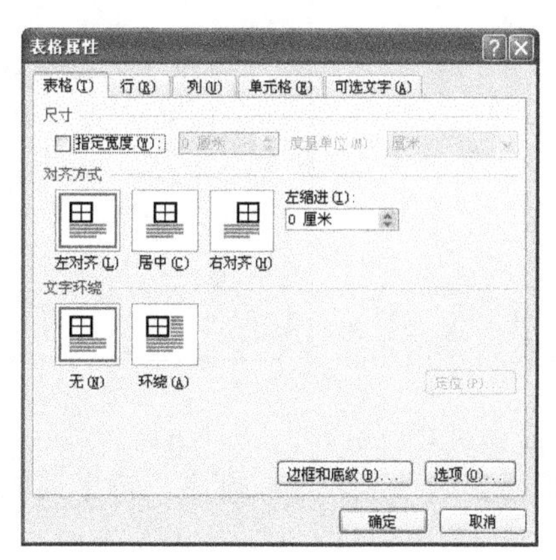

图 5-23　“表格属性”对话框

5.4.3 表格的计算和排序

通过在表格中插入公式的方式对表格中的数据进行计算。

1. 表格的计算

Word 2016 提供了常用的表格计算功能。成绩单统计表如表 5-1 所示。

表 5-1 成绩单统计表

姓名	语文	数学	总分
李明	80	98	178
张胜	90	85	175
王晓丽	90	82	172
平均分	86.67	88.33	175

要计算总分，可运用求和函数。单击“表格工具”→“布局”→“数据”→“公式”命令，弹出如图 5-24 所示的“公式”对话框，在“粘贴函数”下拉列表中选择 SUM 函数（如果是其他计算，则在“粘贴函数”下拉列表中选择对应的函数），在 SUM 右边的括号里写上 LEFT 或者是具体的单元格，单击“确定”按钮后便完成了求和运算。

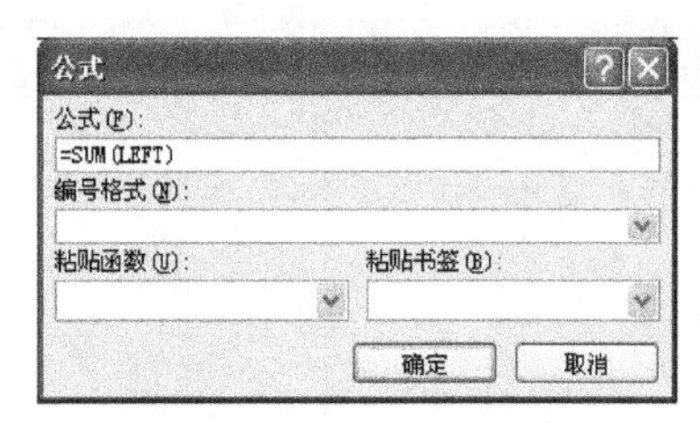

图 5-24 “公式”对话框

2. 表格的排序

可以按照升序或降序规则重新排列表格数据。单击“表格工具”→“布局”→“排序”命令，弹出如图 5-25 所示的“排序”对话框，可按需要完成排序。

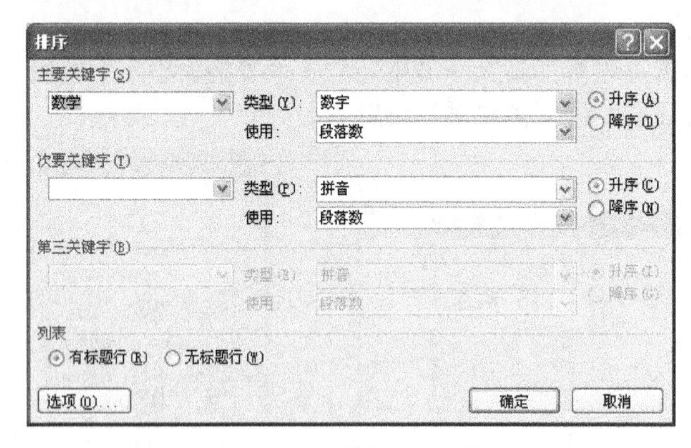

图 5-25 “排序”对话框

按语文成绩从低至高排序，排序后的成绩统计表如表 5-2 所示。

表 5-2　排序后的成绩统计表

姓名	语文	数学	总分
李明	80	98	178
张胜	90	85	175
王晓丽	90	82	172

5.5　图形

Word 文档中不仅可以包含文字，还可以插入图形，形成图文并茂的文档。Word 文档中的图形包括图片、联机图片、形状、SmartArt 图、图表，具有图形效果的艺术字、使用公式编辑器建立的数学公式等，这些图形可以插入 Word 文档中并对其进行编辑。

5.5.1　插入图片

1．插入联机图片

将光标定位到文档中要插入图片的位置，单击“插入”→“插图”→“联机图片”命令，弹出“联机图片”导航栏，选择联机图片，联网下载所需要的图片，单击“插入”按钮，即可将图片插入文档中，如图 5-26 所示。

图 5-26　插入联机图片

2．插入图片文件

在 Word 文档中，不仅可以插入联机图片，也可以插入本机图片文件，如“.bmp”，“.wmf”，“.pic”，“.jpg”等通用类型图片文件。

单击“插入”→“插图”→“图片”命令，如图 5-27 所示。

图 5-27　插入图片文件

5.5.2　设置图片格式

选中要进行设置的图片，出现“图片工具”功能区，选择“格式”选项卡，可以在“调整”、“图片样式”、“排列”和“大小”组中，根据需要进行操作，如图 5-28 所示。

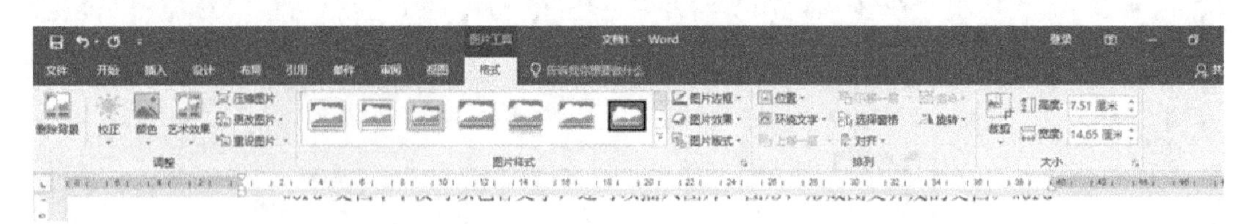

图 5-28　图片工具

5.5.3　绘制图形

单击“插入”→“插图”→“形状”下拉按钮，弹出下拉菜单，用户可以根据需要选择相应按钮，单击，画出合适大小的各种图形。选择心形，画出如图 5-29 所示的图形。

选中图形，右击，在弹出的快捷菜单中选择“添加文字”选项，如输入汉字“爱”，可以在图形中添加文字，效果如图 5-30 所示。

图 5-29　绘制图形

图 5-30　在图形中添加文字

5.5.4　设置图形格式

选择已绘制好的图形，出现“绘图工具”功能区，在“格式”→“形状样式”组中，可以根据需要进行设置，如图 5-31 所示。

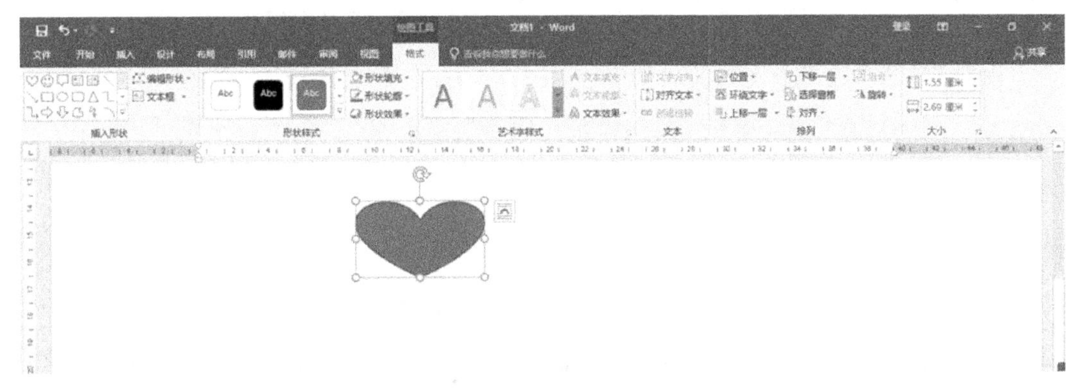

图 5-31　绘图工具

在“形状样式”组中进行线条颜色、粗细和形状的设置，在“排列”组中进行叠放次序设置，在“大小”组中进行图形大小设置。

5.5.5　绘制文本框

文本框可以像图形一样插入文档中，而且文本框中可以任意加入文字，像图片一样随意移动。单击“插入”→“文本”→“文本框”命令，可按需要绘制文本框，如图 5-32 所示。

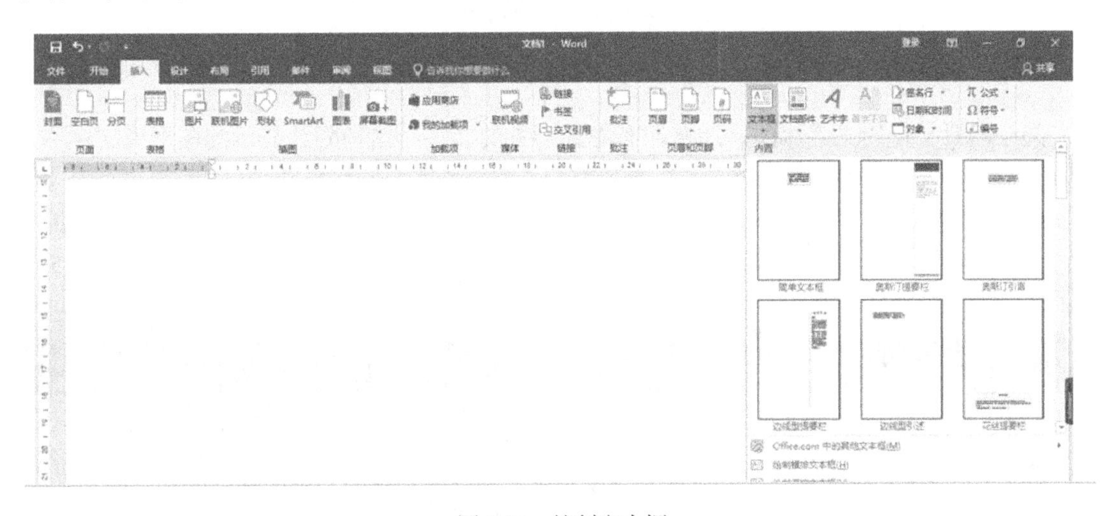

图 5-32　绘制文本框

5.5.6　插入艺术字

艺术字是图形效果的文字，在文档中插入艺术字可以美化文档。

将光标定位到文档中要显示艺术字的位置，单击“插入”→“文本”→“艺术字”下拉按钮，在弹出的“艺术字样式”下拉列表框中选择一种样式；在文本编辑区中“请在此放置您的文字”文本框中输入文字即可。

艺术字插入后，功能区中出现用于艺术字编辑的绘图工具“格式”选项卡，显示效果如图 5-33 所示。

图 5-33 “格式”选项

在文本框中输入“飞龙在天”，显示效果如图 5-34 所示。

图 5-34 插入艺术字

5.5.7 水印

某些重要文件的文字后面，通常印有隐约可见的文字，这种隐约显示的图形或文字称为水印。

在 Word 2016 中，如果要在文档的每一页建立同样的水印，应单击“设计”→“页面背景”→“水印”按钮，在弹出的下拉列表框中，可以根据需要选择水印样式模板，如图 5-35 所示。

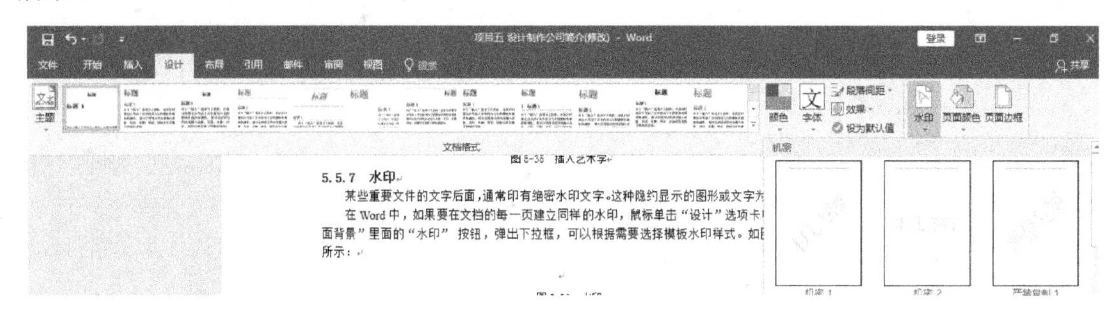

图 5-35 水印效果

还可以自行建立自定义水印，单击“设计”→“页面背景”→“水印”按钮，在弹出的下拉列表框中选择“自定义水印”选项，弹出“水印”对话框，如图 5-36 所示。

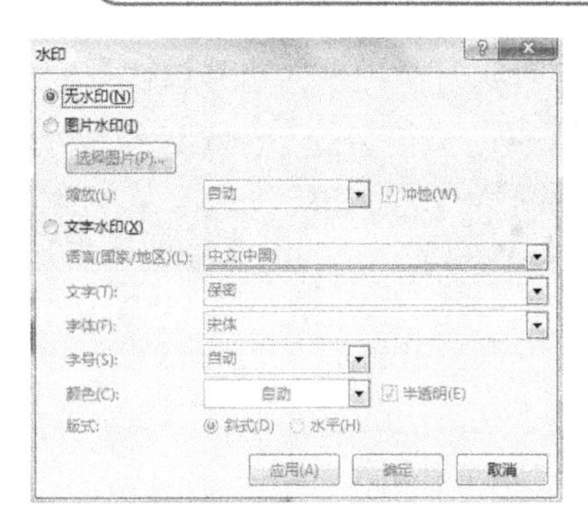

图 5-36　“水印”对话框

5.6　页面布局和打印文档

页面布局包括设置纸张大小、页边距、页面背景等。

5.6.1　页眉、页脚和页码

页眉和页脚可以设在页面的顶端和底端。在页眉和页脚处也可以加入文字、图形等信息。

1. 插入页码

Word 文档默认没有页码。用户可以使用以下方法为文档添加页码。

1）从库中添加页码

单击“插入”→“页眉和页脚”→“页码”下拉按钮，在弹出的下拉列表中可以根据需要选择相应模板，如图 5-37 所示。

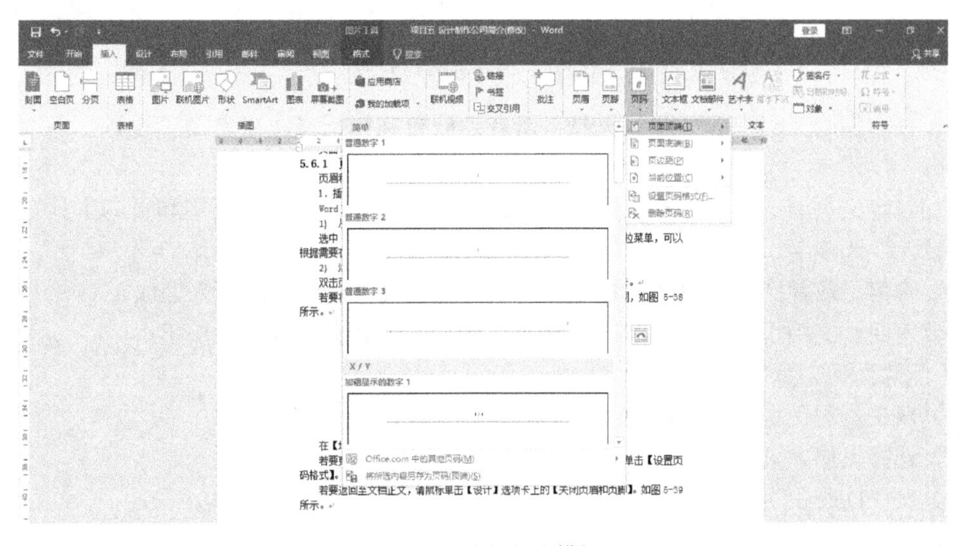

图 5-37　选择相应模板

2）添加自定义页码

双击页眉区域或页脚区域，选择“页眉和页脚工具”功能区中的“设计”选项卡，如图 5-38 所示。

若要将页码放置到页面中间或右侧，可以在“设计”→“位置”中设置，其设置方法和文字对齐方式的设置方法相同。

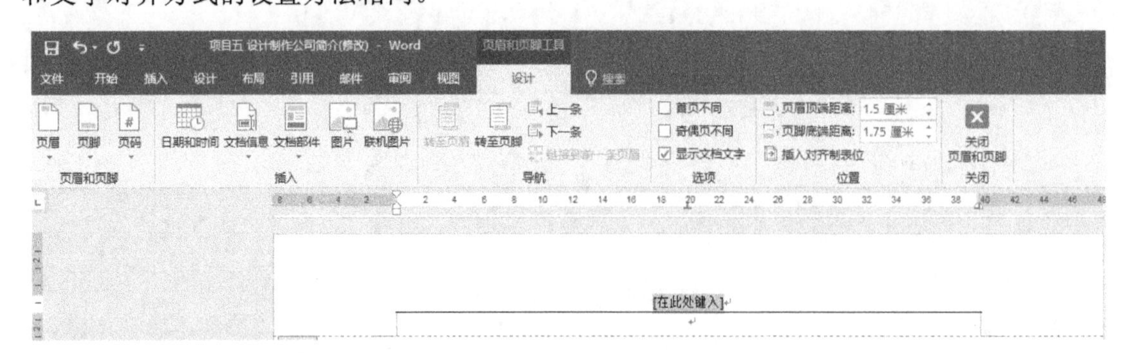

图 5-38　页眉和页脚工具

2．添加包含页码的页眉或页脚

单击“插入”→“页眉和页脚”→“页眉”或“页脚”按钮，如图 5-39 所示。

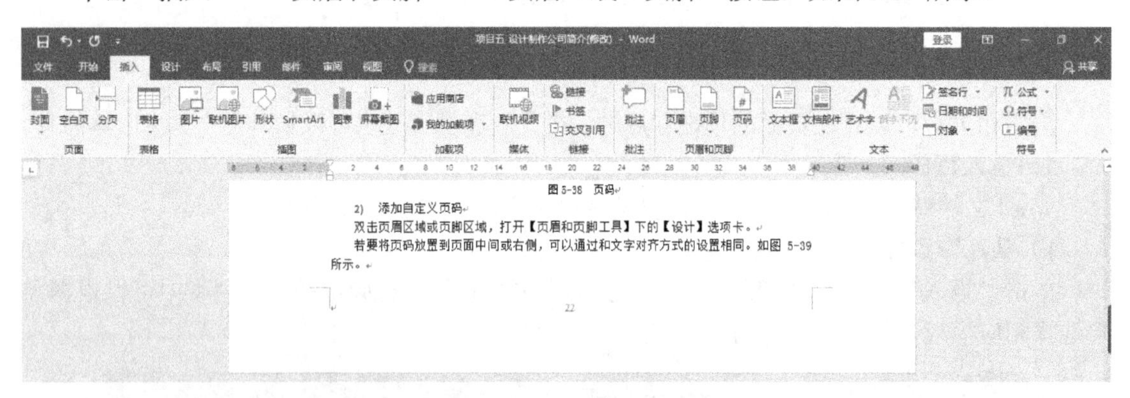

图 5-39　插入页眉和页脚

单击要添加到文档中的页眉或页脚，若要返回至文档正文，可单击“设计”→“关闭页眉和页脚”按钮。

添加自定义页眉或页脚，双击页眉区域或页脚区域，将打开“页眉和页脚工具”功能，选择“设计”选项卡。

若要将信息放置到页面中间或右侧，可以通过设置文字对齐方式来完成。

若要返回至文档正文，可以单击“设计”→“关闭页眉和页脚”按钮。

3．删除页码、页眉和页脚

（1）双击页眉、页脚或页码。

（2）选择页眉、页脚或页码。

（3）按“Delete”键删除。

在具有不同页眉、页脚或页码的每个分区中重复步骤（1）～步骤（3）。

4．插入分页符

手动插入分页符，以便将自动分页符放在所需要的位置。当需要处理的文档很长时，此方法尤其有用。

（1）单击要开始新页的位置。

（2）单击“布局”→“分隔符”→“分页符”选项，如图 5-40 所示。

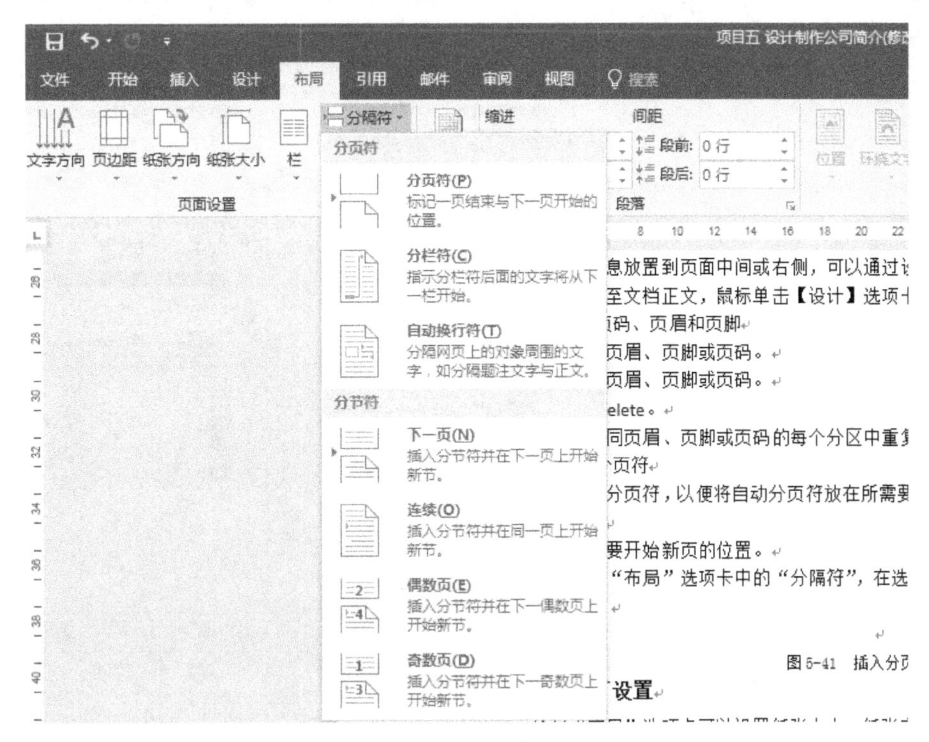

图 5-40　插入分页符

5.6.2　页面设置

通过“布局”选项卡可以设置纸张大小、纸张方向、页边距等格式，如图 5-41 所示。

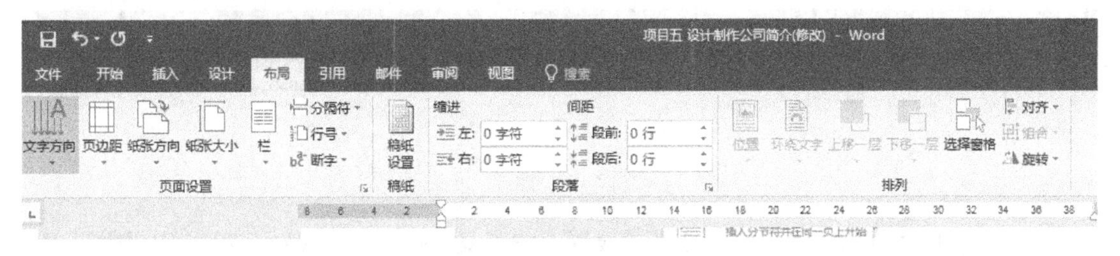

图 5-41　“布局”选项卡

5.6.3　打印文档

文档编辑排版完成后如需打印，应首先通过“打印预览”功能查看打印效果，若效果满意便可以打印了。应确保打印机已经接好、打印驱动程序已经正确安装，并检查打印机电源是否开启。

单击“文件”→“打印”按钮，可以看到其分为两部分，打印设置及打印预览，如图 5-42 所示。设置好参数后，单击“打印”按钮即可完成文档的打印。

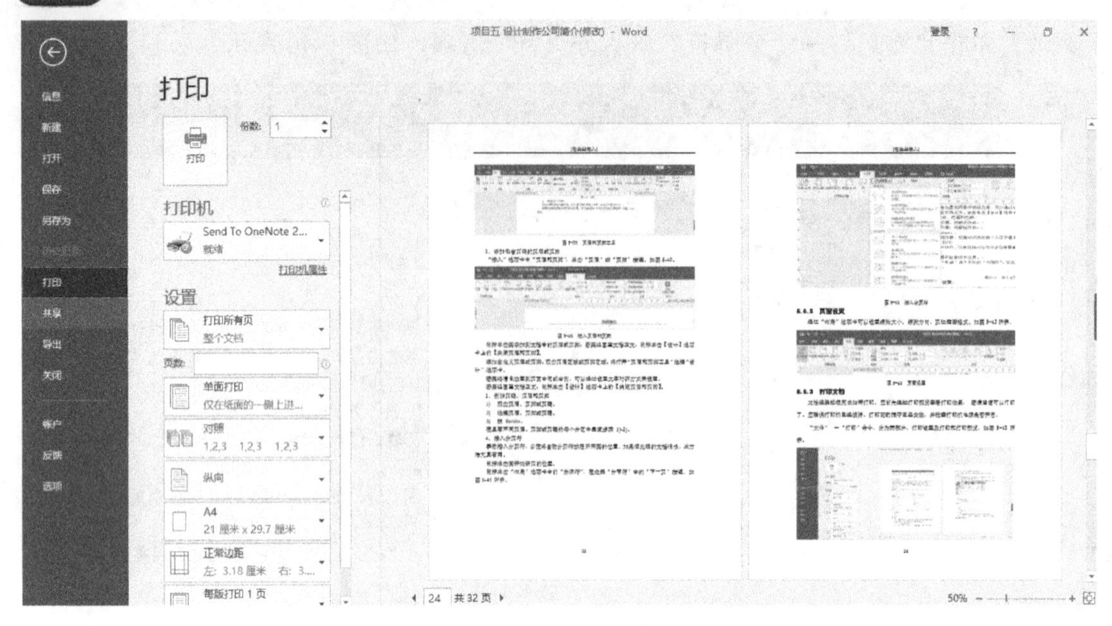

图 5-42 打印文档

5.7 高级应用

5.7.1 样式

样式是一组已经设置好的字符和段落格式，其包括文档中的标题、正文及要点等各个部分的格式，如图 5-43 所示。

图 5-43 样式

在文档中应用样式可以省去一些格式设置上的重复性操作，在 Word 2016 中提供了“快速样式库”，用户可以方便地从中进行选择。

5.7.2 目录

在编辑文档时，通常需要创建目录以使读者可以快速地浏览文档中的内容，并可通过目录右侧的页码找到所需内容。

1）插入目录

单击“引用”→“目录”→“插入目录”按钮，插入目录。插入目录后，可以对目录内容的文字、段落等进行格式设置，如图 5-44 所示。

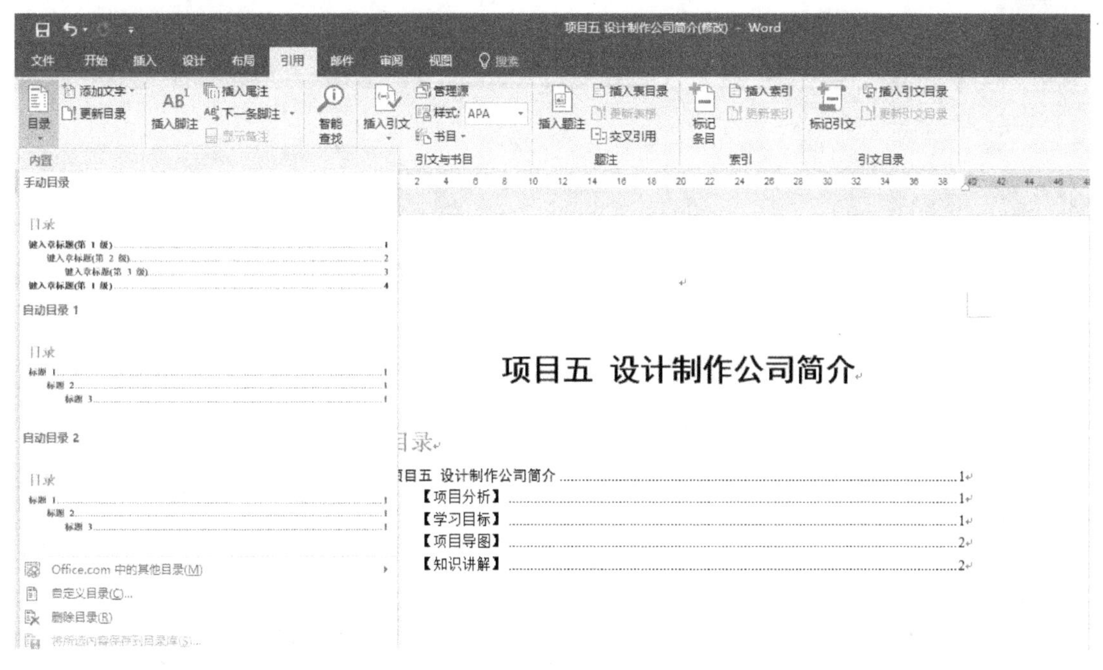

图 5-44　目录

2）更新目录

当文档中的目录内容发生变化时，需要对目录进行及时更新。

单击“引用”→“目录”→“更新目录”按钮，弹出“更新目录”对话框，按需要进行修改，或者在目录上右击，在弹出的快捷菜单中选择“更新域”选项，在弹出的对话框中进行修改，如图 5-45 所示。

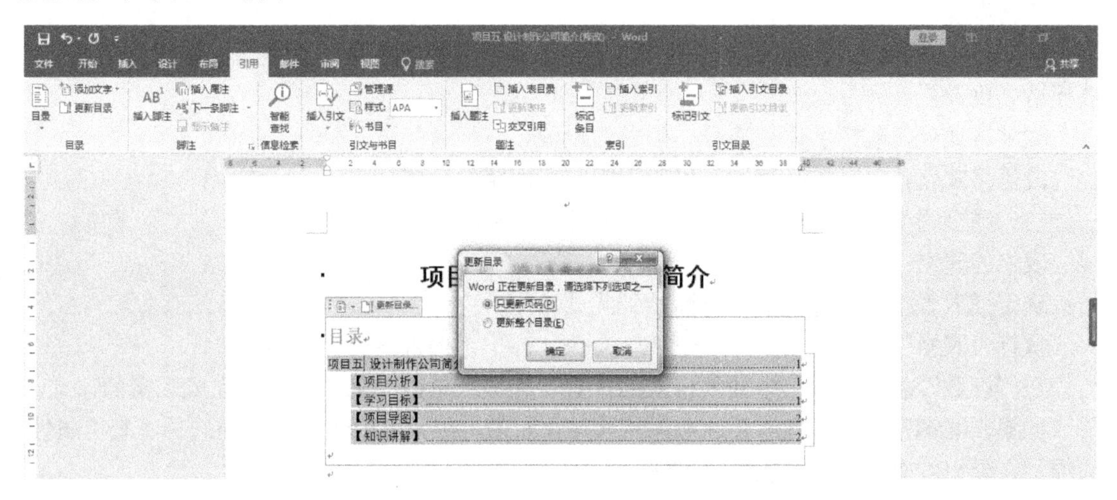

图 5-45　更新目录

5.7.3　邮件合并

邮件合并功能可以将一个主文档与一个数据源结合起来，批量生成一系列输出文档，这里有两个比较重要的地方就是选择主文档和数据源。“邮件”选项卡如图 5-46 所示。

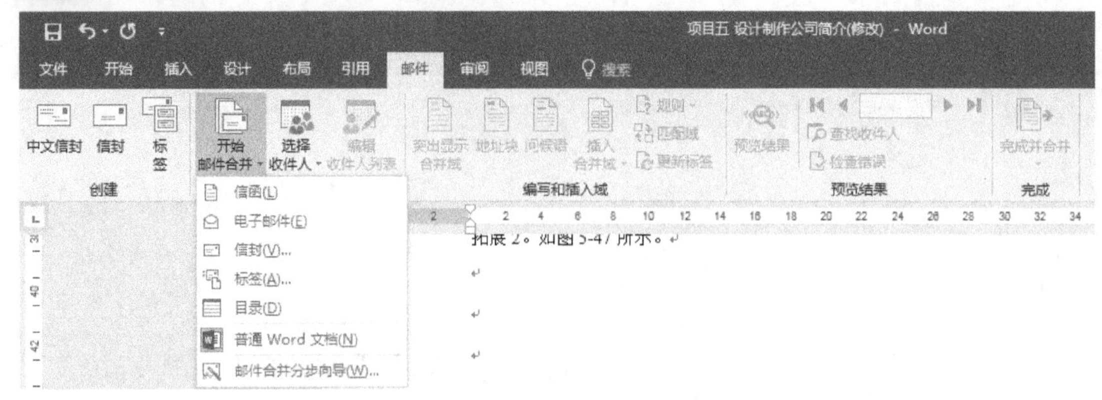

图 5-46 “邮件”选项卡

【项目实施】

设计和制作公司简介：以富士康公司为例。

小李是公司行政部门的工作人员，王总让小李整理一份公司简介，作为公司内部刊物使用，要求通过简介能使员工了解公司的企业理念、组织架构和经营项目等。接到任务后，小李查阅公司相关资料后最终确定了一份公司简介草稿，并利用 Word 2016 的相关功能将其设计和制作完成。

实施条件：

（1）配备多媒体计算机一台。

（2）系统安装有 Office 2016。

实施步骤：

（1）启动 Word 2016，打开一个空白文档，在空白文档内输入公司简介，再对文字和段落进行格式化设置。

文字格式化，包括字体、字号、效果的设置。

段落格式化，包括首行缩进、段落间距、行间距的设置。

（2）在公司简介下应以表格的形式插入公司计划，如图 5-47 所示。

表格的建立：

选定插入表格的位置，即将光标移到此处。

执行“表格”→“插入”→“表格”命令，弹出“插入表格”对话框。

在“行数”和“列数”中输入相应的行数、列数；单击“确定”按钮完成表格的建立。

如果需要调整表格，只需要选中调整区域，右击，在弹出的快捷菜单中选择“表格属性”选项，在弹出的对话框中可以调整表格。

（3）对公司简介进行美化，插入图片、艺术字等相关信息。

① 插入图片，如图 5-48 所示。

插入图片的步骤：

将光标停放在要插入图片的位置，执行“插入”→“图片”→“来自文件”命令，弹出“插入图片”对话框，单击“查找范围”下拉按钮，在下拉列表中选择需要插入的图片路径，并选中该图片的文件名，单击“插入”按钮完成操作。

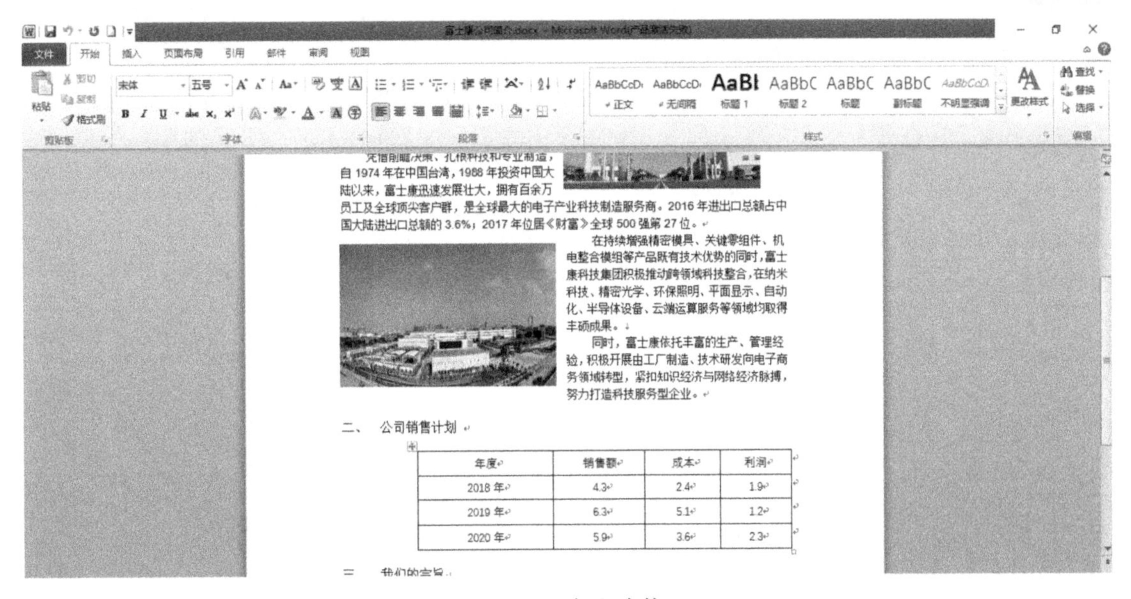

图 5-47　插入表格

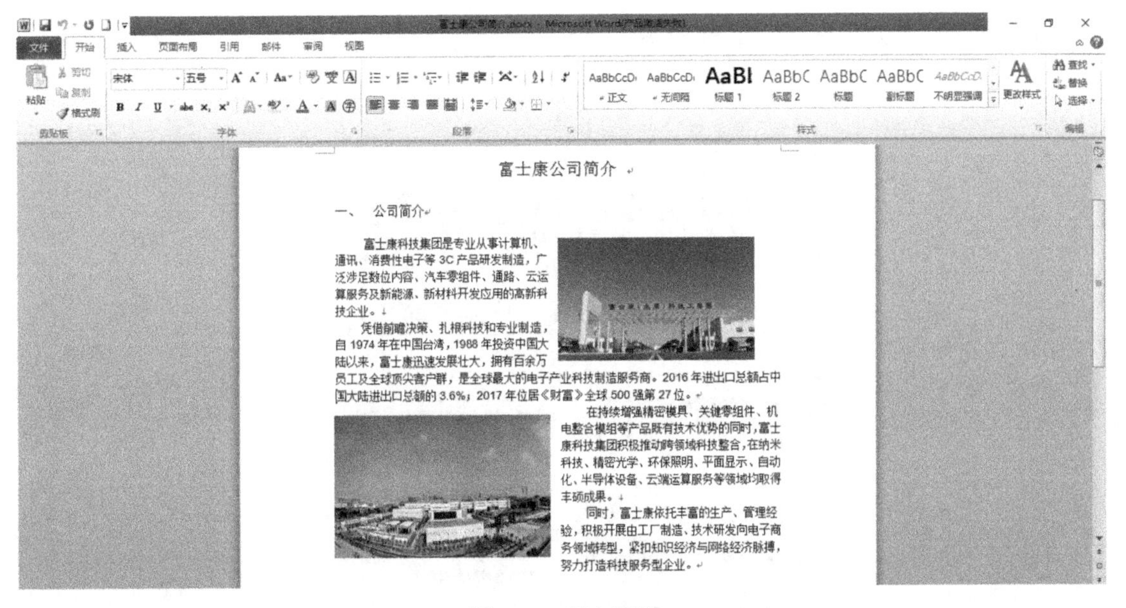

图 5-48　插入图片

② 插入艺术字，如图 5-49 所示。

插入艺术字的步骤：

将光标停放在要插入艺术字的位置，执行“插入”→“图片”→“艺术字”命令，弹出“艺术字库”对话框，选择所需要的样式，单击“确定”按钮，弹出“编辑艺术字”对话框，在对话框中输入文字并设置字体、字号等，单击“确定”按钮。

选中艺术字，出现“艺术字”工具栏，从中可以对艺术字进行调整。

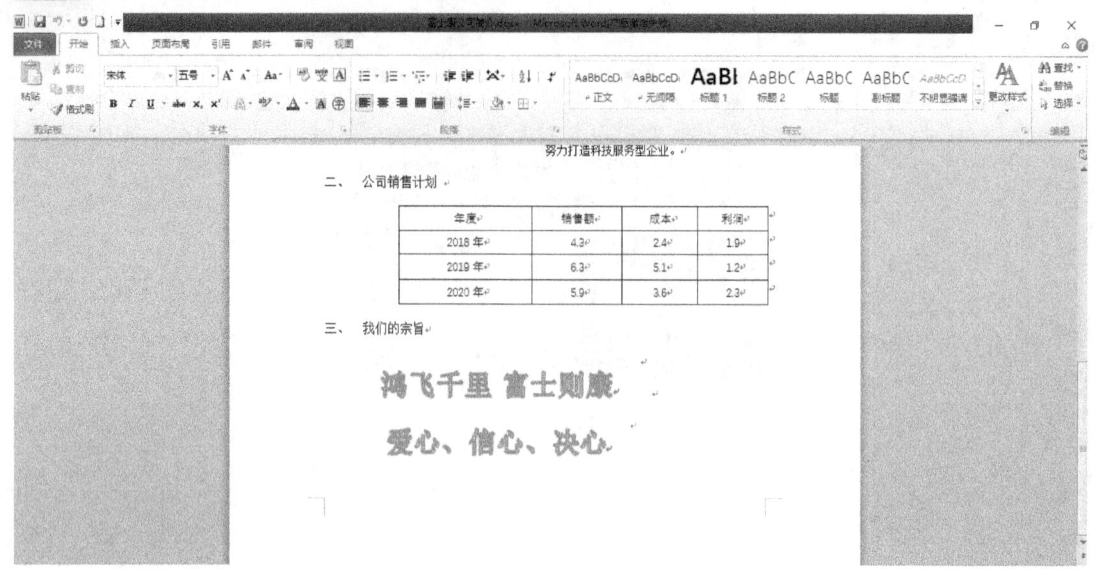

努力打造科技服务型企业。

二、 公司销售计划

年度	销售额	成本	利润
2018 年	4.3	2.4	1.9
2019 年	6.3	5.1	1.2
2020 年	5.9	3.6	2.3

三、 我们的宗旨

鸿飞千里 富士则康

爱心、信心、决心

图 5-49 插入艺术字

完整的公司简介效果如图 5-50 所示。

富士康公司简介

一、 公司简介

富士康科技集团是专业从事计算机、通讯、消费性电子等 3C 产品研发制造，广泛涉足数位内容、汽车零组件、通路、云运算服务及新能源、新材料开发应用的高新科技企业。

凭借前瞻决策、扎根科技和专业制造，自 1974 年在中国台湾，1988 年投资中国大陆以来，富士康迅速发展壮大，拥有百余万员工及全球顶尖客户群，是全球最大的电子产业科技制造服务商。2016 年进出口总额占中国大陆进出口总额的 3.6%；2017 年位居《财富》全球 500 强第 27 位。

在持续增强精密模具、关键零组件、机电整合模组等产品既有技术优势的同时，富士康科技集团积极推动跨领域科技整合，在纳米科技、精密光学、环保照明、平面显示、自动化、半导体设备、云端运算服务等领域均取得丰硕成果。

同时，富士康依托丰富的生产、管理经验，积极开展由工厂制造、技术研发向电子商务领域转型，紧扣知识经济与网络经济脉搏，努力打造科技服务型企业。

二、 公司销售计划

年度	销售额	成本	利润
2018 年	4.3	2.4	1.9
2019 年	6.3	5.1	1.2
2020 年	5.9	3.6	2.3

三、 我们的宗旨

鸿飞千里 富士则康

爱心、信心、决心

图 5-50 完整的公司简介效果

【项目考评】

从任务完成度、任务参与表现及作品质量等方面进行评价，可以教师评价、本人评价和同学互评相结合，具体项目考评表如表 5-3 所示。

表 5-3　项目考评表

项目名称：设计和制作学校招生宣传文档						
评价指标	评价要点	评价等级				
		优	良	中	及	差
基本操作	建立、设置文档及文档排版					
表格	建立、编辑表格					
图片	图片格式设置					
艺术字和水印	插入艺术字和水印、编辑艺术字和水印					
页面布局	页面布局设置页边距、纸张大小等					
总　评	总评等级					
	评语：					

【项目拓展】

项目 1：制作个人简历

张静是一名大学本科三年级学生，经多方面了解分析，她希望在下个暑期去一家公司实习。为获得难得的实习机会，她打算利用 Word 精心制作一份简洁而醒目的个人简历，请大家为她设计。项目 1 思维导图如图 5-51 所示。

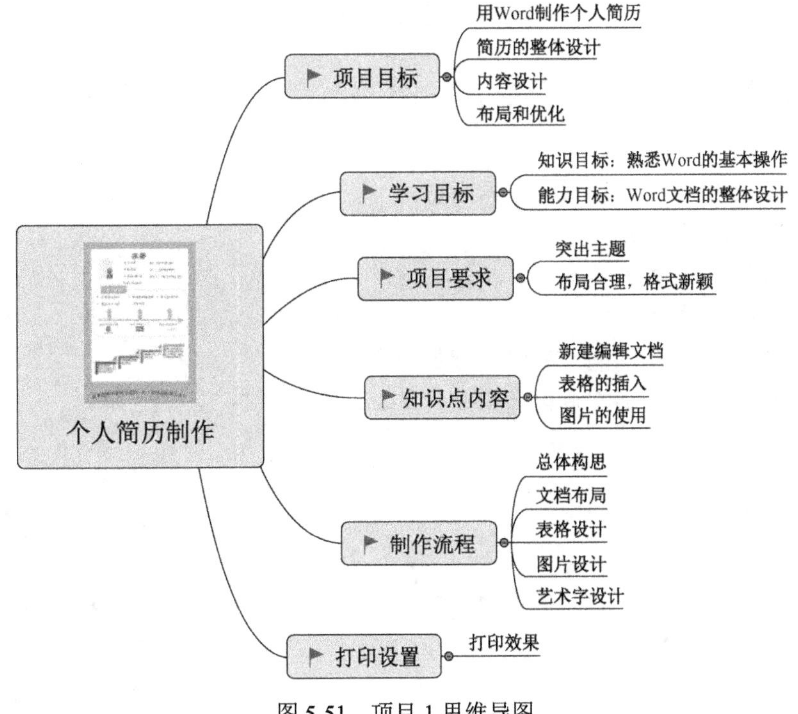

图 5-51　项目 1 思维导图

项目 2：邀请函制作

某高校学生会计划举办一场“大学生网络创业交流会”的活动，拟邀请部分专家和学者给在校学生进行演讲。因此，校学生会外联部需制作一批邀请函，并分别递送给相关的专家和学者。项目 2 思维导图如图 5-52 所示。

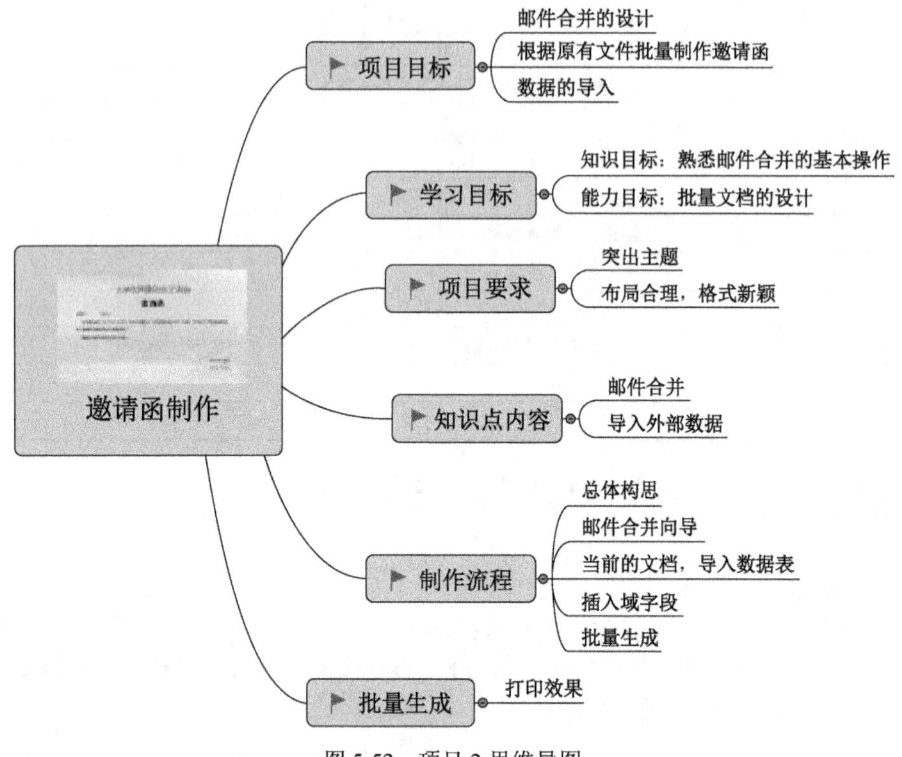

图 5-52　项目 2 思维导图

【思考题】

1．简述 Word 2016 的功能和操作界面窗口。
2．建立表格有几种方法？
3．如何设置页面背景？
4．如何设置图片的版式？
5．什么是邮件合并的功能？如何进行邮件合并？
6．思考如何给一篇长篇文章自动生成目录？请简述。

项目六　设计和制作学生信息表

【项目分析】

在当今时代，计算机被大量地应用在生活与工作之中，数据的处理也基本由计算机来完成。电子表格 Excel 不仅能够减轻数据的计算强度，还能进行绘图制表和统计等工作，极大地提高了工作效率和准确度。现今 Excel 已广泛应用在文秘、财务、仓库、人事等重要工作岗位上。

本项目以学生信息（包括档案信息和课程信息）作为数据源，将 Excel 理论知识的学习与学生信息表的设计和制作结合起来，通过学生信息表的制作和数据处理、数据分析的实际应用，实现“学中做”“做中学”的教学目标。

本项目能够优化教师教学过程，改进学生学习方式，学生不但能够掌握设计和制作学生信息表的基本知识、基本方法、基本技巧，同时具备处理更复杂数据的能力，能够解决今后实际工作中碰到的各种数据处理问题。

【学习目标】

1．知识目标

（1）掌握 Excel 2016 基本知识、基本操作方法。

（2）了解 Excel 2016 的基本功能、特点。

2．能力目标

（1）能够熟练建立数据的二维表格。

（2）能够制作富有特色的表格版式，计算、处理、分析和统计数据。

3．素质目标

（1）学会运用常用公式和函数对数据进行计算和统计。

（2）学会分类汇总和筛选数据，并将数据用图表方式进行表示。

（3）学会数据透视表和数据透视图的运用。

（4）理解使用数据库函数处理大量数据的方法。

【项目导图】

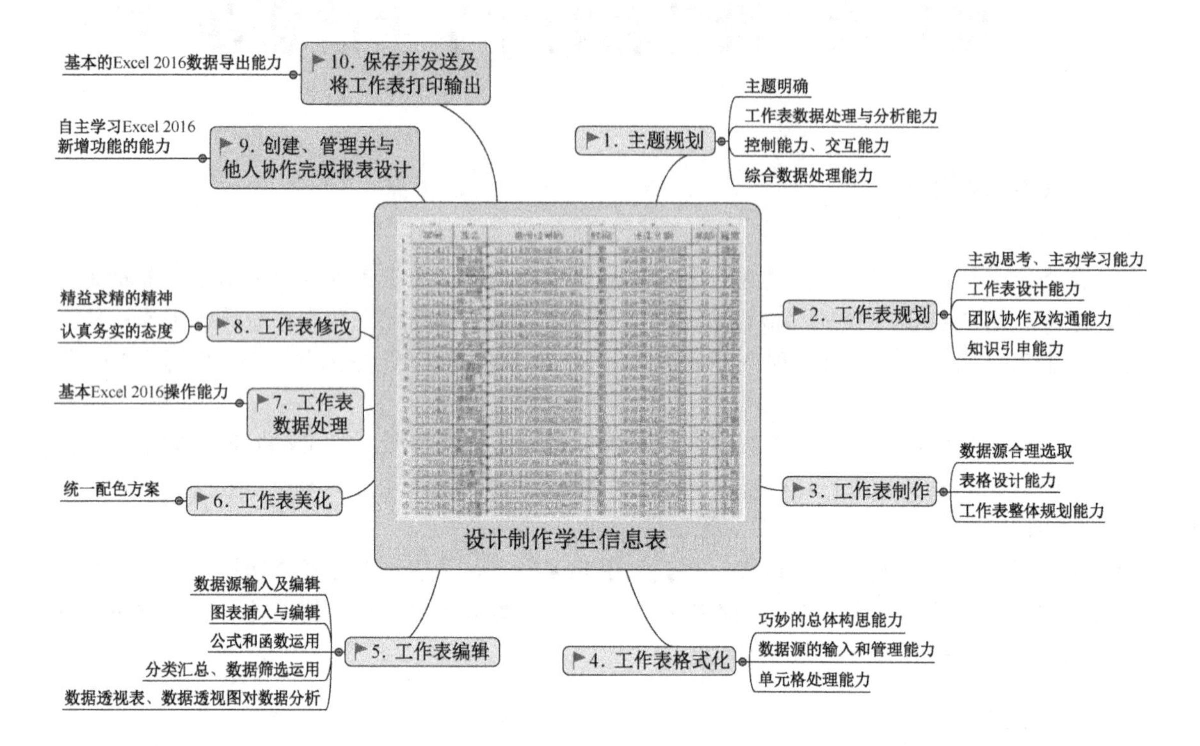

【知识讲解】

6.1 Excel 2016 简介

6.1.1 Excel 2016 概述

Excel 2016 是桌面办公软件 Office 2016 的组件之一，是一套功能强大的电子表格处理软件。Excel 不但能够完成一般的表格制作及数据处理，还能够完成数据库管理、数据分析、图表化数据等许多复杂的工作。使用 Excel，可以对数据进行组织、统计和分析，能够显示或打印输出美观的报表，还可把数据用各种统计图表形象地表示出来，使数据一目了然。

6.1.2 Excel 2016 的主要功能

Excel 适用于处理表格形式的数据，它不仅能够完成简单的表格处理工作，还能够完成许多复杂的工作。

1. 基本的制表功能

Excel 最基本的功能就是制表，利用 Excel 可以方便、快速地完成一张复杂表格的制作。利用格式化操作，还可以使表格设计得更加完美，无论是在屏幕演示还是打印输出，都可以让用户得到满意的效果。如图 6-1 所示是 Excel 制作的一张学生档案表。

学号	姓名	身份证号码	性别	出生日期	年龄	籍贯
C121417	马小军	11010120000105	男	2000年01月05日	18	湖北
C121301	曾令铨	11010219981219	男	1998年12月19日	19	北京
C121201	张国强	11010219990329	男	1999年03月29日	19	北京
C121424	孙令煊	11010219990427	男	1999年04月27日	18	北京
C121404	江晓勇	11010219990524	男	1999年05月24日	18	山西
C121001	吴小飞	11010219990528	男	1999年05月28日	18	北京
C121422	姚南	11010319990304	女	1999年03月04日	19	北京
C121425	杜学江	11010319990327	女	1999年03月27日	19	北京
C121401	宋子丹	11010319990429	男	1999年04月29日	18	北京
C121439	吕文伟	11010319990817	女	1999年08月17日	18	湖南
C120802	符坚	11010419981026	男	1998年10月26日	19	山西
C121411	张杰	11010419990305	男	1999年03月05日	19	北京
C120901	谢如雪	11010519980714	女	1998年07月14日	19	北京
C121440	方天宇	11010519981005	男	1998年10月05日	19	河北
C121413	莫一明	11010519981021	男	1998年10月21日	19	北京
C121423	徐霞客	11010519981111	男	1998年11月11日	19	北京
C121432	孙玉敏	11010519990603	女	1999年06月03日	18	山东
C121101	徐鹏飞	11010619990329	男	1999年03月29日	19	陕西
C121403	张雄杰	11010619990513	男	1999年05月13日	18	北京
C121437	康秋林	11010619990517	男	1999年05月17日	18	河北
C121420	陈家洛	11010619990725	男	1999年07月25日	18	吉林
C121003	苏三强	11010719990423	男	1999年04月23日	18	河南
C121428	陈万地	11010819981106	男	1998年11月06日	19	河北

图 6-1　学生档案表

2．计算功能

表格中通常包含有数值数据，人们常常需要对这些数据进行计算，如求和、求平均值等。Excel 提供了公式和函数功能，用户可以在表格中输入公式，由公式自动计算结果，并且当公式与相关的数据改变时，公式会自动进行重新运算。为了完成更为复杂的计算工作，Excel 还提供了丰富的内置函数，如数学与三角函数、财务函数、统计函数、数据库函数等。

3．数据库管理功能

Excel 除了对表格的处理外，还能够对表格中大量的数据进行类似数据库管理的操作。用户无须编程，就能够对数据进行增加、删除、排序、筛选、检索、分类汇总及统计等操作，并且操作非常简单。Excel 还可以从多种外部数据源导入数据，大大方便了用户的需要。

4．数据分析功能

Excel 提供了许多的数据分析工具来帮助用户对大量的数据进行分析、制定最佳方案。例如，利用“数据透视表”功能，能够通过简单的鼠标拖动，对复杂的数据表以各种方式进行观察和分析；利用“规划求解”功能，可以求解最佳值；利用“单变量求解”功能，可实现目标搜索，即可用来寻找要达到目标时需要的条件；利用“方案”可解决多个变量对多个公式的影响，多个变量的一组值及其产生的结果构成一个方案，用户可以使用方案摘要报告对比各个方案等。

5．图表功能

使用 Excel，用户可以很方便地由表格数据绘制出各种各样的统计图形，而图形化的方式使用户很容易观察出数据的变化情况、数据之间的关系及数据变化的趋势等。图表具有很强的说服力和感染力，Excel 提供了丰富的图表类型，如图 6-2 所示。用户可以根据具体说明数据的特点选择适合的类型，以达到最佳表现效果。

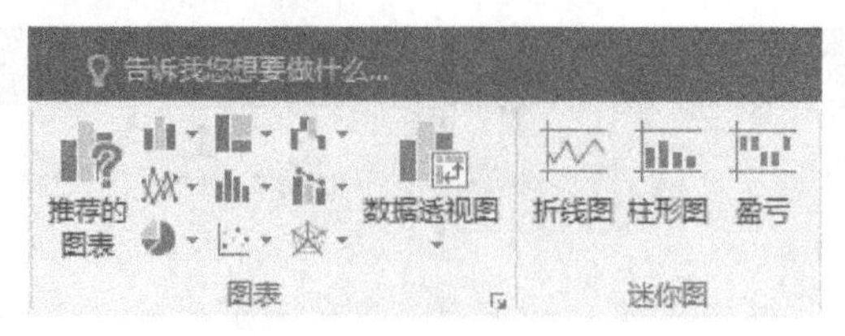

图 6-2　图表类型

6. 图形处理功能

Excel 的图形与 Word 相似，以图形对象的方式来进行处理。用户可以在表中插入剪贴画、图片文件、艺术字等，也可以绘制单个图形，并对单个的图形对象进行操作及组合多个图形对象以构成复杂的图形等，还可以从数码照相机或扫描仪导入图片。用户可以精心绘制、组合和格式化图形对象，然后运用在表格中，将会使表格具有更好的表现效果。

6.1.3　Excel 2016 的新增功能

贴心的 Tell Me：可以通过 “告诉我你想做什么”功能快速检索 Excel 功能按钮，用户不需要再到选项卡中寻找某个命令的具体位置。用户可以在输入框里输入任何关键字，Tell Me 都能提供相应的操作选项。

快速填充数据：“快速填充”功能会根据从数据中识别的模式，一次性输入剩余的数据。例如，把姓名的姓和名分列。

即时数据分析：“快速分析”功能，可以在很少的步骤内将数据转换为图表或表格。

推荐合适的图表：通过“推荐的图表”功能，Excel 2016 能够推荐最佳展示用户数据模式的图表。

新增的图表类型：可视化对于有效的数据分析至关重要。在 Excel 2016 中，添加了六种新图表以帮助用户创建财务或分层信息的一些最常用的数据可视化，以及显示用户数据中的统计属性。例如，层次结构图表、瀑布图或股价图、统计图表等。

6.2　Excel 2016 的基本操作

6.2.1　认识 Excel 2016 的工作界面

Excel 窗口界面如图 6-3 所示。

（1）**单元格**：单元格是表格中行与列的交叉部分，它是组成表格的最小单位，单个数据的输入和修改都是在单元格中进行的。

（2）**行号与列标**：行号用阿拉伯数字表示，如 1、2、3 等，表示单元格所在行的序号；列标用大写英文字母表示，如 A、B、C 等，表示单元格所在列的序号。行号和列标一起构成单元格的地址，如 B 列 4 行的单元格表示为 B4。

（3）**名称框**：名称框用于显示当前单元格的行号、列标或名称。

（4）**数据编辑框**：数据编辑框用于输入或显示当前单元格的数据或公式。

（5）**工作表标记**：工作表标记用于显示工作表名称或对工作表执行切换、重命名和删除等操作。

（6）**工作表编辑区：**工作表编辑区是 Excel 处理数据的主要区域。

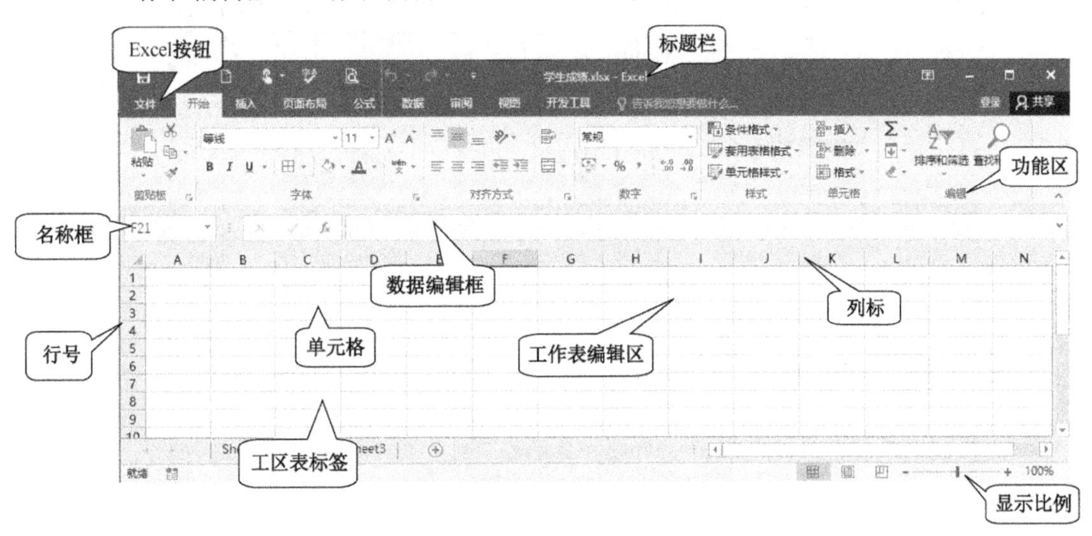

图 6-3　Excel 窗口界面

6.2.2　工作表的基本操作

默认情况下，启动 Excel 2016 后，系统将自动创建一个名称为“工作簿 1”的工作簿，扩展名为“.xlsx”。每一个工作簿可以包含多张不同的工作表，工作簿中最多可建立 255 个工作表。默认情况下，一张工作簿中包含 3 张工作表，名称为“Sheet1”、“Sheet2”、“Sheet3”。每个工作表中的内容相对独立，通过单击工作表标记可以在不同的工作表之间进行切换。

1．选择工作表

工作表在操作前需将其选中，单击工作表标记可选中单个工作表。若要选择多个工作表，其方法如下。

（1）选择连续的多张工作表：在选择一张工作表后按住“Shift”键，再选择不相邻的另一张工作表，将会选取这两张工作表间的所有工作表。

（2）选择不连续的多张工作表：在选择一张工作表后按住“Ctrl”键，再依次单击其他工作表标记，将会选取不连续的多张工作表。

2．重命名工作表

重命名工作表的方法如下：

（1）双击工作表标记，此时工作表标记名处于可编辑状态，输入新的工作表名后按“Enter”键即可。

（2）右击工作表标记，在弹出的快捷菜单中选择“重命名”命令，输入要命名的名字即可。

3．插入工作表

通常工作簿中默认有三张工作表，如果要插入新表，只需选中要插入表的位置，右击，在弹出的快捷菜单中选择“插入”命令，弹出“插入”对话框，再选择工作表，单击“确定”按钮即可。例如，在如图 6-4 所示的“学生档案”工作表前插入新表，操作过程如图 6-4 和图 6-5 所示。

5	C121424	孙令煊	11010219990427	男	1999年04月27日	19	北京
6	C121404	江晓勇	11010219990524	男	1999年05月24日	18	山西
7	C121001	吴小飞	11010219990528	男	1999年05月28日	18	北京
8	C121422	姚南	11010319990304	女	1999年03月04日	19	北京
9	C121425	杜学江	11010319990327	女	1999年03月27日	19	北京
10	C121401	宋子丹	11010319990429	男	1999年04月29日	19	北京
11	C121439	吕文伟	11010319990817	女	1999年08月17日	18	湖南
12	C120802		11010419981026	男	1998年10月26日	19	山西
13	C121411		11010419990305	男	1999年03月05日	19	北京
14	C120901		11010519980714	女	1998年07月14日	19	北京
15	C121440		11010519981005	男	1998年10月05日	19	河北
16	C121413		11010519981021	男	1998年10月21日	19	北京
17	C121423		11010519981111	男	1998年11月11日	19	北京
18	C121432		11010519990603	女	1999年06月03日	18	山东
19	C121101		11010619990329	男	1999年03月29日	19	陕西
20	C121403		11010619990513	男	1999年05月13日	18	北京
21	C121437		11010619990517	男	1999年05月17日	18	河北
22	C121420		11010619990725	男	1999年07月25日	18	吉林
23	C121003		11010719990423	男	1999年04月23日	19	河南
24	C121428		11010819981106	男	1998年11月06日	19	河北

插入(I)...
删除(D)
重命名(R)
移动或复制(M)...
查看代码(V)
保护工作表(P)...
工作表标签颜色(T)
隐藏(H)
取消隐藏(U)...
选定全部工作表(S)

学生档案 语文 数学 英语 期末总评成绩

就绪

图 6-4　选择“插入”命令

图 6-5　插入新表

还可以单击工作表标记后的“新工作表”按钮⊕，可在当前工作表之后插入新工作表，如图 6-6 所示。

图 6-6　在当前工作表之后插入新工作表

4．删除工作表

如果要删除工作表，只需选中要删除的工作表标记，右击，在弹出的快捷菜单中选择“删除”命令即可。

5．复制与移动工作表

在同一工作簿中移动和复制工作表：选中要移动的工作表标记，按住鼠标左键不放，将其拖放到目标位置即可；如果要复制工作表，则在拖动鼠标时并按住“Ctrl”键。

在不同工作簿中移动和复制工作表：打开工作簿，选择要移动或复制的工作表，右击，在弹出的快捷菜单中选择“移动或复制”命令，弹出“移动或复制工作表”对话框，如图 6-7 和图 6-8 所示。

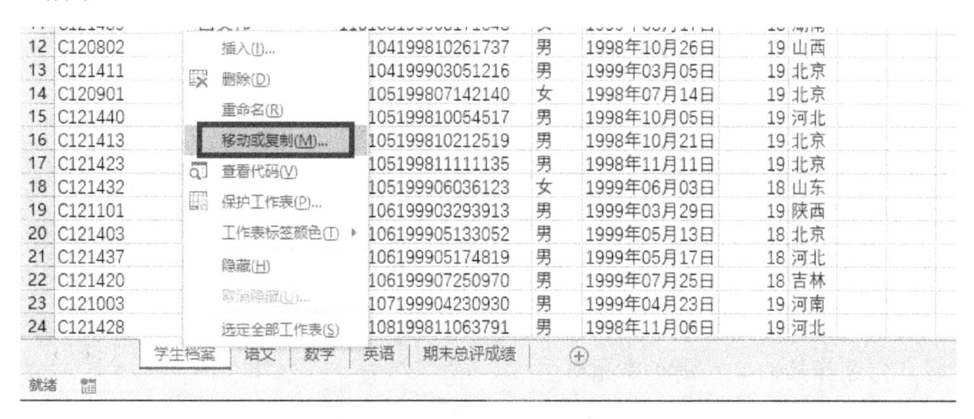

图 6-7　选择“移动或复制”命令

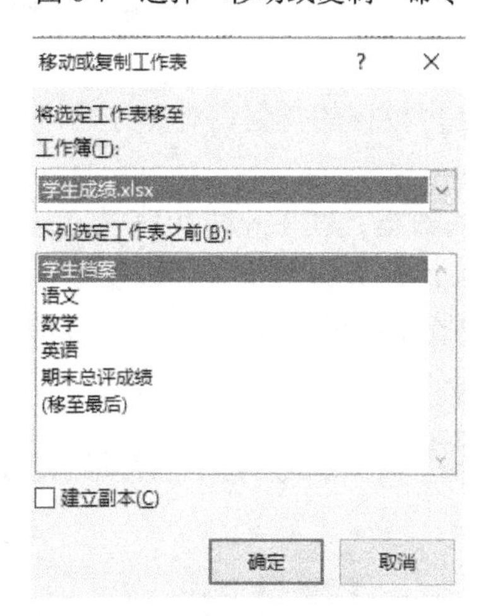

图 6-8　“移动或复制工作表”对话框

在“工作簿”下拉列表中选择其他工作簿，在“下列选定工作表之前”列表框中选择要移动或复制到的位置，勾选“建立副本”复选框表示复制工作表。

6.2.3　单元格的基本操作

单元格是组成表格的最小单位，表格的数据都是在单元格内处理的。

1．单元格的选取

（1）**单个单元格选取：**直接在工作表中单击某个单元格即可。

（2）**选择相邻的单元格区域：**将鼠标移动到欲选定范围的任意一个角上的单元格，然后按下鼠标左键并拖动到欲选定范围对角单元格，释放鼠标左键，如图 6-9 所示。

	A	B	C	D	E	F	G
1	学号	姓名	身份证号码	性别	出生日期	年龄	籍贯
2	C121417	马小军	110101200001051054	男	2000年01月05日	18	湖北
3	C121301	曾令铨	110102199812191513	男	1998年12月19日	19	北京
4	C121201	张国强	110102199903292713	男	1999年03月29日	19	北京
5	C121424	孙令煊	110102199904271532	男	1999年04月27日	19	北京
6	C121404	江晓勇	110102199905240451	男	1999年05月24日	18	山西
7	C121001	吴小飞	110102199905281913	男	1999年05月28日	18	北京
8	C121422	姚南	110103199903040920	女	1999年03月04日	19	北京
9	C121425	杜学江	110103199903270623	女	1999年03月27日	19	北京
10	C121401	宋子丹	110103199904290936	男	1999年04月29日	19	北京
11	C121439	吕文伟	110103199908171548	女	1999年08月17日	18	湖南
12	C120802	符坚	110104199810261737	男	1998年10月26日	19	山西

图 6-9 选定单元格区域 B3：E10

（3）**选取不相邻单元格或单元格区域：**先选中第一个单元格或单元格区域，然后按住“Ctrl”键，再选择其他单元格或单元格区域。

（4）**选中整行或整列的单元格：**只需选中行号或列号即可。

（5）**选中整个表中的单元格：**只需单击表中左上角的按钮即可。

2. 设置单元格格式

在 Excel 中可以设置单元格内数据的类型、对齐方式、字体格式，还可以为单元格设置边框和填充色等。

（1）**输入和设置不同类型的数据：**在 Excel 2016 中，若要输入普通的文本或数值，可在单元格内直接输入；若要输入其他类型的文本，如学号、货币和分数等，则需要先在“开始”→“数字”组中设置单元格数据的类型，再输入对应的数据，如图 6-10 所示。在“开始”→“数字”组中也可修改选中单元格内的数据类型。

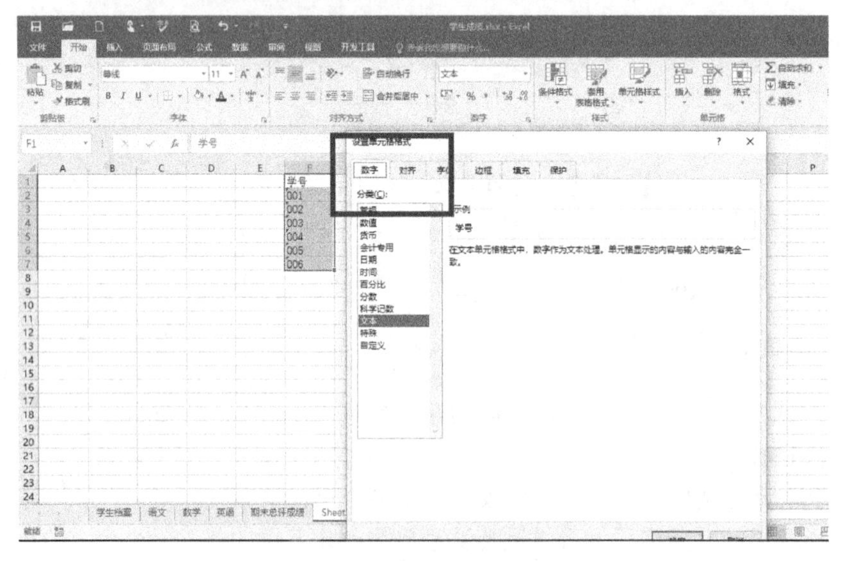

图 6-10 设置单元格数据类型

（2）**设置单元格对齐方式：**选中需要设置对齐方式的单元格，在“开始”→“对齐方式”组中设置单元格的对齐方式，如图 6-11 所示。

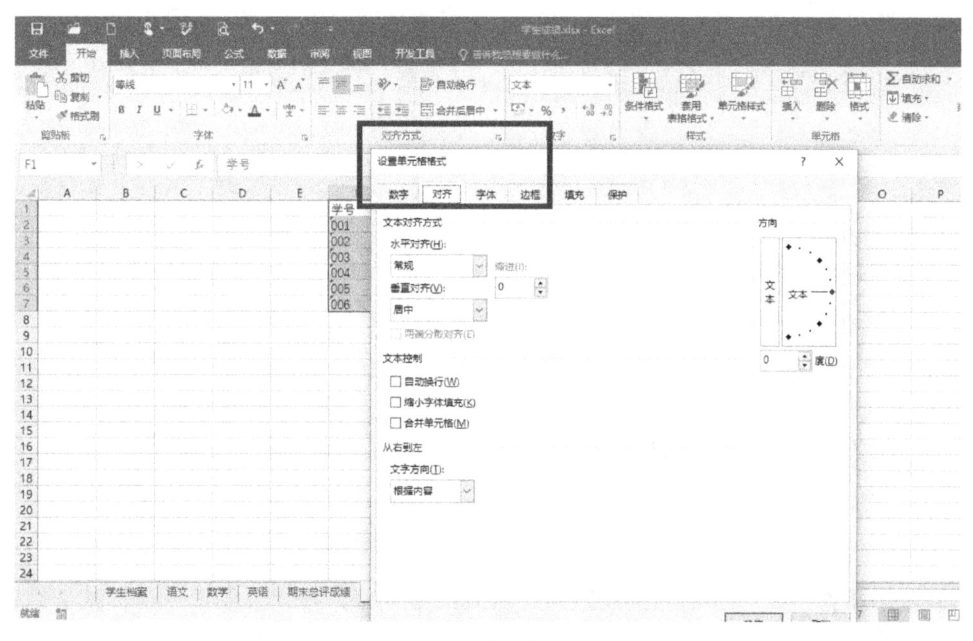

图 6-11　设置单元格对齐方式

（3）**设置单元格字体格式：**选中需要设置字体格式的单元格，在“开始”→“字体”组中设置单元格的字体格式，如图 6-12 所示。

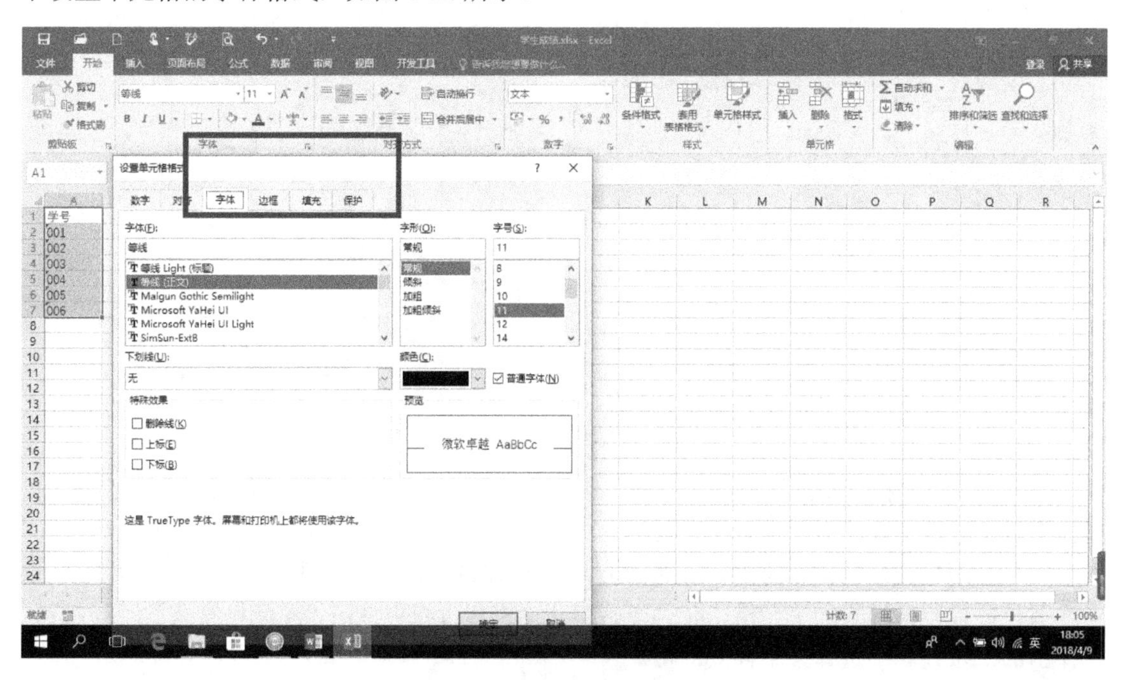

图 6-12　设置单元格字体格式

（4）**设置单元格边框和底纹：**选中需要设置边框或底纹的单元格，在“开始”→“字体”

组中单击“边框”下拉按钮，在下拉列表框中选择要设置的单元格边框；单击“填充颜色”下拉按钮，在下拉列表中选择要设置的单元格底纹；还可在“设置单元格格式”对话框中，在“边框”选项卡或“填充”选项卡中进行单元格边框或底纹设置，如图 6-13 所示。

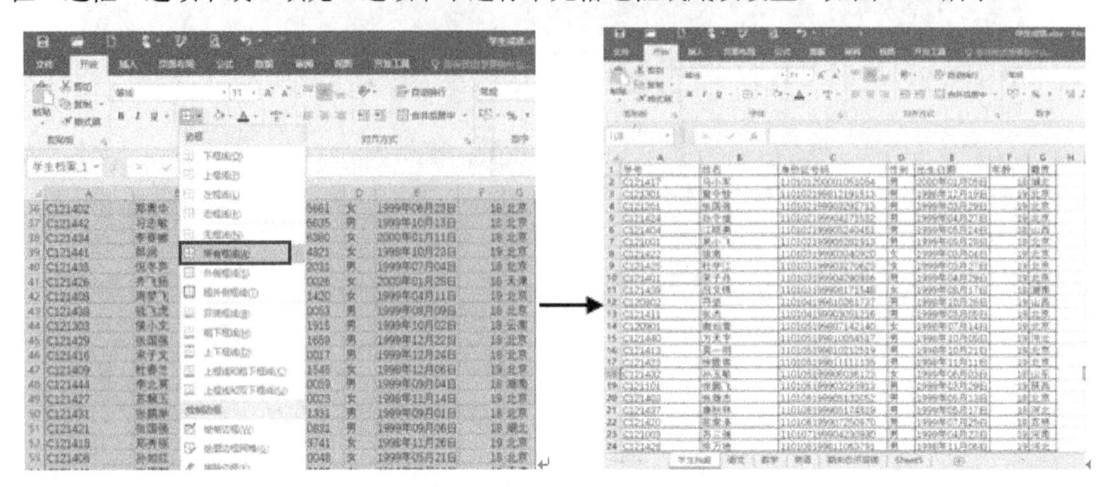

图 6-13　设置单元格边框或底纹

（5）**使用条件格式：**选中需要设置条件格式的单元格，在“开始”→“样式”组中单击“条件格式”下拉按钮，在弹出的下拉列表中选择某个条件选项，使得满足特殊条件的单元格突出显示出来，如图 6-14 所示。

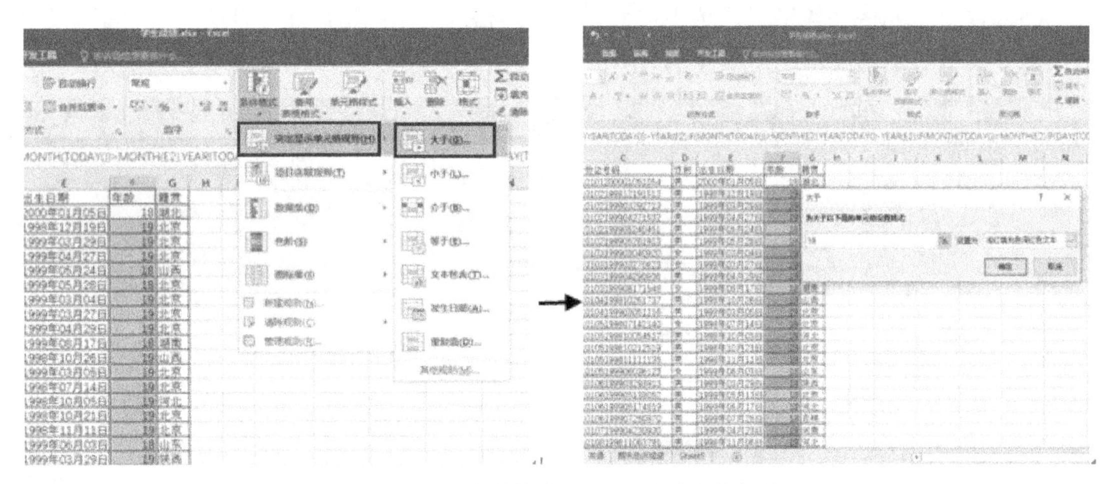

图 6-14　设置条件格式显示 18 岁以上的年龄

（6）**设置单元格行高或列宽：**选中需要设置行高或列宽的单元格区域，在“开始”→“单元格”组中单击“格式”下拉按钮，在弹出的下拉列表中设置即可，如图 6-15 所示。

（7）**套用单元格样式：**可对单元格进行快速格式设置，达到美化的作用。方法如下：选中需要设置单元格样式的单元格，在“开始”→“样式”组中单击“单元格样式”下拉按钮，在弹出的下拉列表中选择某个样式即可。

（8）**套用表格样式：**可对工作表进行快速美化的设置。方法如下：选中需要设置表格样式的单元格区域，在“开始”→“样式”组中单击“套用表格格式”下拉按钮，在弹出的下拉列表中选择某个表格格式即可。

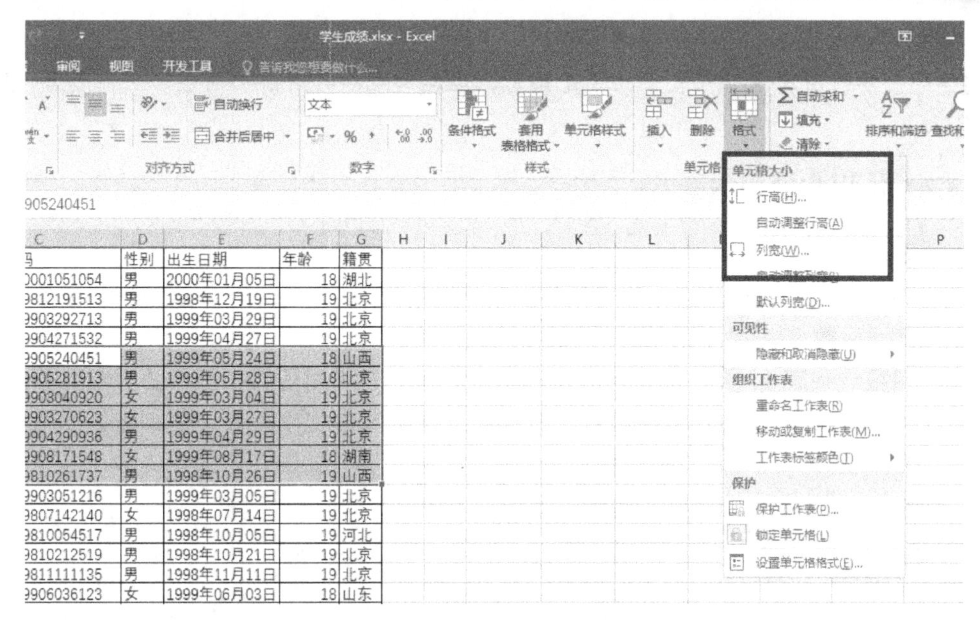

图 6-15　设置单元格行高或列宽

6.3　计算数据

计算数据是 Excel 2016 中一项强大的功能。在 Excel 中，主要通过使用公式和使用函数两种方式对数据进行计算。

6.3.1　认识和使用公式

1. 认识公式

公式是 Excel 工作表中进行数值计算的等式。公式输入是以“=”开始的。

简单的公式有加、减、乘、除等计算。例如，=A2+B2*C2+10。

复杂一些的公式可能包含函数、引用、运算符（运算符：一个标记或符号，指定表达式内执行的计算的类型，有数学、比较、逻辑和引用运算符等）和常量（常量：不进行计算的值，因此也不会发生变化）。

2. 使用公式

输入公式的方法与输入数据的方法相似，可在结果单元格中或公式编辑栏中输入“=”和公式内容，完成后按“Enter”键即可。

3. 公式中的单元格引用

（1）**相对引用：**Excel 公式中的相对单元格引用（如 A1）是基于包含公式和单元格引用的单元格的相对位置。如果公式所在单元格的位置改变，引用也随之改变。

（2）**绝对引用：**单元格中的绝对单元格引用（如$A$1）总是在指定位置引用单元格。如果公式所在单元格的位置改变，绝对引用保持不变。

（3）**混合地址引用：**混合地址引用具有绝对列和相对行，或是绝对行和相对列。绝对引用列采用$A1、$B1 等形式；绝对引用行采用 A$1、B$1 等形式。如果公式所在单元格的位置改变，则相对引用改变，而绝对引用不变。

注意：若要引用其他工作表中的单元格时，应在单元格引用前加前缀“工作表名+!”，如=语文!H3。

6.3.2 认识和使用函数

1. 认识函数

函数：函数是预先编写的公式，可以对一个或多个值执行运算，并返回一个或多个值。函数的格式为=函数名(参数)。例如，=sum(a1:a6)。

Excel 函数一共有 11 类，分别是数据库函数、日期与时间函数、工程函数、财务函数、信息函数、逻辑函数、查询和引用函数、数学和三角函数、统计函数、文本函数及用户自定义函数。“插入函数”对话框如图 6-16 所示。

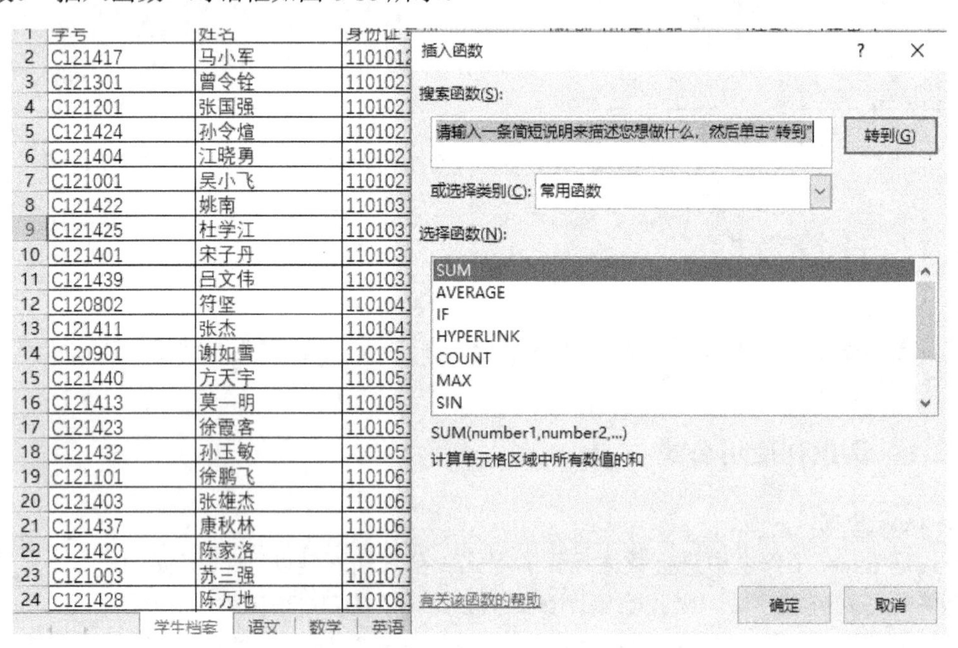

图 6-16 “插入函数”对话框

2. 使用函数

输入函数的方法与输入公式的方法一样，在结果单元格中或公式编辑栏中输入“=”和函数，完成后按“Enter”键即可。还可通过插入函数的方法完成函数表达式的编辑，函数库如图 6-17 所示。

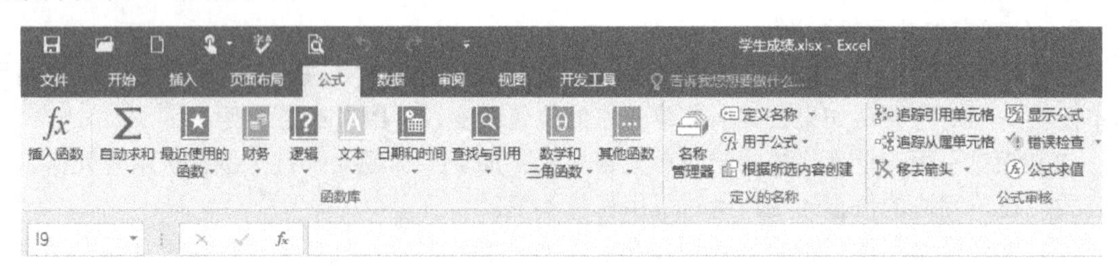

图 6-17 函数库

3. 常用函数

常用函数如表 6-1 所示。

表 6-1　常用函数

求和函数	SUM()
求平均值函数	AVERAGE()
求余函数	MOD()
求最大值、最小值函数	MAX()、MIN()
计数函数	COUNT()
排名函数	RANK()
条件测试函数	IF()
条件求和函数	SUMIF()、SUMIFS()
条件计数函数	COUNTIF()
查找函数	LOOKUP()、VLOOKUP()

6.4　数据管理与分析

Excel 2016 提供了强大的数据管理和分析功能，可以对数据进行排序、筛选、分类、汇总等数据库管理操作，也可使用数据图表、数据透视表、数据透视图等工具完成对数据的分析。

6.4.1　排序数据

在 Excel 2016 中，常用的排序方式有自动排序、多条件排序两种。

1. 自动排序

自动排序是指直接对选择的数据区域进行升序或降序的排列。选中要排序的数据区域中任意一个单元格后，单击“开始”→“编辑”→“排序和筛选”下拉列表，在弹出的下拉列表中选择升序或降序即可，如图 6-18 所示。

学号	姓名	身份证号码	性别	出生日期	年龄	籍贯
C121417	马小军	110101200001051054	男	2000年01月05日	18	湖北
C121301	曾令铨	110102199812191513	男	1998年12月19日	19	北京
C121201	张国强	110102199903292713	男	1999年03月29日	19	北京
C121424	孙令煊	110102199904271532	男	1999年04月27日	19	北京
C121404	江晓勇	110102199905240451	男	1999年05月24日	18	山西
C121001	吴小飞	110102199905281913	男	1999年05月28日	18	北京
C121401	宋子丹	110103199904290936	男	1999年04月29日	19	北京
C120802	符坚	110104199810261737	男	1998年10月26日	19	山西
C121411	张杰	110104199903051216	男	1999年03月05日	19	北京
C121440	方天宇	110105199810054517	男	1998年10月05日	19	河北
C121413	莫一明	110105199810212519	男	1998年10月21日	19	北京
C121423	徐霞客	110105199811111135	男	1998年11月11日	19	北京
C121101	徐鹏飞	110106199903293913	男	1999年03月29日	19	陕西
C121403	张雄杰	110106199905133052	男	1999年05月13日	18	北京
C121437	康秋林	110106199905174819	男	1999年05月17日	18	河北
C121420	陈家洛	110106199907250970	男	1999年07月25日	18	吉林
C121003	苏三强	110107199904230930	男	1999年04月23日	19	河南
C121428	陈万地	110108199811063791	男	1998年11月06日	19	河北
C121410	苏国强	110108199812284251	男	1998年12月28日	19	山东
C121407	甄士隐	110108200001295479	男	2000年01月29日	18	山西

图 6-18　学生档案表按性别升序排列

2. 多条件排序

多条件排序是指通过设置主、次关键字对数据区域进行排序。选择要排序的数据区域，单击“开始”→“编辑”→“排序和筛选”下拉列表，在弹出的下拉列表中选择“自定义排序”选项，在弹出的“排序”对话框中设置即可，如图6-19所示。

身份证号码	性别	出生日期	年龄	籍贯
110102199812191513	男	1998年12月19日	19	北京
110102199903292713	男	1999年03月29日	19	北京
110102199904271532	男	1999年04月27日	19	北京
110103199904290936	男	1999年04月29日	19	北京
110104199903051216	男	1999年03月05日	19	北京
110105199810212519	男	1998年10月21日	19	北京
110105199811111135	男	1998年11月11日	19	北京
110105199810054517	男	1998年10月05日	19	河北
110108199811063791	男	1998年11月06日	19	河北
110107199904230930	男	1999年04月23日	19	河南
110108199812284251	男	1998年12月28日	19	山东
110104199810261737	男	1998年10月26日	19	山西
110106199903293913	男	1999年03月29日	19	陕西
110109199810240031	男	1998年10月24日	19	四川
110111199810014018	男	1998年10月01日	19	云南
110102199905281913	男	1999年05月28日	18	北京
110106199905133052	男	1999年05月13日	18	北京

图6-19　多条件排序

6.4.2　筛选数据

Excel 2016中的数据筛选功能将显示符合条件的数据，隐藏其他的数据。操作方法如下：

（1）选中要筛选的数据区域，单击“开始”→“编辑”→“排序和筛选”下拉按钮，在弹出的下拉列表中选择“筛选”选项即可；或单击“数据”→“排序和筛选”→“筛选”按钮即可。

（2）执行“筛选”命令后，数据清单各表头右侧将出现▼按钮，单击▼按钮，会显示一个筛选器选择列表，在列表中设置筛选数据的条件，单击“确定”按钮即可，如图6-20和图6-21所示。

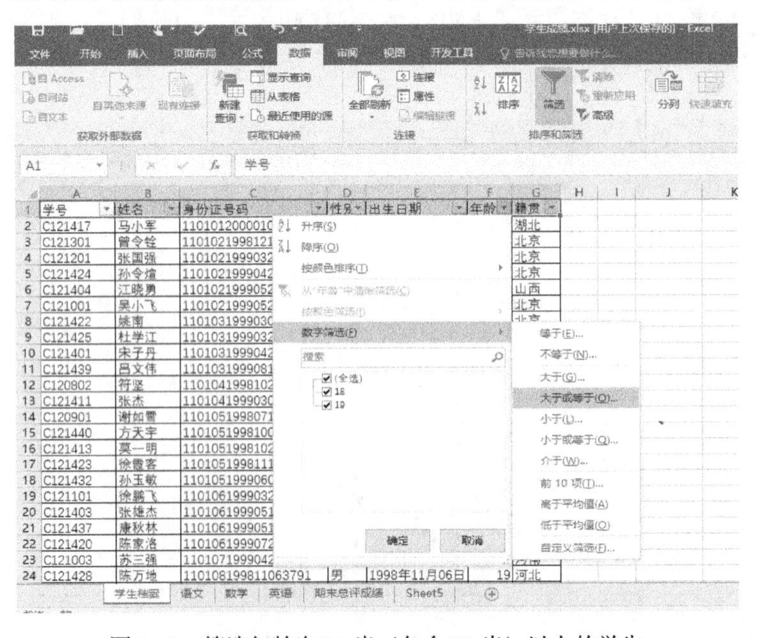

图6-20　筛选年龄在19岁（包含19岁）以上的学生

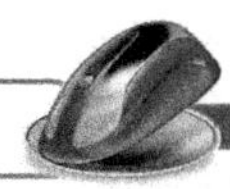

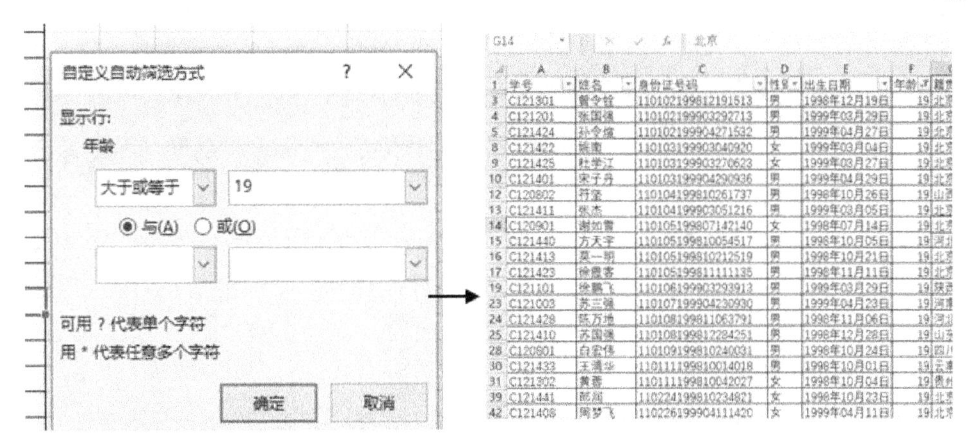

	A	B	C	D	E	F
1	学号	姓名	身份证号码	性别	出生日期	年龄
3	C121301	曾令铨	110102199812191513	男	1998年12月19日	19
4	C121201	张国强	110102199903292713	男	1999年03月29日	19
5	C121424	孙令煊	110102199904271532	男	1999年04月27日	19
8	C121422	姚南	110103199903040920	女	1999年03月04日	19
9	C121425	杜学江	110103199903270623	女	1999年03月27日	19
10	C121401	宋子丹	110103199904290936	男	1999年04月29日	19
12	C120802	符坚	110104199810261737	男	1998年10月26日	19
13	C121411	张杰	110104199903051216	男	1999年03月05日	19
14	C120901	谢如雪	110105199807142140	女	1998年07月14日	19
15	C121440	方天宇	110105199810054517	男	1998年10月05日	19
16	C121413	莫一明	110105199810212519	男	1998年10月21日	19
17	C121423	徐霞客	110105199811111135	男	1998年11月11日	19
19	C121101	徐鹏飞	110106199903293913	男	1999年03月29日	19
23	C121003	苏三强	110107199904230930	男	1999年04月23日	19
24	C121428	陈万地	110108199811063791	男	1998年11月06日	19
25	C121410	苏国强	110108199812284251	男	1998年12月28日	19
28	C120801	白宏伟	110109199810240031	男	1998年10月24日	19
30	C121433	王清华	110111199810014018	男	1998年10月01日	19
31	C121302	黄蓉	110111199810042027	女	1998年10月04日	19
39	C121441	郝周	110224199810234821	女	1998年10月23日	19
42	C121408	陶梦飞	110226199904111420	女	1999年04月11日	19

图 6-21　筛选结果

6.4.3　分类汇总数据

分类汇总就是将数据表格中同一类别的数据放在一起，再对数据进行求和、平均值、计数等汇总运算。其操作方法如下：

（1）选中需要分类汇总的数据区域，先将数据按照分类字段进行排序。例如，统计“学生档案”表中男女学生的人数。首先将“学生档案”表中的数据按照分类字段“性别”升序进行排序，如图 6-22 所示。

	A	B	C	D	E	F	G
1	学号	姓名	身份证号码	性别	出生日期		
2	C121417	马小军	110101200001051054	男	2000年01月05日	18	湖北
3	C121301	曾令铨	110102199812191513	男	1998年12月19日	19	北京
4	C121201	张国强	110102199903292713	男	1999年03月29日	19	北京
5	C121424	孙令煊	110102199904271532	男	1999年04月27日	19	北京
6	C121404	江晓勇	110102199905240451	男	1999年05月24日	18	山西
7	C121001	吴小飞	110102199905281913	男	1999年05月28日	18	北京
8	C121401	宋子丹	110103199904290936	男	1999年04月29日	19	北京
9	C120802	符坚	110104199810261737	男	1998年10月26日	19	山西
10	C121411	张杰	110104199903051216	男	1999年03月05日	19	北京
11	C121440	方天宇	110105199810054517	男	1998年10月05日	19	河北
12	C121413	莫一明	110105199810212519	男	1998年10月21日	19	北京
13	C121423	徐霞客	110105199811111135	男	1998年11月11日	19	北京
14	C121101	徐鹏飞	110106199903293913	男	1999年03月29日	19	陕西
15	C121403	张雄杰	110106199905133052	男	1999年05月13日	18	北京
16	C121437	康秋林	110106199905174819	男	1999年05月17日	18	河北
17	C121420	陈家洛	110106199907250970	男	1999年07月25日	18	吉林
18	C121003	苏三强	110107199904230930	男	1999年04月23日	19	河南
19	C121428	陈万地	110108199811063791	男	1998年11月06日	19	河北
20	C121410	苏国强	110108199812284251	男	1998年12月28日	19	山东
21	C121407	甄士隐	110108200001295479	男	2000年01月29日	18	山西
22	C120801	白宏伟	110109199810240031	男	1998年10月24日	19	四川
23	C121433	王清华	110111199810014018	男	1998年10月01日	19	云南
24	C121415	侯登科	110221200002048335	男	2000年02月04日	18	北京

图 6-22　按性别升序排列

（2）然后单击“数据”→“分级显示”→“分类汇总”按钮。弹出“分类汇总”对话框，在其中进行相关设置，单击“确定”按钮即可。例如，将“学生档案”表中数据按照分类字段“性别”进行排序后，在“分类汇总”对话框中通过对学号计数的方式计算人数，如图 6-23 所示。

图 6-23　通过对学号计数的方式计算人数

注意：分类汇总的分类字段必须和排序字段一致，而且分类汇总可以删除。

6.4.4　数据图表化

数据的图表化是指将数据以统计图表的形式表示，在数据图表中，可以更好地查看数据的差异、走势与变化趋势。

1. 常用图表

Excel 2016 中常用的图表有柱形图、折线图、饼图、条形图、面积图等，如图 6-24 所示。

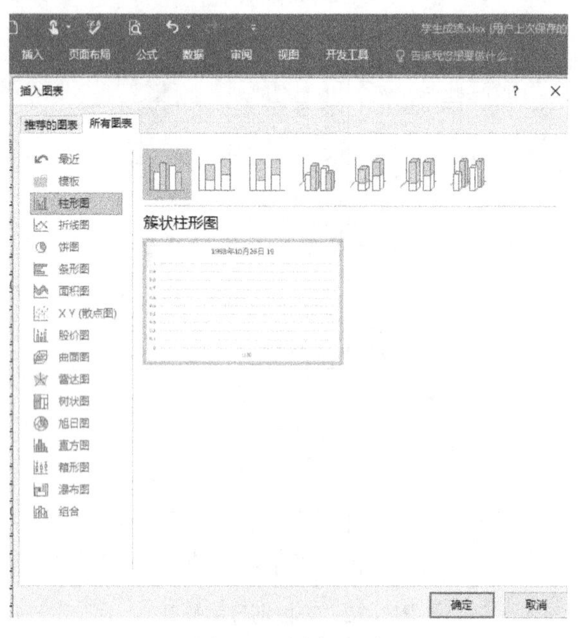

图 6-24　图表类型

2. 插入图表

在 Excel 2016 中将数据图表化，需先选中产生图表的数据区域，在“插入”→“图表”中单击“推荐的图表”按钮，让 Excel 推荐最佳图表类型或根据自身需求选择合适的图表类型，产生相应的图表，如图 6-25 和图 6-26 所示。

2	C121401	宋子丹	97.00	96.00	102.00	98.70	13	良好
3	C121402	郑菁华	99.00	94.00	101.00	98.30	14	良好
4	C121403	张雄杰	98.00	82.00	91.00	90.40	28	良好
5	C121404	江晓勇	87.00	81.00	90.00	86.40	33	良好
6	C121405	齐小娟	103.00	98.00	96.00	98.70	11	良好
7	C121406	孙如红	96.00	86.00	91.00	91.00	26	良好
8	C121407	甄士隐	109.00	112.00	104.00	107.90	1	优秀
9	C121408	周梦飞	81.00	71.00	88.00	80.80	42	及格
10	C121409	杜春兰	103.00	108.00	106.00	105.70	2	优秀
11	C121410	苏国强	95.00	85.00	89.00	89.60	30	良好
12	C121411	张杰	90.00	94.00	93.00	92.40	23	良好
13	C121412	吉莉莉	83.00	96.00	99.00	93.30	21	良好

图 6-25　选择图表类型

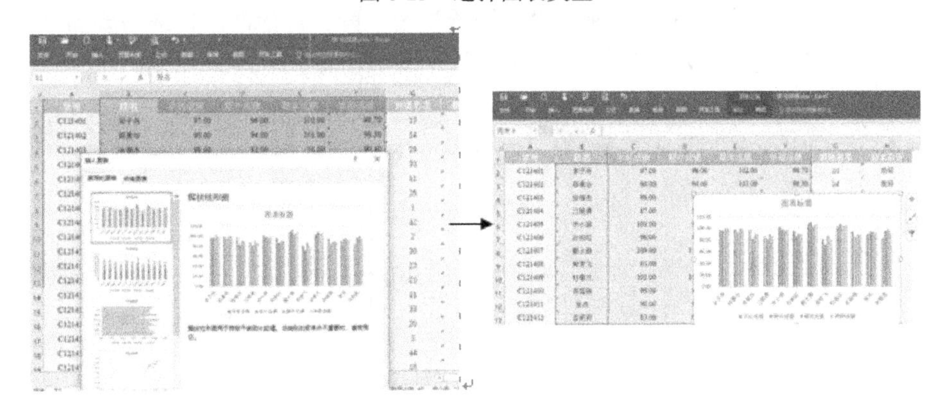

图 6-26　数据图表化

图表产生后，可在“图表工具”→“设计”选项卡中对图表进行修改，如修改图表类型、图表数据源、图表样式等，如图 6-27 所示。也可在“图表工具”→“格式”选项卡对图表进行格式设置，如设置字体、颜色等。

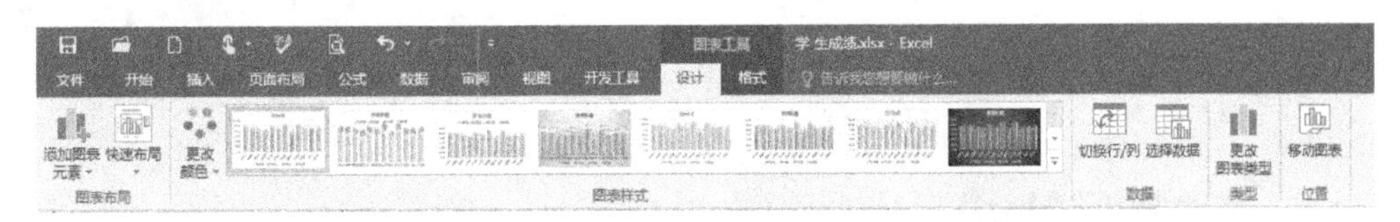

图 6-27　图表工具

6.4.5　创建数据透视表

一种交互的、交叉制表的 Excel 报表，用于对多种来源（包括 Excel 的外部数据）的数据（如数据库记录）进行汇总和分析。其创建方法如下：

（1）在“插入”→“表格”组中单击“数据透视表”或“推荐的数据透视表”按钮，弹出“创建数据透视表”对话框，如图6-28所示。在对话框中选择创建数据透视表数据区域与数据透视表放置的位置，单击“确定”按钮。

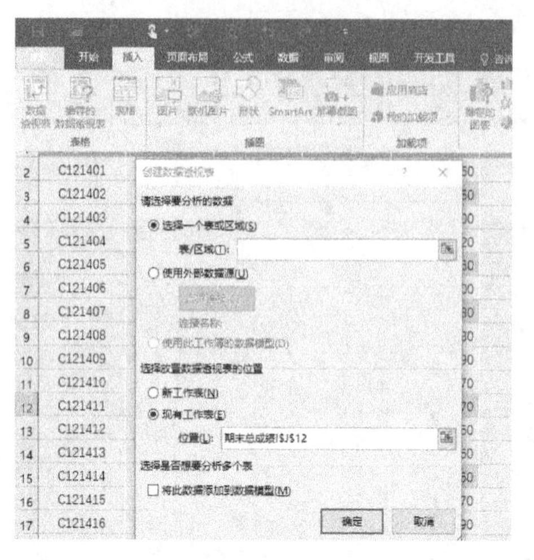

图6-28 “创建数据透视表”对话框

（2）在 Excel 工作表界面右侧弹出“数据透视表字段”对话框，勾选需要的字段，将其拖动到相应区域。如拖动“姓名”至“行标记”区域，效果如图6-29所示。

D	E	F	G	H	I	J	K	L	M
92.00	172.80	42							
81.20	186.90	28							
80.10	169.70	43							
104.30	196.70	10				行标签	求和项:语文	求和项:数学	求和项:总分
83.20	176.50	40				陈家洛	89.6	85.5	175.1
91.90	190.60	22				陈万地	104.5	114.2	218.7
111.20	197.60	9				杜春兰	105.7	81.2	186.9
91.60	185.70	32				杜学江	84.8	98.7	183.5
89.70	194.90	15				方天宇	91.7	101.8	193.5
81.80	157.40	44				郭晶晶	86.4	111.2	197.6
95.90	192.10	20				侯登科	94.1	91.6	185.7
108.90	208.20	4				吉莉莉	93.3	83.2	176.5
85.50	175.10	41				江晓勇	86.4	94.8	181.2
113.60	198.60	8				康秋林	84.8	105.5	190.3
91.20	192.50	19				郎润	100.1	86.6	186.7
95.20	189.40	25				李北冥	78.5	111.4	189.9
100.50	196.10	12				李春娜	95.9	105.7	201.6
98.70	183.50	35				刘小锋	89.3	106.4	195.7
109.40	208.40	3				刘小红	99.3	108.9	208.2
95.70	186.00	31				吕文伟	83.8	104.6	188.4

图6-29 数据透视表

6.4.6 创建数据透视图

数据透视图是根据数据透视表创建的，并依赖数据透视表而存在。创建数据透视图的方法与创建数据透视表的方法相似。在“插入”→“图表”组中单击“数据透视图”按钮，选择合适的图表类型即可创建数据透视图。数据透视图不能为气泡图、散点图和股价图等图表类型。

【项目实施】

1．实施条件

（1）每位同学配备计算机一台，最低配置 1GHz 处理器、1GB 内存、DirectX 10 显卡、Windows 7 系统。

（2）系统安装有 Office 2016。

2．实施步骤

（1）在桌面上双击 Excel 2016，打开一个空白文档，在工作表标记处建立四张工作表，并分别命名为“学生档案”“语文”“数学”“期末总成绩”，如图 6-30 所示。

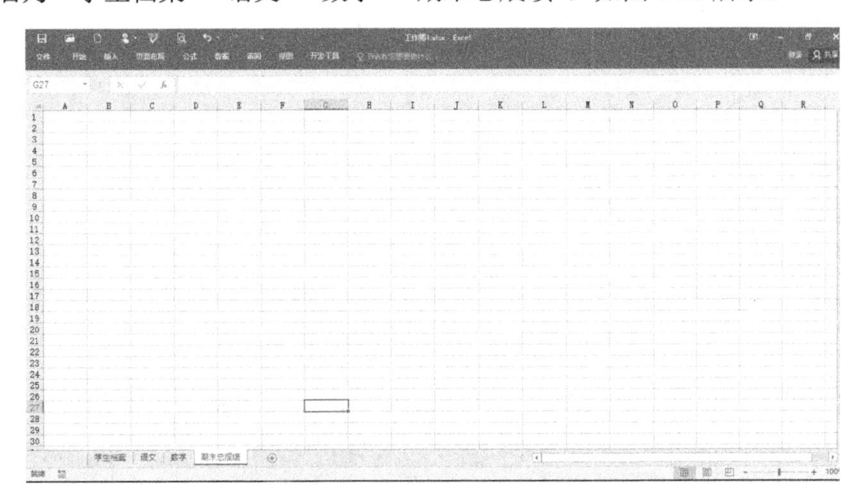

图 6-30　建立工作表

① 在学生档案表中录入学生信息。选定“学号”“姓名”“身份证号码”“性别”“籍贯”列，设为文本类型；选定“出生日期”列，设为日期型，如图 6-31 所示。

学号	姓名	身份证号码	性别	出生日期	年龄	籍贯
C121417	马小军	110101200001051054	男	2000年01月05日	18	湖北
C121301	曾令铨	110102199812191513	男	1998年12月19日	19	北京
C121201	张国强	110102199903292713	男	1999年03月29日	19	北京
C121424	孙令煊	110102199904271532	男	1999年04月27日	19	北京
C121404	江晓勇	110102199905240451	男	1999年05月24日	18	山西
C121001	吴小飞	110102199905281913	男	1999年05月28日	18	北京
C121401	宋子丹	110103199904290936	男	1999年04月29日	19	北京
C120802	符坚	110104199810261737	男	1998年10月26日	19	山西
C121411	张杰	110104199903051216	男	1999年03月05日	19	北京
C121440	方天宇	110105199810054517	男	1998年10月05日	19	河北
C121413	莫一明	110105199810212519	男	1998年10月21日	19	北京
C121423	徐霞客	110105199811111135	男	1998年11月11日	19	北京
C121101	徐鹏飞	110106199903293913	男	1999年03月29日	19	陕西
C121403	张雄杰	110106199905133052	男	1999年05月13日	18	北京
C121437	康秋林	110106199905174819	男	1999年05月17日	18	河北
C121420	陈家洛	110106199907250970	男	1999年07月25日	18	吉林
C121003	苏三强	110107199904230930	男	1999年04月23日	19	河南
C121428	陈万地	110108199811063791	男	1998年11月06日	19	河北
C121410	苏国强	110108199812284251	男	1998年12月28日	19	山东
C121407	甄士隐	110108200001295479	男	2000年01月29日	18	山西
C120801	白宏伟	110109199810240031	男	1998年10月24日	19	四川
C121433	王清华	110111199810014018	男	1998年10月01日	19	云南
C121415	侯登科	110221200002048335	男	2000年02月04日	18	北京
C121430	刘小锋	110223199905060558	男	1999年05月06日	18	山西
C121442	习志敏	110223199910136635	男	1999年10月13日	18	北京
C121435	倪冬声	110224199907042031	男	1999年07月04日	18	北京
C121438	钱飞虎	110226199908090053	男	1999年08月09日	18	北京
C121303	侯小文	110226199910021915	男	1999年10月02日	18	云南
C121429	张国强	110226199912221659	男	1999年12月22日	18	北京

图 6-31　学生档案表

② 在“语文”工作表中输入各个学生的语文成绩信息。选定“学号”“姓名列”，设为文本类型；选定“平时成绩”“期中成绩”“期末成绩”“学期成绩列”，设为带两位小数位的数值型，如图 6-32 所示。

学号	姓名	平时成绩	期中成绩	期末成绩	学期成绩	班级名次	期末总评
C121401	宋子丹	97.00	96.00	102.00			
C121402	郑菁华	99.00	94.00	101.00			
C121403	张雄杰	98.00	82.00	91.00			
C121404	江晓勇	87.00	81.00	90.00			
C121405	齐小娟	103.00	98.00	96.00			
C121406	孙如红	96.00	86.00	91.00			
C121407	甄士隐	109.00	112.00	104.00			
C121408	周梦飞	81.00	71.00	88.00			
C121409	杜春兰	103.00	108.00	106.00			
C121410	苏国强	95.00	85.00	89.00			
C121411	张杰	90.00	94.00	93.00			
C121412	吉莉莉	83.00	96.00	99.00			
C121413	莫一明	101.00	100.00	96.00			
C121414	郭晶晶	77.00	87.00	93.00			
C121415	侯登科	95.00	88.00	98.00			
C121416	宋子文	98.00	118.00	101.00			
C121417	马小军	75.00	81.00	72.00			
C121418	郑秀丽	96.00	90.00	101.00			
C121419	刘小红	98.00	101.00	99.00			
C121420	陈家洛	94.00	86.00	89.00			
C121421	张国强	87.00	79.00	88.00			
C121422	姚南	98.00	101.00	104.00			
C121423	徐霞客	95.00	91.00	96.00			
C121424	孙令煊	97.00	95.00	95.00			
C121425	杜学江	89.00	87.00	80.00			
C121426	齐飞扬	96.00	98.00	102.00			
C121427	苏解玉	90.00	83.00	96.00			
C121428	陈万地	108.00	107.00	100.00			
C121429	张国强	93.00	95.00	96.00			

图 6-32 “语文”工作表

③ 在“数学”工作表中重复“语文”工作表中的操作，如图 6-33 所示。

学号	姓名	平时成绩	期中成绩	期末成绩	学期成绩	班级名次	期末总评
C121401	宋子丹	85.00	88.00	90.00			
C121402	郑菁华	116.00	102.00	117.00			
C121403	张雄杰	113.00	99.00	100.00			
C121404	江晓勇	99.00	89.00	96.00			
C121405	齐小娟	100.00	112.00	113.00			
C121406	孙如红	113.00	105.00	99.00			
C121407	甄士隐	79.00	102.00	104.00			
C121408	周梦飞	96.00	92.00	89.00			
C121409	杜春兰	75.00	85.00	83.00			
C121410	苏国强	83.00	76.00	81.00			
C121411	张杰	107.00	106.00	101.00			
C121412	吉莉莉	74.00	86.00	88.00			
C121413	莫一明	90.00	91.00	94.00			
C121414	郭晶晶	112.00	116.00	107.00			
C121415	侯登科	94.00	90.00	91.00			
C121416	宋子文	90.00	81.00	96.00			
C121417	马小军	82.00	88.00	77.00			
C121418	郑秀丽	90.00	95.00	101.00			
C121419	刘小红	103.00	104.00	117.00			
C121420	陈家洛	98.00	75.00	84.00			
C121421	张国强	118.00	106.00	116.00			
C121422	姚南	80.00	92.00	99.00			
C121423	徐霞客	95.00	89.00	100.00			
C121424	孙令煊	102.00	105.00	96.00			
C121425	杜学江	98.00	95.00	102.00			
C121426	齐飞扬	118.00	112.00	101.00			
C121427	苏解玉	87.00	96.00	102.00			
C121428	陈万地	120.00	118.00	107.00			
C121429	张国强	97.00	91.00	83.00			

图 6-33 “数学”工作表

④ 在“期末总成绩”工作表中输入信息，如图 6-34 所示。

⑤ 在“语文”工作表中按照平时、期中、期末成绩各占 30%、30%、40%的比例计算每个学生的学期成绩，如 F2 单元格中的公式为“=C2*30%+D2*30%+E2*40%”。利用 RANK() 函数对学生排名。如：G2 单元格中的公式为“=RANK(F2，$F$2：$F$45)”。按照成绩≥102 为优秀、成绩≥84 为良好、成绩≥72 为及格、成绩<72 为不合格的标准对学生进行期末总

评。例如，H2 单元格中的公式为“=IF(F2>=102，"优秀"，IF(F2>=84，"良好"，IF(F2>=72，"及格"，"不合格")))”，如图 6-35 所示。

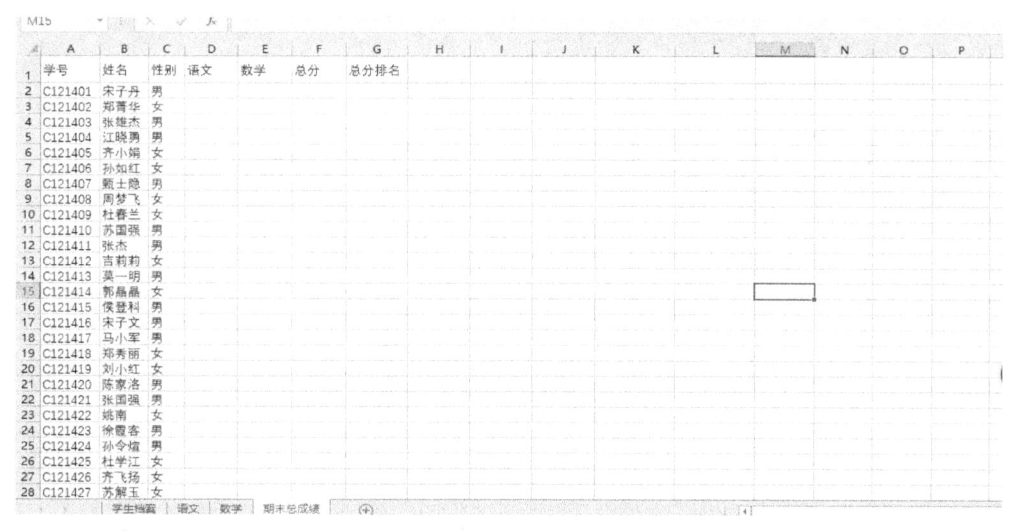

学号	姓名	性别	语文	数学	总分	总分排名
C121401	宋子丹	男				
C121402	郑菁华	女				
C121403	张雄杰	男				
C121404	江晓勇	男				
C121405	齐小娟	女				
C121406	孙如红	女				
C121407	甄士隐	男				
C121408	周梦飞	女				
C121409	杜春兰	女				
C121410	苏国强	男				
C121411	张杰	男				
C121412	吉莉莉	女				
C121413	莫一明	男				
C121414	郭晶晶	女				
C121415	侯登科	男				
C121416	宋子文	男				
C121417	马小军	男				
C121418	郑秀丽	女				
C121419	刘小红	女				
C121420	陈家洛	男				
C121421	张国强	男				
C121422	姚南	女				
C121423	徐霞客	男				
C121424	孙令煊	男				
C121425	杜学江	女				
C121426	齐飞扬	女				
C121427	苏解玉	女				

图 6-34　“期末总成绩”工作表

学号	姓名	平时成绩	期中成绩	期末成绩	学期成绩	班级名次	期末总评
C121401	宋子丹	97.00	96.00	102.00	98.70	13	良好
C121402	郑菁华	99.00	94.00	101.00	98.30	14	良好
C121403	张雄杰	98.00	82.00	91.00	90.40	28	良好
C121404	江晓勇	87.00	81.00	90.00	86.40	33	良好
C121405	齐小娟	103.00	98.00	96.00	98.70	11	良好
C121406	孙如红	96.00	86.00	91.00	91.00	26	良好
C121407	甄士隐	109.00	112.00	104.00	107.90	1	优秀
C121408	周梦飞	81.00	71.00	88.00	80.80	42	及格
C121409	杜春兰	103.00	108.00	106.00	105.70	2	优秀
C121410	苏国强	95.00	85.00	89.00	89.60	30	良好
C121411	张杰	90.00	94.00	93.00	92.40	23	良好
C121412	吉莉莉	83.00	96.00	99.00	93.30	21	良好
C121413	莫一明	101.00	100.00	96.00	98.70	11	良好
C121414	郭晶晶	77.00	87.00	93.00	86.40	33	良好
C121415	侯登科	95.00	88.00	98.00	94.10	20	良好
C121416	宋子文	98.00	118.00	101.00	105.20	3	优秀
C121417	马小军	75.00	81.00	72.00	75.60	44	及格
C121418	郑秀丽	96.00	90.00	101.00	96.20	15	良好
C121419	刘小红	98.00	101.00	99.00	99.30	9	良好
C121420	陈家洛	94.00	86.00	89.00	89.60	30	良好
C121421	张国强	87.00	79.00	88.00	85.00	37	良好
C121422	姚南	98.00	101.00	104.00	101.30	6	良好
C121423	徐霞客	95.00	91.00	96.00	94.20	19	良好
C121424	孙令煊	97.00	95.00	95.00	95.60	17	良好
C121425	杜学江	89.00	87.00	80.00	84.80	38	良好
C121426	齐飞扬	96.00	98.00	102.00	99.00	10	良好
C121427	苏解玉	90.00	83.00	96.00	90.30	29	良好
C121428	陈万地	108.00	107.00	100.00	104.50	4	优秀
C121429	张国强	93.00	95.00	96.00	94.80	18	良好

图 6-35　计算后的“语文”工作表

⑥ 在“数学”工作表中重复“语文”工作表中的操作，如图 6-36 所示。

⑦ 在“期末总成绩”工作表中利用 VLOOKUP()函数分别查找并返回学生的语文学期成绩和数学学期成绩，如 C2 单元格中的公式为“=VLOOKUP(A2,语文!$A$2:$F$45,6,FALSE)”，D2 单元格中的公式为“=VLOOKUP(A2,数学!$A$2:$F$45,6,FALSE)”。利用 SUM()函数和 RANK()函数求出每位学生的总分和总分排名，如 E2 单元格中的公式为“=SUM(C2:D2)”，F2 单元格中的公式为“=RANK(E2,$E$2:$E$45)”，如图 6-37 所示。

学号	姓名	平时成绩	期中成绩	期末成绩	学期成绩	班级名次	期末总评
C121401	宋子丹	85.00	88.00	90.00	87.90	36	良好
C121402	郑菁华	116.00	102.00	117.00	112.20	3	优秀
C121403	张雄杰	113.00	99.00	100.00	103.60	17	优秀
C121404	江晓勇	99.00	89.00	96.00	94.80	28	良好
C121405	齐小娟	100.00	112.00	113.00	108.80	8	优秀
C121406	孙如红	113.00	105.00	99.00	105.00	14	优秀
C121407	甄士隐	79.00	102.00	104.00	95.90	24	良好
C121408	周梦飞	96.00	92.00	89.00	92.00	29	良好
C121409	杜春兰	75.00	85.00	83.00	81.20	42	及格
C121410	苏国强	83.00	76.00	81.00	80.10	43	及格
C121411	张杰	107.00	106.00	101.00	104.30	16	优秀
C121412	吉莉莉	74.00	86.00	88.00	83.20	40	及格
C121413	莫一明	90.00	91.00	94.00	91.90	30	良好
C121414	郭晶晶	112.00	116.00	107.00	111.20	5	优秀
C121415	侯登科	94.00	90.00	91.00	91.60	32	良好
C121416	宋子文	90.00	81.00	96.00	89.70	34	良好
C121417	马小军	82.00	88.00	77.00	81.80	41	及格
C121418	郑秀丽	90.00	95.00	101.00	95.90	24	良好
C121419	刘小红	103.00	104.00	117.00	108.90	7	优秀
C121420	陈家洛	98.00	75.00	84.00	85.50	39	良好
C121421	张国强	118.00	106.00	116.00	113.60	2	优秀
C121422	姚南	80.00	92.00	99.00	91.20	33	良好
C121423	徐霞客	95.00	89.00	100.00	95.20	27	良好
C121424	孙令煊	102.00	105.00	96.00	100.50	20	良好
C121425	杜学江	98.00	95.00	102.00	98.70	22	良好
C121426	齐飞扬	118.00	112.00	101.00	109.40	6	优秀
C121427	苏解玉	87.00	96.00	102.00	95.70	26	良好
C121428	陈万地	120.00	118.00	107.00	114.20	1	优秀
C121429	张国强	97.00	91.00	83.00	89.60	35	良好

图 6-36　计算后的“数学”工作表

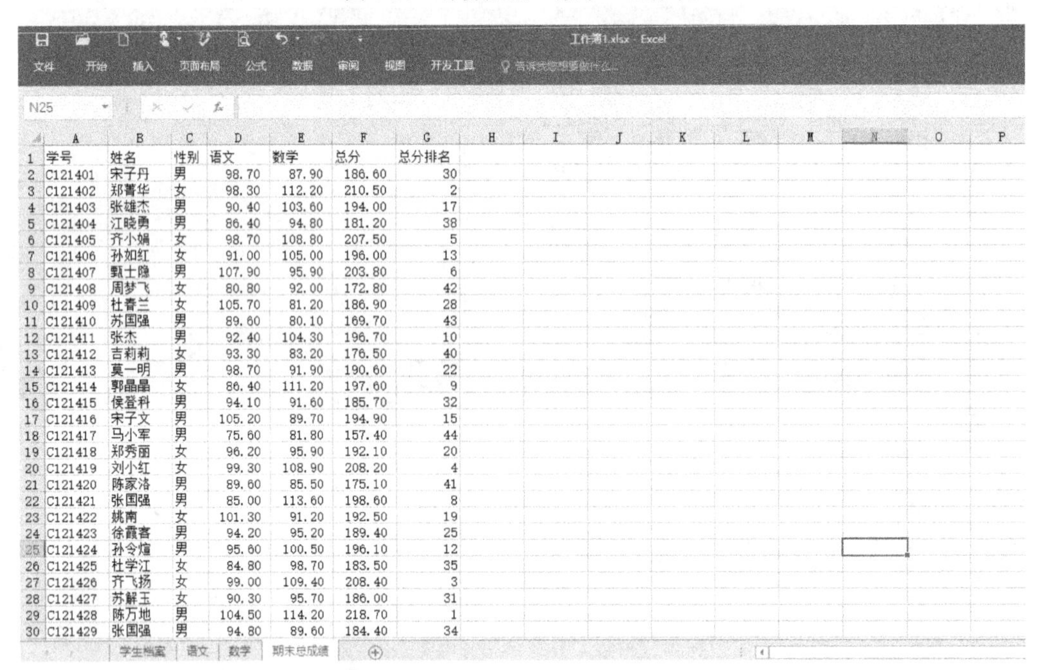

学号	姓名	性别	语文	数学	总分	总分排名
C121401	宋子丹	男	98.70	87.90	186.60	30
C121402	郑菁华	女	98.30	112.20	210.50	2
C121403	张雄杰	男	90.40	103.60	194.00	17
C121404	江晓勇	男	86.40	94.80	181.20	38
C121405	齐小娟	女	98.70	108.80	207.50	5
C121406	孙如红	女	91.00	105.00	196.00	13
C121407	甄士隐	男	107.90	95.90	203.80	6
C121408	周梦飞	女	80.80	92.00	172.80	42
C121409	杜春兰	女	105.70	81.20	186.90	28
C121410	苏国强	男	89.60	80.10	169.70	43
C121411	张杰	男	92.40	104.30	196.70	10
C121412	吉莉莉	女	93.30	83.20	176.50	40
C121413	莫一明	男	98.70	91.90	190.60	22
C121414	郭晶晶	女	86.40	111.20	197.60	9
C121415	侯登科	男	94.10	91.60	185.70	32
C121416	宋子文	男	105.20	89.70	194.90	15
C121417	马小军	男	75.60	81.80	157.40	44
C121418	郑秀丽	女	96.20	95.90	192.10	20
C121419	刘小红	女	99.30	108.90	208.20	4
C121420	陈家洛	男	89.60	85.50	175.10	41
C121421	张国强	男	85.00	113.60	198.60	8
C121422	姚南	女	101.30	91.20	192.50	19
C121423	徐霞客	男	94.20	95.20	189.40	25
C121424	孙令煊	男	95.60	100.50	196.10	12
C121425	杜学江	女	84.80	98.70	183.50	35
C121426	齐飞扬	女	99.00	109.40	208.40	3
C121427	苏解玉	女	90.30	95.70	186.00	31
C121428	陈万地	男	104.50	114.20	218.70	1
C121429	张国强	男	94.80	89.60	184.40	34

图 6-37　计算后的“期末总成绩”工作表

（2）对工作表进行编辑和格式化。

① 选定学生档案表。

② 设置单元格文字居中对齐，调整标题行行高为 25，自动调整列宽。

③ 文字字体为常规、字号为 12、文字颜色为红色。

④ 单元格加入外边框和内边框，边框颜色为黑色。

⑤ 工作表填充黄色为背景颜色，如图 6-38 所示。

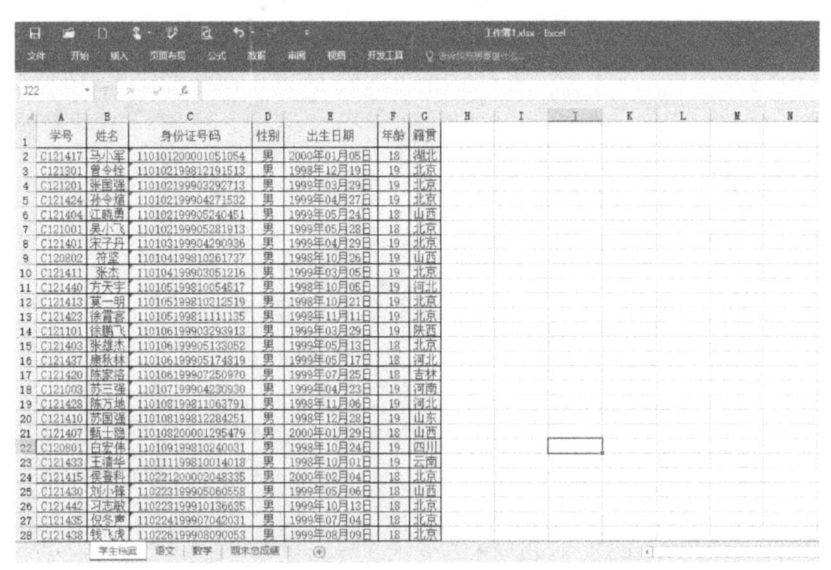

学号	姓名	身份证号码	性别	出生日期	年龄	籍贯
C121417	马小军	110101200001051054	男	2000年01月05日	18	湖北
C121301	曾令铨	110102199812191513	男	1998年12月19日	19	北京
C121201	张国强	110102199903292713	男	1999年03月29日	19	北京
C121424	孙令煊	110102199904271532	男	1999年04月27日	19	北京
C121404	江晓勇	110102199905240451	男	1999年05月24日	18	山西
C121001	吴小飞	110102199905281913	男	1999年05月28日	18	北京
C121401	宋子丹	110103199904290936	男	1999年04月29日	19	北京
C120802	符坚	110104199810261737	男	1998年10月26日	19	山西
C121411	张杰	110104199903051216	男	1999年03月05日	19	北京
C121440	方天宇	110105199810054517	男	1998年10月05日	19	河北
C121413	莫一明	110105199810212519	男	1998年10月21日	19	北京
C121423	徐霞客	110105199811111135	男	1998年11月11日	19	北京
C121101	徐鹏飞	110106199903293913	男	1999年03月29日	19	陕西
C121403	张雄杰	110106199905133052	男	1999年05月13日	18	北京
C121437	康秋林	110106199905174819	男	1999年05月17日	18	河北
C121420	陈家洛	110106199907250970	男	1999年07月25日	18	吉林
C121003	苏三强	110107199904230930	男	1999年04月23日	19	河南
C121428	陈万地	110108199811063791	男	1998年11月06日	19	河北
C121410	苏国强	110108199812284251	男	1998年12月28日	19	山东
C121407	甄士隐	110108200001295479	男	2000年01月29日	18	山西
C120801	白宏伟	110109199810240031	男	1998年10月24日	19	四川
C121433	王清华	110111199810014018	男	1998年10月01日	19	云南
C121415	侯登科	110221200002048335	男	2000年02月04日	18	北京
C121430	刘小锋	110223199905060558	男	1999年05月06日	18	山西
C121442	习志敏	110223199910136635	男	1999年10月13日	18	北京
C121435	倪冬声	110224199907042031	男	1999年07月04日	18	北京
C121438	钱飞虎	110226199908090053	男	1999年08月09日	18	北京

图 6-38　格式化后的“学生档案”工作表

⑥ 对“语文表”、“数学表”、“期末总成绩”工作表进行相同的格式设置。

（3）对“期末总成绩”工作表进行管理和分析。

① 在“期末总成绩”工作表中“性别”列选定任意单元格，单击“开始”→“编辑”→“排序和筛选”下拉按钮，在弹出的下拉列表中选择“降序”选项，将数据按性别降序排列，如图 6-39 所示。

学号	姓名	性别	语文	数学	总分	总分排名
C121402	郑菁华	女	98.3	112.2	210.5	2
C121405	齐小娟	女	98.7	108.8	207.5	5
C121406	孙如红	女	91	105	196	13
C121408	周梦飞	女	80.8	92	172.8	42
C121409	杜春兰	女	105.7	81.2	186.9	28
C121412	吉莉莉	女	93.3	83.2	176.5	40
C121414	郭晶晶	女	86.4	111.2	197.6	9
C121418	郑秀丽	女	96.2	95.9	192.1	20
C121419	刘小红	女	99.3	108.9	208.2	4
C121422	姚南	女	101.3	91.2	192.5	19
C121425	杜学江	女	84.8	98.7	183.5	35
C121426	齐飞扬	女	99	109.4	208.4	3
C121427	苏解玉	女	90.3	95.7	186	31
C121432	孙玉敏	女	86	98.9	184.9	33
C121434	李春娜	女	95.9	105.7	201.6	7
C121436	闫朝霞	女	103.4	78.4	181.8	37
C121439	吕文伟	女	83.8	104.6	188.4	27
C121441	郎润	女	100.1	86.6	186.7	29
C121443	张馥郁	女	91.9	86	177.9	39
C121401	宋子丹	男	98.7	87.9	186.6	30
C121403	张雄杰	男	90.4	103.6	194	17
C121404	江晓勇	男	86.4	94.8	181.2	38
C121407	甄士隐	男	107.9	95.9	203.8	6
C121410	苏国强	男	89.6	80.1	169.7	43
C121411	张杰	男	92.4	104.3	196.7	10
C121413	莫一明	男	98.7	91.9	190.6	22

图 6-39　排序后的“期末总成绩”工作表

② 选定“语文”列所有数值，单击“开始”→“样式”→“条件格式”→“项目选取规则”→“其他规则”按钮，在弹出的对话框中进行设置，用蓝色加粗格式标出语文最高成绩，如图 6-40 所示。用同样的方式显示出数学最高成绩。

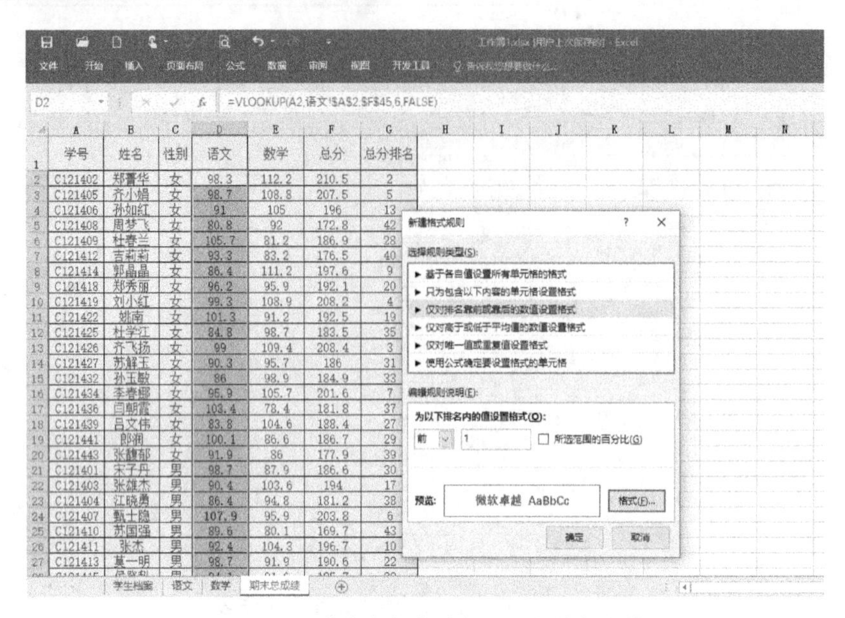

	A	B	C	D	E	F	G
1	学号	姓名	性别	语文	数学	总分	总分排名
2	C121402	郑菁华	女	98.3	112.2	210.5	2
3	C121405	齐小娟	女	98.7	108.8	207.5	5
4	C121406	孙如红	女	91	105	196	13
5	C121408	周梦飞	女	80.8	92	172.8	42
6	C121409	杜春兰	女	105.7	81.2	186.9	28
7	C121412	吉莉莉	女	93.3	83.2	176.5	40
8	C121414	郭晶晶	女	86.4	111.2	197.6	9
9	C121418	郑秀丽	女	96.2	95.9	192.1	20
10	C121419	刘小红	女	99.3	108.9	208.2	4
11	C121422	姚南	女	101.3	91.2	192.5	19
12	C121425	杜学江	女	84.8	98.7	183.5	35
13	C121426	齐飞扬	女	99	109.4	208.4	3
14	C121427	苏解玉	女	90.3	95.7	186	31
15	C121432	孙玉敏	女	86	98.9	184.9	33
16	C121434	李春娜	女	95.9	105.7	201.6	7
17	C121436	闫朝霞	女	103.4	78.4	181.8	37
18	C121439	吕文伟	女	83.8	104.6	188.4	27
19	C121441	郎润	女	100.1	86.6	186.7	29
20	C121443	张馥郁	女	91.9	86	177.9	39
21	C121401	宋子丹	男	98.7	87.9	186.6	30
22	C121403	张雄杰	男	90.4	103.6	194	17
23	C121404	江晓勇	男	86.4	94.8	181.2	38
24	C121407	甄士隐	男	107.9	95.9	203.8	6
25	C121410	苏国强	男	89.6	80.1	169.7	43
26	C121411	张杰	男	92.4	104.3	196.7	10
27	C121413	莫一明	男	98.7	91.9	190.6	22

图 6-40　用蓝色加粗格式标出语文最高成绩

③ 选取数据区域 A1:G45，单击“数据”→“分类汇总”按钮，在弹出的“分类汇总”对话框中，分类字段选择“性别”，汇总方式选择“平均值”，选定汇总项为“语文”“数学”“总分”进行统计，如图 6-41 所示。

	A	B	C	D	E	F	G
20	C121443	张馥郁	女	91.9	86	177.9	40
21		女 平均		94.01053	97.55789	191.5684	
22	C121401	宋子丹	男	98.7	87.9	186.6	31
23	C121403	张雄杰	男	90.4	103.6	194	17
24	C121404	江晓勇	男	86.4	94.8	181.2	39
25	C121407	甄士隐	男	107.9	95.9	203.8	6
26	C121410	苏国强	男	89.6	80.1	169.7	44
27	C121411	张杰	男	92.4	104.3	196.7	10
28	C121413	莫一明	男	98.7	91.9	190.6	23
29	C121415	侯登科	男	94.1	91.6	185.7	33
30	C121416	宋子文	男	105.2	89.7	194.9	15
31	C121417	马小军	男	75.6	81.8	157.4	45
32	C121420	陈家洛	男	89.6	85.5	175.1	42
33	C121421	张国强	男	85	113.6	198.6	8
34	C121423	徐霞客	男	94.2	95.2	189.4	26
35	C121424	孙令煊	男	95.6	100.5	196.1	12
36	C121428	陈万地	男	104.5	114.2	218.7	1
37	C121429	张国强	男	94.8	89.6	184.4	35
38	C121430	刘小锋	男	89.3	106.4	195.7	14
39	C121431	张鹏举	男	99.6	91.8	191.4	22
40	C121433	王清华	男	83.5	105.7	189.2	27
41	C121435	倪冬声	男	90.9	105.8	196.7	11
42	C121437	康秋林	男	84.8	105.5	190.3	24
43	C121438	钱飞虎	男	85.5	97.2	182.7	37
44	C121440	方天宇	男	91.7	101.8	193.5	18
45	C121442	习志敏	男	92.5	101.8	194.3	16
46	C121444	李北冥	男	78.5	111.4	189.9	25
47		男 平均		91.96	97.904	189.864	
48		总计平均		92.84545	97.75455	190.6	

图 6-41　分类汇总结果

（4）设置表格的页面布局，打印出表格。

① 单击“页面布局”→“主题”下拉按钮，在弹出的下拉列表中，选择主题“水滴”。

② 选择“页面设置”→“页边距”下拉列表中的“自定义边距”，在弹出的对话框中设置页面方向为纵向、纸张大小为 A4，页边距上为 1.9、下为 1.9、左右都为 1.8、页眉和页脚都为 0.8，如图 6-42 所示；在“页眉/页脚”选项卡中单击“自定义页眉”按钮，在弹出的对

话框中“左”空白处填入“学生信息表”，文字大小设置为 24 号。

③ 单击“文件”→“打印”按钮，打印成绩表。

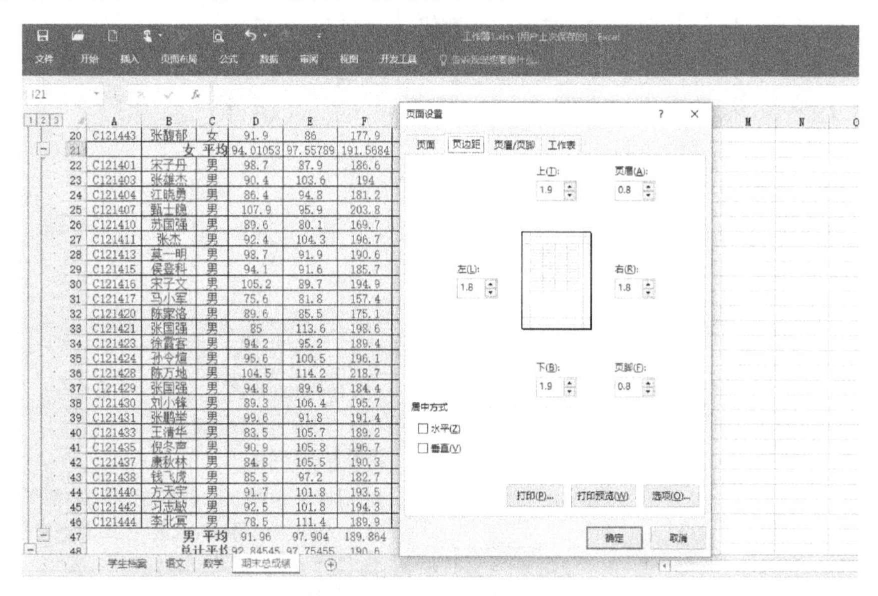

图 6-42　页面设置

（5）上交成绩报表电子稿和打印稿。

【项目考评】

本项目主要考查学生对 Excel 2016 基本理论知识的掌握程度，考查学生是否具备自主设计和制作 Excel 表格的能力。项目考评指标如表 6-2 所示。

表 6-2　项目考评指标

项目名称：设计和制作成绩报表						
评价指标	评价要点	评价等级				
		优	良	中	及	差
基本操作	建立 Excel 工作表、设置单元格数据类型、正确运用公式和函数、成绩表编辑和格式化					
数据处理	工作表的排序、分类汇总的运用					
页面布局	页面布局设置、打印稿效果					
总　评	总评等级					
	评语：					

【项目拓展】

项目：设计和制作教师课堂教学效果考评表

以本班教师教学为例，设计和制作教师课堂教学效果考评表，该表能科学地考评教师在课堂教学过程中的教学效果。

该项目科学考评教师在教学过程中教学效果，学生不但要设计报表的样式，而且对考评指标必须进行合理安排，并对每项指标进行量化。具体要求如下：

（1）策划报表样式。

（2）建立报表指标体系。

（3）建立报表具体评价指标。

（4）建立指标量化得分。

（5）通过得分分析教师教学效果。

项目思维导图如图 6-43 所示。

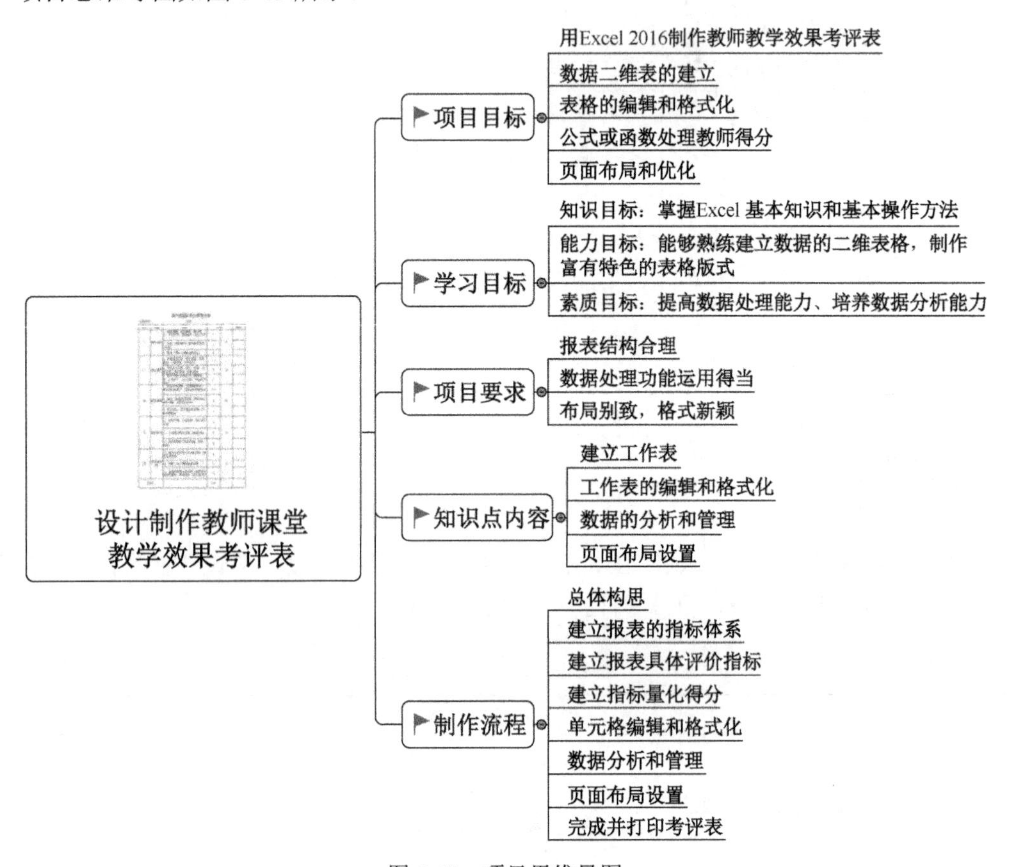

图 6-43　项目思维导图

【思考与练习】

1．使用 Excel 制作表格与使用 Word 制作表格在操作上有何异同？哪种更方便？

2．什么是工作簿、工作表和单元格？它们之间的关系如何？

3．什么是相对引用、绝对引用、混合引用？它们在使用时有什么差别？

4．什么是函数？在 Excel 中如何使用函数？

5．什么是数据透视表和数据透视图？它们的作用是什么？

项目七　设计和制作大学精彩生活演示文稿

【项目分析】

现今社会交流越来越广泛，无论是公司内部的会议，还是向外展示信息，要展示的内容越来越多，不仅包括文字，还有图片、图形、音频、动画、视频等。要展示这些多样化的信息，演示文稿就是一个较好的选择。PowerPoint 2016 是一款可方便、快捷的制作演示文稿的软件。它能够制作出包含文本、图片、图表、图形、音频、视频和动画效果等多媒体元素于一体的演示文稿，主要用于产品演示、广告宣传、专家报告、教师授课、会议交流等各种场合。用户不仅可以在计算机或投影仪上进行演示，还可以将演示文稿打印输出，以应用到更广泛的领域中。

本项目通过利用 PowerPoint 2016 设计和制作大学精彩生活演示文稿。在项目实施之前，首先向读者介绍 PowerPoint 2016，包括它的工作界面、功能结构、使用方法和技巧等内容；然后通过项目的实施，向读者详细讲解如何更快、更好地设计一个包含文字、图形、图片、音频和动画特效等多媒体元素并具有专业水准的演示文稿；如何在幻灯片上方便地输入标题、正文、插入 SmartArt 图等对象，改变幻灯片中各对象的布局，更快捷地管理幻灯片的整体结构，以及更人性化地设计具有优质画面效果的动画方案等；最后希望通过对该项目的学习，读者能详细地了解 PowerPoint 2016 的用法，并且具有熟练地利用该软件设计和制作比较专业的演示文稿的能力。

【学习目标】

1. 知识目标

（1）掌握多媒体演示文稿中幻灯片的基本制作方法。

（2）熟练掌握幻灯片的自定义动画、幻灯片切换、自定义放映方案、幻灯片放映方式等设置。

（3）掌握多种媒体的插入和编辑方法，超链接与动作按钮的设置。

（4）能够对幻灯片进行保存并发送，以及将演示文稿打包成 CD 并解包放映。

2. 能力目标

（1）通过对项目的制作，提高读者综合处理多种媒体技术的能力。

（2）通过对幻灯片版面的设计、整体布局及背景、色彩的搭配，提高学生的审美能力和艺术表现力。

（3）通过对超链接和动作按钮的创建，培养学生对作品的控制能力和交互能力。

3. 素质目标

（1）制作图文声像并茂的演示文稿，激发学生的学习兴趣。

（2）通过项目制作，培养学生自主学习、主动思考、相互协作等能力。

（3）通过制作大学精彩生活演示文稿，培养学生独立完成其他演示项目的制作。

【项目导图】

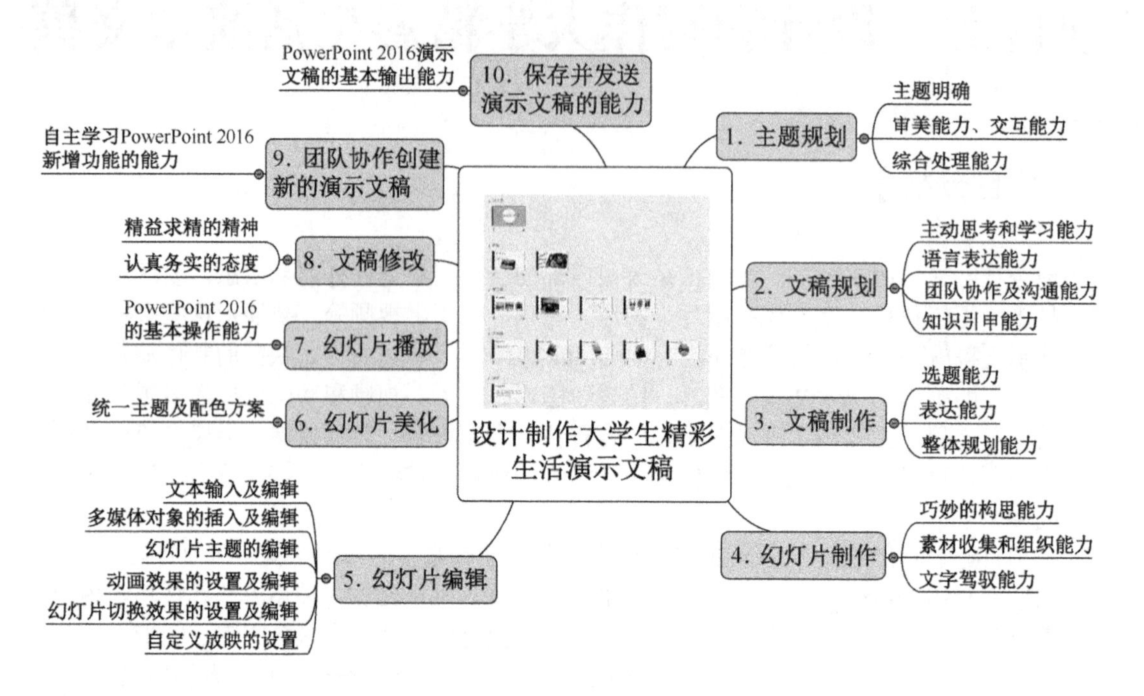

【知识讲解】

7.1 PowerPoint 2016 概述

PowerPoint 同 Word、Excel 等应用软件一样，都是 Microsoft 公司推出的 Office 系列产品之一，主要用于演示文稿即幻灯片的制作，可有效帮助产品演示、演讲、教学等。PowerPoint 是用于设计和制作产品演示、专家报告、教师授课、广告宣传等相关信息的电子版幻灯片，制作的演示文稿可通过计算机屏幕或投影仪播放。PowerPoint 是制作和演示幻灯片的软件，能够制作出集文字、图像、图形、音频以及视频等多媒体元素于一体的演示文稿，可以把自己所想表达的信息表现在一组图文并茂的画面中，可用于公司产品的介绍和学术成果的展示。与 PowerPoint 早期版本相比，PowerPoint 2016 可以帮助用户更快、更好、更人性化地创作具有专业水准的演示文稿，它提供了更友好、更漂亮的界面，改进了主题与动画效果，增强了格式选项，使得我们可以创建生动的演示文稿。

7.2 PowerPoint 2016 的功能结构

1. 创建出色的演示文稿

PowerPoint 2016 提供了新增和改进的工具，可使用户的演示文稿更具感染力。PowerPoint 2016 界面更友好，自带的主题更多也更漂亮，右键的功能增多了，这使得操作更方便；搜索

功能改成了“告诉我你想要做什么”功能，使用起来更加智能；图表功能中也加入了很多新的图表版式，可以嵌入和编辑视频；用户可以添加淡化、格式效果、书签场景并剪裁视频，为演示文稿增添专业的多媒体体验。此外，由于嵌入的视频会变为 PowerPoint 演示文稿的一部分，因此用户无须在与他人共享的过程中管理其他文件。使用新增和改进的图片编辑工具（包括通用的艺术效果和高级更正、颜色以及裁剪工具）可以微调用户的演示文稿中的各个图片，使其看起来效果更佳。添加动态三维幻灯片切换功能和更逼真的动画效果，以吸引观众的注意力。

2．使用可以节省时间和简化工作的工具管理演示文稿

用户在以自己期望的方式工作时，创建和管理演示文稿会变得更简单。

压缩演示文稿中的视频和音频可以减小文件大小，易于共享并可改进播放性能。压缩媒体的选项只是新增 Microsoft office Backstage™视图提供的许多新功能中的一个。Office 2016 应用程序中的 Backstage 视图替换了所有传统“文件”菜单，为所有的演示文稿管理任务提供了集中式、有组织的空间。

用户可以轻松地自定义经过改进的功能区，以便更加轻松地访问所需命令，创建自定义选项卡甚至自定义内置选项卡。

3．更成功地协同工作

如果用户需要与其他人员协同完成演示文稿和项目，则可在放映幻灯片的同时广播给其他地方的人员，无论他们是否安装了 PowerPoint，即为演示文稿创建包括切换、动画、旁白和计时的视频，以便在实况广播后与任何人在任何时间共享。使用新增的共同创作功能，用户可以与不同位置的人员同时编辑同一个演示文稿，或者在工作时直接使用 PowerPoint 进行通信，甚至可以通过新增加的录制屏幕的功能来分享用户自己的操作过程。

4．从更多位置访问和共享您的内容

当用户迸发创意、到达期限、项目和工作出现紧急情况时，手边不一定有计算机。但用户可以使用 Web 或 Smartphone 在需要的时间和地点完成工作。用户可以查看演示文稿的高保真版本、编辑灯光效果或查看演示文稿的幻灯片放映。用户几乎可以在任何装有 Web 浏览器的计算机上使用熟悉的 PowerPoint 界面和一些相同的格式和编辑工具。无论用户是在定位职业方向、与团队协同完成重要的演示文稿或忙于完成工作，PowerPoint 2016 均可助其更轻松、更灵活地完成工作，实现目标。

7.3　PowerPoint 2016 的使用方法

7.3.1　PowerPoint 2016 的基本操作

1．PowerPoint 2016 的启动

PowerPoint 2016 的启动有下面几种方法：

（1）执行“开始”→“程序”→“Microsoft Office”→“Microsoft PowerPoint 2016”命令。

（2）双击桌面 PowerPoint 2016 快捷方式图标。

（3）在“Windows 资源管理器”或者“我的文档”中用双击扩展名为“.PPTX”的文件，便会在启动 PowerPoint 2016 的同时打开该文件。

2. PowerPoint 2016 的退出

PowerPoint 2016 的退出有以下几种方法：

（1）单击 PowerPoint 2016 中的“文件”→“关闭”按钮。

（2）使用“Alt+F”组合键打开“文件”选项卡，然后按“ X ”退出 PowerPoint 2016。

（3）在 PowerPoint 2016 窗口中单击窗口右上角的“关闭”按钮。

7.3.2　PowerPoint 2016 的工作界面

PowerPoint 2016 启动之后，其工作界面如图 7-1 所示。窗口由功能区、快速访问工具栏、幻灯片编辑区与状态栏组成。

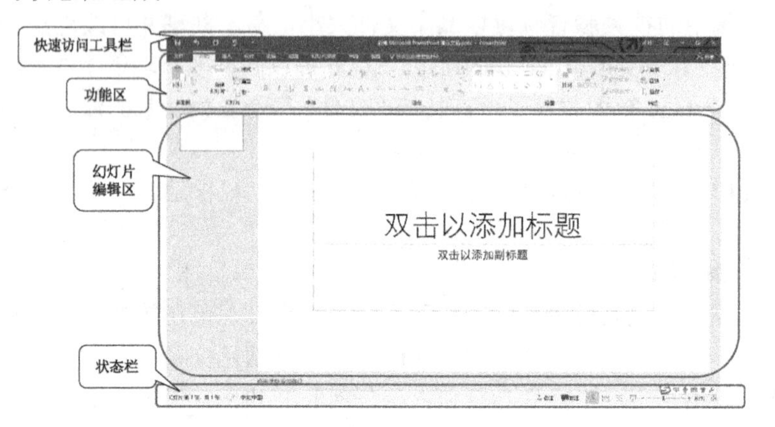

图 7-1　PowerPoint 2016 工作界面

1. 功能区

功能区包含以前在 PowerPoint 2003 及更早版本中的菜单和工具栏上的命令和其他菜单项。功能区的主要优势是将通常需要使用的菜单、工具栏、任务窗格和在其他用户界面才能显示的任务或入口点集中在一个地方，可以帮助用户快速找到完成某任务所需的命令。

（1）“文件”选项卡

单击“文件”选项卡中的按钮可创建新文件，打开、关闭或保存现有文件，打印演示文稿文件，保存并发送演示文稿文件和显示演示文稿信息等，如图 7-2 所示。

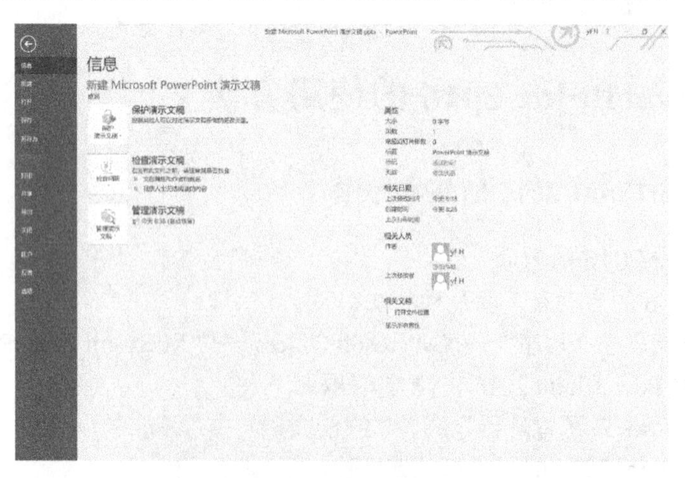

图 7-2　“文件”选项卡

（2）“开始”选项卡。

单击“开始”选项卡中的按钮可插入新幻灯片、将对象组合在一起以及设置幻灯片上的文本的格式。

① 单击“新建幻灯片”右侧的下拉按钮，则可从多种幻灯片版式布局中选择所需幻灯片版式。

② “字体”组包括设置字体、字形、字号、字符间距等命令按钮。

③ “段落”组包括设置项目符号和编号、文本对齐方式、分栏等按钮。

④ “绘图”组包括形状、排列方式、图形效果等按钮。

⑤ “编辑”组包括“查找”、“替换”及“选择”按钮，可快速选择、查找和替换幻灯片中的内容。

“开始”选项卡如图 7-3 所示。

图 7-3　“开始”选项卡

（3）“插入”选项卡。

单击“插入”选项卡中的按钮可将表格、图像、插图、加载项、链接、批注、文本、符号及媒体等对象方便地插入演示文稿中，如图 7-4 所示。

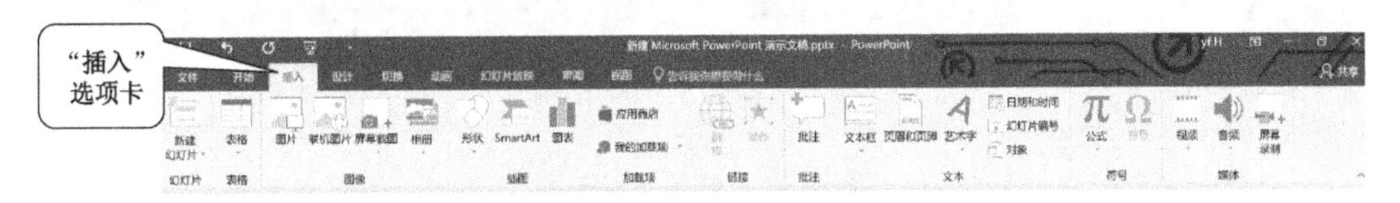

图 7-4　“插入”选项卡

（4）“设计”选项卡。

单击“设计”选项卡中的按钮可自定义演示文稿的背景、主题及页面设置等。

① 在“主题”组中，单击某个主题可将其应用于演示文稿。

② 单击“页面设置”按钮，弹出“页面设置”对话框，从中可以设置幻灯片的大小及方向等。

③ 在“变体”组中，可以进行颜色、字体、效果和背景样式的设置。

④ 在“自定义”组中，可以改变幻灯片的大小和为演示文稿设置背景格式。

“设计”选项卡如图 7-5 所示。

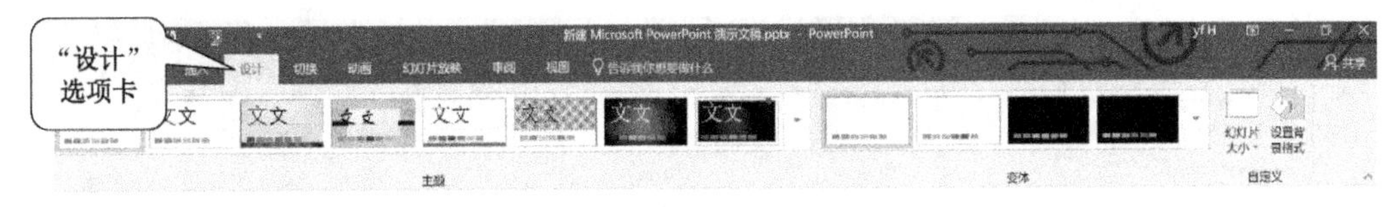

图 7-5　“设计”选项卡

（5）“切换”选项卡。

单击“切换”选项卡中的按钮可设置幻灯片的切换方式，对当前幻灯片应用、更改或删除切换效果。

① 在“切换到此幻灯片”组中，单击某切换效果可将其应用于当前幻灯片。

② 在“声音”列表中，可从多种声音中进行选择，用以在切换过程中播放。

③ “换片方式”栏中可勾选“单击鼠标时”复选框以便单击时进行切换。

④ 单击“预览”按钮，可预览幻灯片的切换效果。

“切换”选项卡如图 7-6 所示。

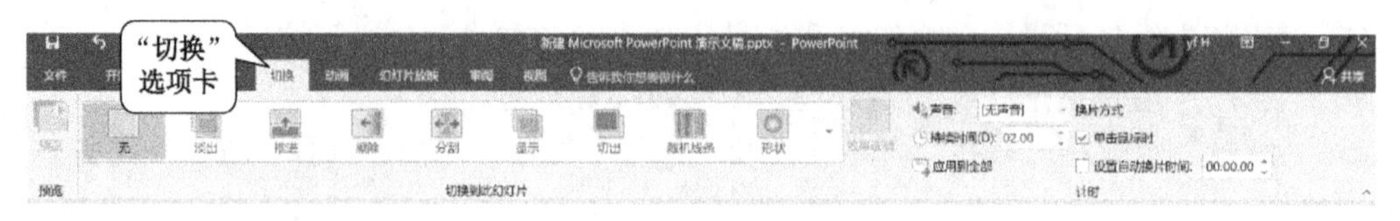

图 7-6 “切换”选项卡

（6）“动画”选项卡。

单击“动画”选项卡中的相关按钮，可对幻灯片上的各对象设置动画效果，如应用、更改或删除自定义动画。

① 单击“添加动画”按钮，可选择应用于选定对象的动画。

② 单击“动画窗格”按钮，可启动“动画窗格”任务窗格。

③ “计时”组可以用于设置“开始”和“持续时间”等。

“动画”选项卡如图 7-7 所示。

图 7-7 “动画”选项卡

（7）“幻灯片放映”选项卡。

单击“幻灯片放映”选项卡中的相关按钮，可设置开始放映幻灯片、自定义放映幻灯片和隐藏单个幻灯片等。

① “开始放映幻灯片”组，包括“从头开始”、“从当前幻灯片开始”、“联机演示”和“自定义幻灯片放映”。

② 单击“设置幻灯片放映”按钮，弹出“设置放映方式”对话框，在此可设置放映类型、放映幻灯片范围及换片方式等。

③ 单击“隐藏幻灯片”按钮，可设置当前幻灯片在放映时隐藏。

“幻灯片放映”选项卡如图 7-8 所示。

图 7-8 “幻灯片放映”选项卡

（8）“审阅”选项卡。

“审阅”选项卡中的按钮主要用于长文档的处理，可用以拼写检查、语言的转换、批注、比较两个文档的异同，而 PowerPoint 2016 版增加了检查辅助功能、见解和墨迹书写三个新的功能。

① “校对”组，用于拼写检查和打开同义词库。

② “辅助功能”组，用以检查幻灯片中的明显错误。

③ “语言”组，可把文稿中的文字翻译成各国语言。

④ “批注”组，可以指出文稿中出现的问题。

⑤ “比较”组，可以比较当前文稿与其他文稿的差异。

⑥ “墨迹”组，可以在幻灯片编辑状态下任意书写墨迹。

“审阅”选项卡如图 7-9 所示。

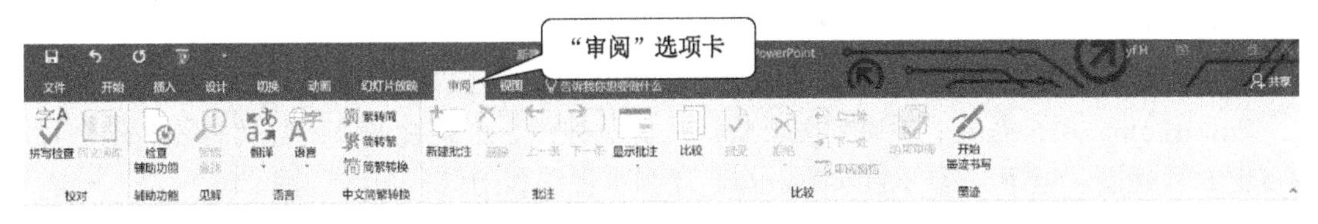

图 7-9　“审阅”选项卡

（9）“视图”选项卡。

单击“视图”选项卡中的按钮可以选择演示文稿视图方式、设置母版视图、基本的显示设置参考线、窗口排列方式的设置及宏制作等。

① “演示文稿视图”组，可选择幻灯片的视图方式，有普通、大纲视图、幻灯片浏览、备注页和阅读视图。

② “母版视图”组，可以设置幻灯片母版、讲义母版或备注母版。

③ “显示”组，有“标尺”、“网格线”、“参考线”三个复选框及备注。

④ “宏”组，可新建宏操作及运行等。

“视图”选项卡如图 7-10 所示。

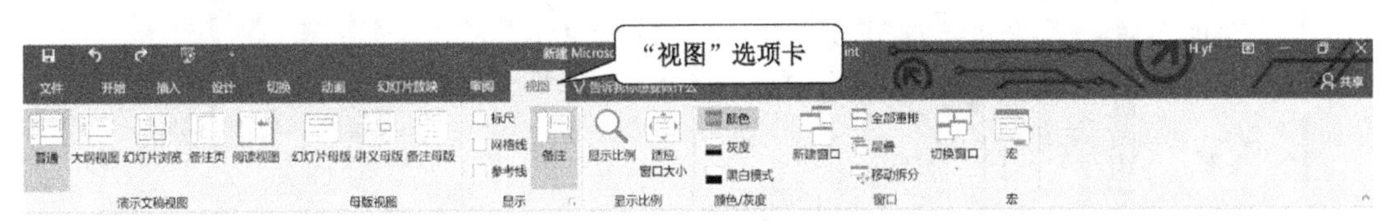

图 7-10　“视图”选项卡

（10）新增的“告诉我你想要什么”功能更加智能。

2. 快速访问工具栏

快速访问工具栏是一个可自定义的工具栏，它包含一组独立于当前显示的功能区上选项卡的命令。用户可以从两个可能的位置之一移动快速访问工具栏，并且可以向快速访问工具栏中添加代表命令的按钮。用户可通过两种方法向快速访问工具栏中添加所需的常用命令。方法一：单击快速访问工具栏的下拉按钮，在弹出的下拉列表框中选择“其他命令”选项，在弹出的 PowerPoint 选项对话框中选择命令；方法二：在功能区上要添加的命令上右击，从弹出的快捷菜单中选择“添加到快速访问工具栏”选项即可。另外，快速访问工具栏的位置也可改变，通过单击快速访问工具栏的下拉按钮，从下拉列表中选择“功能区下方显示”或“功能区上方显示”选项来实现。

3. 幻灯片编辑区

幻灯片编辑区由幻灯片窗格、“幻灯片”选项卡窗格组成。

幻灯片窗格用于演示文稿的每张幻灯片中的文本外观的编辑，标题、正文、图片、表格、图表、声音、视频等对象的添加，超链接的创建及幻灯片中各对象动画效果的添加等。

在幻灯片选项卡窗格中显示了幻灯片窗格中每张完整幻灯片的缩略图。添加其他幻灯片后，用户可以单击“幻灯片”选项卡窗格上的缩略图使该幻灯片显示在幻灯片窗格中，用户也可以拖动缩略图重新排列演示文稿中的幻灯片，还可以在“幻灯片”选项卡窗格上添加或删除幻灯片。在左窗格有“幻灯片”选项卡与“大纲”选项卡，“大纲”选项卡将显示每张幻灯片的文本内容，大纲排列序号由幻灯片创建时的顺序决定。

4．状态栏

幻灯片状态栏显示了演示文稿的基本信息。

5．PowerPoint 2016 的视图

PowerPoint 2016 提供了普通视图、幻灯片浏览视图、大纲视图、幻灯片视图和幻灯片放映视图 5 种视图。以下介绍普通视图、幻灯片浏览视图和幻灯片放映视图。

1）普通视图

单击“视图”→“普通视图”按钮即可以普通视图方式查看幻灯片。如图 7-11 所示。

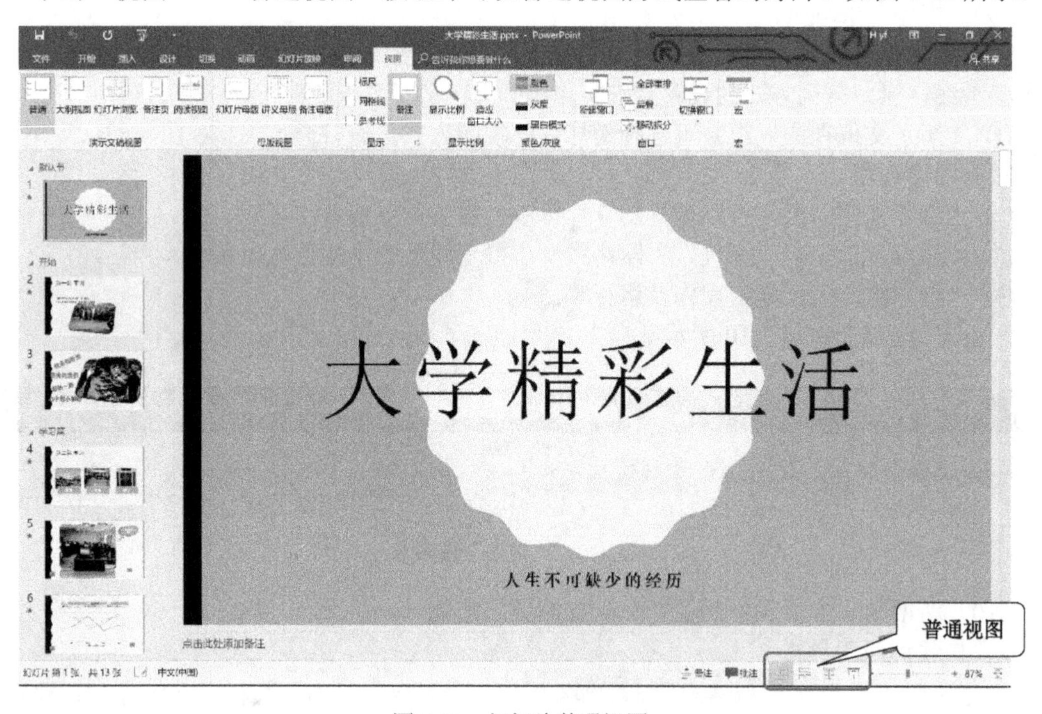

图 7-11　幻灯片普通视图

2）幻灯片浏览视图

在幻灯片浏览视图中，用户可以方便地在屏幕上同时看到演示文稿中的所有幻灯片，它们都以缩略图的形式显示。单击“视图”→“幻灯片浏览视图”按钮，以幻灯片浏览视图方式查看演示文稿，如图 7-12 所示。

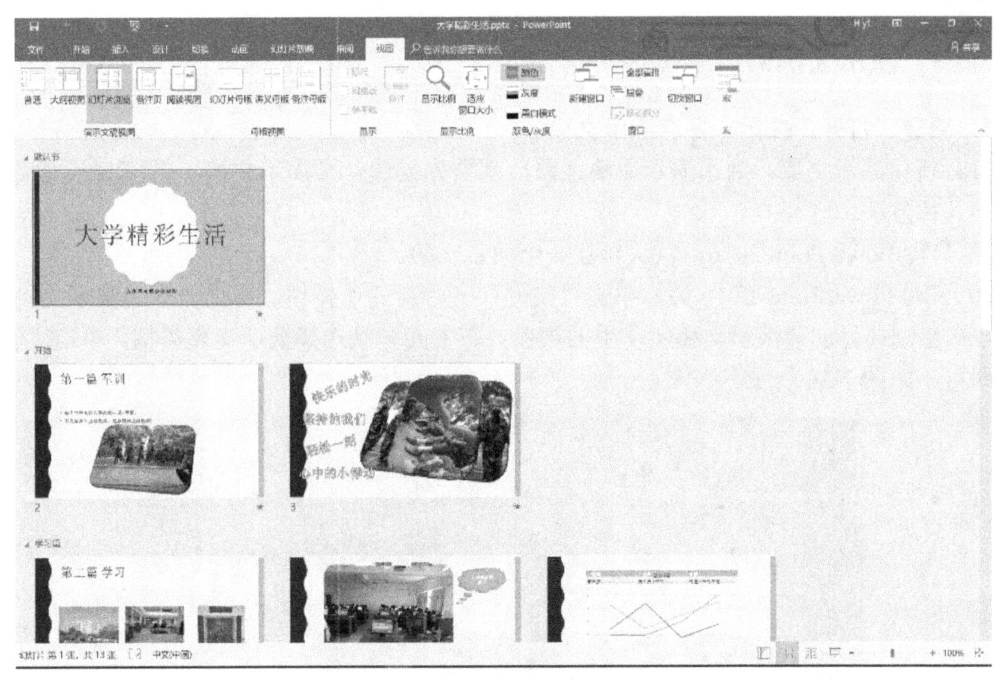

图 7-12　幻灯片浏览视图

通过按住“Ctrl”键，并上下移动鼠标滑标，可改变一个屏幕所能显示的幻灯片张数。

3）幻灯片放映视图

幻灯片放映视图即是幻灯片实际播放的情景，按“F5”键或单击状态栏中的“视图按钮”组 中的“幻灯片放映”按钮 ，以幻灯片放映的方式查看演示文稿，如图 7-13 所示。

图 7-13　幻灯片放映视图

7.3.3 演示文稿的基本操作

1. 新建、打开、关闭、保存演示文稿

（1）新建演示文稿：制作演示文稿之前，都要先创建一个演示文稿。新建演示文稿主要有以下几种方法。

① 启动 PowerPoint 2016，默认新建一个演示文稿。

② 启动 PowerPoint 2016 后，单击“文件”→“新建”按钮，弹出“新建演示文稿”对话框，在左侧选择创建演示文稿所使用的模板，在中间区域选择演示文稿类型，单击“创建”按钮即可，如图 7-14 所示。

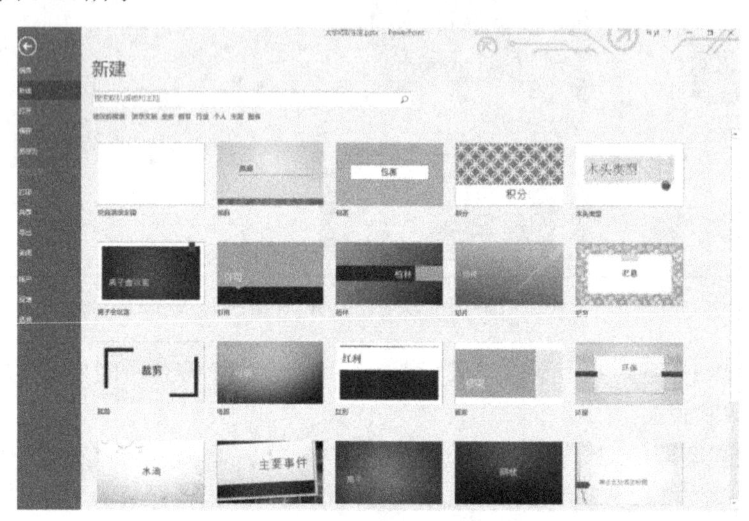

图 7-14　新建演示文稿

（2）打开演示文稿。

对于已经编辑好的演示文稿，可能在日后需要对其中的内容进行修改或将其打印到纸张上。在进行这些操作之前，都需要先打开演示文稿。打开演示文稿的方法有以下几种。

① 启动 PowerPoint 2016，单击快速访问工具栏中的“打开”按钮；或单击“文件”→“打开”按钮。在弹出的“打开”对话框中选择要打开的演示文稿，单击“打开”按钮即可。

② 进入要打开的演示文稿的文件夹下，双击需要打开的演示文稿即可将其打开。

（3）关闭演示文稿。

如果不再使用当前打开的演示文稿，则可以将其关闭。关闭演示文稿有以下几种方法。

① 单击“文件”→“关闭”按钮。

② 单击 PowerPoint 窗口右上角的关闭按钮，即可关闭所有演示文稿并退出 PowerPoint 应用程序。

③ 单击窗口左上角的控制菜单图标，选择“关闭”选项，即可关闭当前打开的演示文稿文件。

（4）保存演示文稿。

在编辑完演示文稿的内容后，应将其保存，以便日后继续编辑或操作。保存演示文稿有以下几种方法。

① 单击“文件”→“保存”按钮，弹出“另存为”对话框，在对话框中选择演示文稿的保存位置，在“文件名”文本框中输入演示文稿的保存名称，单击“保存”按钮即可。

② 单击“保存”按钮，即可看到 PowerPoint 窗口标题栏中显示保存后的演示文稿名称。如果需要将当前已保存的演示文稿以其他名称保存，则可以单击“文件”→“另存为”按钮，弹出“另存为”对话框，然后将演示文稿以其他名称保存。

2．新建幻灯片及幻灯片的移动、复制、删除

（1）插入新幻灯片：编辑演示文稿中的内容要在幻灯片中进行，启动 PowerPoint 2016 后，将默认新建一张幻灯片，也可以根据需要手动创建幻灯片。其操作步骤如下：

① 启动 PowerPoint 2016，默认创建“演示文稿 1”，单击“开始”→“幻灯片”→“新建幻灯片”下拉按钮，在弹出的下拉菜单中选择要创建的幻灯片版式，即可插入一张新幻灯片，如图 7-15 所示。

② 在“幻灯片”选项卡窗格中当前幻灯片的下面右击，在打开的快捷菜单中选择“新建幻灯片”选项，即可新建一张幻灯片，默认创建的幻灯片的版式为“标题和内容”。如果要更改幻灯片的版式，则可以单击“开始”→“幻灯片”→“版式”按钮，在下拉菜单中选择所需要的幻灯片版式。

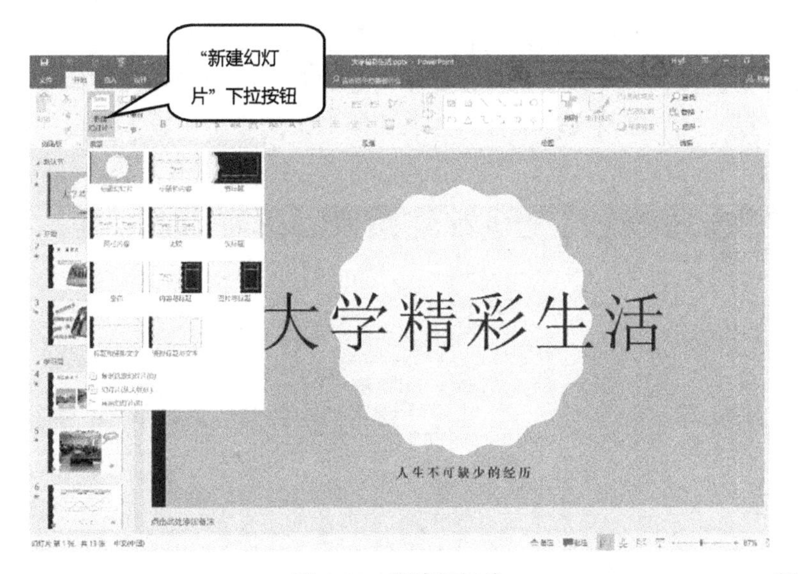

图 7-15　新建幻灯片

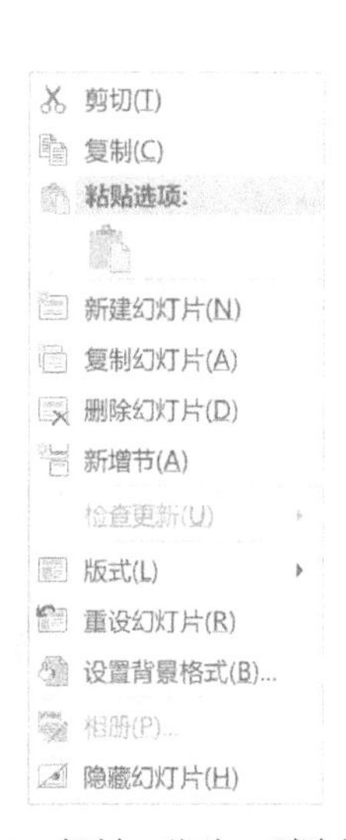

图 7-16　复制、移动、删除幻灯片

（2）复制、移动、删除幻灯片。

① 复制幻灯片：用户可以根据需要调整幻灯片的位置，也可以通过复制功能快速制作出内容版式完全相同的幻灯片。在“幻灯片”选项卡窗格上右击需要复制的幻灯片，弹出如图 7-16 所示的快捷菜单，选择“复制幻灯片”选项即可。然后在“幻灯片”选项卡窗格上适当位置右击，在弹出的快捷菜单中选择“粘贴”选项即可。

② 移动幻灯片：在“幻灯片”选项卡窗格中要移动的幻灯片上单击并按住鼠标左键不放，然后将其拖动到所需位置，释放鼠标，即实现幻灯片的移动。或在“幻灯片”选项卡窗格上右击需要移动的幻灯片，弹出如图 7-16 所示的快捷菜单，选择“剪切”选项，然后在“幻灯片”选项卡窗格上适当位置右击，在弹出的快捷菜单中选择“粘贴选项”→“保留原格式”选项即可。

③ 删除幻灯片：在“幻灯片”选项卡窗格中要删除的幻灯片上右击，在弹出的如图 7-16 所示的快捷菜单中选择“删除幻灯片”选项即可。

7.3.4 制作多媒体幻灯片

启动 PowerPoint 2016 后，默认建立一个名称为“演示文稿（1）”的演示文稿，并且自动进入“开始”选项卡。该选项卡包括“剪贴板”、“幻灯片”、“字体”、“段落”、“绘图”和“编辑”等六部分。主要功能是对演示文稿的内容做各种格式设置及编辑操作。

在演示文稿中可向其添加各种各样的内容，如文本（包括文本框、页眉和页脚、艺术字、日期和时间、幻灯片编号和对象等）、图像（包括图片、剪贴画、屏幕截图和相册等）、插图（包括形状和图表等）、链接（包括超链接和动作）、符号（包括符号和公式）以及媒体（包括音频和视频）等。

1. 添加文字

为了在幻灯片中添加文字，单击新建幻灯片对象中的文本框即可显示文本框中光标插入点，可在标题或正文对象中输入文字。

也可以通过在幻灯片中添加文本框来实现。添加文本框的方法是单击“插入”→“文本框”按钮，用户可以在文本框中输入文字之前，设置好文字的属性，如字体、字形、字号等；也可先选定文本对象的位置和大小，或在建立了文本对象之后，根据幻灯片整体布局的需要，调整文本对象的位置、大小以及文本属性，然后在添加的文本框中输入相应的内容，如图 7-17 所示。

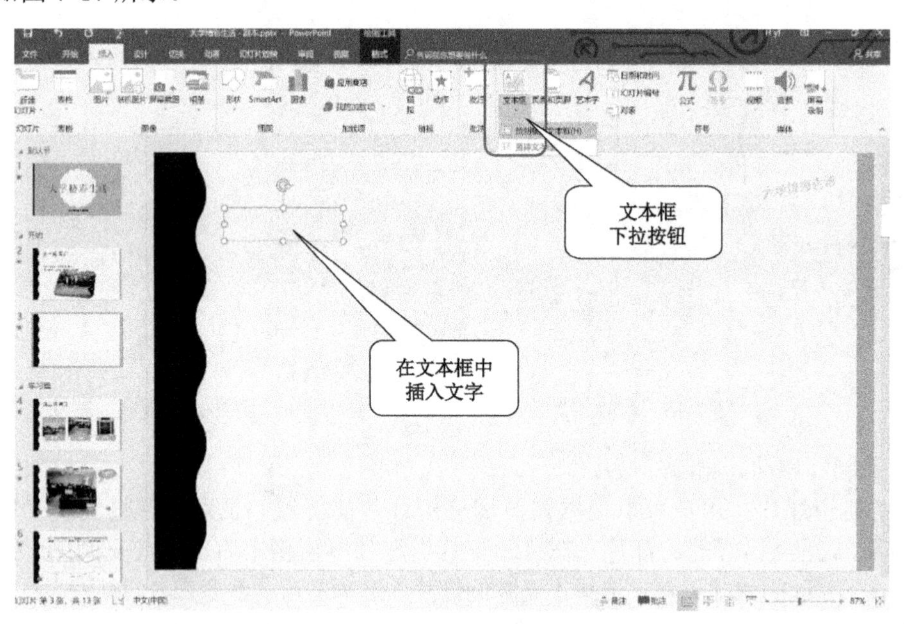

图 7-17 利用文本框输入文字

文本添加之后，选中文本框，出现“绘图工具”选项卡，在它的“格式”下拉列表中有所有对文本框的设置，如插入形状、形状样式、艺术字样式以及文本框的排列和大小等，如图 7-18 所示。

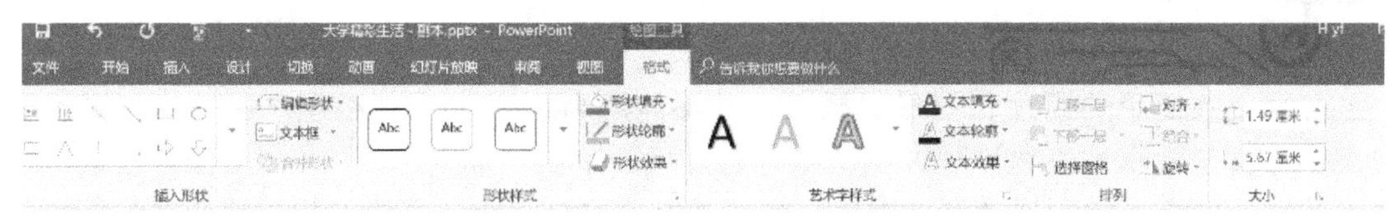

图 7-18　“格式”下拉列表

2．插入图片、屏幕截图及相册等

为了增加演示文稿的感染力，一般会在幻灯片中加入一些图片等其他元素。以下以插入一幅图片为例。单击“插入”→“图片”按钮，从弹出的对话框中选择要插入的图片，再单击“插入”按钮即可，如图 7-19 所示。

图 7-19　向幻灯片中插入图片

插入其他的各种图像元素的操作与此类似。

这里要特别说的是“相册”的插入，它不再是简单地插入几张图片，而是把几张图片以一定的主题和形式进行排版，并保存在新的演示文稿中。首先，单击“相册”→“新建相册”按钮，如图 7-20 所示。

图 7-20　新建相册

其次，在如图 7-21 所示的对话框中从文件中选择相册中需要的图片，再在相册版式中设置图片版式、相框形状和主题等相关信息，设置完成后，单击“创建”按钮即可。

3. 插入 SmartArt 图

有时一些简单的图片和图形的插入，并不能清晰地表达一些流程，这时就需要用到 SmartArt 图来清晰地表达流程、层次结构等过程。单击“插入”→“SmartArt”按钮，从弹出的对话框中选择所属类型的图形，比如说有列表、流程、层次结构、循环、关系等类型的 SmartArt 图，如图 7-22 所示。

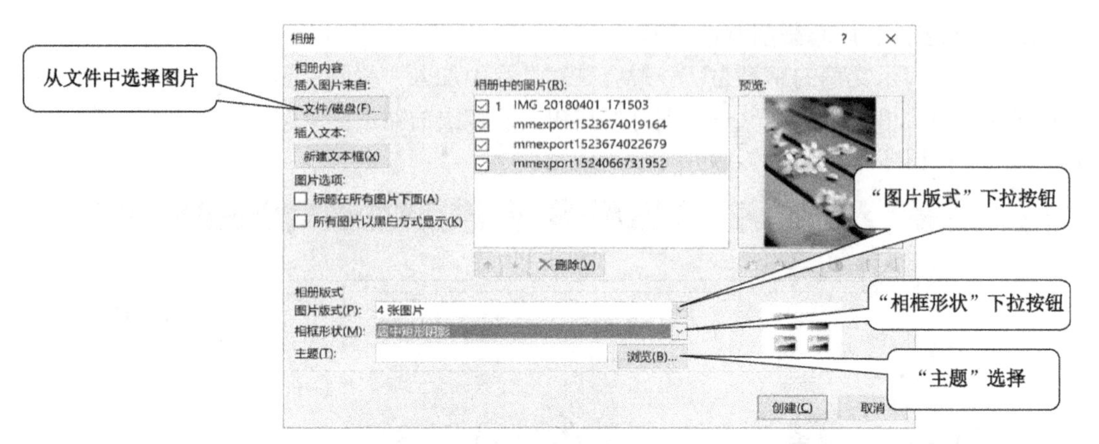

图 7-21　相册设置

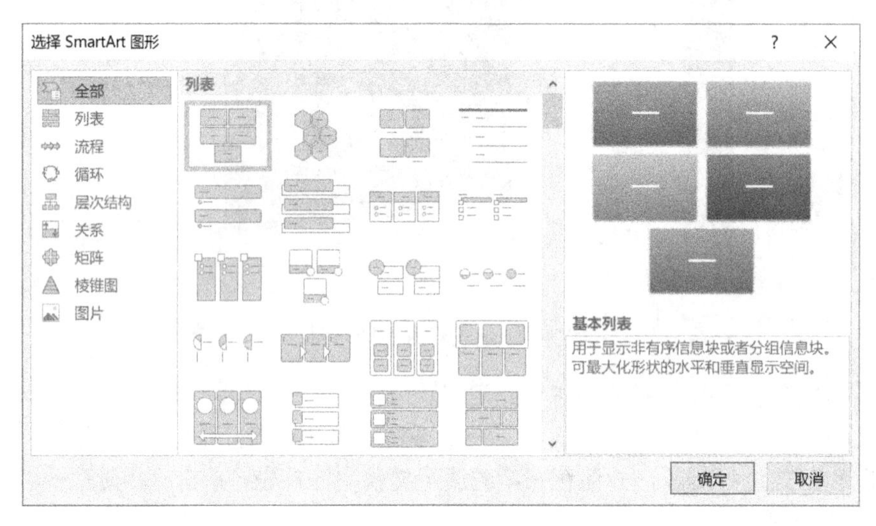

图 7-22　SmartArt 图类型

4. 插入链接及动作

在 PowerPoint 2016 中超链接可以链接到另一张幻灯片或者链接到其他文件，也可以链接到电子邮件地址或网页等。链接的方式有文本链接和图片链接两种。

插入链接的方法是选中要插入链接的文本或图片，单击“插入”→“链接”按钮，弹出“插入超链接”对话框，如图 7-23 所示。插入超链接可以链接到现有文件或网页、本文档中的位置、新建文档和电子邮件地址，在“链接到”列表中选择相应的目标内容即可。这样可以在文档中方便地从一张幻灯片链接到其他的幻灯片或文件甚至是网页中。

另外，还可以向幻灯片中插入“动作”，即大家平时用到的动作按钮，在“操作设置”对话框中，如图 7-24 所示，可以通过“单击鼠标”或“鼠标悬停”选项卡来设置跳转的方式。

5．插入公式和符号

在制作 PowerPoint 2016 演示文稿时，有时可能需要插入一些公式，插入公式有多种方法：单击“插入”→“公式”下拉按钮，在弹出的下拉列表框中会显示一些常用公式，选择需要的公式即可，这一点和 Word 中的设置相同，在这就不再重复介绍了。

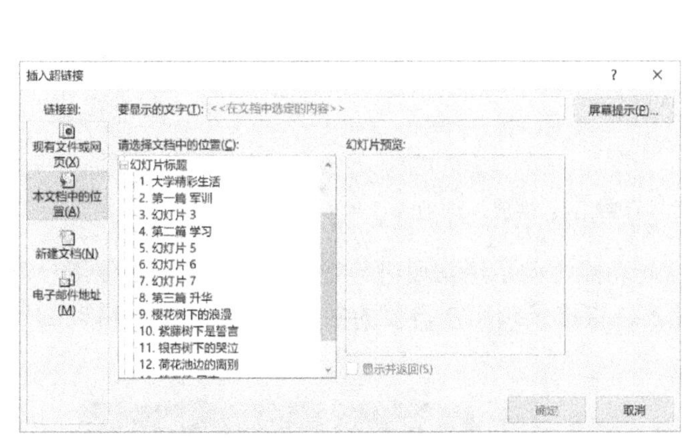

图 7-23　“插入超链接”对话框

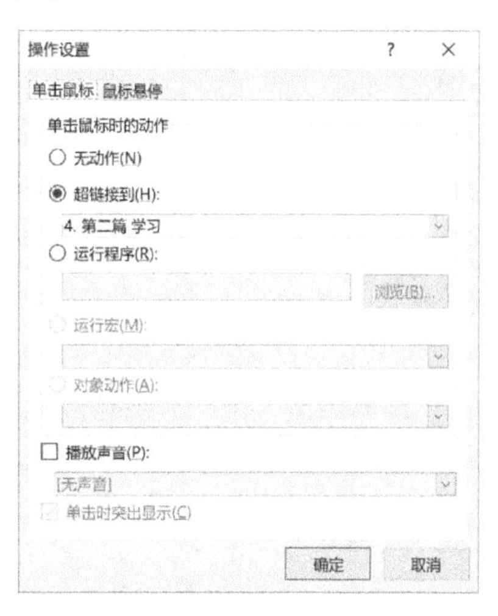

图 7-24　“操作设置”对话框

用户也可以向演示文稿中插入各种符号。首先符号要插入文本框或是占位符中，在一张空白页面中是无法插入符号的。下面以在占位符中插入符号“ √ ”为例：光标放在要插入该符号的位置，单击“插入”→“符号”按钮，弹出“符号”对话框，如图 7-25 所示，选择“子集”为“数学运算符”，选择“ √ ”符号，单击“插入”按钮即可。

6．插入音频、视频或屏幕录制

在 PowerPoint 2016 幻灯片中插入音频和视频为文稿添色不少，而新增加的屏幕录制功能则更是可以锦上添花。

插入音频文件的方法如下：单击“插入”→“音频”按钮，可以选择插入 PC 上已有的音频，也可以临时录制音频，如图 7-26 所示。插入音频后，可以在“音频工具”→“格式”选项卡或“音频工具-播放”选项卡中对声音图标或播放格式进行进一步设置。

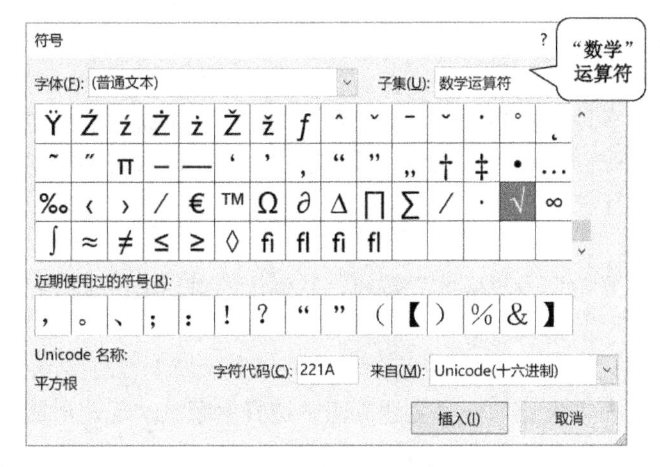

图 7-25　“符号”对话框

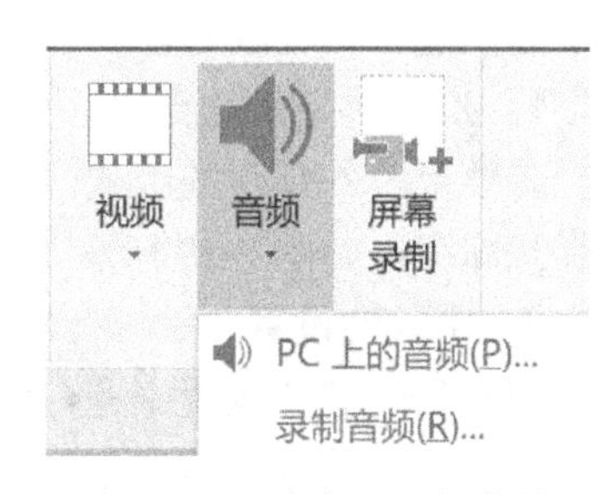

图 7-26　“音频”下拉菜单

在幻灯片上插入音频或视频文件后，将显示一个表示所插入声音文件的图标或视频文件的视频框，再通过“音频工具”或“视频工具”选项卡对插入的对象进行更详细的设置，例如，如何播放、何时播放及音效样式等设置，以完善音频或视频对象的设置，“音频工具-播放”选项卡如图 7-27 所示。

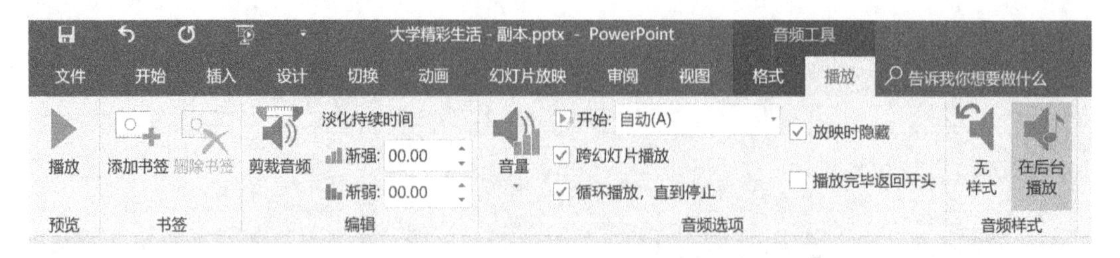

图 7-27 “音频工具-播放”选项卡

“屏幕录制”是一个新增的功能，这一功能方便了经常要进行视频录制的用户，使用户可以在不安装专门的视频录制软件的情况下，直接录制用户需要的操作过程。相当于可以制作一个小的教学视频，如图 7-28 所示。

图 7-28 屏幕录制图

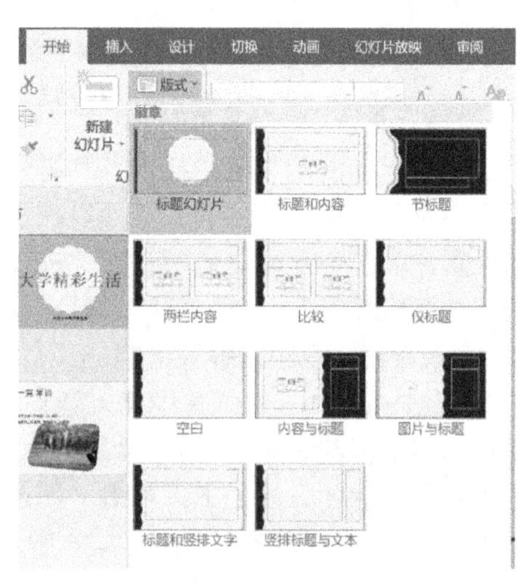

图 7-29 幻灯片版式

7.3.5 演示文稿的版面设置

一个完整的专业的演示文稿，有很多地方需要统一进行设置，如幻灯片中统一的内容、背景、配色和文字格式，等等。若对每张幻灯片一一设置，效率必然很低，此时可利用演示文稿的主题、模板或幻灯片的母版来进行统一设置。

1. 幻灯片版式的更改

若要更改幻灯片的版式，可单击“开始”→“版式”按钮，从弹出的对话框中选择相应的版式即可，如图 7-29 所示。

2. 主题的设置

若要为幻灯片设置主题，则可通过在“设计”→“主题”组中选择主题来实现。最简单的则是从系统自带的 Office 主题中选择一个合适主题，如图 7-30 所示。

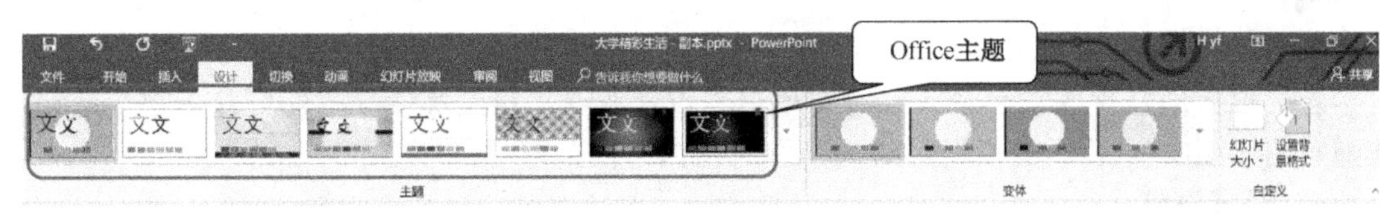

图 7-30　Office 主题

单击“主题”下拉按钮，弹出全部主题列表，如图 7-31 所示，从中可以选择系统自带的主题或导入本地的主题。

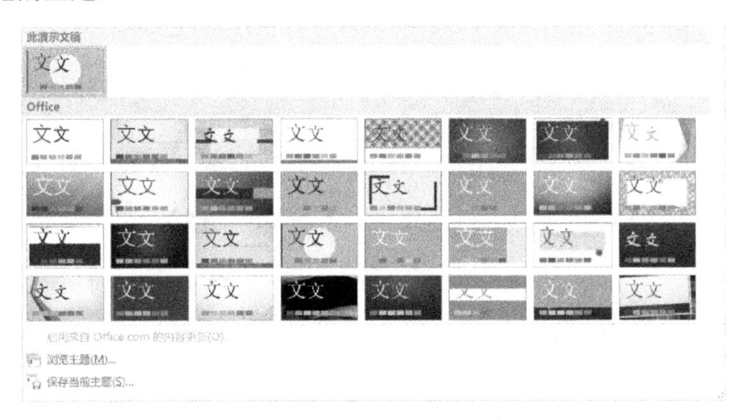

图 7-31　全部主题列表

选择好一个主题后，可以设置所选主题的相应效果，如图 7-32 所示。

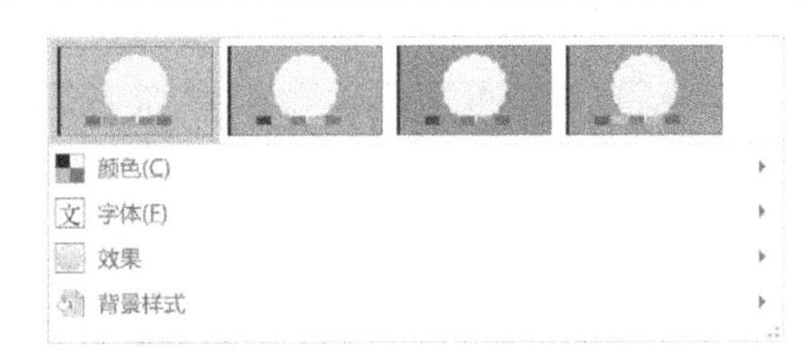

图 7-32　设置所选主题的相应效果

3. 设置背景格式

设置幻灯片的背景。单击“设计”→“设置背景格式”按钮，弹出“设置背景格式”对话框，从中设置背景格式即可，如图 7-33 所示。

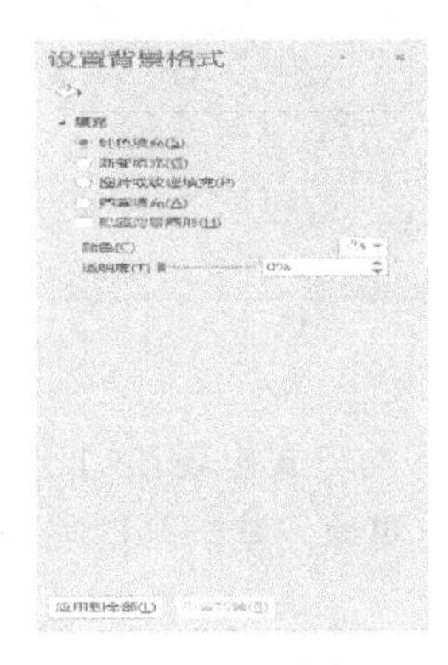

图 7-33　“设置背景格式”对话框

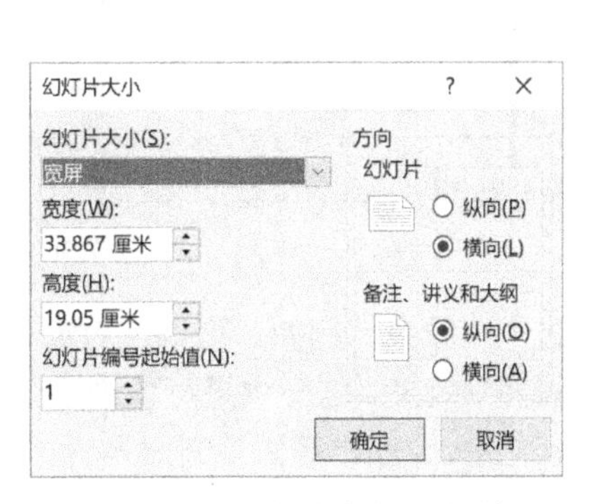

图 7-34　“幻灯片大小”对话框

4．设置幻灯片大小

若要设置幻灯片的大小及方向等，单击“设计”→“自定义”→“幻灯片大小”按钮，在弹出的如图 7-34 所示的“幻灯片大小”对话框中设置即可。

5．设置母版

母版相当于一张已经设计好的特殊格式的占位符的模板，这些占位符有标题、主要文本以及在幻灯片中出现的对象。通常将每一张幻灯片都要用到的内容直接放在母版中，以避免重复输入及风格不统一等问题。如果要为幻灯片设置母版（包括幻灯片母版、讲义母版和备注母版），可通过“视图”→“母版视图”组来实现，如图 7-35 所示。

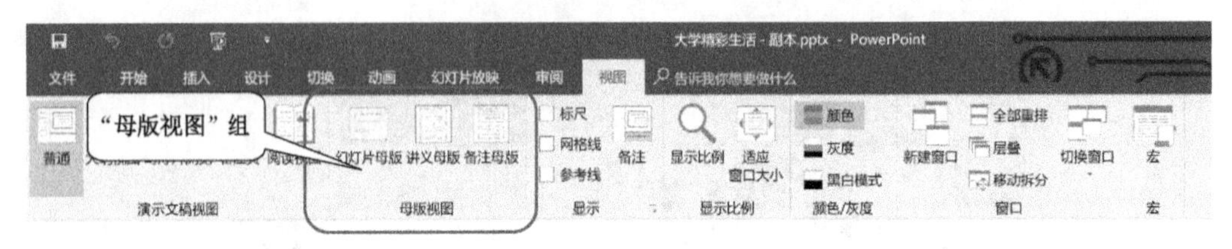

图 7-35　母版视图组

7.3.6　幻灯片的放映设置

1．动画设置

用户可以将 Microsoft PowerPoint 2016 演示文稿中的文本、图片、形状、表格、SmartArt 图形和其他对象制作成动画，赋予它们进入、退出、大小或颜色变化，甚至移动等视觉效果。

PowerPoint 2016 中有以下四种不同类型的动画效果，如图 7-36 所示。

图 7-36　动画设置界面

（1）“进入”效果。例如，可以使对象以从顶端飞入或浮入的方式出现在幻灯片中。

（2）“强调”效果。这一效果可以给已经出现在幻灯片中的对象一些加强的动画效果，如加深、变淡、放大、缩小等。

（3）“退出”效果。这一效果可以让对象以一定的效果从人们的视野中消失，如飞出、浮

出、擦除等。

（4）“动作路径”效果。这一效果可以使对象按照一定的路径运动，使得动画更加生动。

这些动画效果可以单独使用，也可以将多种效果组合在一起使用。例如，可以对某一图片应用飞入的“进入”效果再应用心形的“动作路径”效果，再应用缩放的“退出”效果。

2. 为对象添加动画

为对象添加动画的方法如下：首先选择要设置动画的对象（文本、图片），单击“动画”→“动画”组中要添加的动画即可；其次，如果要为这一对象添加第二种动画时，则要在“高级动画”组中单击“添加动画”下拉按钮，从弹出的下拉列表框中选择相应的动画效果，如图 7-37 所示。

图 7-37 “添加动画”下拉列表

也可单击“高级动画”→“动画窗格”按钮，弹出“动画窗格”对话框，从中对单个或多个对象一起设置其动画效果，并通过移动“动画窗格”中各对象的位置方式设置每个对象的动画的出场顺序，如图 7-38 所示。

当然，也可以在“效果”选项卡里进行更详细的设置，如图 7-39 所示。

2. 幻灯片的切换

切换是向幻灯片添加视觉效果的另一种方式。幻灯片切换效果是在演示期间一张幻灯片进入屏幕中的动画效果。用户可以控制切换效果的速度，添加声音，选择换片方式，甚至还可以对切换效果的属性进行自定义。PowerPoint 2016 版中增加了很多新的切换效果，如帘式、飞机、上来帷幕等。

向幻灯片添加切换效果的方法：选中需要设置切换效果的幻灯片，单击“切换”→“切换到此幻灯片”组中要应用于该幻灯片的幻灯片切换效果，如图 7-40 所示。

图 7-38 “动画窗格”对话框

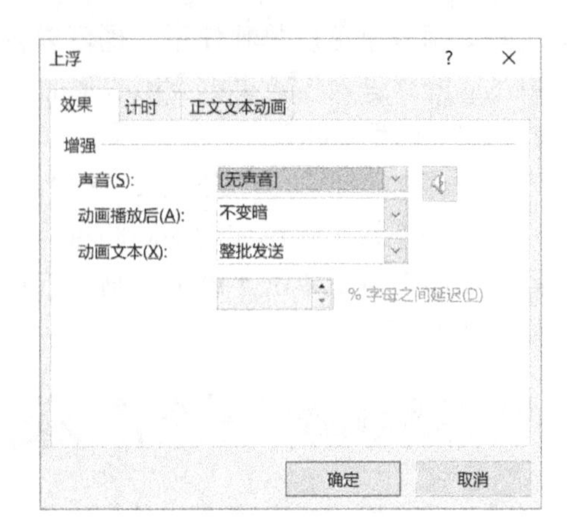

图 7-39 “效果”选项卡

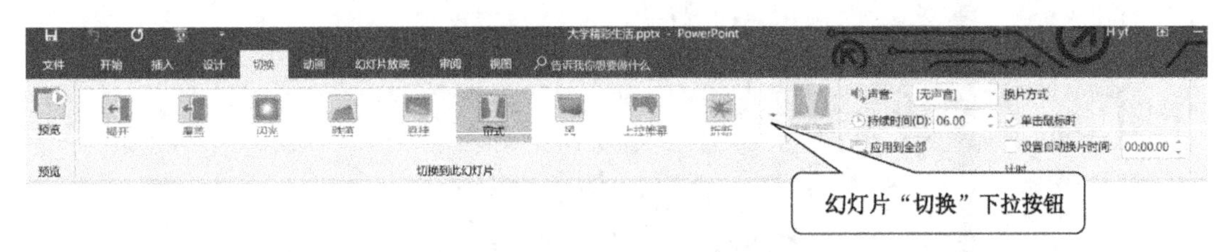

图 7-40 幻灯片“切换”选项卡

单击图 7-40 所示的幻灯片“切换”下拉按钮，弹出幻灯片切换效果的详细下拉列表，如图 7-41 所示，从中选项合适的幻灯片切换效果应用于当前幻灯片或所有幻灯片中。

图 7-41 幻灯片切换效果详细列表

3. 幻灯片的放映设置

演示文稿做好之后就需要放映了。用户可以根据需要，选用不同的方式放映幻灯片，如图 7-42 所示是“幻灯片放映”选项卡。

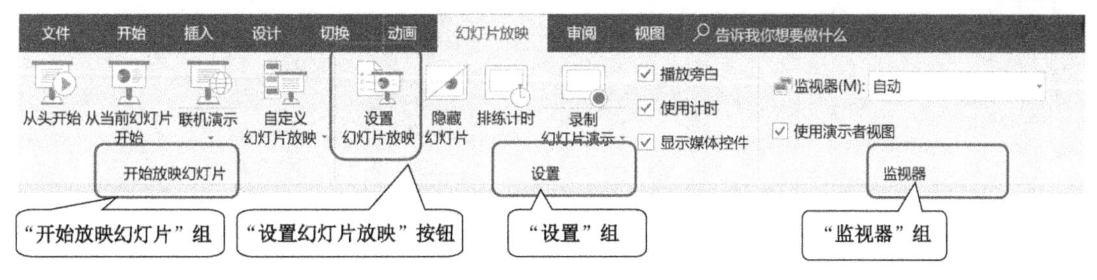

图 7-42　“幻灯片放映”选项卡

在“开始放映幻灯片”组中，有“从头开始”（快捷键“F5”）、“从当前幻灯片开始”（组合键“Shift+F5”）、“联机演示”和“自定义放映幻灯片”等几种不同的放映方式。其中，“自定义幻灯片放映”可以根据需要选择一些幻灯片来作为一个放映方案；也可以设置多个自定义放映方案，如图 7-43 所示。

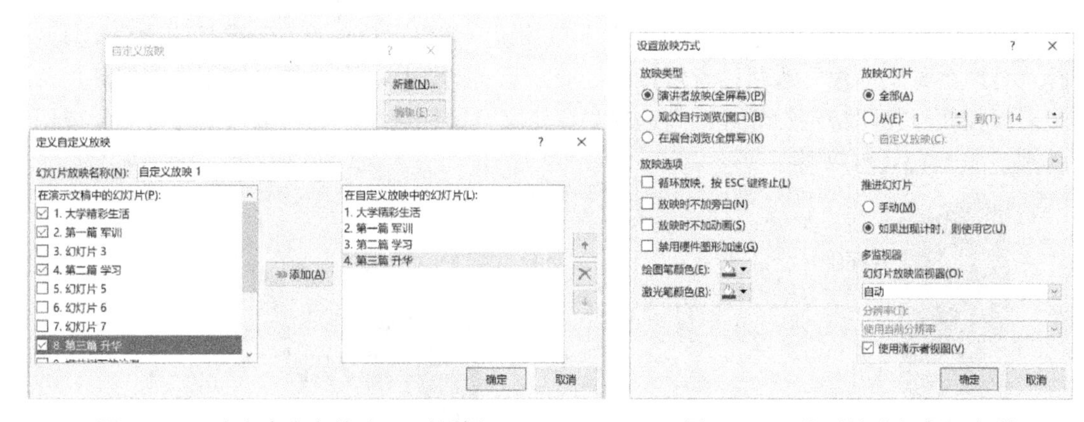

图 7-43　“定义自定义放映　”对话框　　　　图 7-44　“设置放映方式”对话框

另外在“设置”组中，单击如图 7-43 所示的“设置幻灯片放映”按钮，弹出“设置放映方式”对话框，在对话框中可以方便地设置幻灯片的放映方式，如图 7-44 所示。

7.3.7　幻灯片分节

当人们把幻灯片做好后，可以对已经做好的幻灯片按照种类或是性质进行分节，这样可以使演示文稿的结构更加清晰。可以单击“开始”→“幻灯片”→“节”下拉按钮，如图 7-45 所示。

图 7-45　“幻灯片”组中的“节”

“节”的下拉列表中有“新增节”、“重命名节”等选项，如图 7-46 所示。把演示文稿分好节后的效果如图 7-47 所示。

图 7-46 “节”下拉列表

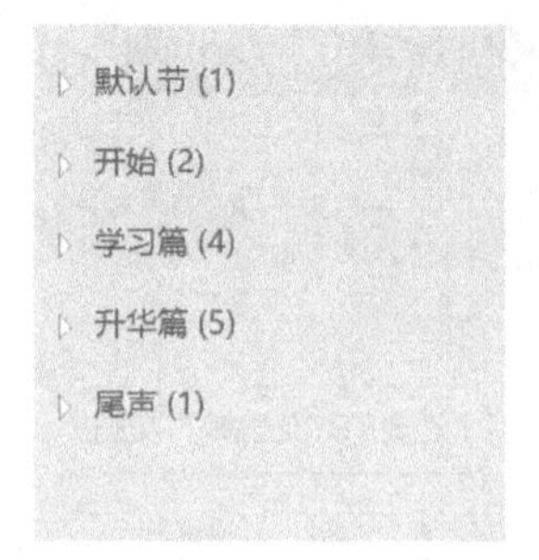

图 7-47 文稿分节后的效果

7.3.8 打印幻灯片

若要打印演示文稿中的幻灯片，则可执行以下操作：

单击“文件”→“打印”按钮，进入“打印”界面，在“打印”选项卡的“设置”组中，如图 7-48 所示，单击“打印全部幻灯片”下拉按钮，弹出下拉菜单，若要打印所有幻灯片，选择“打印全部幻灯片”选项；若仅打印当前显示的幻灯片，则选择“打印当前幻灯片”选项；若要按编号打印特定幻灯片，则选择“自定义范围”选项，然后输入幻灯片编号或幻灯片范围，如 1，3，5-12 等。

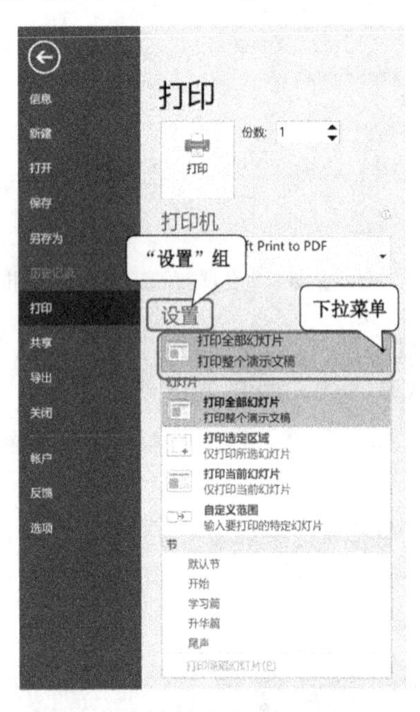

图 7-48 打印幻灯片设置

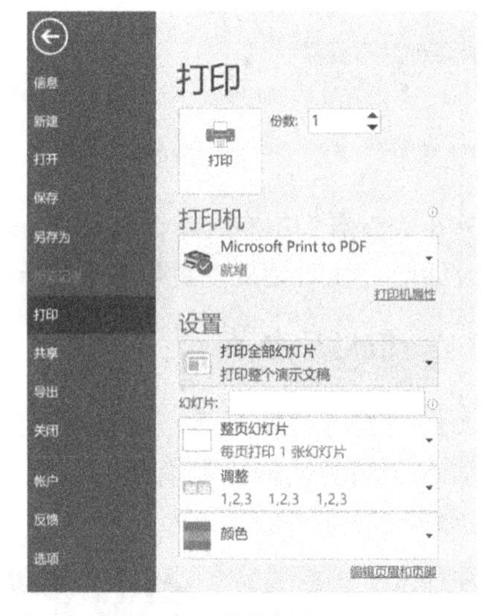

图 7-49 其他打印设置

还可以进行其他幻灯片打印设置，如图 7-49 所示，选择完成后，单击“打印”按钮，完成演示文稿的打印输出。

【项目实施】

7.4　设计和制作大学精彩生活演示文稿

7.4.1　素材的准备阶段

在设计和制作演示文稿之前，首先准备所需要的素材。素材包括演示文稿中的文字内容（若文稿文字内容较多，可先用文字处理软件编辑好）以及需要插入的图片、表格、动画、音频、视频等。

在本演示文稿中，主题内容是大学精彩生活，因此要先构思设计与之相关的内容，如上大学的心境、学习和生活的环境、印象深刻的片段、以后的目标、人生规划等。为了不让文稿太单调，还可以准备一些图片和音乐，甚至还可以准备一些视频剪辑等。

7.4.2　演示文稿制作阶段

素材准备好之后，就进入演示文稿的制作阶段，以下以设计和制作“大学精彩生活”演示文稿为例，详细介绍文稿的制作方法及制作步骤。

1. 新建演示文稿

启动 PowerPoint 2016，自动新建一个文件名默认为“演示文稿 1”的 PowerPoint 文件，单击“文件”→“另存为”按钮，弹出“另存为”对话框，在对话框中设置保存的路径和文件名“大学精彩生活”。也可按“Ctrl+S”组合键进入“另存为”对话框。

2. 制作标题页

首先，本页的版式采用“标题幻灯片”版式，在标题占位符上输入标题“大学精彩生活”，可以根据自己的需要在“开始”→“字体”组里更改字体及字号，本例中默认字体为宋体，字号为 100；在副标题的占位符中输入“人生不可缺少的经历”，同样用的是默认字体和字号。最后，单击“插入”→“媒体”→“音频”下拉按钮，从 PC 上选择合适的音频文件来作为本演示文稿的背景音乐。文稿首页的静态效果如图 7-50 所示。

图 7-50　文稿首页的静态效果

为了使音乐能成为整个幻灯片的背景音乐，还应选中音频图标，在“音频工具-播放”选项卡中单击“跨幻灯片播放”和“放映时隐藏”按钮。

为了使文稿具有统一的风格，更加耐看，应设置合适的主题：单击“设计”→“主题”→“徽章”样式，进行设置。

3．制作文稿的主体部分

以下以制作一张“学习篇”幻灯片为例，介绍幻灯片的制作方法和步骤。

（1）新建幻灯片：单击“开始”→“新建幻灯片”→“仅标题”按钮，建立一张仅有标题占位符的新幻灯片。

（2）标题：直接在标题占位符中输入文字“第二篇 学习”，再选中文字，单击“绘图工具”→“格式”→“艺术字样式”按钮，然后设置为图案填充：褐色，深色上对角线；清晰阴影，如图 7-51 所示。当然，也可以选择其他样式。

图 7-51　艺术字样式

制作好的标题效果如图 7-52 所示。

图 7-52　标题效果

（3）正文制作。

这一篇的正文是用 SmartArt 图来表示的。单击“插入”→“插图”→“SmartArt”→“图片”按钮，选择蛇形图片题注列表，如图 7-53 所示。

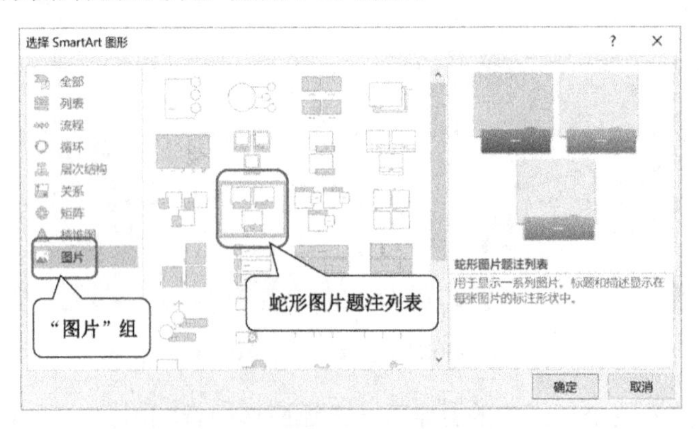

图 7-53　选择蛇形图片题注列表

这里只是插入一个基本的“SmartArt 图”框架，如图 7-54 所示。用户需要在框架中添加内容，如图片、文字等。但简单地添加内容通常无法满足题目的要求，所以后续通常要对 SmartArt 图框架有所改动，这就要在“SmartArt 工具”→“创建图形”组里进行设置，具体操作读者可以自行研究。

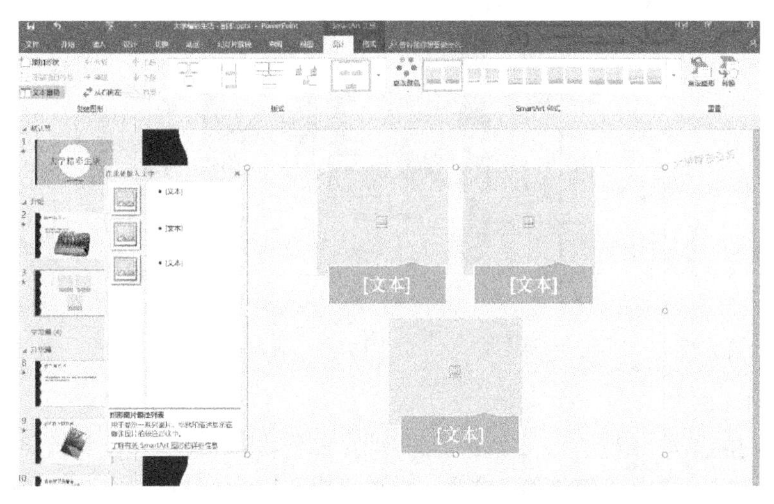

图 7-54　“SmartArt 图”框架

要求这一页整体缩小，把三个列表放一行，再添加相应的文字，插入相关的图片。可直接在右边的图片中添加，也可在左边的“文本窗格”中添加。添加并调整后的静态效果图如图 7-55 所示。

为了增加幻灯片放映时的动态视觉效果，还可以为幻灯片中的对象设置动画效果以及为该页幻灯片设置切换效果。

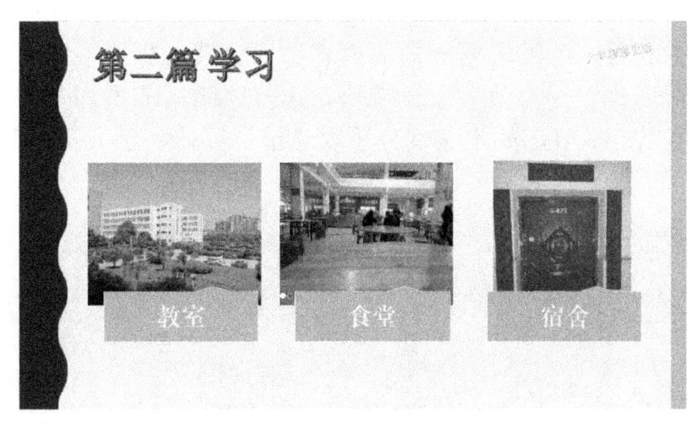

图 7-55　静态效果图

（4）动画设置。

首先选中整个 SmartArt 图，单击“动画”→“轮子”按钮，将整个 SmartArt 图作为一个动画对象。要求每个项目单独的以轮子动画进入幻灯片中。这时，可以选择“动画”→“效果选项”→“序列”→“逐个”选项，如图 7-56 所示。这样就可以将这个 SmartArt 图分成三个对象，逐个显示。若要更改各对象的动画顺序，可单击“动画”→“高级动画”→“动画窗格”按钮，弹出“动画窗格”对话框，在对话框中可以拖动对象或是更改效果和时间，如图 7-57 所示。

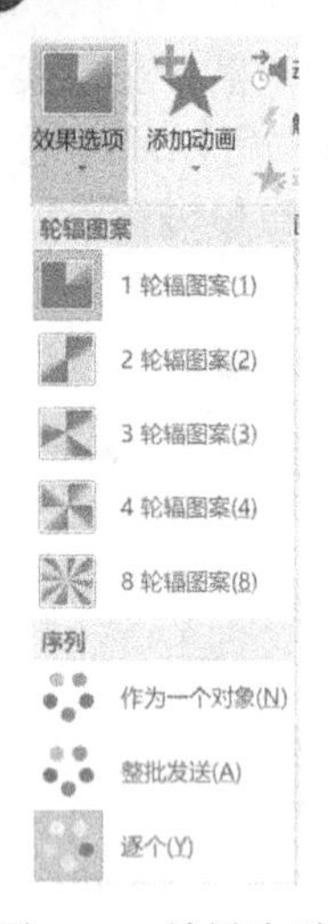

图 7-56　效果选项

图 7-57　各对象的动画设置

（5）插入超链接。

用户可以为 SmartArt 图中的文本框添加超链接，超链接到本文档中相关内容的页面上。具体操作步骤如下：选中要添加超链接的文本框，单击“插入”→“链接”→“本文档中的位置”按钮，选择需要链接到的幻灯片即可。例如，单击“教室”超链接会链接到教室介绍的幻灯片。

（6）幻灯片的切换。

设置“切换”为“悬挂”，“效果选项”为“向右”，“声音”为“风铃”，“持续时间”为“02.00”，“换片方式”为“单击鼠标时”。

至此，一张完整的幻灯片就制作完成。其他幻灯片也可按类似方法制作，限于篇幅，就不再一一详述。

（7）分节。

整个文稿制作完成后，可以根据文稿的内容进行分节。先选中需要分节的幻灯片，再单击“开始”→“幻灯片”→“节”下拉按钮，选择“新增节添加节”选项，再给节重命名。整个演示文稿可以分多节，如本文稿分了默认节、开始、学习篇、升华篇和尾声五节，如图 7-58 所示。

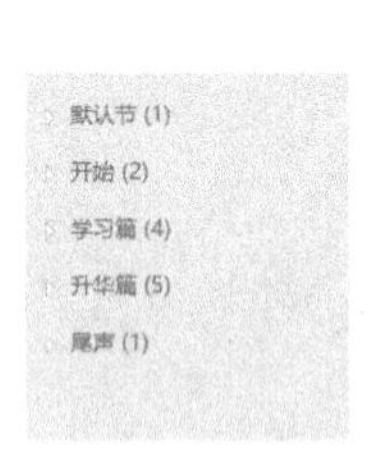

图 7-58　幻灯片的节

图 7-59　水印

（8）设置水印。

单击“视图”→“母版视图”→“幻灯片母版”按钮，插入艺术字“大学精彩生活”作为幻灯片的水印，如图 7-59 所示。

（9）放映时，可以设置多个自定义放映方案，单击“幻灯片放映”→“开始放映幻灯片”→“自定义幻灯片放映”按钮，可新建放映方案，具体可参考前文。

完成后的整个“大学精彩生活”演示文稿的内容如图 7-60 所示。

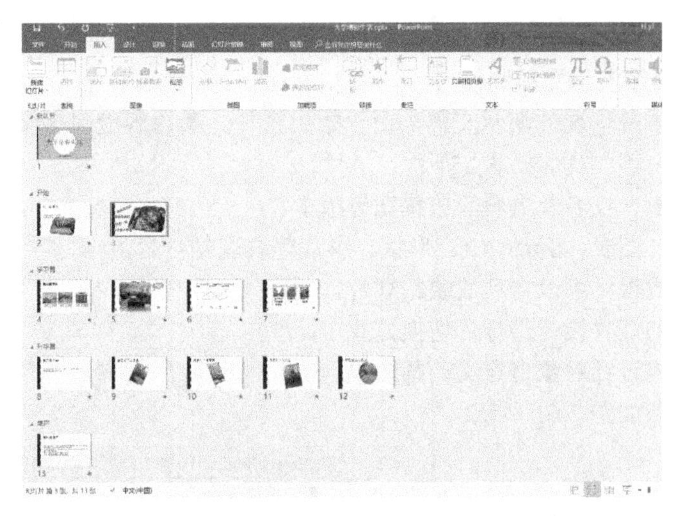

图 7-60　“大学精彩生活”演示文稿幻灯片浏览视图

7.4.3　结束语

在制作“标题”和“学习篇”这两张幻灯片的过程中，为大家详细介绍了制作幻灯片的方法和步骤。该过程基本覆盖了使用 PowerPoint 2016 制作演示文稿过程中的常规操作，包括文字的输入与格式化设置，艺术字、图形、图片、音频及水印等对象的插入、操作及各种格式效果的设置，幻灯片的切换及动画效果的设置，利用设置主题来统一风格等。

【项目考评】

项目考评表如表 7-1 所示。

表 7-1　项目考评表

项目名称：设计和制作大学精彩生活演示文稿						
评价指标	评价要点	评价等级				
		优	良	中	及	差
主题明确	主题表达清晰、准确					
风格统一	版式、模板的选择和使用					
内容设计	各对象的插入与设置（包括文字、文本框、图片、艺术字、自选图形、声音、视频、动画等）					
内容完善	内容描述清晰、完整					
特殊效果的运用	幻灯片中各特殊效果的设置（包括自定义动画效果、幻灯片切换效果、幻灯片背景、幻灯片放映方式等的设置）					
制作的步骤	演示文稿制作步骤清晰、准确					
工具及媒体的使用	制作工具及多媒体技术使用得当					
放映的效果	幻灯片播放效果流畅、生动					
总　　评	总评等级					
	评语：					

【项目拓展】

项目 1：学院介绍演示文稿制作

设计一个介绍学院情况的演示文稿，用于招生宣传。其内容应包括学校概况、学校发展规模、学校组织结构等。具体要求如下：

（1）将学院校徽、校名及页码等放置在母版中。

（2）使用图片、图表、SmartArt、形状、影片等表现幻灯片。

（3）设置播放效果，可以自动放映幻灯片。

（4）为每一张幻灯片设计幻灯片切换方式。

（5）为重要内容设计对象自定义动画效果。

项目 1 思维导图如图 7-61 所示。

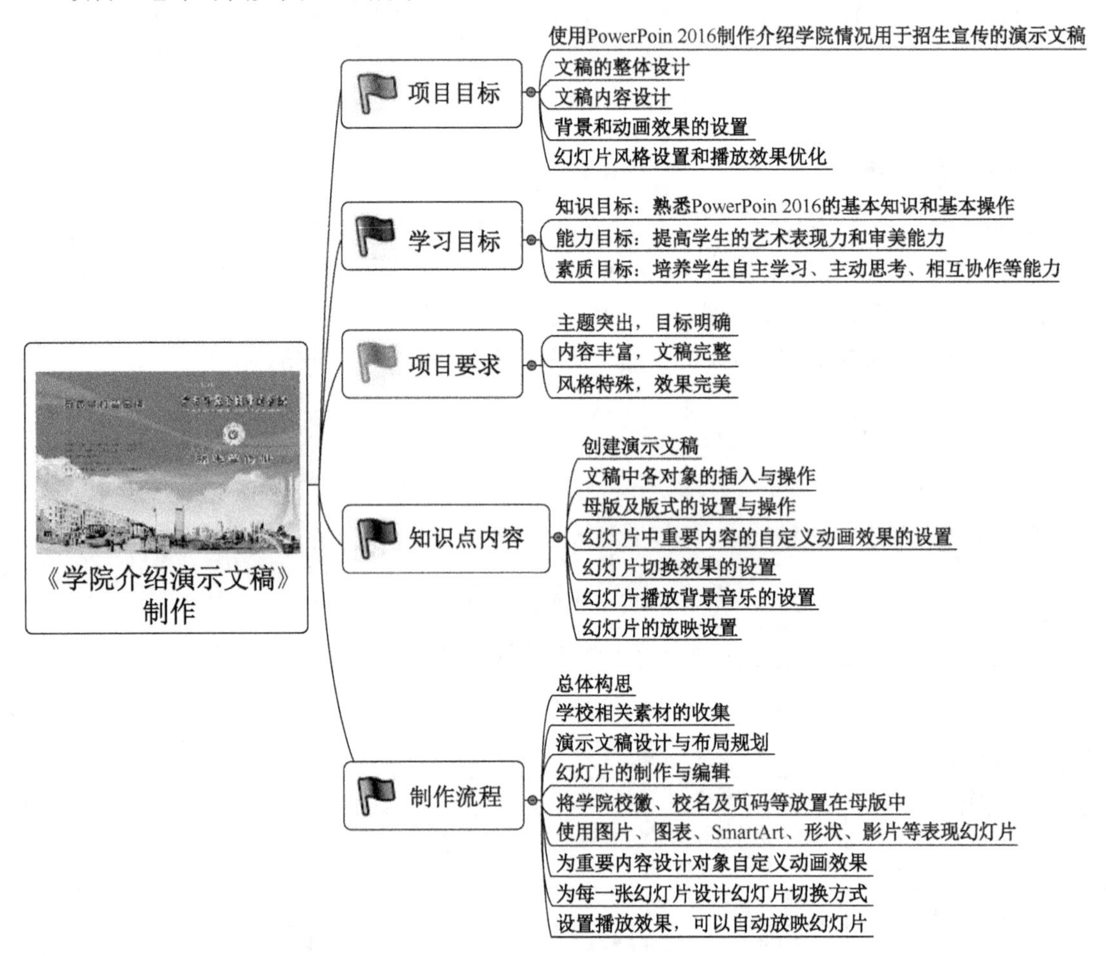

图 7-61　项目 1 思维导图

项目 2：同学聚会演示文稿制作

设计一个毕业后同学聚会的演示文稿，用于展示同学聚会主题，其内容包括大学生活回顾、班级同学近况、同学成果展示、将来聚会规划等。具体要求如下：

（1）收集相关相片，设置为每张幻灯片的背景，在不同的背景上输入文字时，注意颜色

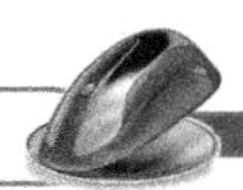

的对比。

（2）设置对象动画效果和幻灯片切换效果。

（3）根据输入文字与插入图片的需要，为每张幻灯片选择合适的模板。

（4）为幻灯片设置从头到尾循环播放的背景音乐。

项目 2 思维导图如图 7-62 所示。

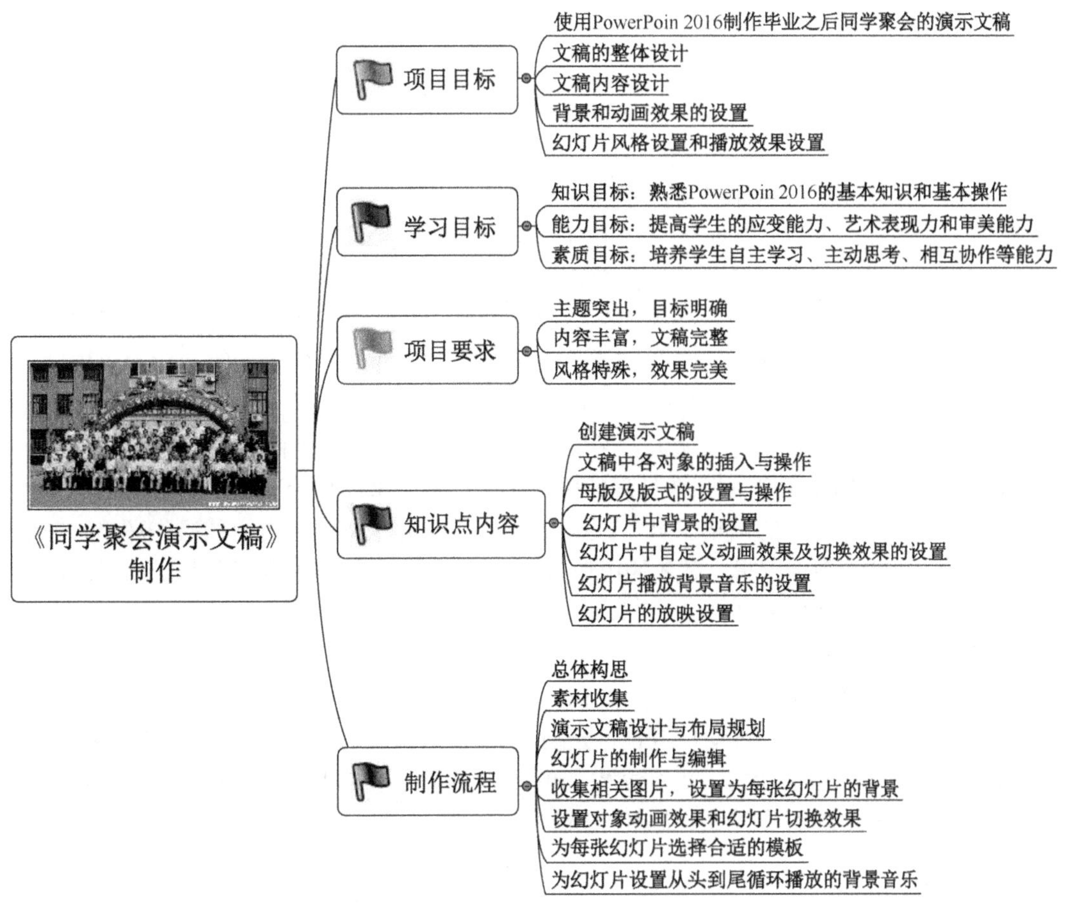

图 7-62　项目 2 思维导图

【思考练习】

1．PowerPoint 2016 提供了哪些视图？各有什么特点？

2．PowerPoint 2016 有几种母版？各有什么用途？

3．在 PowerPoint 2016 中，播放演示文稿有哪些方法？这些方法之间有何不同？

4．如果想撤销原定义的幻灯片内动画效果该如何操作？

5．怎样进行超链接？代表超链接的对象是否只能是文本？

项目八　设计和制作个人美颜照片

【项目分析】

大学，是梦开始的地方，大学生活是漫漫人生路上的一个阶段，也是人生之歌的一篇乐章。这段路既是短暂的，也是漫长的，这个乐章既可能是优美动听的，也可能是遗憾苦涩的。虽然，我们的大学生活才刚刚开始，但我们相信它会是充满快乐的。回到宿舍后，灯光照着一张张陌生的脸孔，我们兴奋地谈论着相同话题，我们试着从彼此的眼光里探寻相同的气息。当我们随着日升而起，日落而息，度过单调却也多彩的一段时光后，我们怎样才能留下我们美好的记忆呢？通过照片，照片是我们生活的记录者，它记录了我们生活的精彩瞬间。某一个节日或者某一个阶段，我们或许会积累大量的照片，挑选一些经典的照片冲印出来做成传统的相册，留住我们珍贵的记忆。如何长久地保存这些照片呢？使用 Adobe Photoshop CC 2018 就可以完成这个愿望，可以随时随地与亲戚朋友分享我们的每一个精彩瞬间。

Photoshop CC 2018 是平面图像处理的强大工具，是从事图像处理人员的必备工具，也是平面图形创作和动画创作的重要工具。Photoshop CC 2018 具有便捷自由的操作环境、轻松实现全面编辑、非破损图像编辑、高效的工作方式、基于 3D 和动画的图像编辑、精确的图像分析等特点。使用 Photoshop CC 2018 可以编辑文字、图像、动画对象，可以制作出画面精美、内容丰富、易存储和传播的电子相册，而且还可以省去一笔冲印照片的费用。

本项目主要是使用 Photoshop CC 2018 制作个人美颜照片同时制作成相册。在制作过程中，通过对照片进行裁剪、移动、组合、分割、制作特效动画等操作，最终制作成电子相册，主要培养学生图像处理的能力，提高学生图像的欣赏能力和判断能力，同时还注重学生创新能力的培养，进一步增强集体荣誉感和自豪感。

【学习目标】

1．知识目标

（1）学习数字图像的基础知识。

（2）了解图像处理软件 Photoshop CC 2018 的主要作用。

（3）掌握 Photoshop CC 2018 的主要功能。

（4）认识 Photoshop CC 2018 的工作界面以及基本的工具。

（5）掌握 Photoshop CC 2018 的文件操作、图层和图层样式的设定。

（6）掌握 Photoshop CC 2018的“动画”功能。

2．能力目标

（1）能够打开并存储文件。

（2）能够使用工具箱进行图像的选取、复制、剪切和移动等操作。

（3）能够使用移动工具将多个文件合并为一个文件。

（4）能够使用自由变换工具调整图像。
（5）能够掌握图像的分割技能。
（6）能够使用图层面板进行图层的复制、移动、排序、链接、合并、拆分\拼合等操作。
（7）具备制作 Photoshop CC 2018 作品的基本技能。
（8）能够对美颜照片的创作过程进行评价。

3．素质目标

（1）培养学生的审美观。
（2）培养当代大学生的实际动手能力。
（3）培养学生的团队精神和创新意识。
（4）通过本项目的学习，激发大学生的学习兴趣，培养积极主动的学习态度。
（5）通过本项目，培养学生的集体荣誉感和凝聚力，探索学生表达情感和沟通的新途径。

【项目导图】

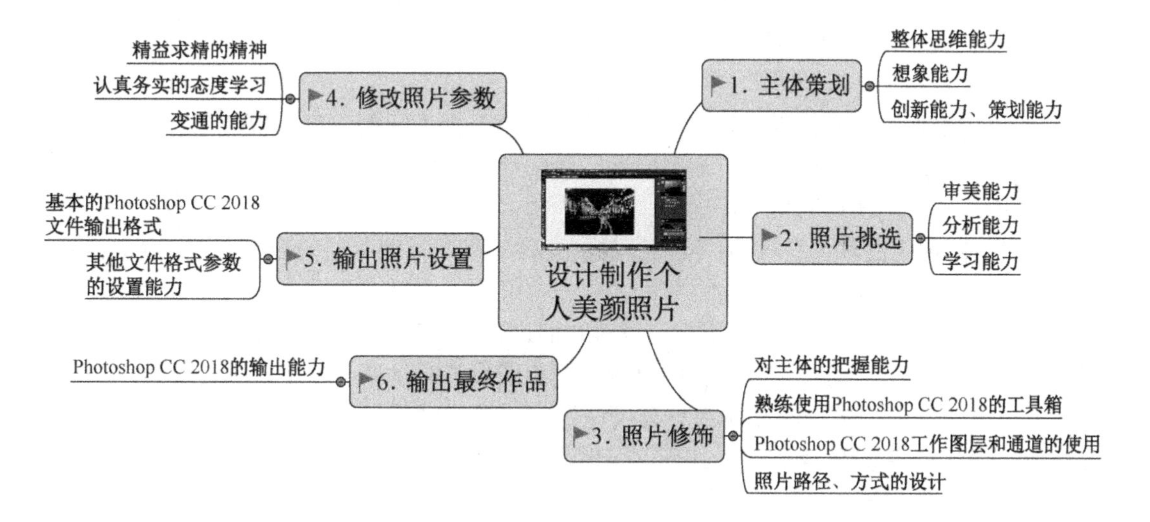

【知识讲解】

8.1　数字图像基础知识

数字图像分为矢量图像和位图图像两种，数字图像处理软件因此可以分为矢量软件和位图软件两种类型，数字图像的风格因此也有矢量风格和位图风格之分。

8.1.1　像素和分辨率

（1）像素。像素是由 Picture（图像）和 Element（元素）这两个单词的字母所组成的，是用来计算数码影像的一种单位，其英文表示为“Pixel”。像素最早用来描述电视图像成像的最小单位，在位图图像中，像素是组成位图图像的最小单位，可以看作带有颜色的小方块。将位图图像放大到一定程度，就可以看见这些“小方点”。像素所占用的存储空间决定了图像色彩的丰富程度，因此，一个图像的像素越多，所包含的颜色信息点就越多，图形的效果就越好，但生成的图像文件也会越大。

（2）分辨率。分辨率是指每英寸所包含的点、像素或者线条的多少。分辨率有以下三种重要形式。

① 图像分辨率：用来描述图像画面质量的参数，表示每英寸图像所包含的像素/点数，单位为ppi（像素/英寸）。

② 显示器分辨率：用来描述显示器显示质量的参数，表示显示器上每英寸显示的点/像素数，单位为dpi（点/英寸）。

③ 专业印刷分辨率：也称“线屏”，表示半色调网格中每英寸的网线数，描述打印或者印刷的质量，单位为lpi（线/英寸）。一般情况下，对图像的扫描分辨率应该是专业印刷分辨率的两倍。

8.1.2 矢量图像和位图图像

（1）矢量图像。矢量图像是由被称为“矢量”的数学对象定义的线条和色块组成的，通过对线条的设置和区域的填充来完成。矢量图像常被用于普通的平面设计以及插画和漫画的绘制。

（2）位图图像。位图图像是通过许多的点（像素）来表示的，每个像素都有自己的位置属性和颜色属性。位图图像常用于数码照片、数字绘画和广告设计中。

矢量图像和位图图像的特点如下。

① 矢量图像的文件体积较小；位图图像的文件体积与需要存储的像素个数有关，像素个数越多，文件体积就越大。

② 矢量图像与分辨率无关，用户可以对它们进行无失真缩放；位图图像与分辨率有关，如果图像的分辨率达不到标准数值，则显示或输出图像的时候就会出现失真现象。

③ 矢量图像中大部分的操作都具有可逆性，可以随时对矢量对象的颜色形状等进行修改；位图图像中大部分的操作都不具有可逆性，图像修改的次数越多，清晰度越差。

④ 矢量图像不易制作色调丰富或者色彩变化较大的图像；位图图像则可以表现出更为丰富的细节和细节的层次。

8.1.3 矢量软件和位图软件

（1）矢量软件：主要用来设计和处理矢量图像的软件。常见的矢量软件有 Illustrator、CorelDRAW、FreeHand、Flash 等。

（2）位图软件：用来设计和处理位图图像的软件等。常用的位图软件 Photoshop、Corel Painter、Photoshop Impact、Photo-PAINT。

8.2 Photoshop 的主要作用

Photoshop 是一款图像处理与合成软件，其作用是将设计师的创意以图形化的方式展示出来。随着计算机技术的普及与人类社会的进步，使用电脑进行各种设计已经成为必然手段，由此，Photoshop 的作用与地位越来越突出。

从技术角度分，Photoshop 的作用主要体现三大方面：

（1）绘画。使用 Photoshop 可以完成一些美术作品的绘画，这里既包括简单图形，如纺织品图案、艺术字、基本几何体等；也包括复杂的手绘作品，如人物、国画、产品造型等。总的来说，凡是没有使用创作素材，直接在 Photoshop 中完成的作品，我们都归结为 Photoshop 的绘画功能，这是 Photoshop 极其重要的作用之一。

（2）合成。所谓合成就是在现有图像素材的基础上进行二次加工或艺术再创作的过程，这是 Photoshop 的主要功能，其中包括了图像的处理，即对图像进行放大、缩小、变换、修补、修饰等操作，然后对这些图像进行创意合成，通过图层、通道、路径、工具的应用使图像很好地融合在一起。

（3）调色。调色是 Photoshop 最具威力的功能之一，可以方便快捷地对图像的颜色进行明暗、色相、饱和度等参数的调整和校正，也可以在不同颜色模式之间进行转换，以满足图像在不同领域中的应用。

从应用的角度来，Photoshop 的作用主要体现在以下几个方面：

（1）包装设计。Photoshop 在包装和装帧设计领域有着广泛的应用，也是主要的创作工具之一。

（2）广告设计。主要是平面广告设计，诸如日常生活中所见到的报纸广告、杂志广告、商场广告、促销广告、电影海报等，都可以通过 Photoshop 进行创作和表现。

（3）网页美工设计。随着计算机技术和网络技术的飞速发展，网络世界的内容越来越丰富，各类网站主页面的界面越来越丰富多彩、赏心悦目，这一切都要归功于 Photoshop 在网页制作领域的功劳。Photoshop 是网页制作领域中一个非常重要的工具，主要用来完成网页页面的规划、图片的制作，甚至一些 GIF 动画的制作，同时也是制作网页效果图的主要工具。

（4）数码照片后期处理。数码摄影时代的到来为 Photoshop 提供了广阔的创意空间，在婚纱影楼、照相馆、摄影工作室、冲印店等，Photoshop 已经成为了主要的工具，它可以方便地完成抠图、调色、创意和版式设计等工作。

（5）效果图后期制作。在效果图制作行业中，前期与中期的制作分别在 3ds Max 和 VRay 环境下完成，而渲染输出后的图片则需要在 Photoshop 中进行润饰或表现环境。

（6）界面设计。当开发多媒体课件、应用程序、工具软件时，往往需要一个非常漂亮的界面，使用 Photoshop 进行界面设计是非常方便的，这里除了可以设计界面，还可以设计功能按钮，甚至标题文字等。

以上介绍了 Photoshop 的主要应用领域，事实上，Photoshop 的应用几乎渗透到了生活的各个领域，如 VI 设计、手绘作品、制作艺术字、网站图片处理等。

8.3 Photoshop CC 2018 简介

使用 Photoshop CC 2018 制作美颜照片或进行设计创作之前，用户必须掌握 Photoshop CC 2018 的基本技术，只有对 Photoshop CC 2018 运用自如，才能使其在不同的工作领域中发挥出应有的作用。下面简单介绍一下 Photoshop CC 2018 的基础知识，更多详细内容，建议读者阅读 Photoshop CC 2018 教程。

Photoshop CC 2018 软件拥有无与伦比的编辑与合成功能，更为直观的用户体验，还有用于编辑基于 3D 模型和动画的内容以及执行高级图像分析的工具，能够大幅提高用户的工作效率。

8.3.1 Photoshop CC 2018 的配置要求及简介

1. Photoshop CC 2018 的配置要求

（1）Windows 7 或以上操作系统。电脑硬件的配置，如果是组装机器，那么需要独立的显卡。

（2）1.8GHz 或更高处理器。

（3）8GB 内存。

（4）40GB 硬盘（推荐 80GB 及以上）。

（5）DVD-ROM 驱动器。

（6）64 位显卡，屏幕分辨率 1024 像素×768 像素。

（7）某些 GPU 加速功能需要 Shader Model 3.0 和 OpenGL 2.0 图形支持。

（8）电源 400W 以上。

2. Photoshop CC 2018 的基本功能

（1）支持多种文件格式：Photoshop CC 2018 可识别 PSD、BMP、GIF、JPEG、PNG、EPS、PDF、TIFF 和 AI 等图像文件以及 3D 和视频转换 HSB、RGB、CMYK、Lab、灰度、索引颜色、位图和双色调等多种颜色模式。

（2）支持图像大小和分辨率的修改：用户可以按照需要修改图像画面的尺寸（即图像大小）、画布的大小以及图像的分辨率，如图 8-1 和图 8-2 所示。

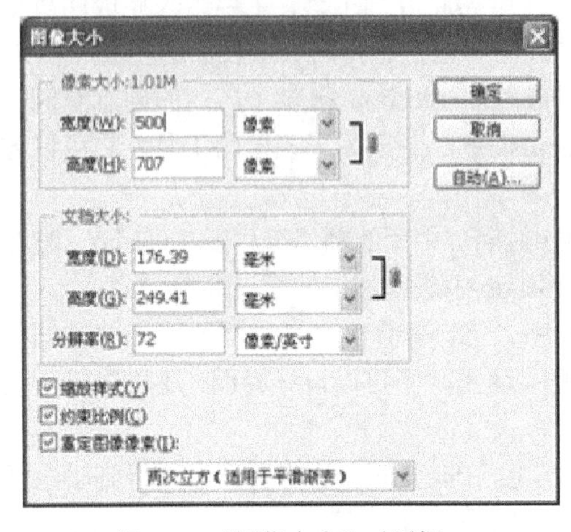

图 8-1 “图像大小”对话框

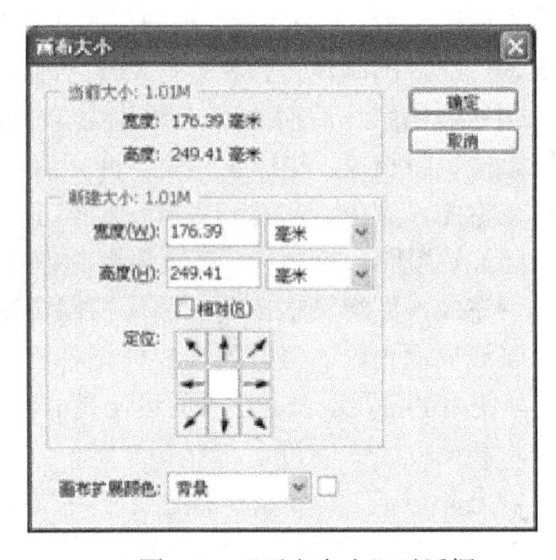

图 8-2 “画布大小”对话框

（3）强大的“Adobe Bridge”程序：使用 Adobe Bridge 可以查看和管理所有的图像文件（在预览 PDF 文件时，甚至可以浏览多页），还可以为图片评出从一颗星到五颗星等级，并使用色彩表示标记，然后根据评分和标记过滤显示图像内容。

（4）提供更为专业的配色方案：新增了“Kuler”面板，为设计师们提供了多种更为专业的配色方案。“Kuler”面板的使用流程如图 8-3～图 8-5 所示。

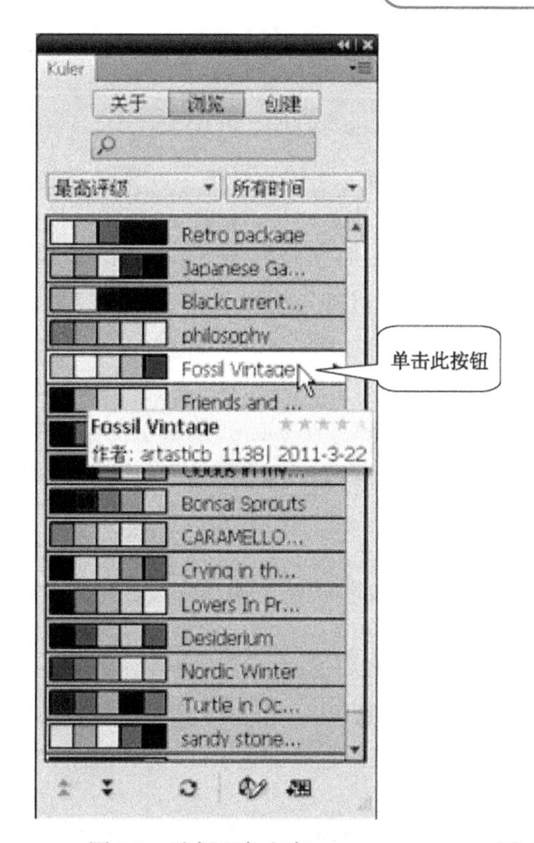

图 8-3　选择配色方案

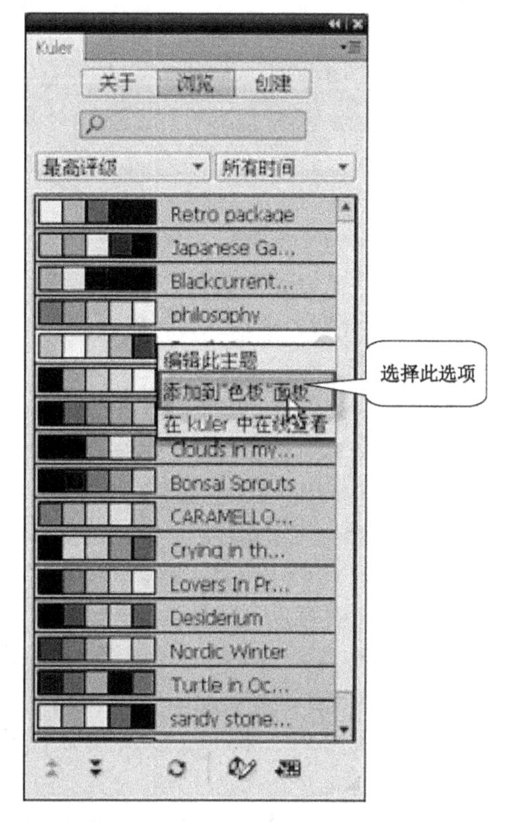

图 8-4　将配色方案添加到“色板”面板中

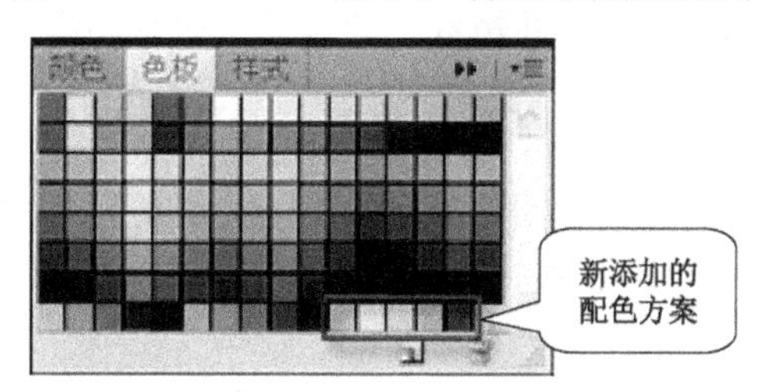

图 8-5　“色板”面板中新添加的配色方案

（5）强大的绘图工具：提供包括“画笔工具”、“铅笔工具”、“渐变工具”、“填充工具”、“加深工具”和“减淡工具”等 22 种绘图工具，Photoshop CC 2018 着重提高了“加深工具”、“减淡工具”和“海绵工具”的性能，使位图图像具有更强大的表现力和竞争力。

（6）强大的矢量工具：具有超强的文字、路径、形状的输入和创建工具，使位图图像也可以拥有矢量风格的元素。

（7）强大的选区功能：通过各种方式创建和存储选区，并对选区或者选区内的图像进行各种编辑处理，使图像效果更加多姿多彩。

（8）强大的 3D 功能：工具箱中新增了两组专门的三维工具，主菜单中新增了 3D 菜单。可以将二维图片转换为三维对象，对其位置、大小和角度进行调整；也可以生成基本的三维形状，包括立方体、易拉罐、酒瓶和帽子等常用的基本形状。用户不但可以使用材质进行贴图，还可以直接使用画笔和图章在三维对象上绘画，以及与时间轴配合完成三维动画。

（9）色调和色彩调整功能：具有惊人的图像色彩把握功能，用户可以随意调整图像的曲线、色阶和色相/饱和度，还可以反转、替换颜色等。新的“调整”面板使图像的各种色调和色彩调整更加方便便捷。

（10）Camera Raw 捆绑软件：面向专业摄影师的图像调整工具 Camera Raw 已经成为了 Photoshop 紧密的捆绑软件，最新版本为 Camera Raw 6，该版本可以支持近 200 种型号的专业相机。

（11）丰富的滤镜效果：软件提供了上百种特效滤镜，用于制作更加丰富和奇妙的图像效果。此外，用户还可以下载更多的 Photoshop 外挂滤镜；用以进行创作。

（12）开放式输入输出环境：可以接受扫描仪、数码照相机等多种图形输入设备，并能及时打印输出和生成网络图像。

（13）与其他 Adobe 软件集成：借助 Photoshop CC 2018，能够很好地通过与其他 Adobe 应用程序之间的集成来提高工作效率，这些应用程序包括 Adobe After Effects、Adobe Premiere Pro 和 Adobe Flash Professional 软件。

3．Photoshop CC 2018 中常见的文件格式

Photoshop CC 2018 可以识别 40 多种不同格式的设计文件。在平面广告设计中，常用的图像文件格式主要有以下几种。

（1）PSD 格式：PSD 格式是使用 Adobe Photoshop 软件生成的默认图像文件格式，也是唯一支持 Photoshop 所有功能的格式，可以存储除了图像信息以外的图层、通道、路径和颜色模式等信息。使用 Photoshop CC 2018 软件设计的广告作品一定要保留 PSD 格式的原始文件的备份文件。

（2）EPS 格式：EPS 格式是为在 PostScript 打印机上输出图像而开发的，可以同时包含矢量图形和位图图形。该格式的兼容性非常好，而且几乎所有的图形、图表和排版程序都支持该格式。

（3）TIFF 格式：TIFF 格式是一种灵活的位图图像格式，最大文件大小可达到 4GB，采用无损压缩模式。几乎所有的绘画、图像编辑和页面排版程序都支持该格式文件，而且几乎所有的桌面扫描仪都可以产生 TIFF 格式的图像文件，常用于在应用程序和计算机平台之间交换文件。

（4）PDF 格式：PDF 格式是 Adobe Acrobat 程序生成的电子图书格式，能够精确地显示并保留字体、页面版式、矢量和位图图像，甚至可以包含电子文档的搜索和导航功能，是一种灵活的跨平台、跨应用程序的文件格式。

（5）JPG 格式：JPG 格式是在万维网及其他联机服务商常用的一种压缩文件格式。该格式可以保留 RGB 图像中所有的颜色信息，它能够过有选择地扔掉数据来压缩文件大小。

（6）GIF 格式：GIF 格式也是在万维网及其他联机服务上常用的一种 LZW 压缩文件格式，可以制作简单的动画。

（7）PNG 格式：PNG 格式也是万维网及其他联机服务上常用的文件格式。该格式可以保留 24 位真彩色，并且具有支持透明背景和消除锯齿边缘的功能。常用的 PNG 和有 PNG-8 和 PNG-24 两种，PNG-24 是唯一支持透明颜色的图像格式，而且其显示效果和质量都可以和 JPG 格式相媲美。

（8）BMP 格式：BMP 格式是 DOS 和 Windows 兼容计算机上的标准 Windows 图像格式，使用 RLE 压缩方案进行压缩。

（9）RAW 格式：RAW 格式常用于应用程序和计算机平台之间的数据传递。有一些数码

照相机中的图像是以 RAW 格式形式存储的，后期利用数码照相机附带的 RAW 数据处理软件将其转换成 TIFF 的普通图像数据格式。进行转换时，大多由用户任意设置白平衡等参数，用以创作出自己喜爱的图像数据，且不会有画质差的情况发生。

（10）AI 格式：AI 格式是由 Adobe Illustrator 矢量绘图软件制作生成的矢量文件格式。

4．Photoshop CC 2018 中的常用术语

Photoshop 中有很多术语是图形图像处理者必须了解和掌握的，它们涉及色彩、选区和矢量工具等方面的内容。

1）色域、色阶和色调

（1）色域：指颜色系统可以表示的颜色范围。不同的装置、不同的颜色模式都具有不同的色域。在 Photoshop 中，Lab 颜色模式的色域最宽，RGB 颜色模式的色域次之，CMYK 颜色的色域更小一些，只能包含印刷油墨能够打印的颜色。同一种颜色模式的色域也不尽相同，例如，RGB 颜色模式就有 Adobe RGB、sRGB 和 Apple RGB 等色域。

（2）色阶：指各种颜色模式下相同或不同颜色的明暗度，对图像色阶的调整也是对图像的明暗度进行调整。色阶的范围是 0～255，共 256 种色阶。

（3）色调：指颜色外观的基本倾向。在颜色的色相、饱和度和明度 3 个基本要素中，某一种或几种要素其主导作用时，就可以定义为一种色调。例如，红色调、蓝色调、冷色调、暖色调等。

2）色相、饱和度和明度

（1）色相：指色彩的颜色表象，如红、橙、黄、绿、青、蓝、紫等颜色的种类变化就叫色相。

（2）饱和度：也称为纯度，指色彩的鲜艳程度。饱和度越高，颜色就越鲜艳、刺眼。

（3）明度：指色彩的明亮程度。

色相、饱和度和明度是颜色的 3 大基本要素。调整图像的色相、饱和度、明度，可以得到不同的效果。

3）亮度和对比度

（1）亮度：指颜色明暗的程度。

（2）对比度：指颜色的相对明暗程度。

4）选区、通道和蒙版

（1）选区：指图像中受到限制的作用范围，可以使用多种方法来创建选区，如使用选择工具创建选区，或者从通道或路径转换，或者从图层载入，还可以使用快速蒙版等创建选区。

（2）通道：指存储不同类型信息的灰度图像，分为复合通道、单色通道、专色通道、Alpha 通道和图层蒙版 5 种存储方式。

（3）蒙版：指作用于图像上的特殊的灰度图像，用户可以利用它显示和隐藏图层的内容，创建选区等。

5）文字、路径和形状

文字、路径和形状是 Photoshop 中的 3 种矢量元素。

（1）文字：由“文字”工具组中的工具创建而成，以文本层的形式存在于图像中。一旦文本层被栅格化之后就不再具有矢量性质了。

（2）路径：由“路径”工具组或“形状”工具组中的工具（必须单击中工具栏中的“路径”按钮）绘制而成。绘制完成的路径保存在“路径”面板中。路径无法显示在图像的最终

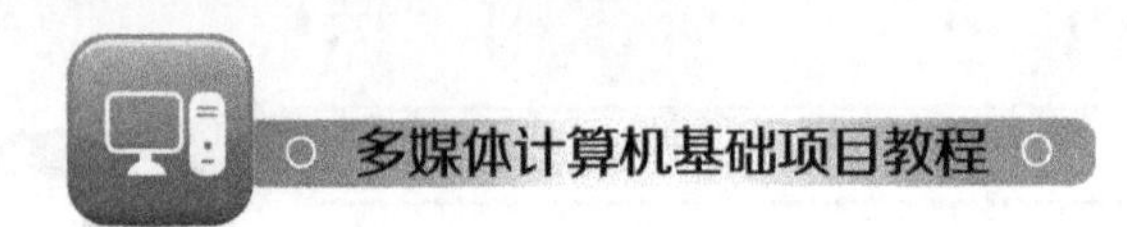

效果里，用户需要将路径转换为选区或者矢量蒙版，再做进一步的处理。

（3）形状：由“路径”工具组或者“形状”工具组中的工具（必须单击工具栏中的“形状图层”按钮）创建而成，以形状层的形式存在于图像中，一旦形状层被栅格化之后也不再具有矢量性质了。

5．Photoshop CC 2018 新增功能

（1）在新版中，用户把鼠标悬停在左侧工具栏的工具上时，会出现动态演示，来告诉软件使用者这个工具的用法，非常直观。对于新手来说，这无疑是一个天大的好处，但对于专业用户可以按“Ctrl+K”组合键，在弹出的对话框中取消勾选“显示工具提示”复选框即可。

（2）共享文件在之前版本中，Photoshop 已经支持通过软件把图片分享到 Behance 网站，而在 Photoshop CC 2018 版本中，对此项功能做了更强大的优化，添加了“共享”功能（或者单击右上角的分享图标），集合了众多社交 App，而且可以继续从商店下载更多可用应用。

（3）“画笔工具”升级，可以对画笔进行整理分组，无须单独去找。

（4）升级了“自定义”画笔，可以编辑画笔的模式、不透明度、流量等、保存后，可以直接单击使用。

（5）“画笔工具”多了一项“平滑”功能，以及各种模式。平滑值越高，线条画起来越流畅。

（6）绘画对称，有垂直对称、水平对称等。

（7）可变字体可以自由调整字体宽度、倾斜等，这些功能在之前版本的 Photoshop 中是没有的。

8.3.2　Photoshop CC 2018 的工作界面

Photoshop CC 2018 工作主界面如图 8-6 所示。

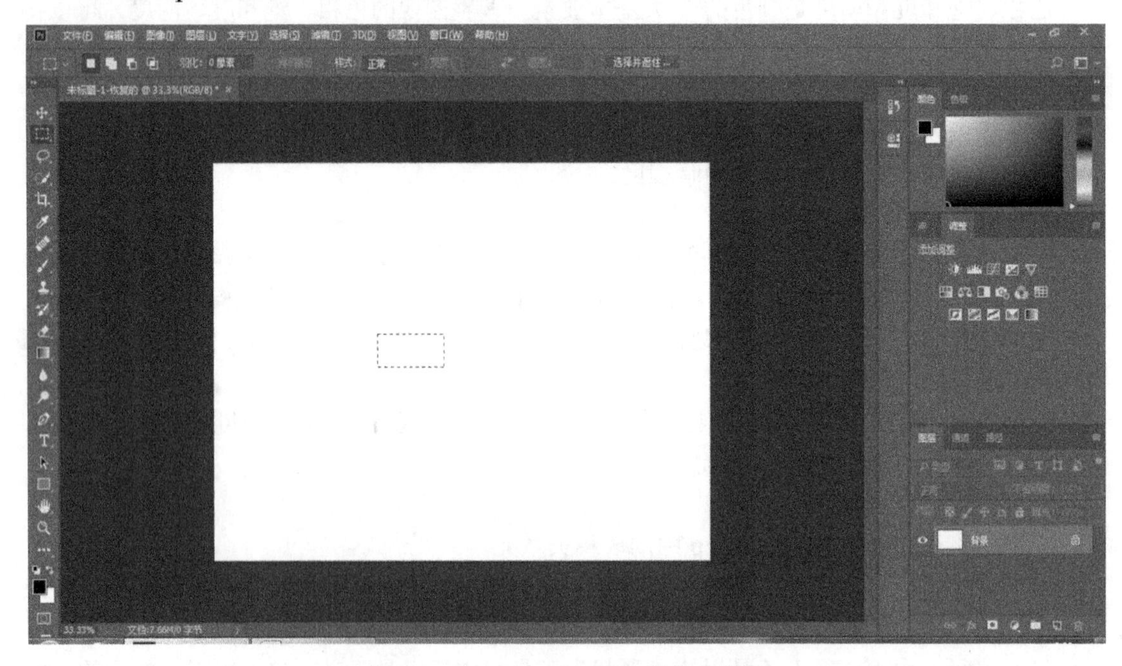

图 8-6　Photoshop CC 2018 工作主界面

1．菜单栏

Photoshop CC 2018 程序中的菜单主要有主菜单、面板菜单和右键快捷菜单 3 种形式。

（1）主菜单：Photoshop CC 2018 的菜单栏中包含 11 个菜单，它们分别是“文件”、“编辑”、“图像”、“图层”、“文字”、“选择”、“滤镜”、“3D”“视图”、“窗口”和“帮助”菜单，如图 8-7 所示。使用这些菜单中的菜单项可以执行大部分的 Photoshop CC 2018 编辑操作。

（2）面板菜单：单击各个控制面板右上方的按钮即可打开相应的面板菜单，完成各种面板设置和操作。例如，在“颜色”面板菜单中选择“灰度滑块”选项，即可打开“灰度滑块”设置面板，进行图像灰度参数设置。

（3）右键快捷菜单：选择不同的工具，然后在图像窗口中的图层、控制面板中的项目和快捷工具栏上右击，可以弹出相应的快捷菜单，使用这些快捷菜单项可以方便用户进行各种图像编辑操作。如图 8-8 所示为在图层上的右键快捷菜单。

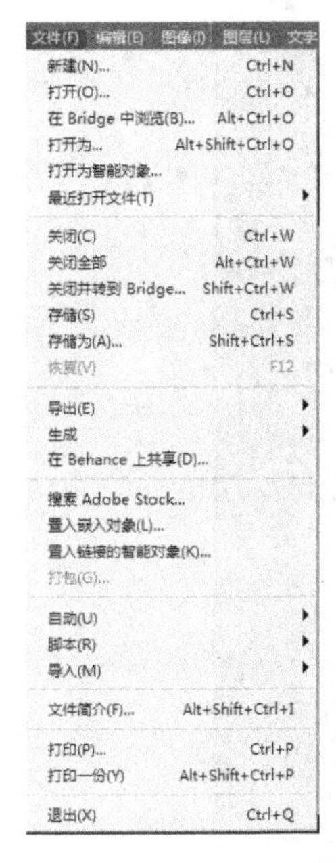

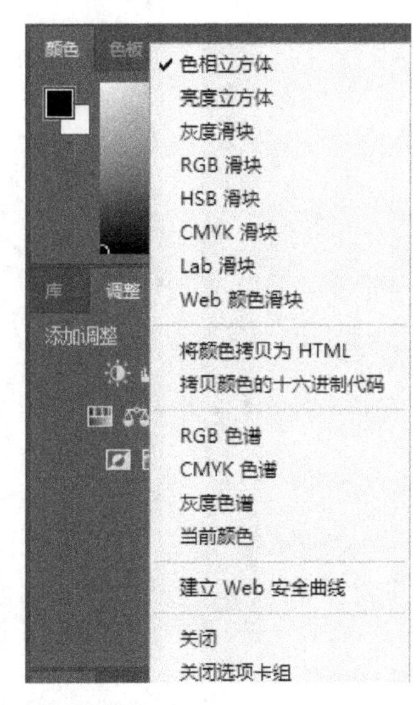

图 8-7　菜单界面

图 8-8　在图层上的右键快捷菜单

2．工具栏及其属性栏

（1）工具栏：Photoshop CC 2018 软件将所有的操作工具以按钮的形式集中在工具箱中，并将它们分栏排列，用户可以选择单列或者双列显示这些工具，如图 8-9 所示。如果工具按钮右下角有“小三角”标志，则表示此处有一组工具，按住左键不放或者在工具按钮上右击即可展开该组工具。

（2）工具属性栏：当用户选中工具箱中的一种工具时，在菜单栏下方的工具属性栏（简称工具栏）中就会显示相应的工具参数设置选项，图 8-9 所示为选中“矩形选框工具”时，工具栏所显示的状态。

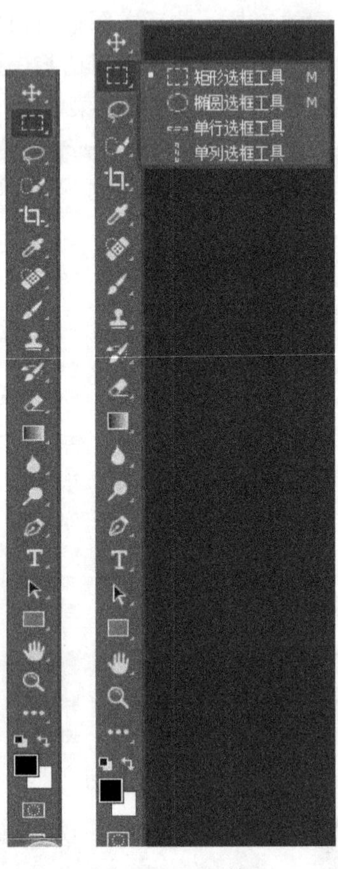

图 8-9　工具箱

3．控制面板

控制面板是 Photoshop CC 2018 中特殊的功能模块，用户可以随意打开、关闭、移动、排列和组合 Photoshop CC 2018 中的 23 个控制面板，以配合图像窗口中的绘图和编辑操作。

（1）“图层”面板：用来显示图像文件中的图层信息和控制图层的操作。

（2）“通道”面板：用来记录图像中的颜色数据，对不同的颜色数据进行存储和编辑操作。

（3）“路径”面板：用来存储矢量式的路径以及矢量蒙版的内容。

（4）“字符”面板：控制矢量文本的字体、大小、字距和颜色等字符属性。

（5）“段落”面板：控制矢量文本的对齐方式、段落缩进和段落间距等段落属性。

（6）“颜色”面板：提供 6 种颜色模式滑块，以方便用户完成颜色的选取和设置。

（7）“色板”面板：提供系统预设的各种常用颜色并支持当前前景色及背景色的存储。

（8）“样式”面板：提供系统预设的各种图层样式，单击该面板中的图层样式图标即可将该图层样式应用到当前图层中。

（9）“历史记录”面板：回复和撤销指定步骤的操作或者为指定的操作步骤创建快照，以减少用户因操作失误而导致的损失。

（10）“动作”面板：用来录制一连串的编辑操作，并将录制的操作用于其他的一个或多个图像文件中。

（11）“导航器”面板：用来显示图像缩略图，以方便用户控制图像的显示。

（12）“直方图”面板：显示图像的像素、色调和色彩信息。

（13）“信息”面板：显示鼠标指针所在位置的坐标、颜色值以及选区的相关信息。

（14）“工具预设”面板：设置多种工具的预设参数。

（15）“画笔”面板：用来选取和设置不同类型绘图工具的画笔大小、形状以及其他动态参数。

（16）“仿制源”面板：具有用于仿制图章工具或者修复画笔工具的选项。使用该面板可以设置和存储 5 个不同的样本源，而不用在每次需要更改为不同的样本源时重新取样。

（17）“图层复合”面板：用来存储图层的位置、样式和可视性，可以用以给客户做演示。

（18）“注释”面板：方便用户在图像中添加注释。

（19）“调整”面板：用来在图像文档中添加各种调整层。

（20）“蒙版”面板：方便用户对矢量蒙版或者图层蒙版进行各种编辑操作。

（21）“3D”面板：用来完成各种 3D 物件的绘图和编辑功能。

（22）“动画”面板：“动画”面板集成了 Image Ready 中的控制面板，具有创建动画图像的功能。

（23）“测量记录”面板：用于测量和记录使用标尺工具或选择工具定义的任何区域（包括不规则的选区），也可以计算高度、宽度和周长，或跟踪一个或多个图像的测量。

8.3.3 Photoshop CC 2018 的图像管理

1. 打开和关闭图像

（1）选择“文件”→“打开”选项菜单项或者按“Ctrl+O”组合键，或者在 Photoshop CC 2018 的工作区中双击，均可弹出“打开”对话框。

（2）在电脑中找到需要打开文件所在的驱动器或者文件夹，必要时可以在“文件类型”下拉列表中选择需要打开的文件格式（如选择“PNG”格式，对话框中间的窗口中就只显示 PNG 格式的文件）。选择找到的文件，然后单击 打开(O) 按钮即可将文件打开。

（3）如果需要将当前图像文件关闭，可以单击图像窗口快捷工具栏上的 × 按钮，也可以选择“文件”→“关闭”选项，还可以按组合键“Ctrl+W”或者“Ctrl+F4”。

2. 新建和保存图像

（1）选择“文件”→“新建”选项或者按“Ctrl+N”组合键，即可进入“新建”对话框。

（2）在“新建”对话框中完成相关参数的设置，单击“确定”按钮即可建立一个新文件。

（3）完成图像设计之后，“文件”→“存储”或者按“Ctrl+S”组合键，即可弹出“存储为”对话框。选择存储文件的位置，在“文件名”文本框中输入存储文件的名称，然后在“格式”下拉列表中选择存储文件的格式，接着设置存储选项并单击“保存”按钮，即可保存当前文件。

（4）如果当前图像曾以一种文件格式保存过，可以选择“文件”→“存储为”选项或者按下“Ctrl+Shift+S”组合键，进入“存储为”对话框，将图像以其他的文件名保存或者将图像另存为其他的格式。

3．图像文件的排列控制

在 Photoshop CC 2018 中，打开的图像文件有“全部合并到选项卡”、“拼贴”、“当前图像在窗口中浮动”和“层叠”等多种排列方式，同时打开的多个文件还可以按照合并到选项卡的方式占用一个窗口。

用户可以在“窗口”→“排列”子菜单中选择一种排列图像文件的方式，如图 8-10 所示。

当图像文件以“全部合并到选项卡”的形式显示的时候，用户可以通过拖动文档标题栏将图像文件切换为其他不同的排列方式，如图 8-11 所示。

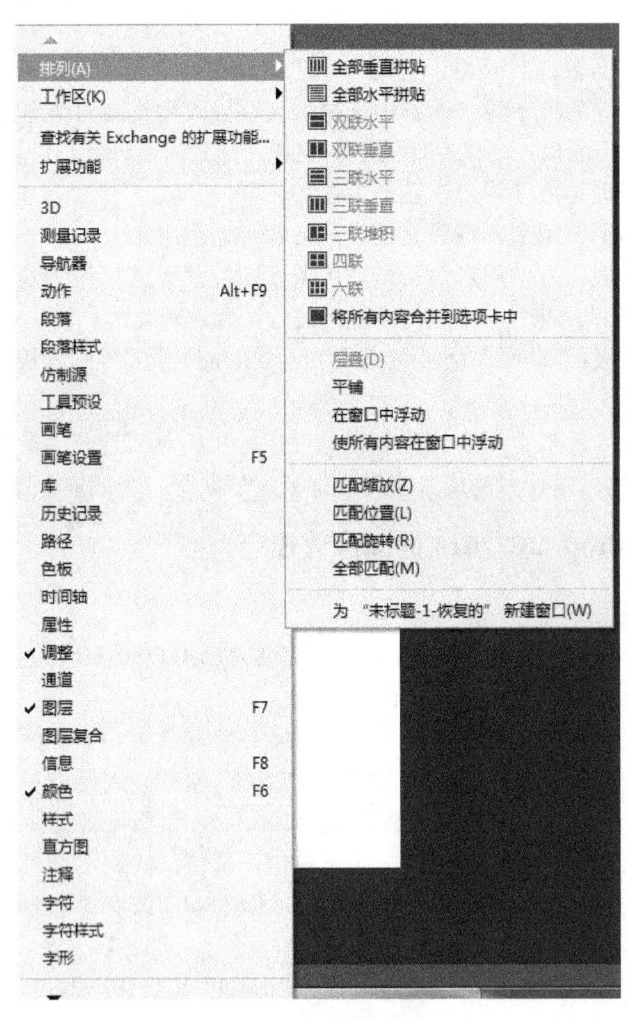

图 8-10 排列图像

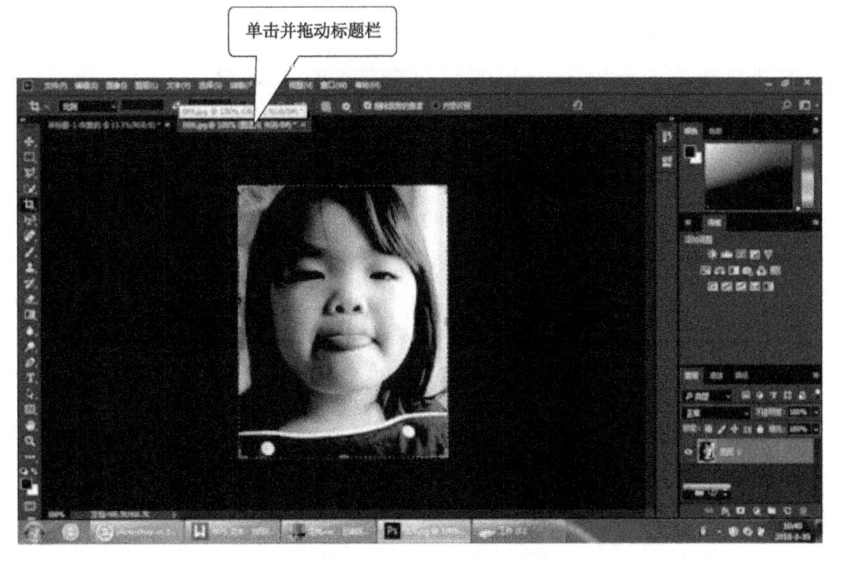

图 8-11　单击并拖动标题栏

4．图像及画布调整

图像大小和画布大小是两个截然不同的概念。调整图像大小相当于得到一个缩小的或者放大的原图像的影像，而调整画布大小就相当于将原图像的画幅拓展或剪裁，原图像的内容不受影响。

（1）调整图像大小。

选择“图像”→“图像大小”选项或者按下“Alt+Ctrl+I”组合键，即可进入如图 8-12 所示的“图像大小”对话框，从中可以对当前图像文件的像素大小和文档大小进行重新设置。

（2）调整画布大小。

选择“图像”→“画布大小”选项或者按下“Alt+Ctrl+C”组合键，即可进入如图 8-13 所示的“画布大小”对话框，从中可以调整当前文档的画布大小。

（3）图像的裁切。

使用“裁切”工具可以将图像周围多余的部分删除，也可以对画布进行大小修改，或者对画布进行旋转裁切。

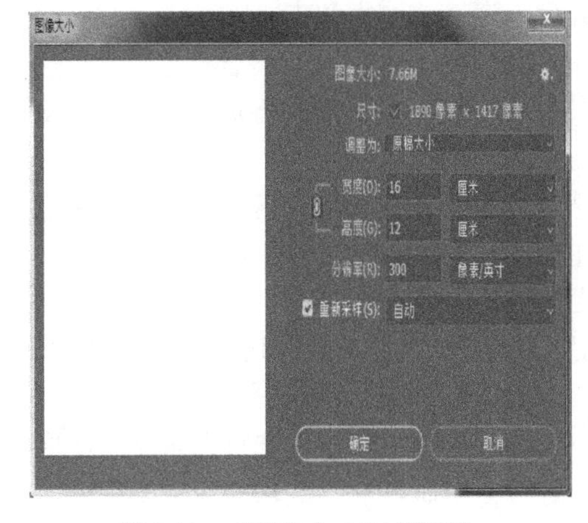

图 8-12　“图像大小”对话框

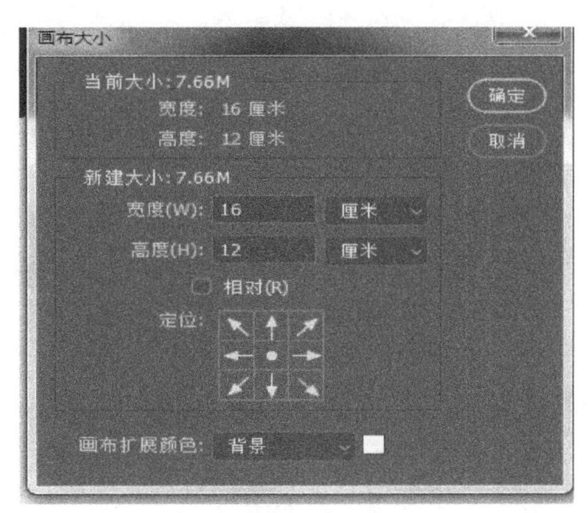

图 8-13　“画布大小”对话框

8.3.4 Photoshop CC 2018 的图层

1. 定义

通俗地讲图层就是含有文字或图形等元素的透明胶片，一张张按顺序叠放在一起，组合成最终效果图。

图层其实也很好理解，举个例子：在透明的手机膜上画一只猫，第一步，找一张手机膜在上面画上猫的头部；第二步，再找一张手机膜在上面画上猫的身材；第三步，继续找一张手机膜在上面画上猫的尾巴；最后将三张透明手机膜叠起来，得到一个完整的猫的图形，其中每一张被画了图的手机膜称作一个图层。

使用图层有什么好处呢？

分成图层后，可以单独移动或者修改需要调整的特定区域，而其他区域则完全不受影响，这样做会提高修图的效率，降低修图的成本。

图像和图层之间的关系：还是用上面的例子来说明，三张手机膜组成了一个完整的猫的图像，最终叠起来之后的效果图称为做图像，而每一张单独的手机膜称为图层（也就是说图像包含了图层，一个图像可以有很多很多个图层）。

2. 种类

图层包括背景图层、普通图层、文本图层、形状图层、调整图层和填充图层。

（1）背景图层：选来作为背景的图层，默认背景图层被锁定。在“图层”面板可以看到最下面有一个带小锁图标的图层，即是背景图层（默认状态下，背景图层不可修改）。

要想修改背景图片，必须把背景图片转化为普通图层，操作方法如下：双击“图层”面板中的背景图，然后在弹出的对话框单击“确定”按钮即可（其实就是解锁图层）。

（2）普通图层：除了不能编辑的背景层，其他图片图层都可称作普通图层。

（3）文本图层：使用文本工具建立的图层。

（4）形状图层：使用形状工具或钢笔工具创建的图层。形状中会自动填充当前的前景色，也可以改用其他颜色、渐变或图案来进行填充。

（5）调整图层：它不依附于任何现有图层，总是自成一个图层，如果没有特殊设置，调整图层可以在不破坏原图的情况下影响到它下面的所有图层，它和普通图层一样，可以调整模式、添加或者删除蒙版，也可以参与图层混合。

（6）填充图层：一种带蒙版的图层，可以用纯色、渐变或图案填充。

3.“图层”面板

图层在 Photoshop CC 2018 里是非常非常重要的一个板块，所以在 Photoshop CC 2018 的默认界面右下方独自占了一个面板，如图 8-14 所示。

在“图层”面板里，可以对图层进行复制、删除、移动、重命名、隐藏和显示、链接、合并、锁定、改变样式、改变透明度、分组等操作。

1）图层的复制

（1）复制图层最简单的方法，就是先选定要复制的图层，然后按下组合键“Ctrl+J”即可复制图层。

（2）单击“图层”下拉按钮，选择“新建”→“通过拷贝的图层”选项即可复制图层。

（3）选定图层，然后单击“图层”下拉按钮，选择“复制图层”选项即可复制图层。

（4）在“图层”面板中将图层拖动到下方的新建图层按钮上进行复制。

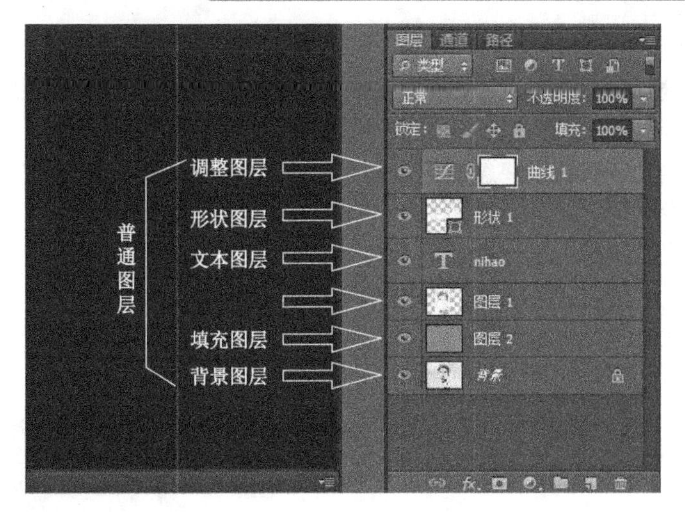

图 8-14　“图层”面板

2）图层的删除

（1）选择图层后按下“Delete”或“BackSpace”键删除所选图层。

（2）直接将图层拖动到图层面板上的垃圾筒也可删除图层。

（3）选定图层，单击“图层”面板菜单下拉按钮，选择“删除”→“图层”选项。

3）图层的移动

直接选择移动工具就可以对图层进行移动，而借助上下左右键可以更细致的微调。

4）图层的重命名

在 Photoshop CC 2018 中，图层默认的名称是“图层 1”、“图层 2”等，但通常用户修图时有很多图层，为了区分各个图层，需要给图层重命名。

重命名的方法：在“图层”面板中双击图层名，在出现的输入框中给图层重新命名即可（按住“Alt”键的同时并在“图层”面板中双击，操作界面会弹出一个对话框，可以直接给图层重命名）。

5）图层的隐藏和显示

单击图层前面的小眼睛图标，可以隐藏或显示这个图层（按住“Alt”键同时单击某图层的小眼睛眼睛，将会隐藏除本层之外所有的图层）。

6）图层的链接

链接就是将多个图层捆绑在一起，一个图层动，其他所有被链接图层也动，这样做的好处是，保持某些图层的相对位置不变。

方法：选择多个图层后，单击“图层”面板下方的“链接”按钮，即实现了对所选图层的互相链接。

7）图层的合并

（1）合并两个图层最简单的方法就是使用组合键“Ctrl+E”，要注意合并后图层的名字和颜色是原来下方图层的名字和颜色。

（2）合并全部的图层可以使用组合键“Ctrl+Shift+E”，这时会将所有没有隐藏的图层合并。

为什么要合并图层呢？

（1）图层会占据大量存储空间，合并后占用的存储空间会变小。

（2）图层过多不利于寻找和组织图层。

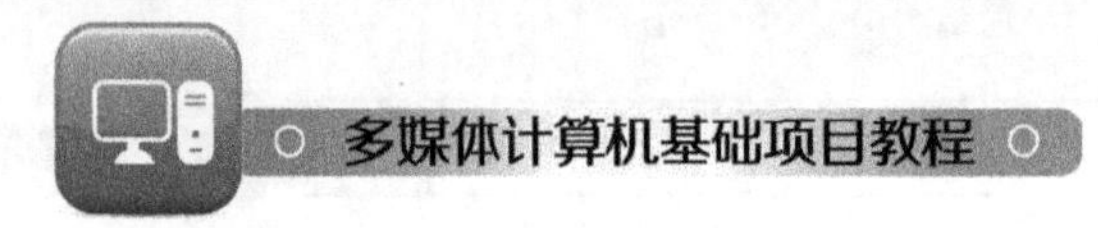

8）图层的锁定

在“图层”图板上有四个锁定按钮，依次为“锁定透明度”、“锁定图像”、“锁定位置”和“全部锁定”按钮。

（1）“锁定透明度”按钮：将编辑范围限制为只针对图层的不透明部分。

（2）“锁定图像”按钮：防止使用绘画工具修改图层的像素。

（3）“锁定位置”按钮：防止图层的像素被移动。

（4）“全部锁定”按钮：将上述内容全部锁定。

9）图层的样式

“图层的样式”对话框如图 8-15 所示。

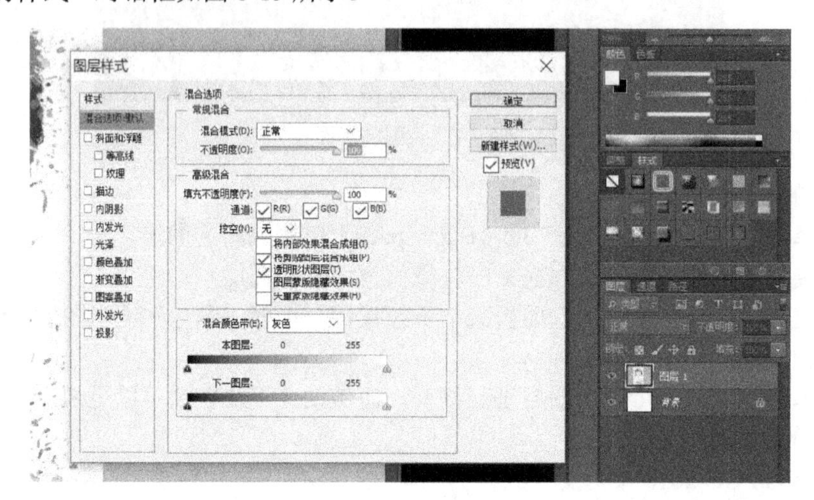

图 8-15　图层样式

图层样式是 Photoshop CC 2018 中一个用于制作各种效果的强大功能，它为用户简化了许多操作，利用它可以快速生成阴影、浮雕、发光、立体投影、各种质感以及光景效果的图像特效。

图层样式共有 10 种样式，分别如下。

（1）投影：为图层上的对象、文本或形状背后添加阴影效果。“投影”参数由“混合模式”、“不透明度”、“角度”、“距离”、“扩展”和“大小”等组成，通过对这些参数的设置可以得到需要的效果。

（2）内阴影：在对象、文本或形状的内边缘添加阴影效果，使图层生成一种凹陷外观。

（3）外发光：在图层对象、文本或形状的边缘向外添加发光效果。设置合适的参数可以让对象、文本或形状更精美。

（4）内发光：图层对象、文本或形状的边缘向内添加发光效果。

（5）斜面和浮雕：“样式”下拉菜单将为图层添加高亮显示和阴影的各种组合效果

（6）光泽：在图层对象内部应用阴影效果，使之与对象的形状互相作用，通常创建规则波浪形状，产生光滑的磨光及金属效果。

（7）颜色叠加：在图层对象上叠加一种颜色，即用一层纯色填充到应用样式的对象上。可以通过“选取叠加颜色”对话框选择任意颜色。

（8）渐变叠加：在图层对象上叠加一种渐变颜色，即用一层渐变颜色填充到应用样式的

对象上。通过“渐变编辑器”还可以选择使用其他的渐变颜色。

(9) 图案叠加：在图层对象上叠加图案，即用一致的重复图案填充对象。通过“图案拾色器”还可以选择其他的图案。

(10) 描边：使用颜色、渐变颜色或图案描绘当前图层上的对象、文本或形状的轮廓，对于边缘清晰的形状（如文本），这种效果尤其有用。

10）图层的填充和不透明度

不透明度调节的是整个图层的不透明度，调整它会影响整个图层中所有的对象，如降低不透明度到 0，将会得到一片空白。而填充是只改变填充部分的不透明度，调整它只会影响原图像，不会影响添加效果，如给一个图像添加阴影效果，降低填充不透明度到 0，填充的图消失，但是图层样式阴影效果还在，这就是二者之间的区别。

11）图层的分组

图层的分组也很好理解，举个例子，用户的电脑桌面放了太多的东西，一是太混乱，二找东西太不方便，然后用户就新建几个文件夹，将桌面的东西分类整理，装进文件夹。而图层的分组也是一样，由于有的图像包含了很多个图层，不便于准确寻找每个图层，因此需要分组，如将文字分为一个组，图片分为一个组，路径图层分为一个组，等等。使用图层组可以很好地解决图层数过多、“图层”面板过长的问题。

【项目实施】

通过前面知识点的讲解，学习者已经初步了解并掌握了 Photoshop CC 2018 的使用，接下来将制作一张美颜照片。下面详细说明美颜照片的制作过程。

(1) 使用污点修复画笔去掉图片中的“痘痘”。

① 选取“污点修复画笔工具”。

② 把画笔的硬度设为 0，画笔大小约是“痘痘”大小的 5 倍，如图 8-16 所示，用鼠标在“痘痘”上单击，“痘痘”就会自动消除。

图 8-16 画笔设置

③ 选择使用“仿制图章工具”消除人物脸上的疤痕，如图 8-17 所示。

④ 放大图像，将鼠标停放到正常的皮肤区域，并选择亮度相近的皮肤，按住“Alt”键，单击，再松开“Alt”键，将鼠标移动到伤疤区域单击，覆盖伤疤。

⑤ 当填充掉一部分伤疤后，位置变化，颜色也会发生变化，因此需要重复上述步骤。

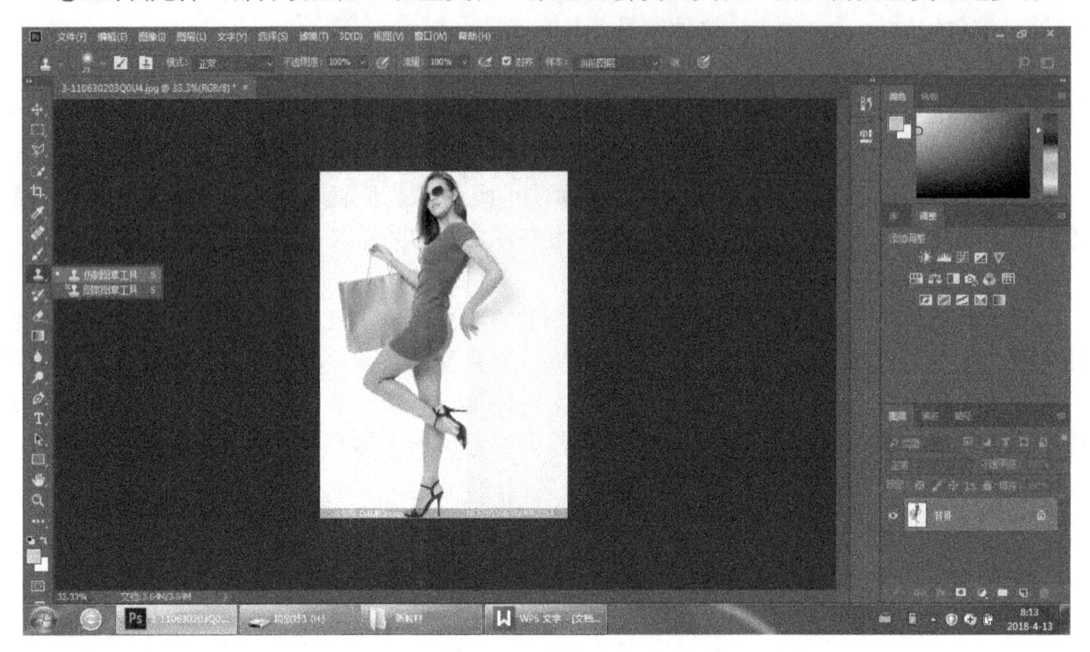

图 8-17　图章工具的应用

（2）把图片中的人物从图片中分离出来。

① 用户在分离图片前将背景图备份，这样万一操作错了还有回转的余地，如图 8-18 所示。

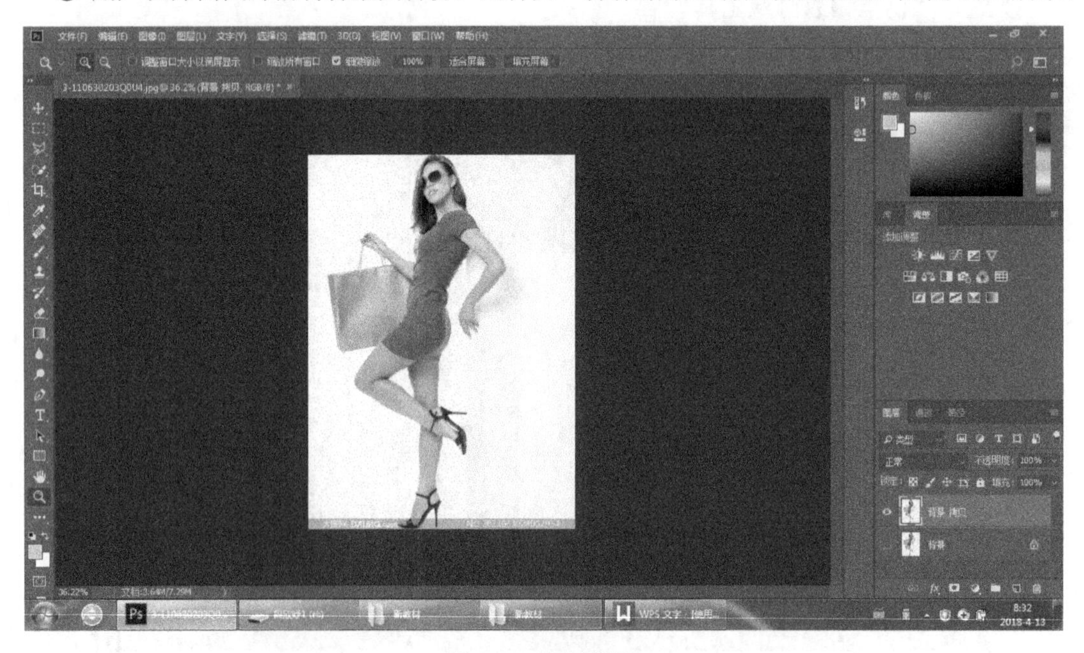

图 8-18　复制图层

② 调色阶。选择“图像”→“调整”→“色阶”选项，在“色阶”对话框中可以调整色阶，如图 8-19 和图 8-20 所示。

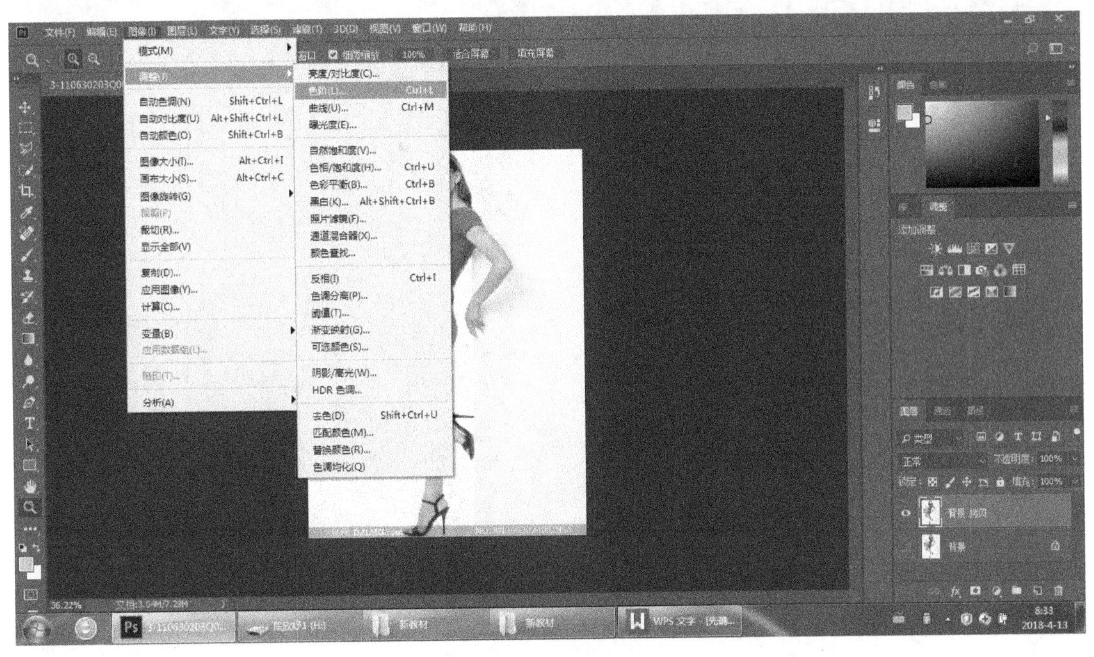

图 8-19　调整色阶 1

图 8-20　调整色阶 2

③ 进入“通道”面板，选择黑白最明显的那一个，把它拖到“新建”按钮处，新建一个“绿拷贝”通道，如图 8-21 所示。

图 8-21 “绿拷贝”通道

④ 然后进行反相操作，选择“图像”→“调整”→“反相”命令，反相操作之后图片中的人物头发已经变白，如图 8-22 所示。

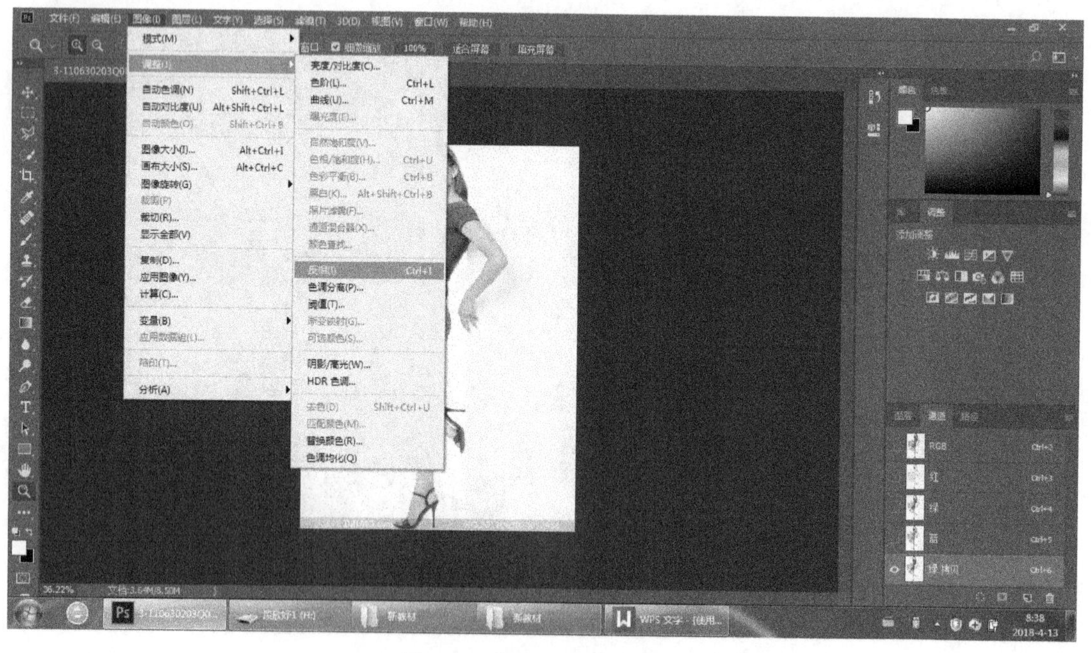

图 8-22 执行“反相”命令

⑤ 反相操作之后，调色阶，增大对比度，如图 8-23 和图 8-24 所示。

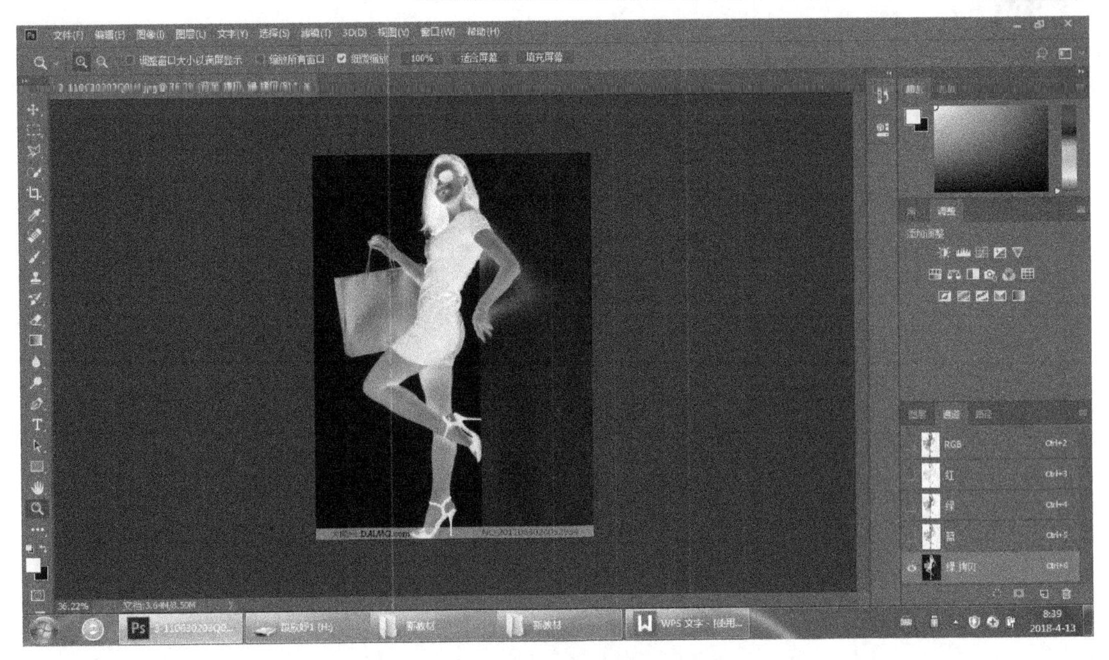

图 8-23　调整色阶 3

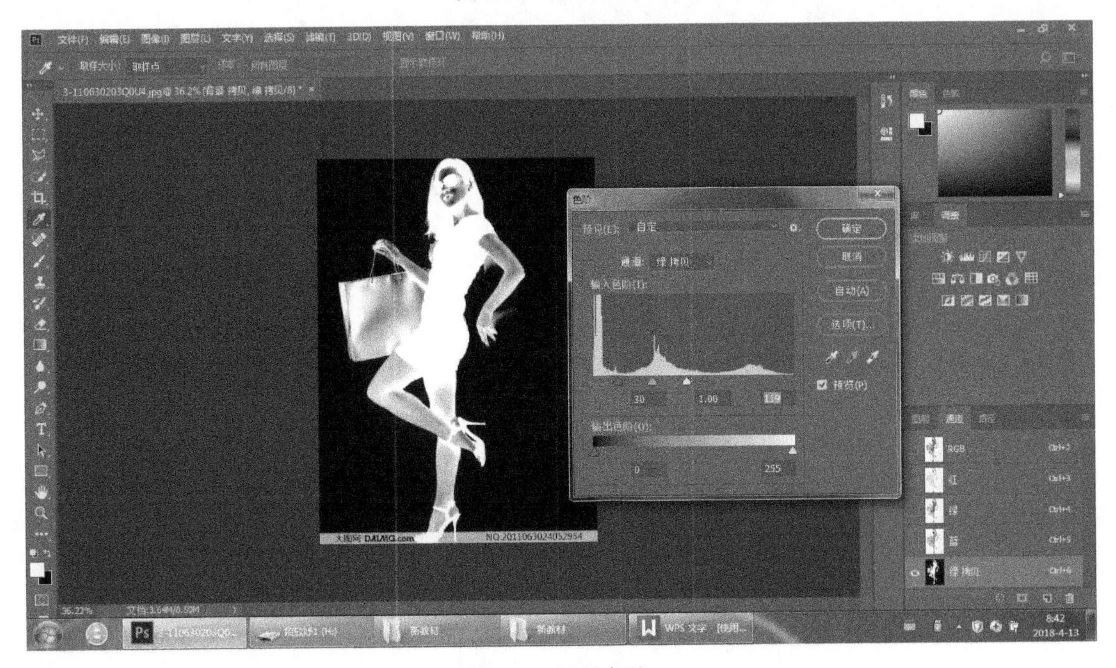

图 8-24　调整色阶 4

⑥ 头发调整好后，用画笔持人物的脸和身子涂白，人物主题都涂白，如图 8-25 和图 8-26 所示。

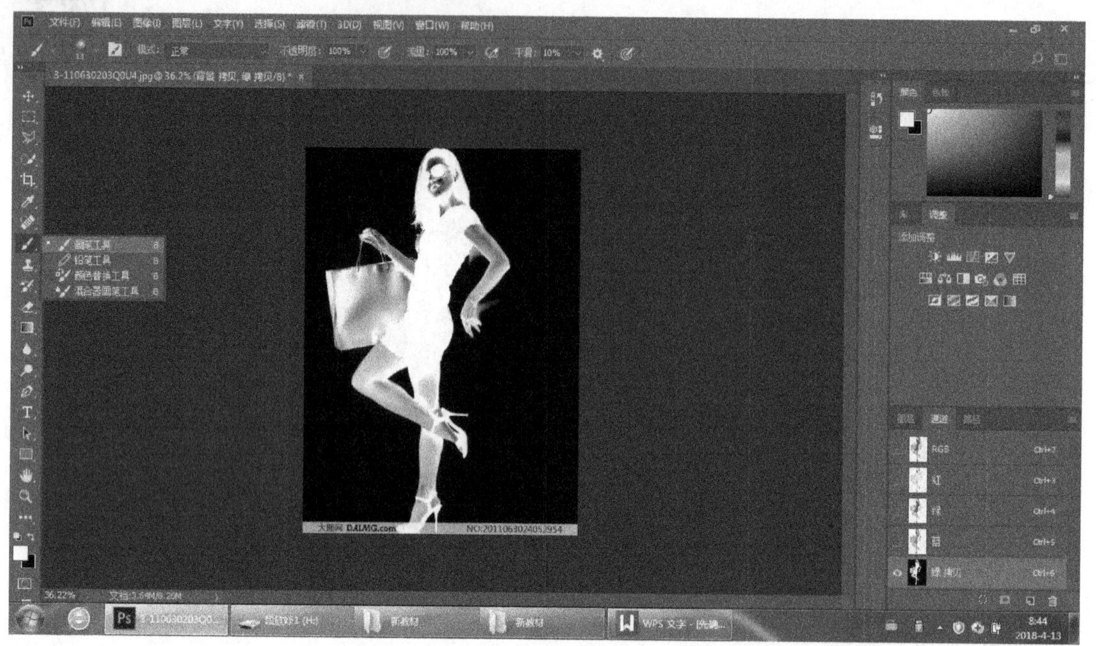

图 8-25　选好画笔

图 8-26　画笔涂白

⑦ 按下“Ctrl”键的同时并单击“绿拷贝”通道，切换到“图层”面板，按下“Ctrl+J”组合键，生成“图层 1”图层，如图 8-27 所示。

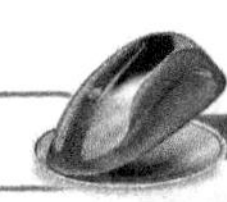

图 8-27　生成“图层 1”图层

⑧ 导入新的背景图片，如图 8-28 所示。

图 8-28　导入背景图片

【项目考评】

项目考评主要是以学习目标为依据，根据科学的标准，运用一切有效的技术手段，对项目的过程及其结果进行测定、衡量，是整个项目中的重要组成部分之一。通过进行项目考评，激励学生进一步学习，进一步提高学生的学习效果，促进教学最优化。

项目考评的主体有学生、老师、项目成员。

项目考评的方法有档案袋评价、研讨式评价。

项目考评表如表 8-1 所示。

表 8-1　项目考评表

项目名称：设计和制作个人美颜照片						
评价指标	评价要点	评价等级				
		优	良	中	及	差
主题	主题的鲜明程度					
技术性	Photoshop CC 2018 基本工具的掌握程度 Photoshop CC 2018 文件操作的掌握程度 Photoshop CC 2018 图层操作的掌握程度 滤镜使用的熟练程度 Photoshop CC 2018 文件导出的掌握程度					
作品评价	照片处理的程度 作品的审美评价 作品完整性评价 作品的易传播性					
总评	总评等级					
	评语：					

【项目拓展】

项目：设计和制作“我的宿舍我的家”电子相册

现在的软件越来越简单易用，也更加人性化。除了可以使用 Photoshop CC 2018 制作电子相册外，Adobe 公司的其他软件，如 Flash、Premiere 等都可以制作电子相册，此外还有 COOZINE（XBOOKSKY）、Protable Scribus、Windows Movie Maker、Ulead GIF Animator 等制作电子相册的软件工具。如果要制作一个个人电子相册或者帮朋友制作一个生日 Party 电子相册，该如何着手呢？首先，分析目标。个人电子相册以个人照片为主，照片的选取和排序一定要有规律，如按照年龄阶段、拍摄时间或者事件的顺序安排照片的显示顺序，主题要生动；而以生日 Party 为主题的电子相册，照片选取没有严格的要求，主要以趣味性、纪念性为主，主题要活泼热烈。选好照片之后，对照片进行剪裁处理，使其背景大小一致，必要时还可以进行修改润色，主要利用 Photoshop CC 2018 的图章工具和污点修复工具。等到所有的照片处理好之后，就可以开始设置照片出现的顺序和方式了，如淡出方式、撕裂方式等，都可以通过本项目里所讲的方法使用 Photoshop CC 2018 实现。“我的宿舍我的家”电子相册制作项目的思维导图如图 8-29 所示。

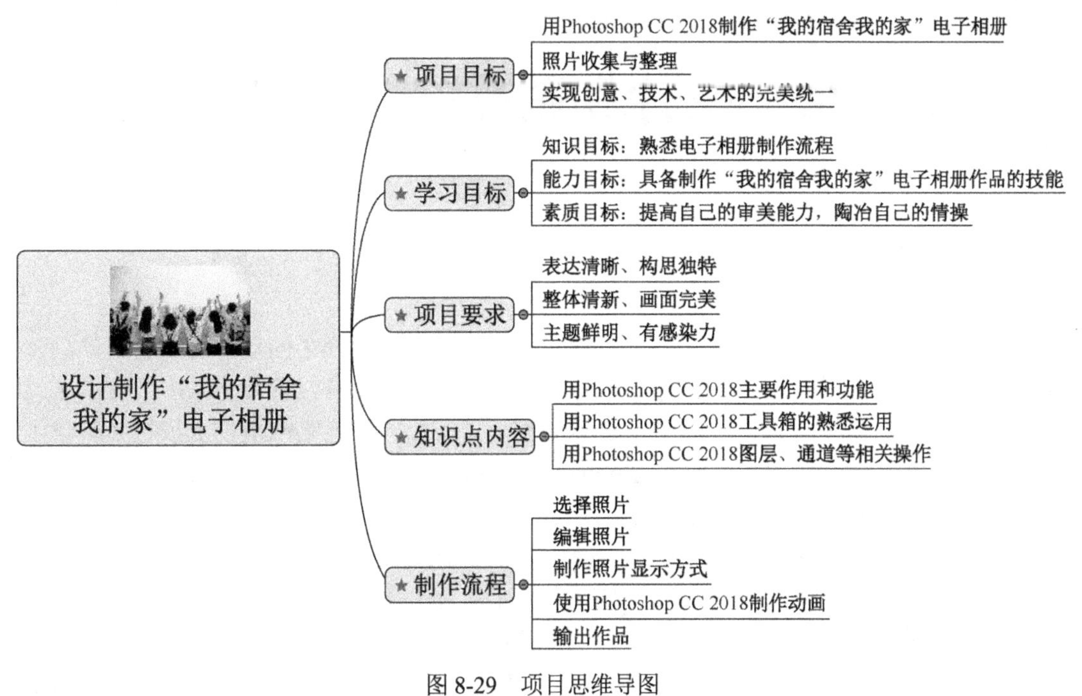

图 8-29　项目思维导图

【思考练习】

1．怎样将图像上某点颜色设为前景色块？

2．快速蒙版工具的作用是什么？

3．使用 Photoshop CC 2018 制作个人美颜照片会使用到 Photoshop CC 2018 中的哪些工具和功能？

项目九　设计和制作个人专辑音乐

【项目分析】

在日常生活中，到处都能听到各种各样的声音，例如，电视中的动物的声音、动画片中的各种怪兽的声音、游戏中各种打斗的声音、课件中的按钮声音或背景音乐、节目演出的伴奏及节目音乐等，可见声音在生活中是必不可少。那么如何在电脑或电视上模拟并编辑生活中的各种声音呢？通过应用 Adobe Audition CC 2018 软件，可以方便地编辑或模拟各种声音，同时也可以为各种视频或动画进行配音。

Adobe Audition CC 2018 功能强大、控制灵活，使用它可以录制、混合、编辑和控制数字音频文件；也可以轻松地创建音乐、制作广播短片、为视频或动画配音、修复录制缺陷。

本项目主要是应用 Adobe Audition CC 2018 制作歌曲接龙。在制作过程中，主要运用音频的编辑与剪辑、添加标记、修复处理、添加特效等功能，通过设定不同的情景，对数字声音进行录制、处理、合成。在本项目中，主要培养学生应用 Adobe Audition CC 2018 软件的能力，主要包括音频的编辑、剪辑及特效的应用；增强学生的动手操作能力，提高学生的音乐欣赏能力和判断能力；同时还注重培养学生的创新能力和团队协作能力。

【学习目标】

1．知识目标

（1）了解数字音频基础知识及各种音频文件的特点。

（2）熟悉 Adobe Audition CC 2018 的工作环境。

（3）掌握如何使用 Adobe Audition CC 2018 的工作界面、工具栏、传送控制器、混音器和会话属性面板并能够进行布局。

（4）掌握录制声音的方法，能够对声音进行编辑与处理。

（5）掌握音频录音、多轨录音、循环录音、穿插录音的方法。

（6）掌握波形、多轨音频波形处理的方法。

（7）能够运用波形和多轨音频特效，制作出自然界中的各种声音。

（8）能够为视频或动画配音。

2．能力目标

（1）了解数字音频基础知识，了解各种音频文件的特点。

（2）能够安装 Adobe Audition CC 2018 软件。

（3）了解获取音频素材的方法。

（4）掌握进行音频录音、循环录音、穿插录音和多轨录音等的方法。

（5）能够运用音频特效合理地处理声音，使声音符合视频的需要。

（6）掌握在多轨中插入效果器、包络曲线和自动航线，以及调整音量的方法。

3. 素质目标

（1）培养学生的音乐节奏感。

（2）培养学生的团队协作精神、创新意识。

（3）通过经历创作作品的全过程，使学生形成积极主动学习和利用多媒体技术参与多媒体作品创作的态度。

（4）能理解并遵守相关的伦理道德与法律法规，认真负责地利用听力作品进行表达和交流，树立健康的信息表达和交流意识。

【项目导图】

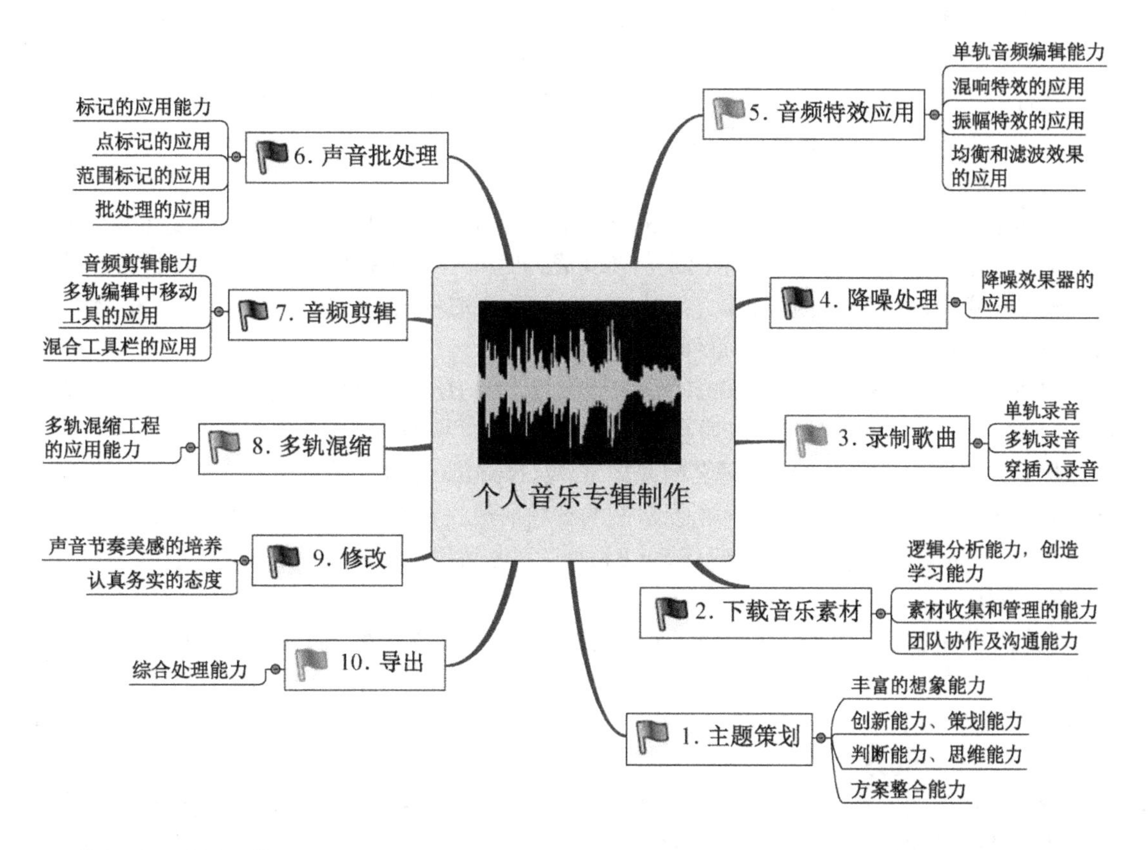

【知识讲解】

9.1　数字音频基础知识

9.1.1　模拟信号与数字信号

音频信号是典型的连续信号，不仅在时间上是连续的，而且在幅度上也是连续的。在时间上“连续”是指在任何一个指定的时间范围里声音信号都有无穷多个幅值；在幅度上“连续”是指幅度的数值为实数。在时间（或空间）和幅度上都是连续的信号，通常称为模拟信号（Analog Signal）。

在某些特定的时刻对这种模拟信号进行测量叫做采样（Sampling），在有限个特定时刻采样得到的信号称为离散时间信号。采样得到的幅值是无穷多个实数值中的一个，因此幅度还是连续的。把幅度取值的数目限定为有限个的信号称为离散幅度信号。时间和幅度都用离散的数字表示的信号称为数字信号（Digital Signal）。

从模拟信号到数字信号的转换称为模数转换，记为 A/D（Analog-to-Digital）。

从数字信号到模拟信号的转换称为数模转换，记为 D/A（Digital-to-Analog）。

9.1.2 模拟音频的数字化

对于计算机来言，处理和存储的只可以是二进制数，所以在使用计算机处理和存储声音信号之前，必须使用模数转换（A/D）技术将模拟音频转化为二进制数，这样模拟音频即转化为数字音频。所谓模数转换就是将模拟信号转化为数字信号，模数转换的过程包括采样、量化和编码三个步骤。模拟音频向数字音频的转换是在计算机的声卡中完成的。

1．采样

采样是指将时间轴上连续的信号每隔一定的时间间隔抽取出一个信号的幅度样本，把连续的模拟量用一个个离散的点表示出来，使其成为时间上离散的脉冲序列。每秒钟采样的次数称为采样频率，用 f 表示；样本之间的时间间隔称为取样周期，用 T 表示，$T=1/f$。例如，CD 的采样频率为 44.1kHz，表示每秒钟采样 44100 次。

常用的采样频率有 8kHz、11.025Hz、22.05kHz、15kHz、44.1kHz、48kHz 等。在对模拟音频进行采样时，取样频率越高，音质越有保证；若取样频率不够高，声音就会产生低频失真。

那么如何避免低频失真呢？著名的采样定理（Nyquist 定理）中给出明确的答案：要想不产生低频失真，采样频率至少应为所要录制的音频的最高频率的 2 倍。例如，电话话音的信号频率约为 3.4 kHz，采样频率就应该≥6.8 kHz，考虑到信号的衰减等因素，一般取为 8kHz。

2．量化

量化是将采样后离散信号的幅度用二进制数表示出来的过程。每个采样点所能表示的二进制位数称为量化精度，或量化位数。量化精度反映了度量声音波形幅度的精度。例如，每个声音样本用 16 位（2 字节）表示，测得的声音样本值是在 0～65536 的范围里，它的精度就是输入信号的 1/65536。

常用的量化的位数为 8 位、12 位、16 位、20 位、24 位等。采样频率、采样精度和声道数对声音的音质和占用的存储空间起着决定性作用。

3．编码

编码即是对模拟的语音信号进行编码，其主要功能是压缩语音信号的传输带宽，降低信道的传输速率，使表达语音信号的比特数目最小，从而达到将模拟信号转化成数字信号的目的。

编码的基本方法可分为波形编码、参量编码（声源编码）和混合编码。波形编码的基本原理是在时间轴上对模拟语音按一定的速率抽样，然后将幅度样本分层量化，并用代码表示。解码是其反过程，将收到的数字序列经过解码和滤波恢复成模拟信号。它具有适应能力强、语音质量好等优点，但所用的编码速率高，常在对信号带宽要求不太严格的通信中得到应用。

参量编码是通过对语音信号特征参数的提取和编码，力图使重建语音信号具有尽可能高的可靠性，即保持原语音的语意，但重建信号的波形同原语音信号的波形可能会有相当大的

差别。线性预测编码（LPC）及其他各种改进型都属于参量编码。

混合编译码是结合波形编译码和参量编译码之间的优点的一种编码方法。

9.1.3　数字音频的文件格式

数字音频文件格式有很多，每种格式都有自己的优点、缺点及适用范围。

1. MP3 格式

MP3 全称 Moving Picture Experts Group Audio Layer III，是当今较流行的一种数字音频编码和有损压缩格式。是 ISO 标准 MPEG 1 和 MPEG 2 第三层（Layer 3），采样频率为 16～48kHz，编码速率为 8Kbps～1.5Mbps。MP3 音质好，压缩比比较高，被大量软件和硬件支持，在影视视频中，被广泛采用。

2. WAV 格式

WAV 为微软公司开发的一种声音文件格式。标准格式的 WAV 文件的采样频率为是 44.1 kHz 的取样频率，16 位量化位数。WAV 文件音质非常好，被大量软件所支持。

3. MIDI 格式

MIDI 全称 Musical Instrument Digital Interface，为乐器数字接口。MIDI 数据不是数字的音频波形，而是音乐代码或称电子乐谱。MID 文件主要用于原始乐器作品、流行歌曲的业余表演、游戏音轨以及电子贺卡等。

4. RAM、RA 格式

RealAudio 主要适用于在网络上的在线音乐欣赏，现在仍有用户使用低速率的 Modem，这种音频格式，适合低网速的实时传输。

6. WMA 格式

WMA（Windows Media Audio）由微软公司开发的一种音频文件格式。音质要强于 MP3 格式，更远胜于 RA 格式，它以减少数据流量但保持音质的方法来达到比 MP3 压缩率更高的目的，WMA 的压缩率一般都可以达到 1：18 左右。WMA 格式在录制时可以对音质进行调节，统一格式，音质好、压缩率较高，可用于网络广播。

9.2　Adobe Audition 简介

9.2.1　Adobe Audition 的基本功能介绍

Adobe Audition 是一款功能强大的音频处理软件，几乎能够完成关于声音处理的所有处理任务。通常，这些声音处理操作包含以下几方面。

（1）录音：录音是一款音频处理软件的基本功能，Adobe Audition 能够实现高精度声音的录制，并且理论上可以支持无限音轨。有时，一些影视作品的配音，也可以通过导入视频文件到 Adobe Audition 中，实现对视频的同步配音或配乐。

（2）混音：由于 Adobe Audition 是一款多轨数字音频处理软件，不同音轨可以分别录制或者导入不同的音频内容，通过混合功能可以将这些混合在一起，综合输出经过混合的声音效果。

（3）声音编辑：Adobe Audition 软件具有强大的声音编辑能力，操作简单、便捷。例如，声音的淡入淡出、声音移动和剪辑、音频调整、播放速度调整等。

（4）效果处理：效果处理能力是 Adobe Audition 作为一款优秀的音频处理软件突出的功能。Adobe Audition 软件本身自带几十种不同类型的效果器，可以用于压缩器、限制器、参量均衡器、合唱效果器、延迟效果器等，并且这些效果处理可以实时应用到各个音轨。

（5）降噪：Adobe Audition 具有一个音频处理的优势功能就是降噪。在进行声音录制时由于种种原因会产生很多的噪音干扰，包括环境以及线路因素等。通过 Adobe Audition 软件的降噪功能可以实现在不影响音质的情况下，最大限度地减小噪音。

（6）声音压缩：Adobe Audition 软件具有支持目前几乎所有流行的音频文件类型，并能够实现类型的转换。通常为了能使音频制作的结果文件适应网络的传输要求，需要对音频文件实现压缩处理。Adobe Audition 软件可以将音频文件压缩为容量较小的 MP3 等文件格式，同时最大限度地保证声音的音质。

9.2.2 Adobe Audition CC 2018 的系统要求

（1）CPU：具有 64 位支持的多核处理器或更好、更快的 CPU。

（2）操作系统配置：Microsoft Windows 7 Service Pack 1（64 位）、Windows 8.1（64 位）或 Windows 10（64 位）（注意：Windows 10 版本中 1507 不受支持）。

（3）内存：4 GB RAM。

（4）硬盘：4 GB 可用硬盘空间用于安装；安装过程中需要额外可用空间（无法安装在可移动闪存设备上）。

（5）光驱：安装需要 DVD 驱动器。

（6）显示器：1920 像素×1080 像素或更大的显示屏，支持 OpenGL 2.0 的系统。

（7）声卡：ASIO、WASAPI 或 Microsoft WDM/MME 兼容声卡。

（8）音箱：配置一台音箱或一副耳机。

9.3 Adobe Audition CC 2018 的基本操作方法

9.3.1 Adobe Audition CC 2018 的基本工作界面

Adobe Audition CC 2018 音频处理软件具有 2 种编辑器模式，分别是波形编辑器、多轨编辑器。音频是在波形编辑器和多轨编辑器模式下进行处理的。下面将详细介绍这两种编辑器模式。

1．Adobe Audition CC 2018 波形编辑器操作界面

在波形编辑器模式下，主要进行的操作是对音频波形的效果处理、降噪处理等。

波形编辑器查看模式用于编辑波形波形文件，单击切换按钮 波形，进入如图 9-1 所示的波形编辑器。

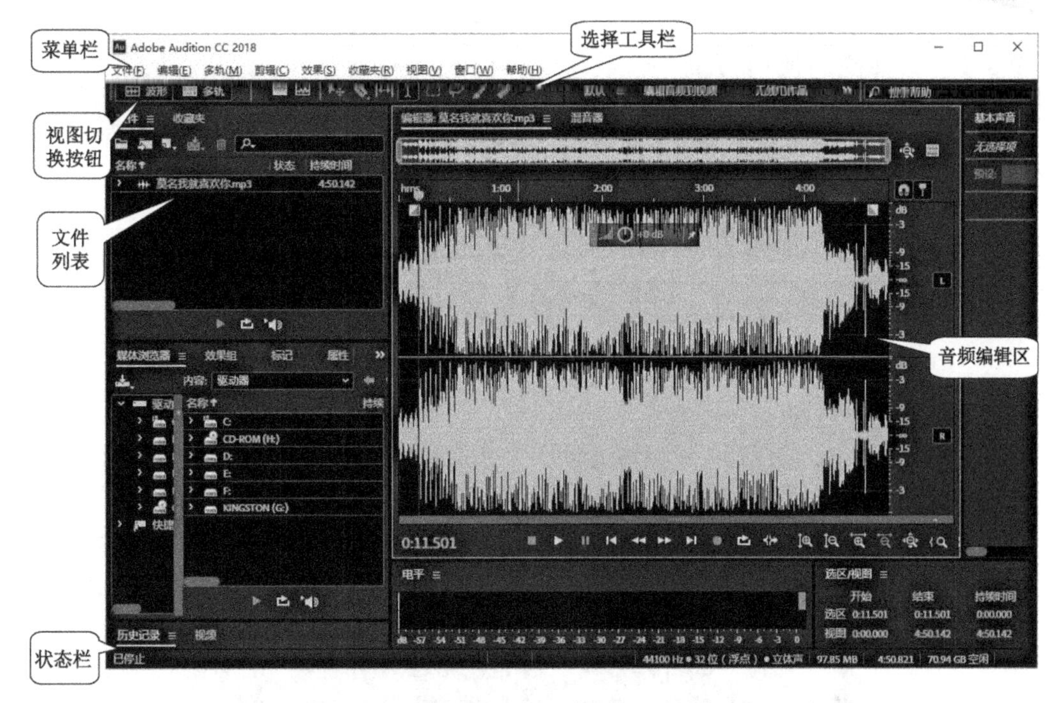

图 9-1　Adobe Audition CC 2018 波形编辑器

2. Adobe Audition CC 2018 多轨编辑器操作界面

多轨编辑器用于对工程文件中每个音轨进行整体性编辑与宏观处理，单击切换按钮 多轨，进入如图 9-2 所示的多轨编辑器。

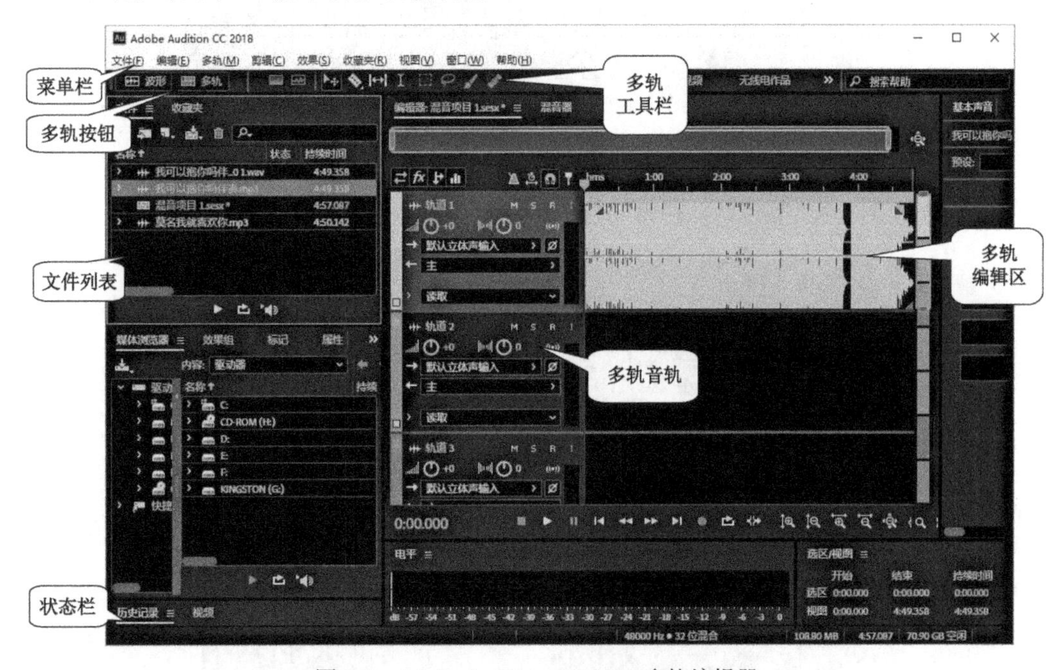

图 9-2　Adobe Audition CC 2018 多轨编辑器

9.3.2　工具栏的使用方法

工具栏在默认状态下位于菜单栏的下方。选择不同的视图模式或显示方式，对应工具栏中的工具也有所不同，如图 9-3 所示。

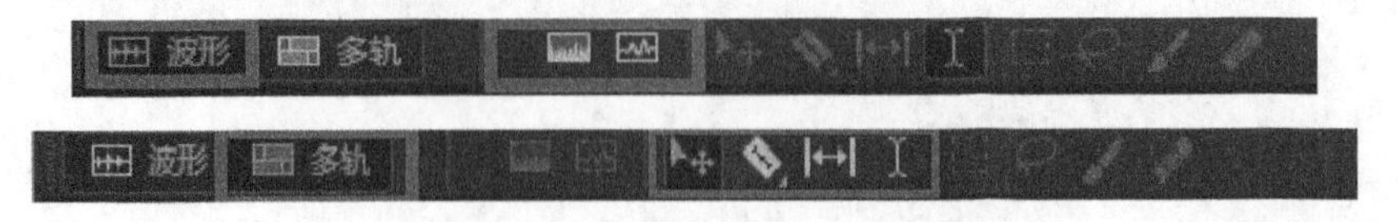

图 9-3　不同视图编辑器的工具栏

1．“时间选择”工具

使用“时间选择”工具 ，可以插入游标位置或在波形图中选择某个波形区域。在“主群组”面板中，单击即可指定插入游标的位置，如图 9-4 所示。

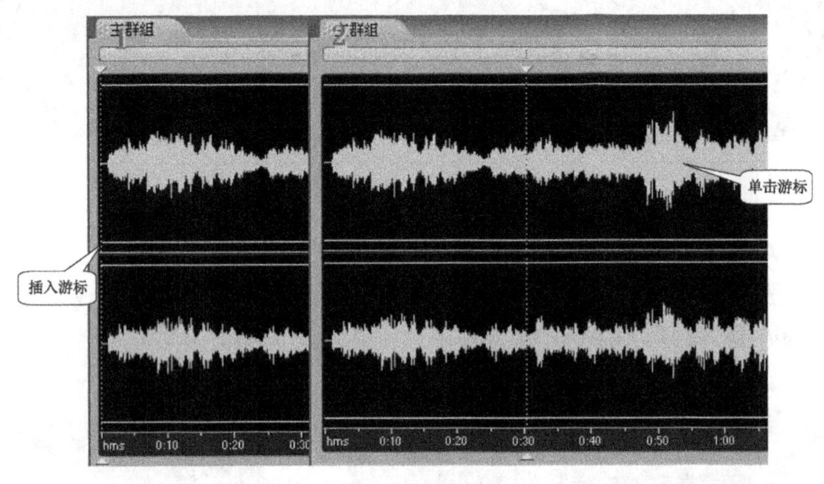

图 9-4　插入游标

参照图 9-5，单击并拖动鼠标即可选择一段音频波形，选定的区域呈亮色显示。

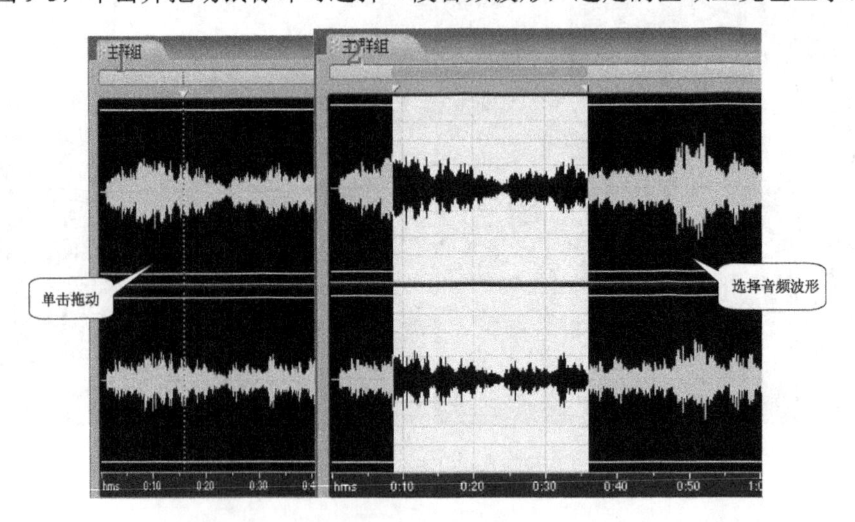

图 9-5　选择音频波形

2. “刷选”工具

在编辑视图模式和多轨视图模式下都可以使用“刷选”工具。使用该工具，在音频波形上单击并拖动鼠标，即可开始“刷选”，可听到刷选音频波形的声音。拖动的速度与播放声音的速度有关。拖动得越快，播放速度越快，接近正常的播放速度，但刷选正向的最大速度只能到正常速度。此外，刷选可以是正向，也可以是反向，如图 9-6 所示。

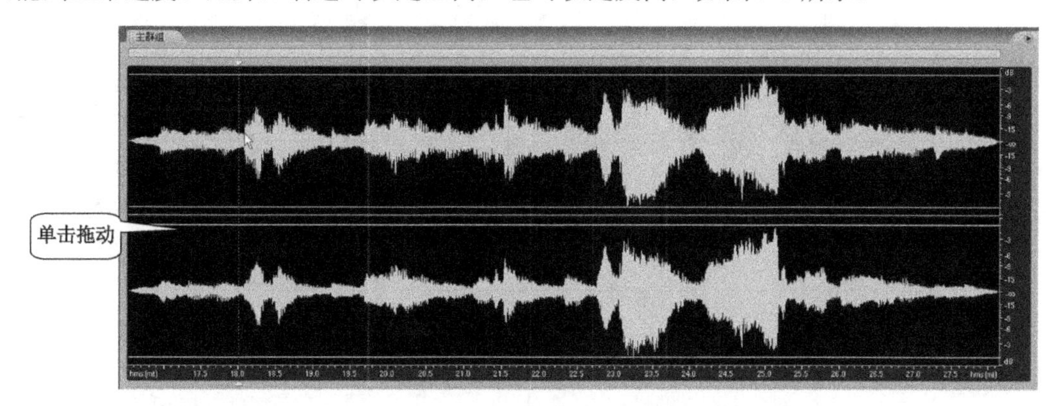

图 9-6　使用“刷选”工具

保持“刷选”工具的选中状态，按下键盘上的“Ctrl”键，单击并拖动鼠标，即可以实时地拖动速度播放刷选的音频波形。

保持“刷选”工具的选中状态，按下键盘上的“Shift”键，单击并拖动鼠标，随着播放的进行，将显示刷选播放的区域，如图 9-7 所示。

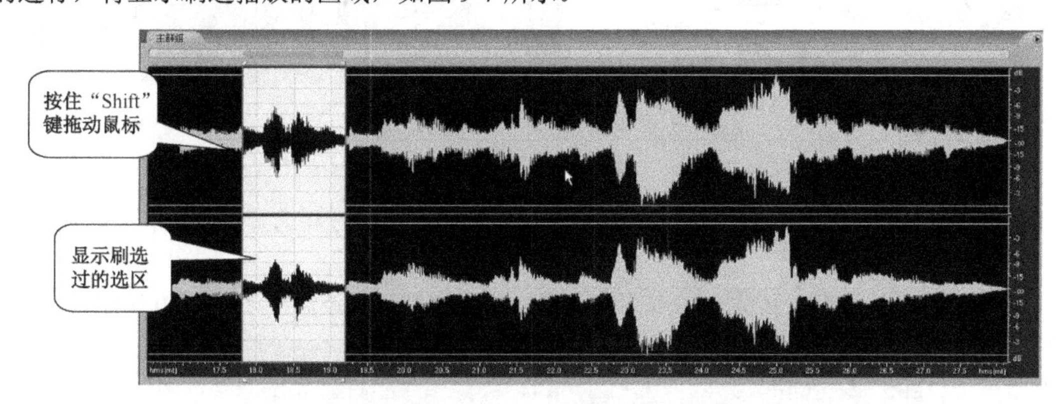

图 9-7　配合“Shift”键使用“刷选”工具

3. “移动/复制剪辑”工具

“移动/复制剪辑”工具，是多轨视图的工具，在多轨中可以选择剪辑片段并对其进行移动、复制剪辑等操作。

（1）使用“移动/复制剪辑”工具，单击并拖动剪辑，即可调整其位置，如图所示 9-8 所示。在移动剪辑片段的同时并按下键盘上的“Shift”键，可以强制剪辑片段沿垂直方向进行移动。

（2）使用“移动/复制剪辑”工具，右击并拖动剪辑，然后释放鼠标右键，在弹出的快捷菜单中选择“在此复制参照”选项，即可复制剪辑；选择“在此唯一复制”选项，即可复制音频剪辑并生成新的音频文件，选择“在这里移动剪辑”选项，即可进行剪辑的移动。在该操作中，也可以按下“Ctrl”键的同时，右击并拖动音频剪辑，可以快速复制一个新的音频剪辑，如图 9-9 所示。

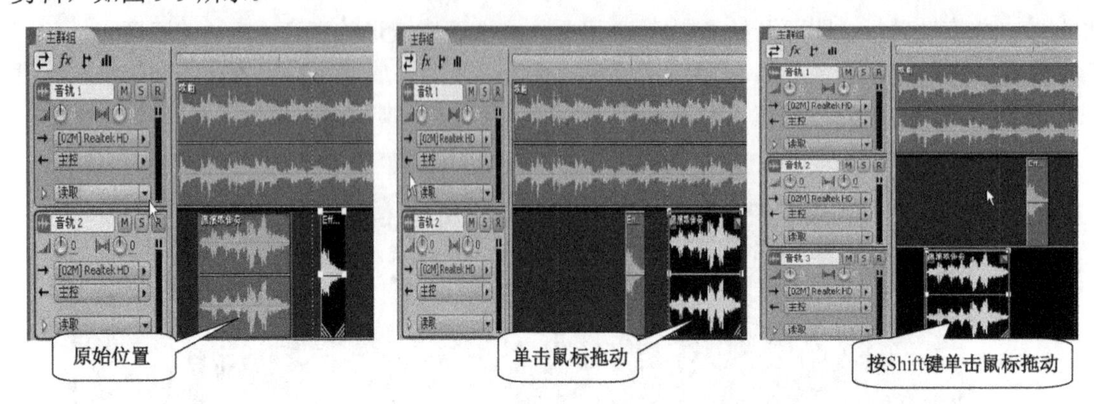

图 9-8　移动剪辑片段

图 9-9　复制剪辑

4．“混合”工具

“混合”工具常在多轨视图模式中使用，它同时具有“时间选择”工具和“移动/复制剪辑”工具的功能。

（1）使用“混合”工具，单击并拖动鼠标即可选择音频波形，如图 9-10 所示。

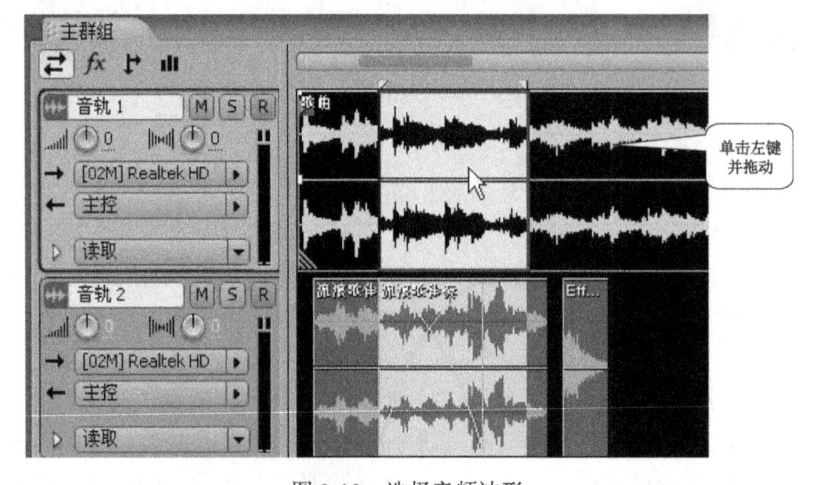

图 9-10　选择音频波形

（2）右击并拖动音频剪辑，即可移动音频剪辑的位置，如图 9-11 所示。

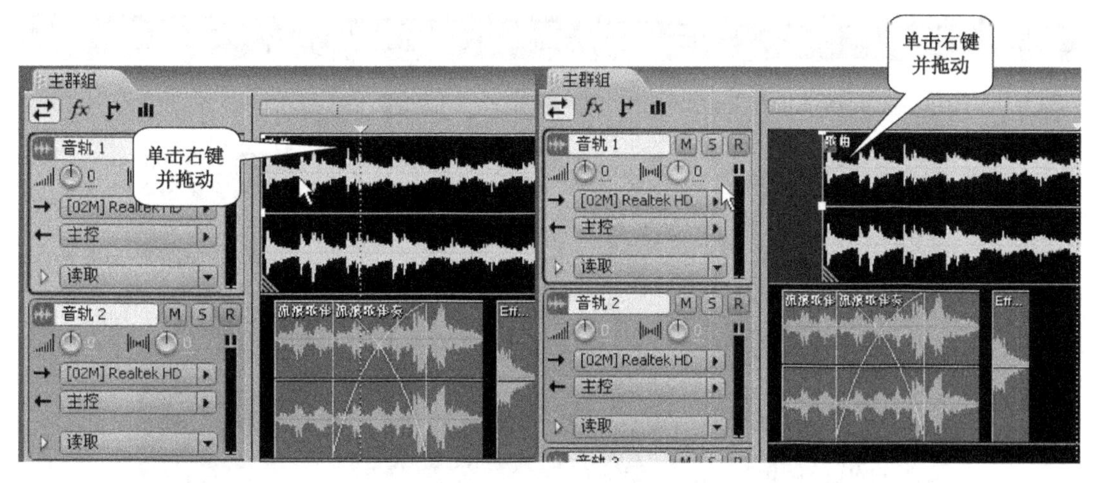

图 9-11　移动剪辑位置

5.“选择框”工具和“套索”工具

在编辑视图模式的频谱显示方式下，“选框”工具和“套索”工具主要用于选定声音文件的频谱区域，以便进一步编辑与处理。

（1）使用“选框”工具，在频谱上单击并拖动鼠标，即可创建出矩形选区，如图 9-13 所示。保持选中状态，按下“Shift”键的同时，单击并拖动鼠标即可添加选区；按下“Alt”键，在选区上单击并拖动鼠标，即可减选选区。

（2）使用“套索”工具，在频谱是单击并拖动鼠标，即可创建出不规则选区，如图 9-12 所示。

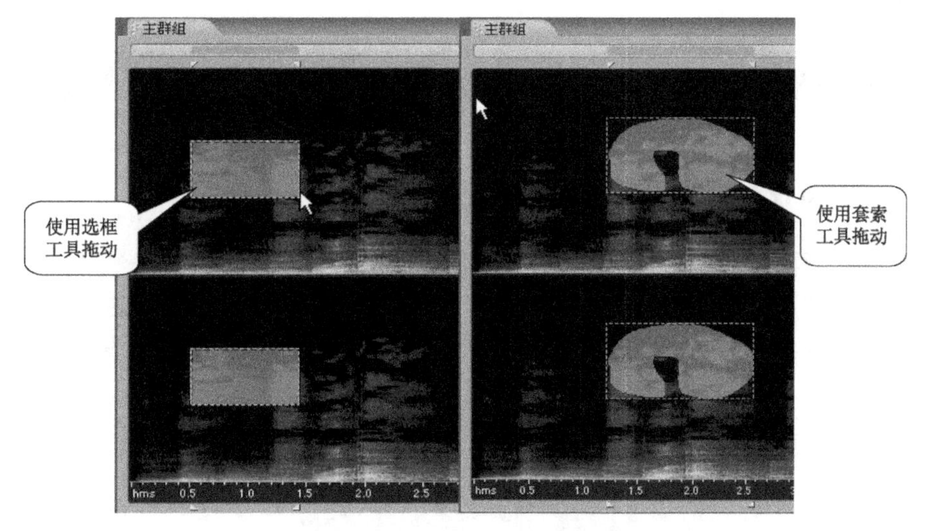

图 9-12　“选框”工具与“套索”工具

6.“效果漆刷”工具

“效果漆刷”工具与“选框”工具和“套索”工具类似，都可以定义需要编辑与处理的区域。所不同的是，“效果漆刷”工具是通过画笔绘画的方法来定义需要编辑的区域。使用该工具时，还可以设置画笔的大小及不透明度参数，如图 9-13 所示。

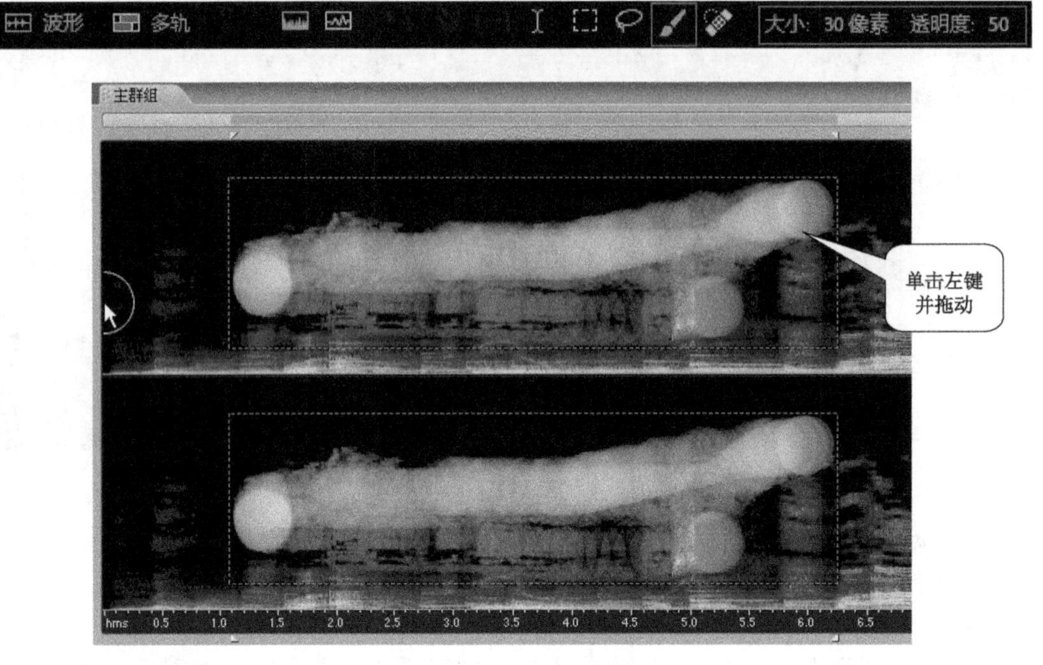

图 9-13 “效果漆刷”工具

7.“污点修复画笔”工具

使用“污点修复画笔”工具，可以在频谱上进行更为细致的修复，快速修复音频中不理想的部分。“污点修复画笔”工具工具是通过设置画笔的大小来定义需要修复的区域，如图 9-14 所示。

图 9-14 “污点修复画笔”工具

9.3.3 编辑查看模式下常用的面板功能

1.“文件”面板

用户可以在“文件”面板中对文件进行管理与访问。Adobe Audition 可以进行多任务操作，同时打开多个文件，被打开的文件名显示在“文件”面板的文件列表中，如图 9-15 所示。

图 9-15 “文件”面板的文件列表

（1）文件的导入。

在“文件”面板中单击“导入文件”按钮，弹出“导入”对话框，在对话框中选择所需要导入的文件，然后单击“打开”按钮，导入文件的文件名即显示在文件列表中。在“导入”对话框中同时选中多个文件可以一次导入多个文件。也可以在文件列表空白区域双击，弹出“导入”对话框。

（2）文件的关闭。

选中文件列表中所需要关闭的文件，然后单击“关闭文件”按钮，如图 9-16 所示，即可将选中的文件关闭。

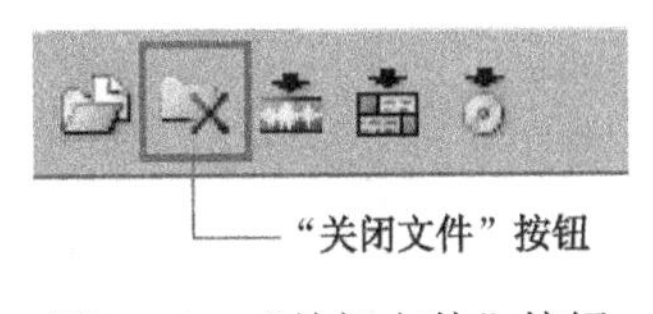

图 9-16　“关闭文件”按钮

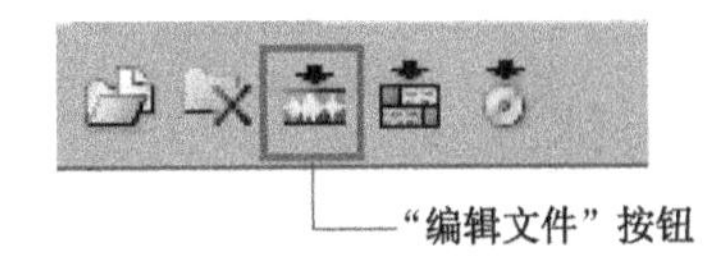

图 9-17　“编辑文件”按钮

（3）文件的波形查看。

在文件列表中选中需要查看的文件，然后单击“编辑文件”按钮，如图 9-17 所示，即可将文件的波形在“主群组”面板中显示出来。

注意：只有在只选中一个文件的前提下，“编辑文件”按钮才能被使用。

双击文件列表中该文件的文件名，可以在“主群组”面板中显示该文件的波形。

2．“主群组”面板

在编辑查看、多轨查看和 CD 查看三种模式中都有“主群组”面板，几乎所有的操作都离不开该面板。在编辑查看模式下的“主群组”面板中，可以显示音频文件的波形，并可对音频波形进行编辑与处理。编辑查看模式下的“主群组”面板如图 9-18 所示，它还包含一个指针。

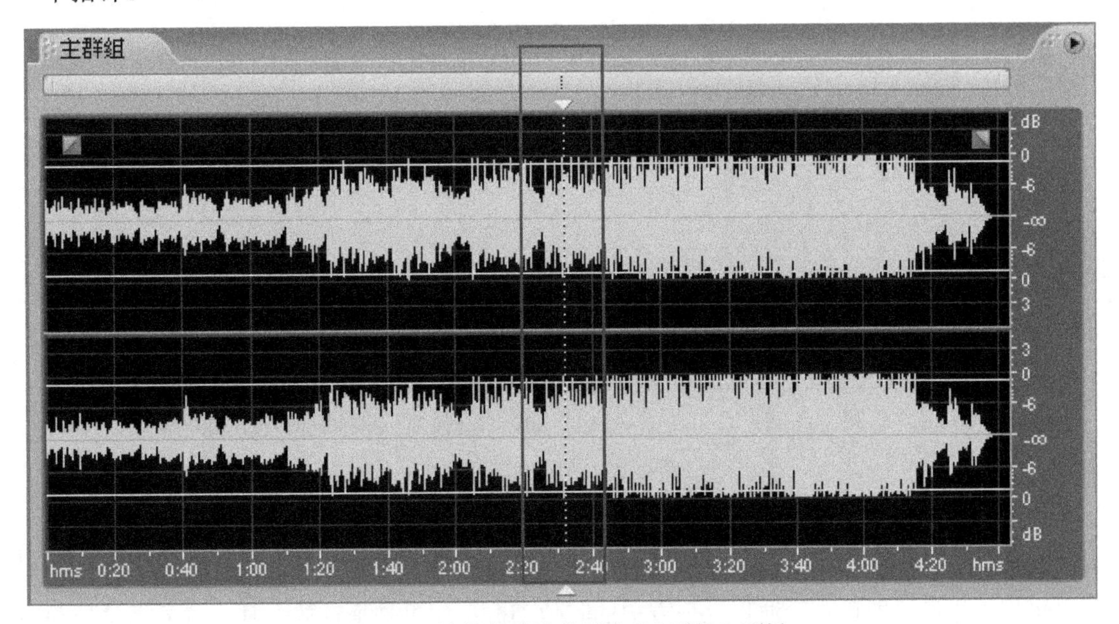

图 9-18　编辑查看模式下的“主群组”面板

3."传送器"面板

"传送器"面板主要用来控制声音的录制于播放，如图 9-19 所示。

4."时间"面板

"时间"面板如图 9-20 所示。

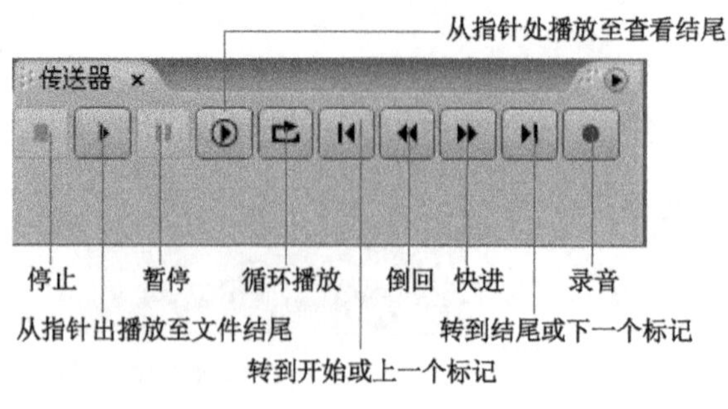

图 9-19 "传送器"面板

图 9-20 "时间"面板

（1）在"主群组"面板的音频波形上单击插入指针，此时，"时间"面板显示的是当前指针所处的时间。

（2）在"主群组"面板的音频波形上单击并向左或向右拖动鼠标选择部分音频波形（选中区域以高亮度显示），此时，"时间"面板显示的是选择区域最左边边缘所处的时间。

（3）在播放或录制音频时，"时间"面板显示的是播放或录制的当前时间。

5."缩放"面板

"缩放"面板用于对音频波形或音轨进行水平或垂直方向的缩放，以便更好地观察与编辑音频，如图 9-21 所示。

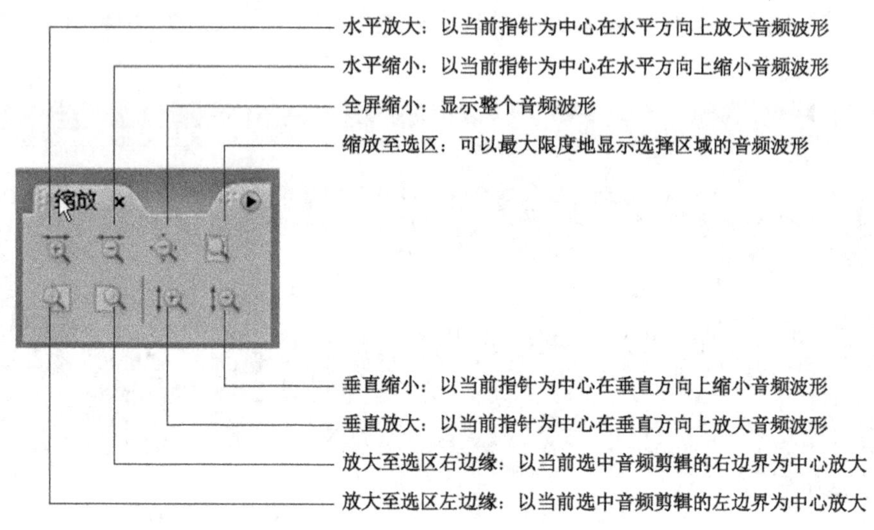

图 9-21 "缩放"面板

如图 9-22 所示，当音频波形被放大以后，屏幕上显示的只是波形的一部分。想要查看波形的其他部分，如果是水平放大时，将鼠标移到水平标尺上，此时鼠标指针变为手形，单击并水平拖动鼠标，即可查看波形水平方向的其他部分；如果是垂直放大时，将鼠标移到垂直标尺上，单击并垂直拖动鼠标，即可查看波形垂直方向的其他部分。

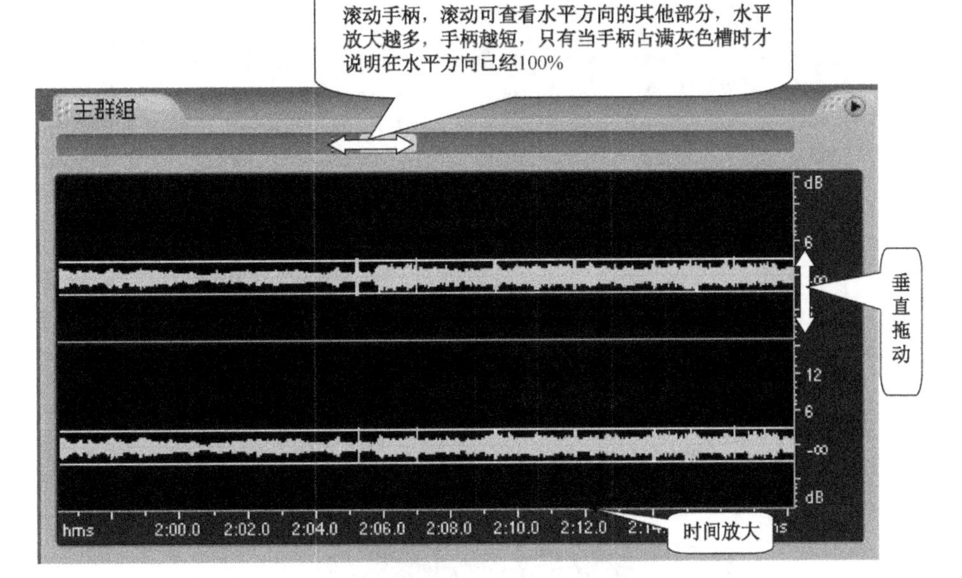

图 9-22　拖动标尺查看波形其他部分

“缩放”面板改变的只是波形的显示比例，波形的实际质量和效果都不会改变。在标尺上滚动鼠标滑轮，也可以放大或缩小音频波形。

6．“选择/查看”面板

“选择/查看”面板可以对音频的开始点、结束点和长度进行设置，进行精确的选择或查看，如图 9-23 所示。

选择/查看

	开始	结束	长度
选择	2:06.501	4:43.402	2:36.901
查看	0:00.000	4:43.402	4:43.402

图 9-23　“选择/查看”面板

9.4　音频素材的采集与制作

9.4.1　波形录音

音频采集与录制是音频处理软件的最基本功能。在进行音频录制前，需要安装音频录制或者采集的外围设备，如传声器（麦克风）、CD 机等。下面以传声器（麦克风）录音为例介绍声音录制的基本过程。

1．录音前的声卡设置

在使用 Adobe Audition CC 2018 软件进行录音以前，需要对声卡的录音选项进行设置。首先，双击 Windows 操作系统桌面任务栏中的“小喇叭”图标，系统打开“主音量”窗口，如图 9-24 所示。

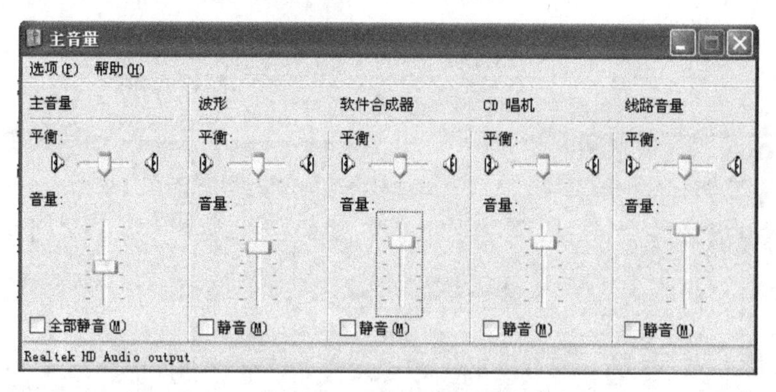

图 9-24 “主音量”窗口

2. 录制麦克风声音

（1）选择“文件”→“新建命令”选项，弹出“新建波形”对话框，参照图 9-25 所示进行设置。设置完毕后单击“确定”按钮，关闭对话框。

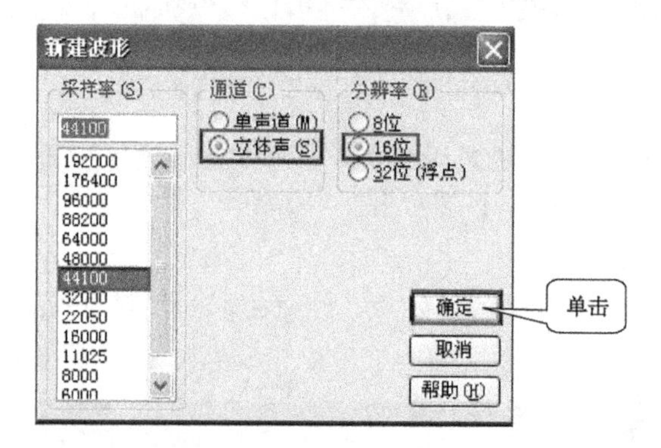

图 9-25 “新建波形”对话框

（2）麦克风相关设置。

① 将麦克风接入声卡的“MIC IN”插口。

② 选择“选项→‘Windows’录音控制台”选项，弹出“录音控制”窗口，勾选“麦克风”一栏中的“选择”复选框，并将音量调整到适合位置，如图 9-26 所示。设置完毕后，关闭“录音控制”窗口。

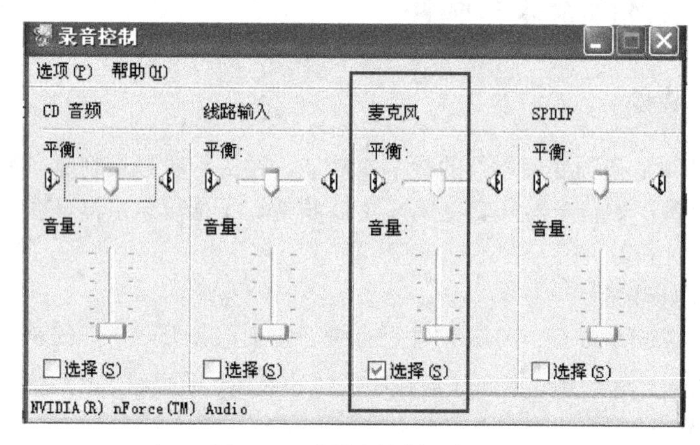

图 9-26 “录音控制”窗口

如果在”录音控制”窗口中，没有“麦克风”一项，可在”录音控制”窗口中选择“选项”→“属性”命令，弹出音量“属性”对话框，在“显示下列音量控制”列表框中勾选“麦克风”复选框，如图 9-27 所示。

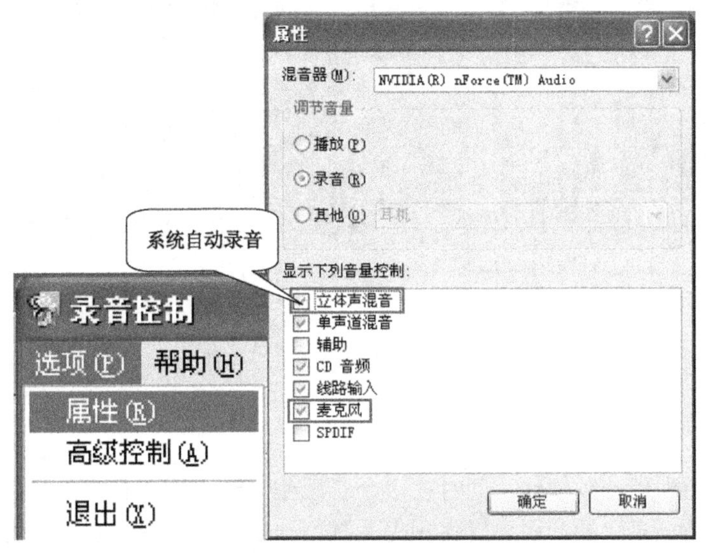

图 9-27　勾选“麦克风”复选框

③ 单击“传送器”面板中的“录音”按钮，即可开始录音，在录制的过程中会在“主群组”面板中看到录制声音的波形。当录制完毕后，单击“录音”或“停止”按钮，即可结束录制的操作。

（3）录制音频。

① 单击“传送器”面板中的“录音”按钮，开始录音。

② 录音完毕后，单击“传送器”面板中的停止按钮，停止录音。

在“主群组”面板没有显示任何文件波形时，如果需要在新文件中录音，也可以不选择“文件”→“新建”命令，而直接单击“传送器”面板中的“录音”按钮，在单击此按钮后会自动弹出“新建波形”对话框，然后单击“保存”按钮，文件即可被保存下来。

（4）保存文件。

选择“文件”→“另存为”命令，在弹出的“另存为”对话框中设置所保存文件的文件名、保存路径和保存类型，然后单击“保存”按钮，文件即可保存。

如果是录制本地计算机播放的声音，则必须在音量的“属性”对话框中，勾选“显示下列音量控制”列表框中的“立体声混音”复选框，然后单击“确定”按钮；再在”录音控制”窗口中勾选“立体声混音”复选框，并在”录音控制”窗口中将“Stereo Mix”的音量调整至适合。

一般来说，使用“立体声混音”录音，音量要调至很低才能使录制出来的音量处于合适大小，如图 9-28 所示。若是“立体声混音”的音量太大，录制出来的音量将会因太大而丢失部分信息。

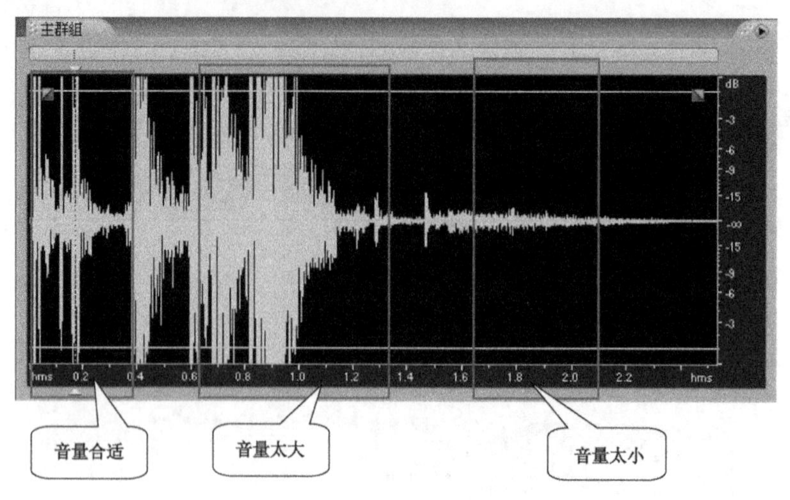

图 9-28 录制出来的音量处于合适大小

9.4.2 多轨录音

多轨录音是指利用音频软件，同时在多个音轨中录制不同的音频信号，然后通过混缩获得一个完整的作品。多轨录音还可以将预先录制好一部分音频保存在一些音轨中，再进行其他声音或剩余部分的录制，最后将它们混合制作成一个完整的波形文件。

例如：录制有背景音乐的歌声。

（1）新建会话文件。选择“文件”→“新建”命令，在弹出的“新建会话”对话框中进行设置，并保存会话文件，如图 9-29 和图 9-30 所示。

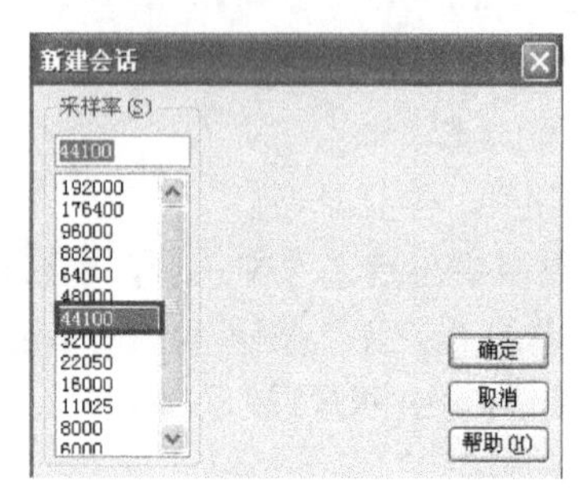

图 9-29 “新建会话”对话框

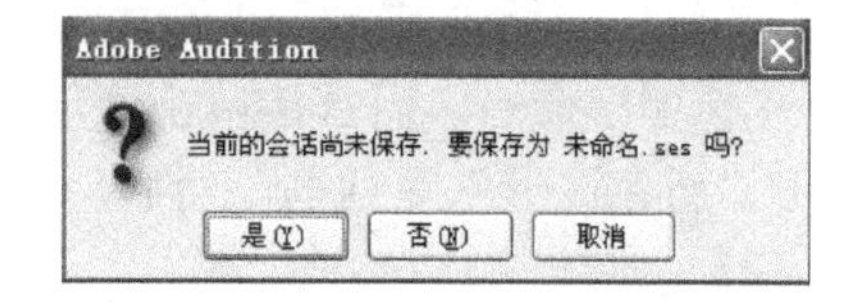

图 9-30 保存文件

（2）双击文件列表，弹出“导入”对话框，将背景声音导入进来，如图 9-31 所示。

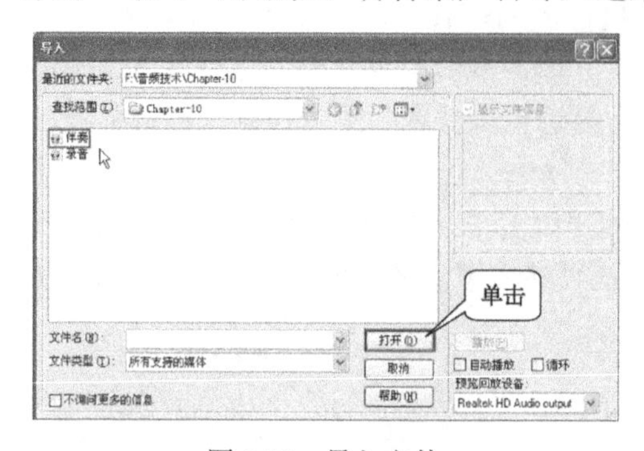

图 9-31 导入文件

（3）选择“伴奏”选项，单击“打开”按钮，将其拖动到“音轨 1”选项中。

（4）选择“选项”→“Windows 录音控制台”，弹出“录音控制”窗口，选择“选项”→“高级控制”命令，“录音控制”窗口出现“高级”按钮。

（5）单击“音轨 2”中的“录音备用”按钮，同时单击传送器中的“录音”按钮，即可以开始录音，如图 9-32 和图 9-33 所示。

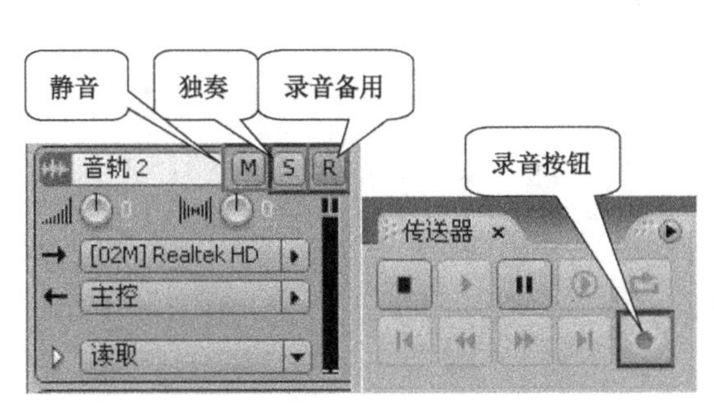

图 9-32　多轨音轨

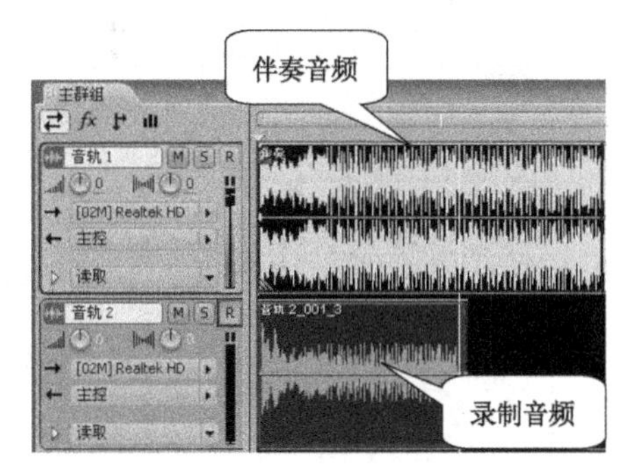

图 9-33　多轨录音

（6）保存音频文件。

（7）导出。选择“文件”→“导出”命令，将文件导出。

9.4.3　音频编辑

常用的音频编辑主要是对音频波形进行选取、裁剪、切合、合并、锁定、编辑、删除、复制以及对音频进行包络编辑和时间伸缩编辑等。一般在波形编辑模式窗口中进行，可以在多轨模式中双击某个音轨的音频波形，进入相应的波形编辑界面。

1．音频的事件选取

在“主群组”面板中，在所需要选取波形部分的一端点单击并将其拖放到另一端，这段波形便被选取了，这时被选取的波形以高亮度呈现，如图 9-34 所示。若选择的不够准确，可通过拖动选区四个角落的四个控制三角按钮来调整波形的选取区域。

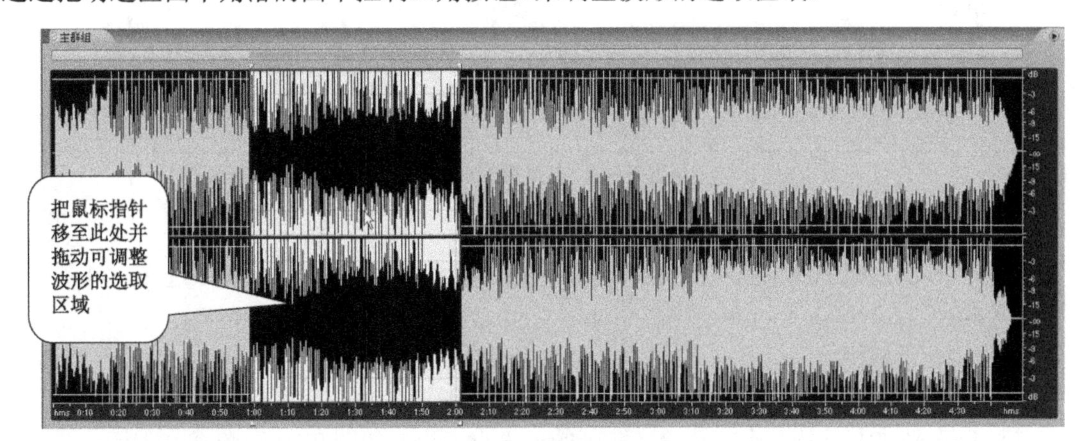

图 9-34　被选取波形

（1）左声道/右声道中波形的选取。

当鼠标指针处于“主群组”面板的波形上，只需选取左声道的一段波形时，可将鼠标指

针往上移至左声道音轨上边线附近，在所需选取左声道波形部分的一端单击并拖放到另一端，一段左声道的波形便被选取了，如图 9-35 所示。

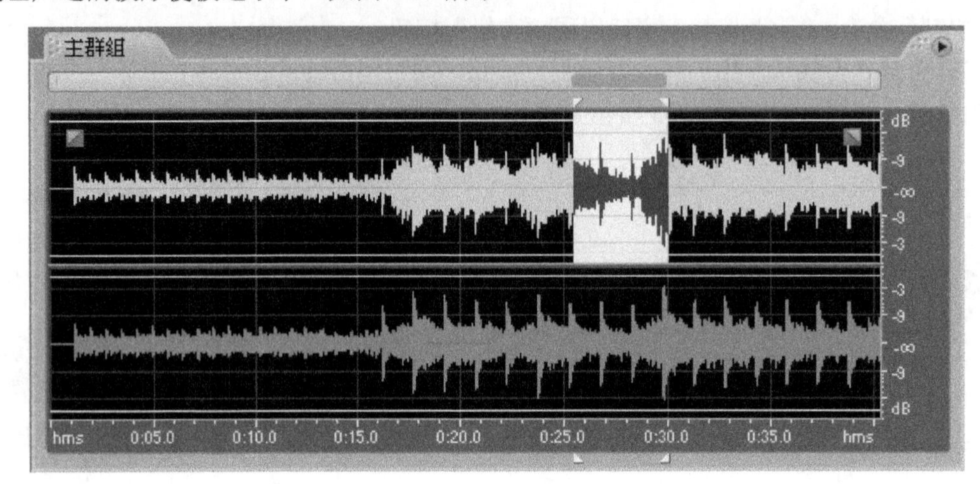

图 9-35　左声道的选取

（2）当只需选取右声道的一段波形时，可将鼠标指针往下移至右声道音轨下边线附近，在所需选取右声道波形部分的一端单击并拖放到另一端，一段右声道的波形便被选取了，如图 9-36 所示。

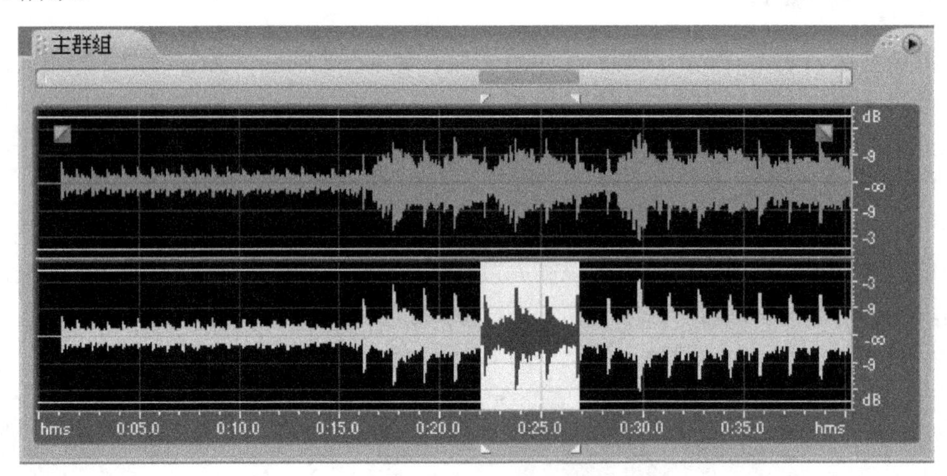

图 9-36　右声道的选取

（3）与“缩放”面板的结合使用。

在进行波形选取时，如果结合“缩放”面板中的“水平放大”按钮来选取，可使选取波形更精确。

其具体操作步骤如下：

① 通过拖放鼠标选中一段波形后，单击一次或数次“缩放”面板中的“水平放大”按钮，使波形水平放大至易于找准希望选取区的出入点为止，如图 9-37 和图 9-38 所示。

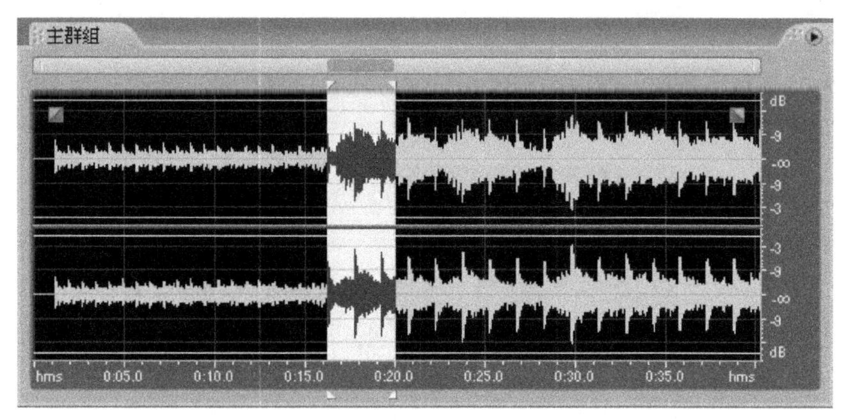

图 9-37　原始比例时

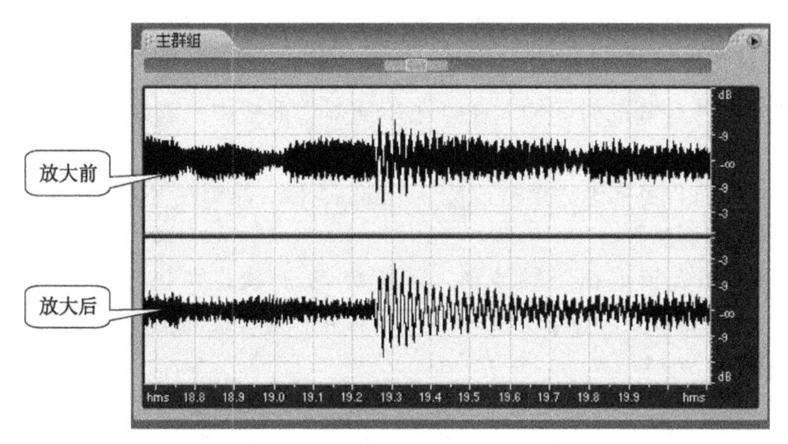

图 9-38　放大前后

② 向前移动滚动手柄使被选取区域的左边缘出现在“主群组”面板中，如图 9-39 所示，调整控制三角按钮，将选取区域左边缘调整至合适位置，单击“传送器”面板中的播放按钮进行预览。用同样的方法调整选取区域右边缘至合适位置。

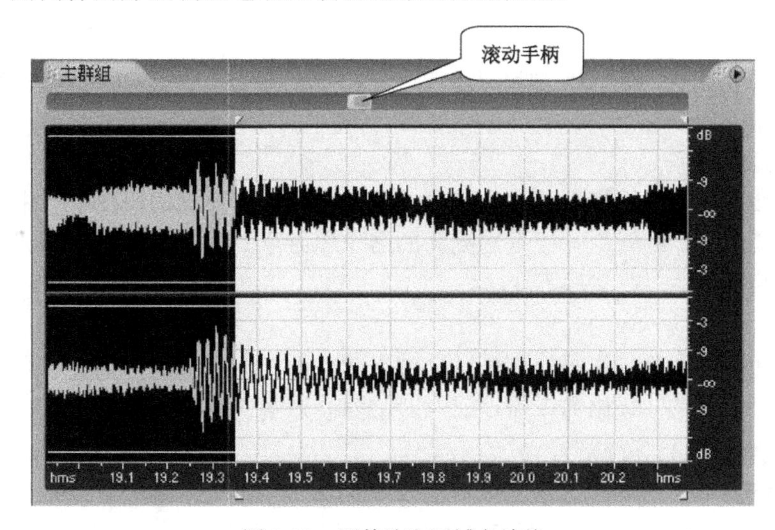

图 9-39　调整选取区域左边缘

（4）利用“选择/查看”面板进行选取。

如果已经知道需要选取区域起始位置和结束位置的精确时间，可以利用“选择/查看”面板进行方便、精确的选取，如图 9-40 所示。

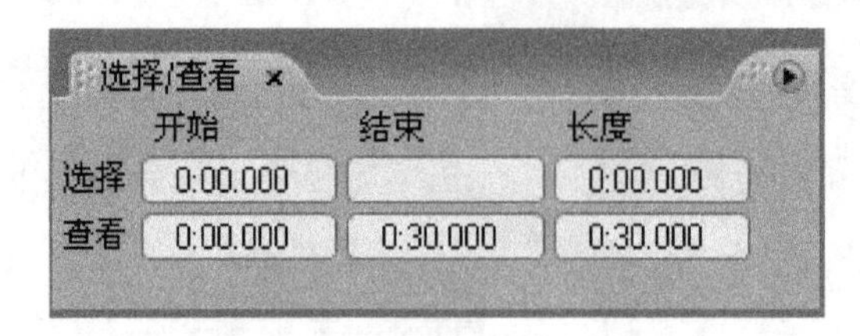

图 9-40 “选择/查看”面板

其操作步骤如下。

① 将已知的起始位置的时间输入在“选择/查看”面板中“选择”一行里的“开始”文本框中。

② 将已知的结束位置的时间输入在“选择/查看”面板中“选择”一行里的“结束”文本框中。

③ 在时间文本框以外的地方单击或按下“Enter”键，即可在“主群组”面板中选中所设置的时间区域里的音频波形。

按“Ctrl+A”组合键或在音频波形上连续单击 3 次，可以选中整个音频波形。按“Ctrl+Shift+A”组合键或在音频波形上连续双击，可以选中当前查看的音频波形。

2. 复制音频

（1）选取所需要进行复制的波形素材，然后按“Ctrl+C”组合键进行复制，或把鼠标指针移到所选区域里边并右击，在弹出的快捷菜单栏中选择“复制”命令。

（2）在需要粘贴的地方单击插入指针，然后按“Ctrl+V”组合键进行粘贴，或是在插入指针处右击，在弹出的快捷菜单中选择“粘贴”命令。

这时，复制的素材被插到指针后面，原来指针后面的波形自动往后移，接到所插入的素材后面。文件的长度变为原波形长度加上复制的波形素材长度。

3. 删除

选取要删除的波形，然后按“Delete”键，或选择“编辑”→“删除所选”命令，被选取的波形即被删除。

4. 复制为新文件

选取一段波形，把鼠标指针移到所选区域里并右击，在弹出的快捷菜单中选择“复制到新的”命令，或选择“编辑”→“复制到新的命令”命令。这时，被选取的波形被复制并粘贴到自动新建的文件中，源文件不变。

5. 修剪

选取一段波形，把鼠标指针移到所选区域里并右击，在弹出的快捷菜单中选择“修剪”命令，或选择“编辑”→“修剪”命令。这时，原波形文件中被选取波形以外的部分全部被删除，只留下所选取的这段波形。

6. 生成静音

选取需要生成静音的波形，把鼠标指针移到所选区域里并右击，在弹出的快捷菜单中选择“静音”选项，被选取部分含有的声音即被删除，但是原来占有的时间不变，如图 9-41 所示。

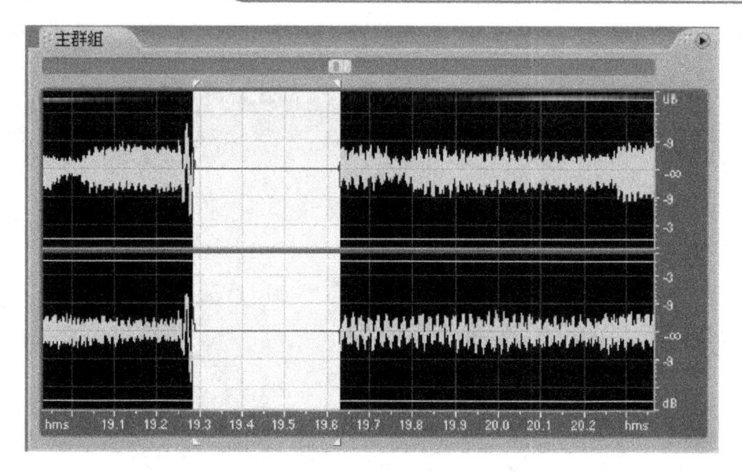

图 9-41　生成静音后的效果

7．切分音频

音频文件录制成功后，可以将其切分为多个小的音频片段，即音频切片，以便对每个小的切片进行不同的编辑或处理。首先选择需要音频切片的区域范围，然后在所选区域右击，在弹出的快捷菜单中选择“分离”选项，或选择“剪辑”→“分离”命令，或按“Ctrl+K”组合键或者单击按钮，如图 9-42 所示。

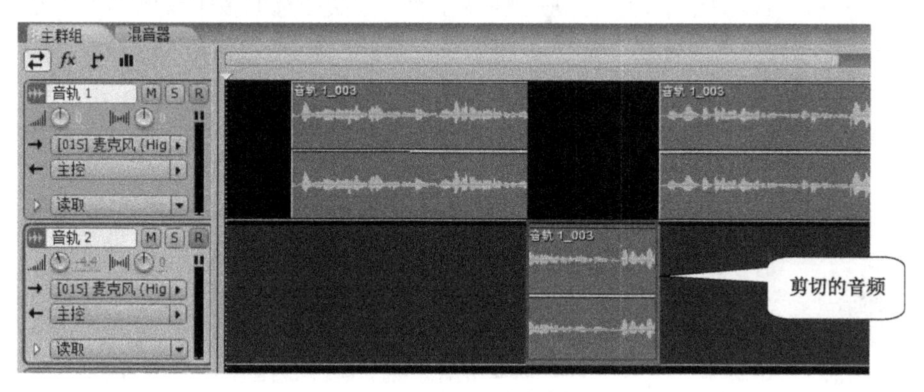

图 9-42　切片后的音频切片

切分之后，可以通过选择工具栏中的移动工具，将音频切片移动到当前音轨的其他位置或移动到其他音轨。

8．合并音频波形

经过切分的音频切片可以通过合适的方法实现不同切片之间的合并。合并前将单独的音频切片移动到一起，首尾连接，两个切片就会自动吸附在一起，实现无缝连接。对于多个独立音频切片的无缝连接，使用“Ctrl”键将要合并的切片全部选中，选择“分离”→“合并”→“聚合分离命令”命令，将音频合并。

9．锁定音频波形

Adobe Audition CC 2018 可以将音频切片的时间位置锁定，要实现将已排列好的各个音频切片的位置固定下来。首先选择需要进行时间锁定的一个或多个音频切片，右击，在弹出的快捷菜单中选择“锁定时间”命令，或者单击按钮。被锁定的音频切片上会出现一个锁头图标，如图 9-43 所示，音频切片的位置将被锁定。选择锁定的音频，再单击图标，可以取消锁定。

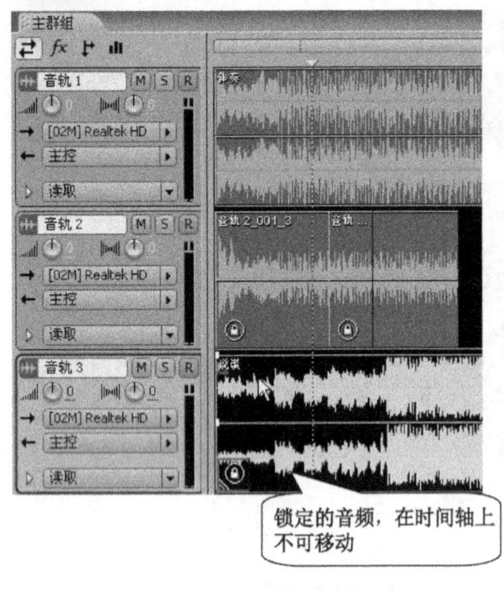

图 9-43　锁定音频切片

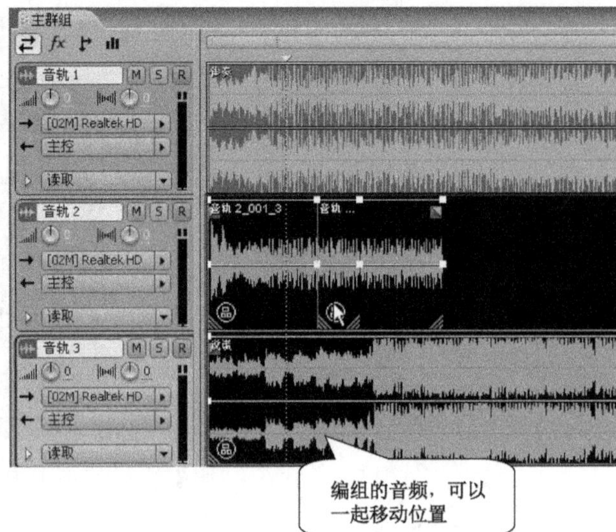

图 9-44　编组音频切片

10．编组音频波形

编组可以将多个音频切片合成一个固定的音频切片组，能够实现组内各个音频切片的相互位置固定不变，可以对整个切片组进行整体移动。方法是选取多个音频切片，右击，在打开的快捷菜单中选择“剪辑编组”命令，即可将音频波形编组，如图 9-44 所示。

11．包络编辑

包络编辑是指在音频波形幅度上绘制一条包络线，从而改变了声音输出时的波形幅度，即改变声音的强度，如图 9-45 所示。

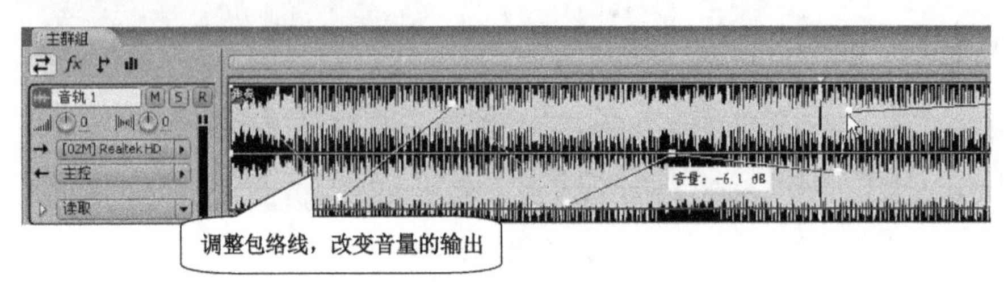

图 9-45　音频包络编辑

通过包络编辑可以在音乐播放中让音量或大或小，实现特殊的音乐效果，如淡入淡出效果。在每个音轨的上方都有一条绿色的包络线，选中音频波形，单击包络线，出现一个白色的控制块，如图 9-46 所示，向下拖动控制块，实现对包络线的重新绘制。

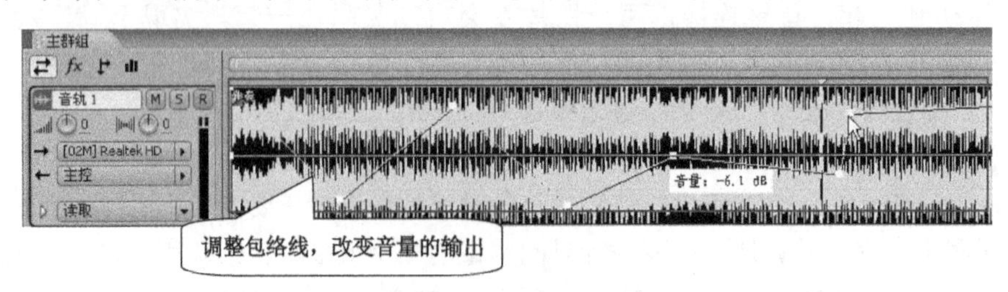

图 9-46　包络线控制

12. 时间伸缩编辑

在模拟音频时代，如果改变声音的播放速度，音乐的音量高低和音色都会有所改变。如果降低速度，会出现女声变男声的情况。在数字音频处理技术中，对声音的速度和音高分别进行处理，可极大程度地提高效率。

进行时间伸缩编辑时，首先选择音频片段，然后将鼠标移动到音频切片的左下角或者右下角有斜线的地方，如图 9-47 所示。当鼠标指针变成双向箭头时，左右拖动鼠标，即可实现对音频的时间伸缩编辑。

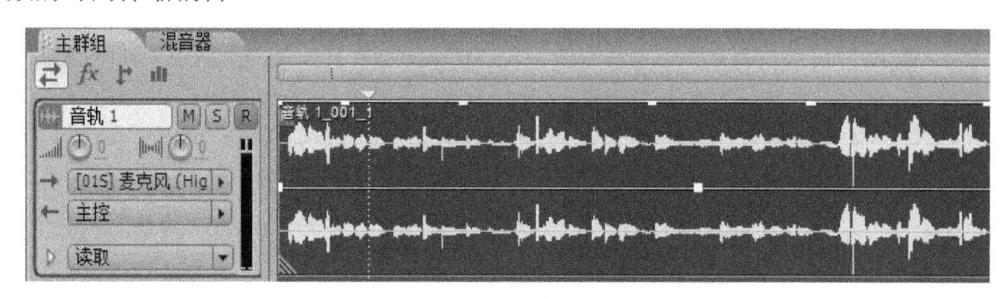

图 9-47　音频的时间编辑

13. 添加标记

标记在音频编辑中起着重要的作用，主要是对正在编辑的音频作记号，起解释说明的作用。

1）添加标记

在“传送器”面板上，单击“播放”按钮，当播放音频到所需添加标记的位置时，按“F8”键；或者单击工具栏中的按钮，即可添加标记，如图 9-48 所示。

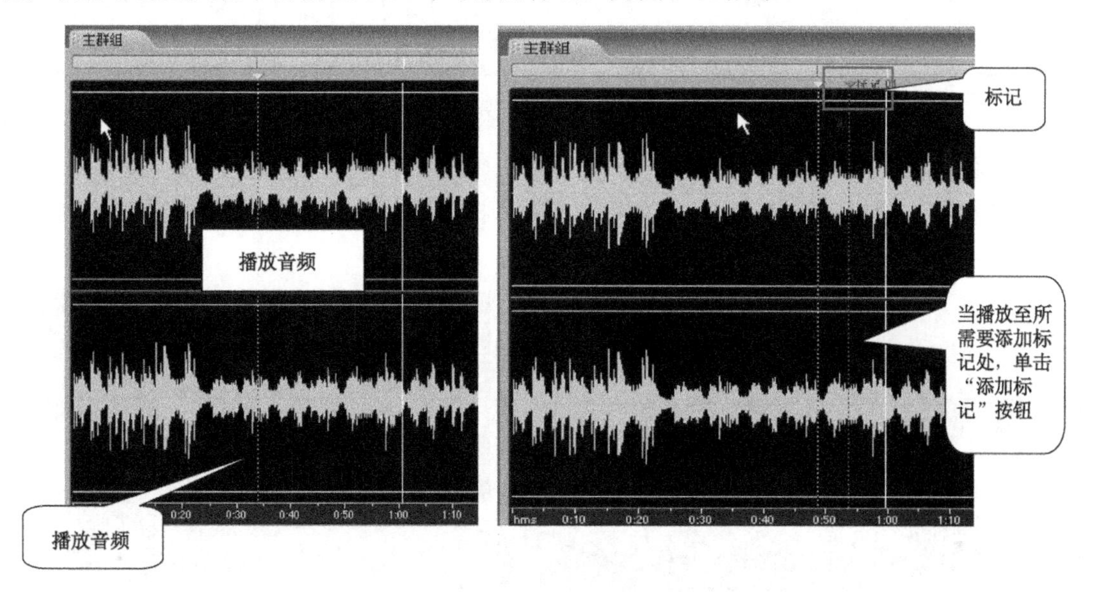

图 9-48　添加标记

2）标记列表

选择“窗口”→“标记列表”选项，即可打开“标记”面板，在该面板中可以看到所有标记的详细情况，如图 9-49 所示。

工作区(W)
✔ 工具(T)
✔ 文件(F) Alt+9
✔ 效果(E) Alt+4
✔ 收藏夹(I)
✔ 电平指示(L) Alt+7
✔ 时间(I)
✔ 传送控制器(C)
✔ 缩放控制(Z)
✔ 选择/查看控制(S) Alt+6
频谱控制(R)
标记列表(K) Alt+8
播放列表(A)
频率分析(Y) Alt+Z
相位分辨率(P) Alt+X

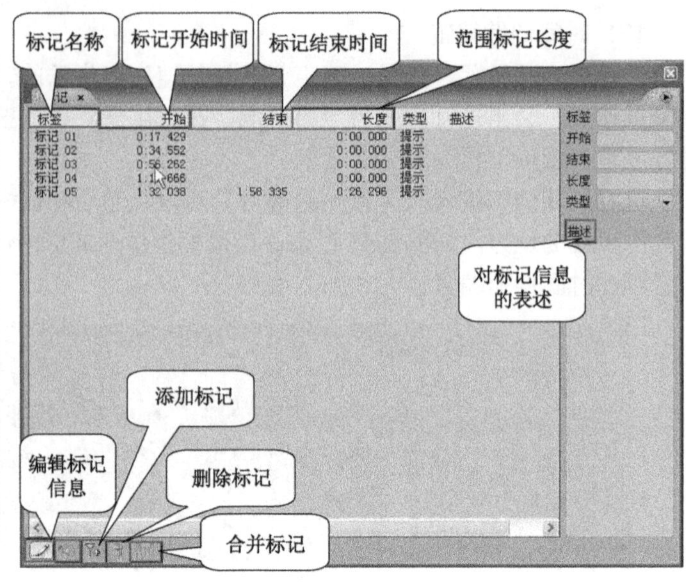

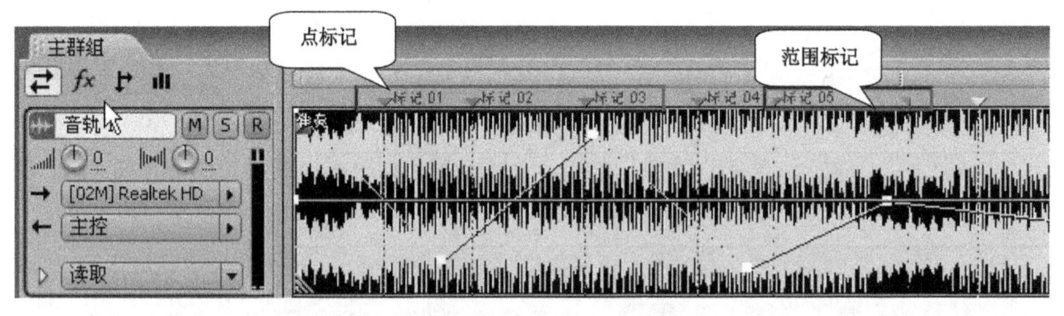

图 9-49　标记列表

3）选择标记

在“标记”面板中双击标记，即可将游标插入标记所在位置；或者双击范围标记即可将标记时间范围内的音频波形选中，如图 9-50 所示。

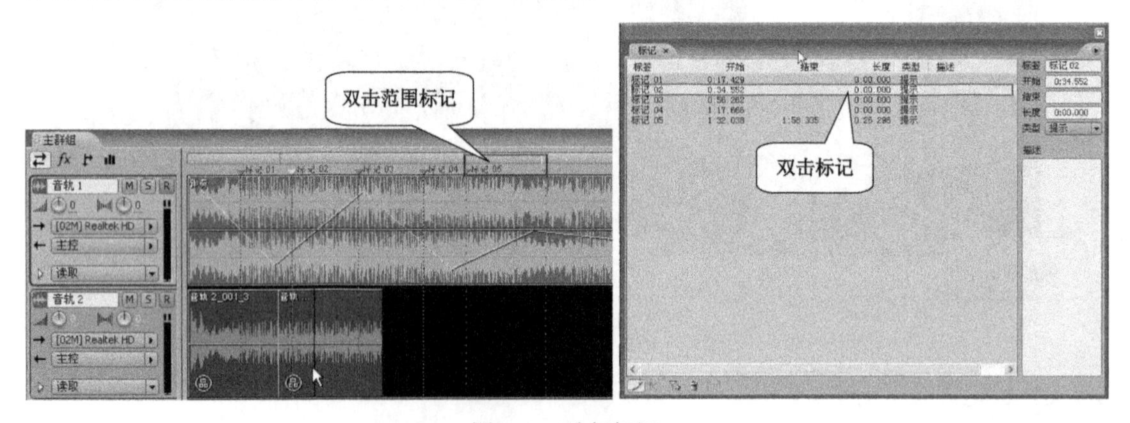

图 9-50　选择标记

4）删除标记

按“Alt+8”组合键进入“标记”对话框，选择需要删除的标记，然后单击“删除所选”按钮，即可删除当前所选标记；或者在标记上右击，在弹出的快捷菜单中选择“删除”命令，同样可以删除所选标记。

9.5　音频特效处理

音频特效处理主要使用了 Adobe Audition CC 2018 软件提供的多种效果器。主要包括修复效果器、振幅效果器、均衡效果处理、混响效果处理、压限效果处理、延迟效果处理等。下面对这些效果分别进行介绍。

9.5.1　噪声处理

噪声处理是为了降低噪声对于声音的干扰，使声音更加清晰、音质更加完美，也称降噪处理。但是，降噪处理会在一定程度上影响现有音乐的品质，因此，降噪过程要处理得当。降噪处理有很多种方法，如爆破音修复、消除嘶声和降噪器等。这里以降噪器为例，介绍降噪处理方法。

降噪器是 Adobe Audition CC 2018 软件提供的一种效果器。主要针对录音环境或设备不佳而产生的噪声类型，这种降噪方法也被称作采样降噪法。

（1）在编辑视图模式中，选中一小段背景噪声，噪声长短在 1s 左右为宜，如图 9-51 所示。然后在左侧的“效果”面板中选择“修复”→“采集降噪预置噪声”选项，进行噪声捕获。

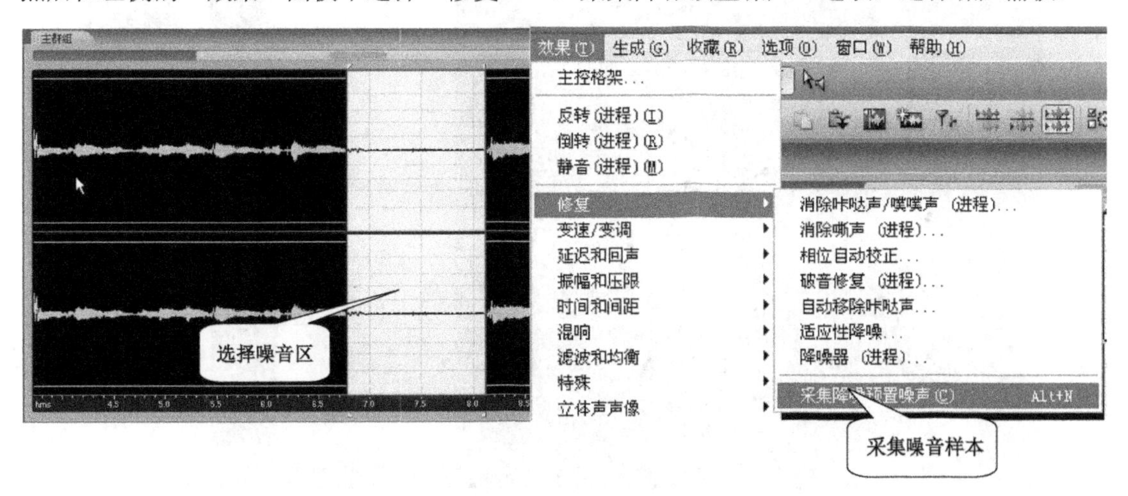

图 9-51　采集噪声样本

（2）选中整个需要降噪的声音波形，选择“修复”→“降噪器”命令，打开“降噪器”对话框，如图 9-52 所示，降噪后的效果如图 9-53 所示。

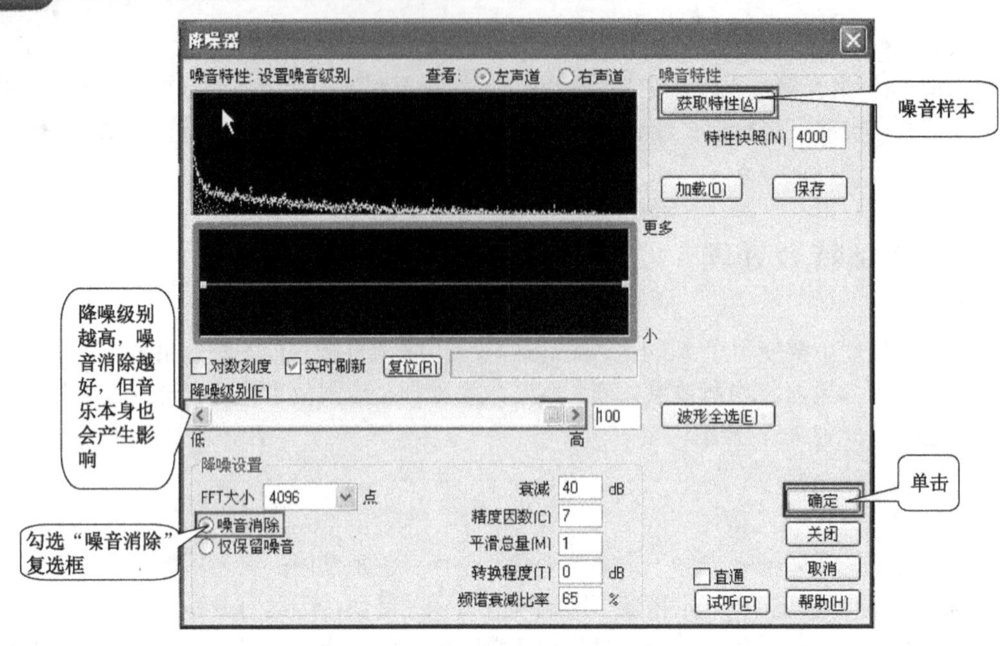

图 9-52　降噪器

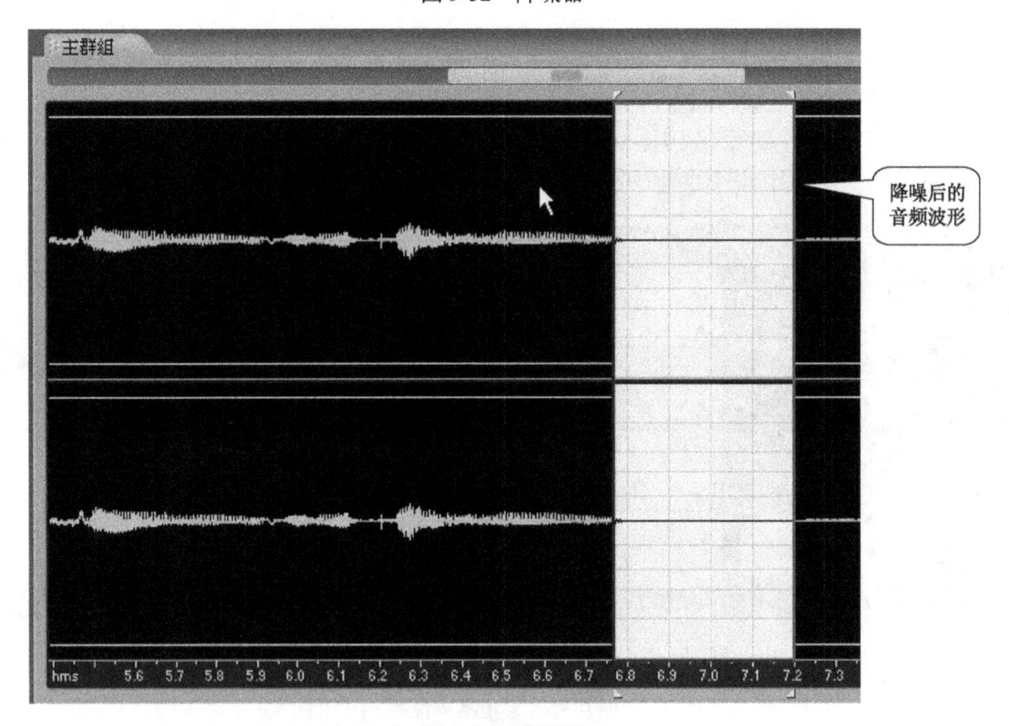

图 9-53　降噪后

在“降噪器”对话框中适当调整参数，单击“确定”按钮则实现对整个所选音频段落的降噪处理。

9.5.2　均衡效果处理

均衡效果处理使用软件中的图形均衡器来完成。均衡处理是为了实现对特定频率的音频

进行增强或者衰减调整，可以起到修饰声音的目的。双击需要进行均衡效果声音的波形进入波形编辑模式，选择“效果”→“滤波和均衡”→“图示均衡器”命令，打开“图示均衡器”对话框，如图 9-54 所示。

通过调整不同频段上的滑块，改变增益或衰减，即可对音乐的效果进行初步处理，如图 9-55 所示。

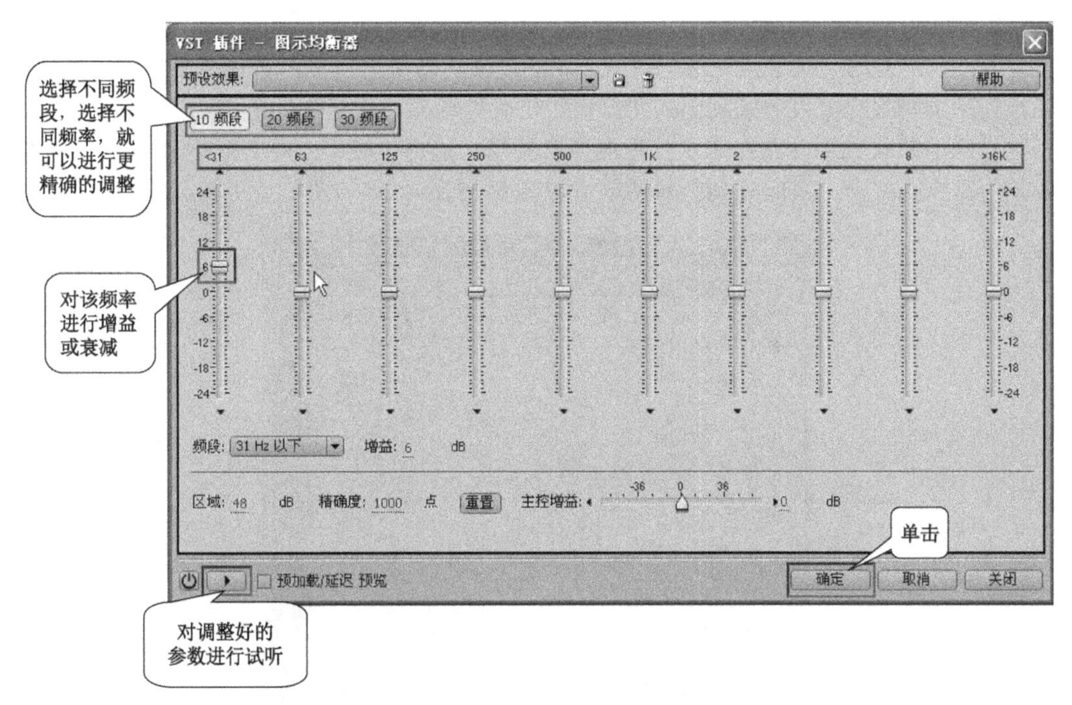

图 9-54　“图示均衡器”对话框

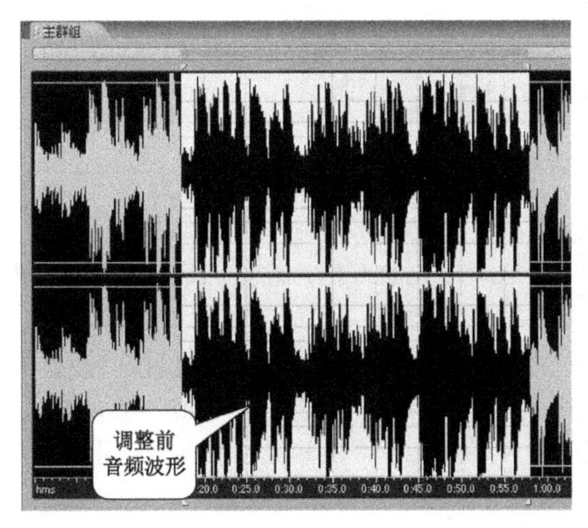

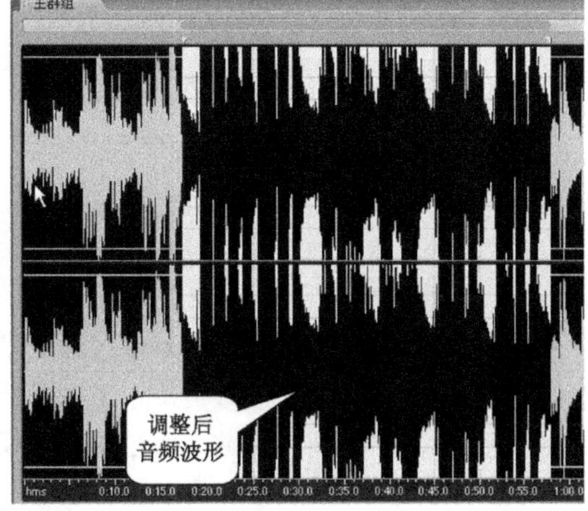

图 9-55　调整前后的音频波形

9.5.3　混响效果处理

混响类效果器一般是对真实环境的虚拟。在录音制作过程中，由于录制的声音通常都是在一个没有任何混响效果的录音室中录制的，因此，后期对“干声”的混响施加就显得尤其重要。首先在调音台中，就自带有一些混响的参数。而在网络音乐制作过程中，不仅要对真实环境进行模拟，恢复真实声场的环境，有时还需要创造一些真实声场中不存在的声音环境。因此，混响效果是网络音乐编辑过程中常用的一种方法。用好混响效果可以为音乐增色，而若用不好则可能破坏音乐。

混响是室内声音的一种自然现象。室内声源连续发声，当达到室内被吸收的声能等于发射的声能时关断声源，在室内仍然留有余音，此现象被称为混响。混响是由于声音的反射引起的，若没有声音的反射也就无混响可言。混响效果就是用来模拟声音在声学空间中的反射。灵活地运用混响效果可以使录制出的“干声”更具声场感，更饱满动听。

在波形编辑模式中，选择需要处理的声音波形，选择“效果”→“延迟和回声”→“简易混响”命令，打开“房间混响”对话框，如图 9-56 所示。

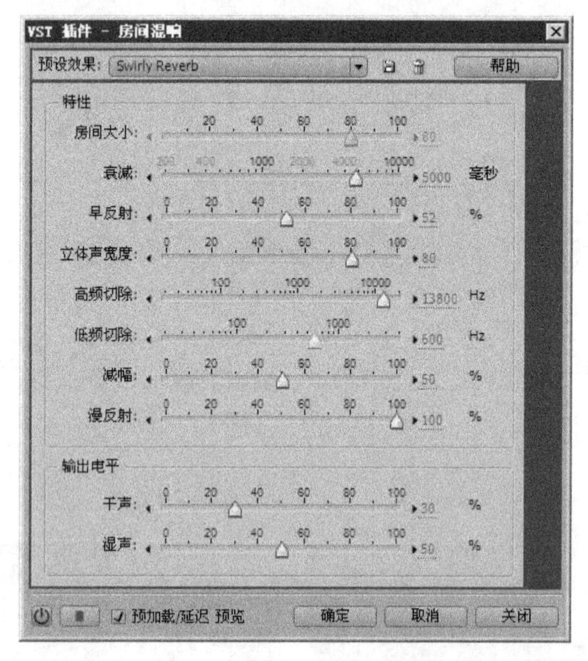

图 9-56 “房间混响”对话框

（1）房间大小：该参数值可以设置房间的大小，数值越大，混响效果越强烈。

（2）衰减：该参数值指在混响声场形成后声音逐渐消失的过程，这里的衰减参数以毫秒为单位。

（3）早反射：混响是声音反复经过多次反射后形成的效果，只经过一次反射就进入耳朵的声音被称为早期反射，该参数决定了早期反射声音占原始声音大小的百分比。过大的早期反射声音会给人不真实的感觉，而过小的早期反射声音又会使“房间大小”参数达不到预期的大小。一般情况下，该参数值设置为 50%。

（4）立体声宽度：设置该参数值可以改变混响效果的立体声宽度，如果该参数值为 0，即变为单声道，高数值会使混响后的声音变得更加宽广。

（5）高频切除：该参数值决定了可混响的最高频率。

（6）低频切除：该参数值决定了可混响的最低频率。

（7）减幅：该参数用于调整高频声音的衰减程度，高数值可以得到温和的混响声音。

（8）漫反射：该参数是混响的扩散度，决定了混响被物体吸收了多少。数值越小，被吸收的混响就越少，混响效果就越接近回声效果；数值越大，混响被大量吸收，回声就变得越少。

9.5.4　压限效果处理

压限效果处理可以对声音的振幅进行控制，还可以改变输入增益等，压限效果处理能对高音部分的声音效果进行限制。其操作方法是在波形编辑模式中，选择需要处理的音频内容，选择“效果”→“振幅”→“硬性限制”命令，弹出“硬性限制”对话框，如图 9-57 所示。

通过对各项参数游标的调整改变其参数值，实现压限效果。

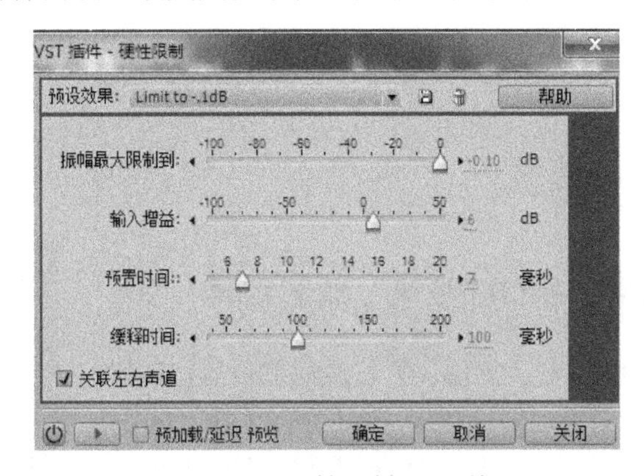

图 9-57　“硬性限制”对话框

9.5.5　延迟效果处理

延迟效果处理是对人声进行处理和润色的一种良好的效果处理，可以使单薄的声音变得厚实丰满。使用方法是在波形编辑模式中，选择待处理波形，选择“效果”→“延迟效果”→“延迟”命令，弹出“延迟”对话框，如图 9-58 所示。

通过调整延迟时间和干、湿效果，可以改变声音的输出效果。

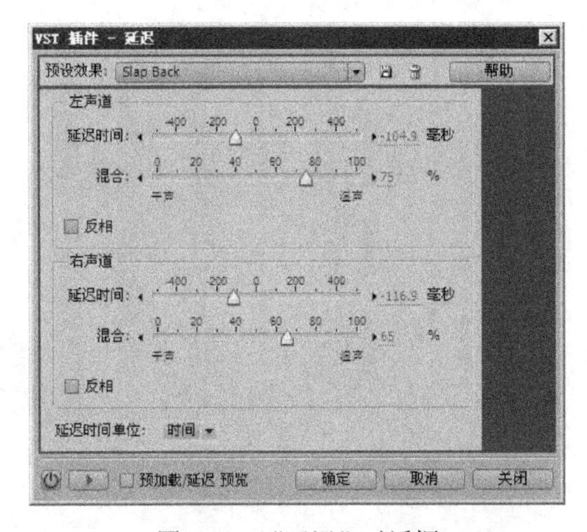

图 9-58　“延迟”对话框

（1）延迟时间：该参数值决定着延迟声产生的时间。以 0 值为分界点，当其值为正数时，为延迟声效果；当其值为负数时，处理后的声音（湿声）将比原始信号（干声）提前出现，从而与另一个声道形成延迟效果。

（2）混合：该参数控制原始干声与处理后的湿声的比值。该参数越大，原始干声越少，延迟声越多。在调整延迟时间与混合时，比例适中，可以使得声音具有层次感、顺序感；若延迟时间过大，或左右声道延迟时差过大（一般不宜超过 60dB），会导致声音混杂、不清晰；干声、湿声的混合亦是如此。

（3）反相：将当前进行处理的音频波形剪辑反转，使它可以得到一些特殊效果。

（4）延迟时间单位：在该下拉列表中可以选择“时间”、“节拍”或“采样”的计量单位。在默认状态下计量单位是“时间”以毫秒为单位。

【项目实施】

9.6 音频制作实例

9.6.1 制作《咏鹅》的口吃效果（波形案例）

（1）启动 Adobe Audition CC 2018，进入波形编辑器，新建一个音频，将其命名为“咏鹅口吃效果”，如图 9-59 所示。

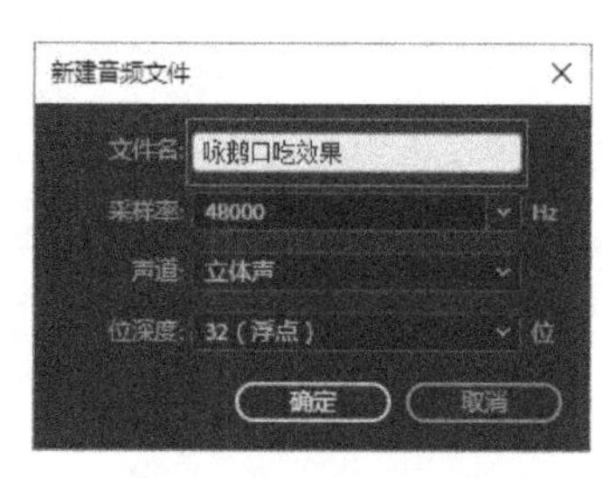

图 9-59 新建音频文件

（2）单击“录制”按钮，然后开始录音，“鹅鹅鹅，曲项向天歌，白毛浮绿水，红掌拨清波”，下方已将该诗中文字与音频逐字对应，如图 9-60 所示。

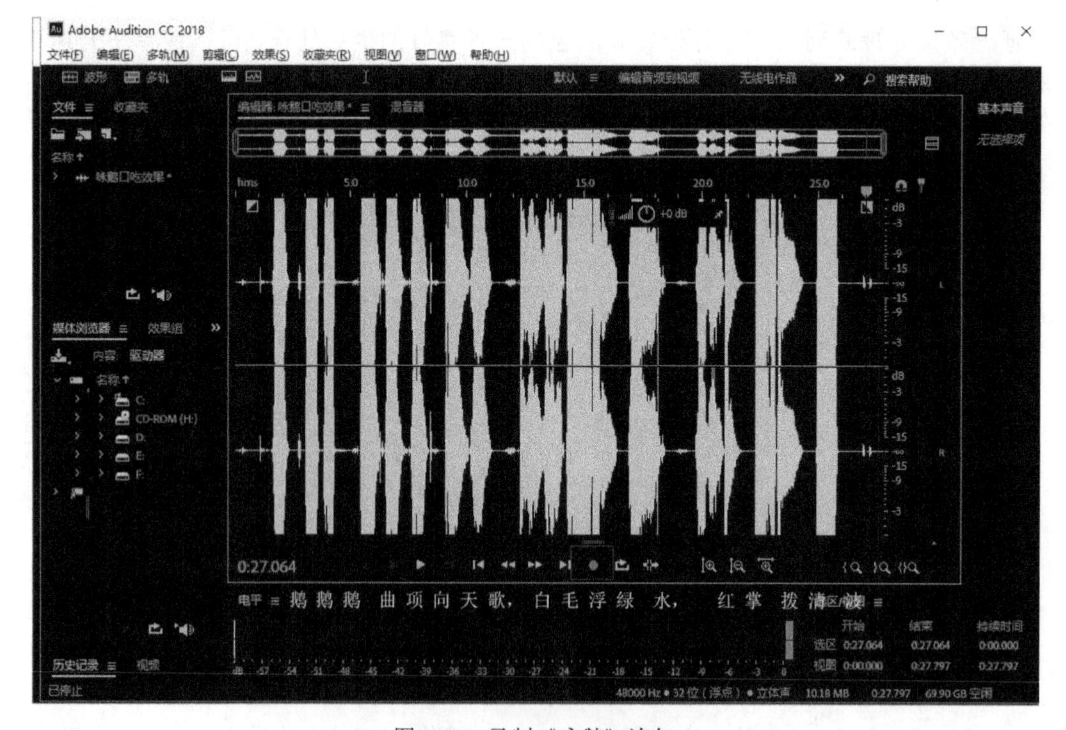

图 9-60 录制《咏鹅》诗句

（3）找到“天”字音频段，将其复制、粘贴，形成两个“天”字，从而达到“口吃”的效果，如图 9-61 所示。

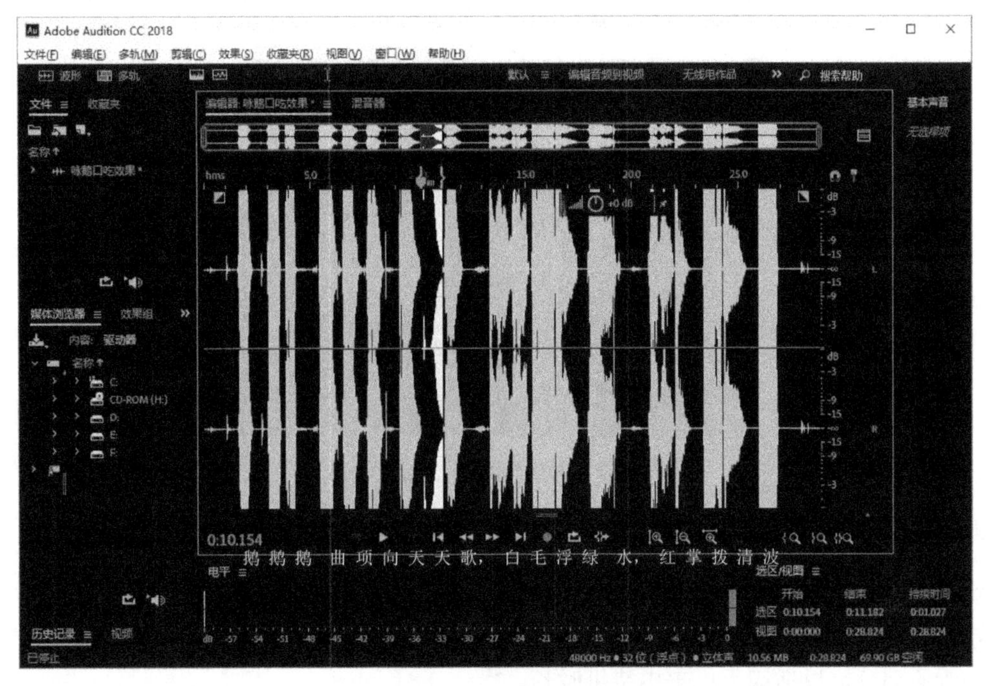

图 9-61 两个“天”字

（4）按此道理，将该诗中的“白”字和“红”分别复制、粘贴，形成如图 9-62 所示的对应效果。

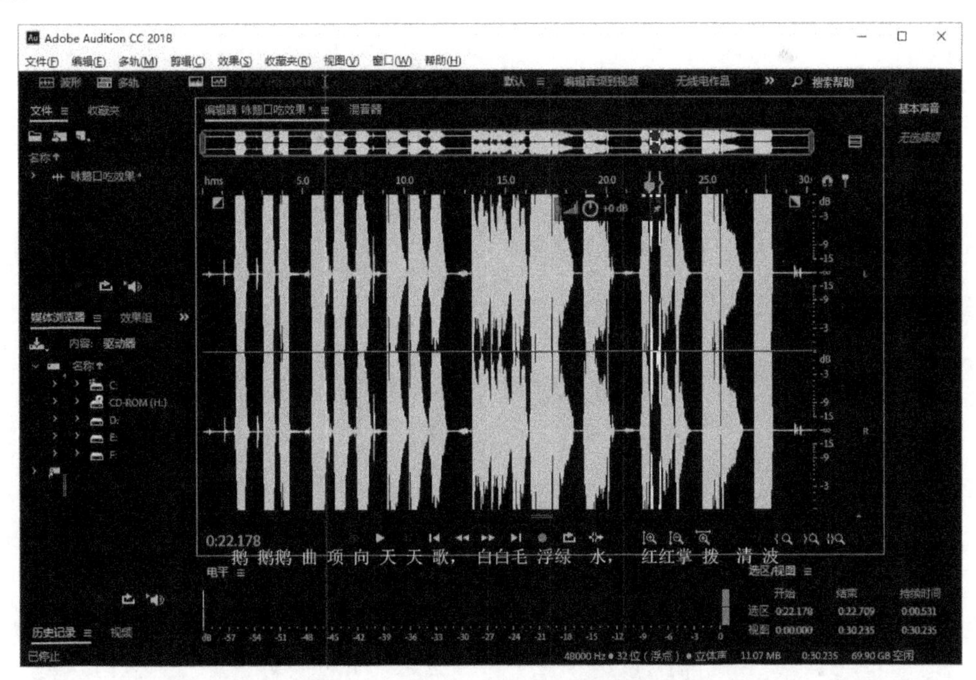

图 9-62 “白”字和“红”分别复制、粘贴

（5）选择“文件”→“另存为”命令，将制作好的音频文件保存为“咏鹅口吃效果.mp3”，保存在指定文件夹，如图 9-63 所示。

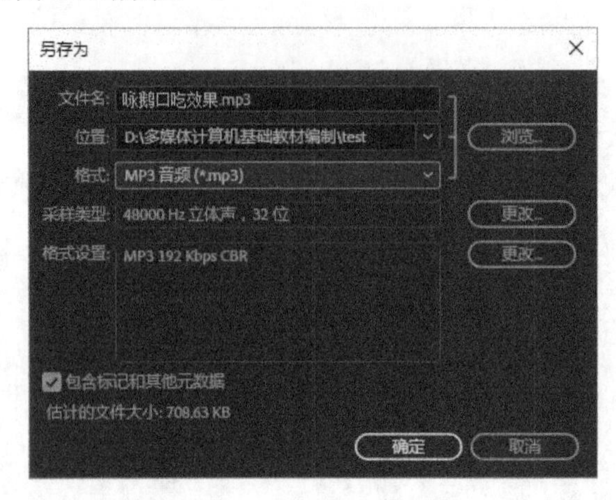

图 9-63　保存为 MP3 格式并输出

9.6.2　制作个性化的手机铃声（波形案例）

项目目标：希望截取某首 MP3 的高潮部分作为手机个性化铃声。

手机待机来电时长通常 40 秒左右，而一首 MP3 音乐通常在 3～5 分钟，所以需要截取其中最动听的部分，以适应手机来电待机时长。

项目实施：本案例将以《K 歌之王》彭羚版为例，截取前奏的世界名曲《卡农》的高潮部分，作为手机来电铃声，并将截取音频进行淡入淡出处理。

（1）在波形编辑器视图下，双击音频列表区，选择导入歌曲的路径，将《K 歌之王》彭羚版导入，如图 9-64 所示。

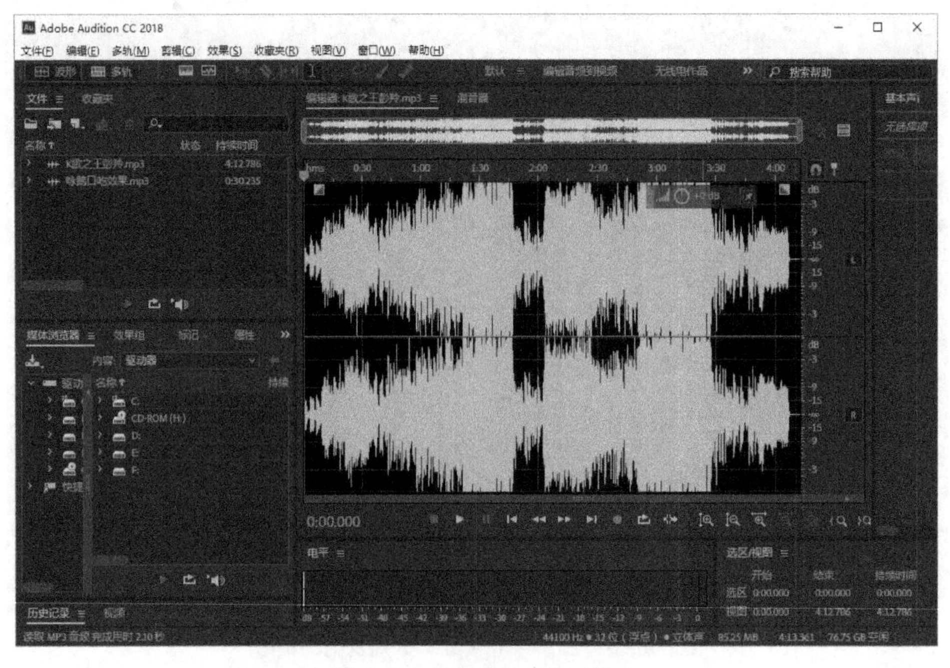

图 9-64　导入被操作的音乐

（2）通过试听，准确选择要被删除的前奏部分，如图 9-65 所示，按“Del”键直接删除（注意：如果使用的是 Adobe Audition 3.0 版本，当音乐正在播放时，是不能删除的，此时按下空格键，暂停播放，才能删除被选择的音频区域，Adobe Audition CC 2018 解决了这个问题），以便音乐一开始播放，就能直接播放高潮部分。采取同样的方法，删除音乐的后缀部分，保留所需要的手机铃声。

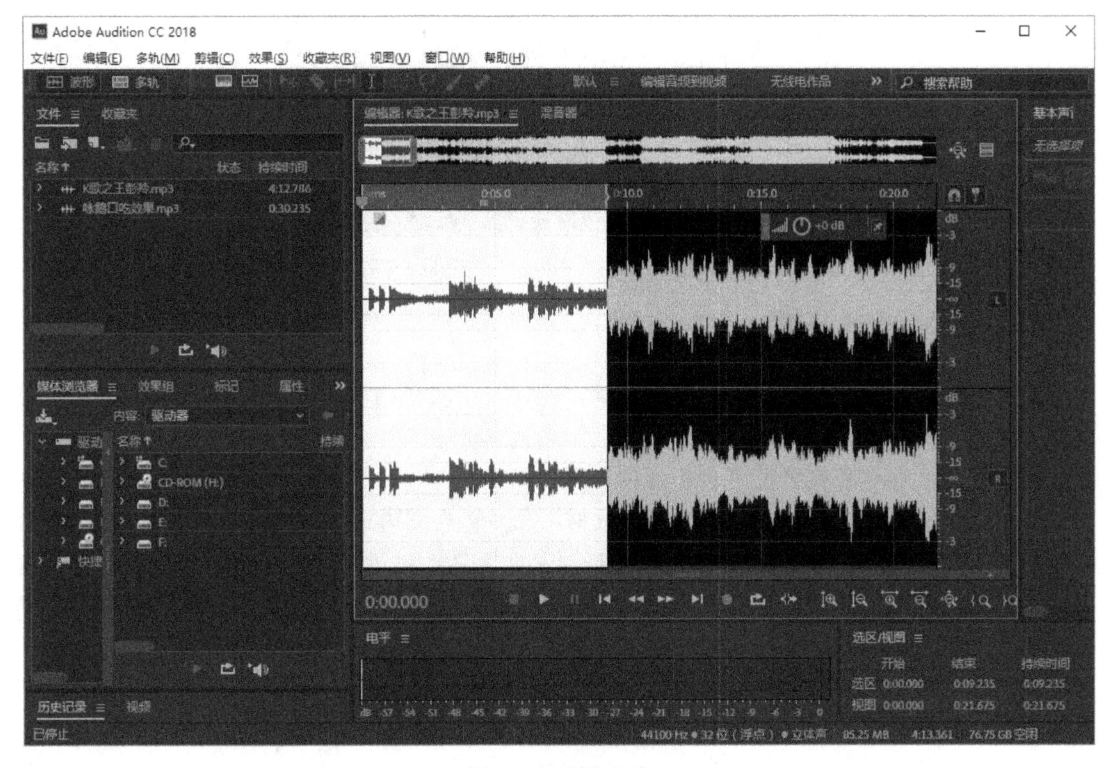

图 9-65　删除前奏

（3）淡入淡出效果。选择要淡入的波形区域，选择“效果”→“振幅与压限”→“振幅与压限”→“淡化包络（处理）...”，在打开的“效果-淡化包络”对话框中，勾选“曲线”复选框，设置“预设”为“平滑淡入”，如图 9-66 所示，单击“应用”按钮即可；按同样的方法，在音频尾部选择要淡出的区域，勾选“曲线”复选框，设置“预设”为“平滑淡出”，如图 9-67 所示。

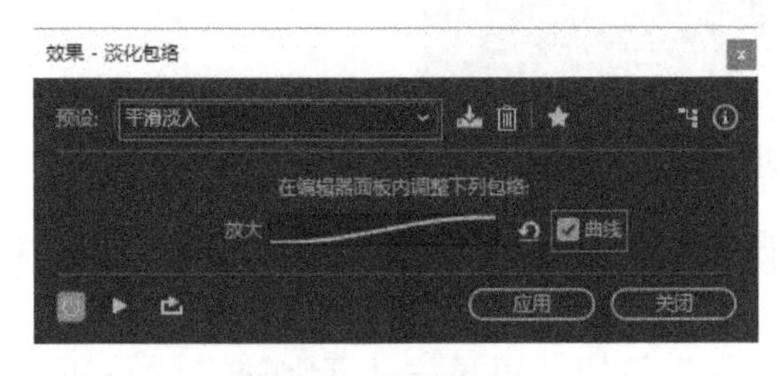

图 9-66　平滑淡入

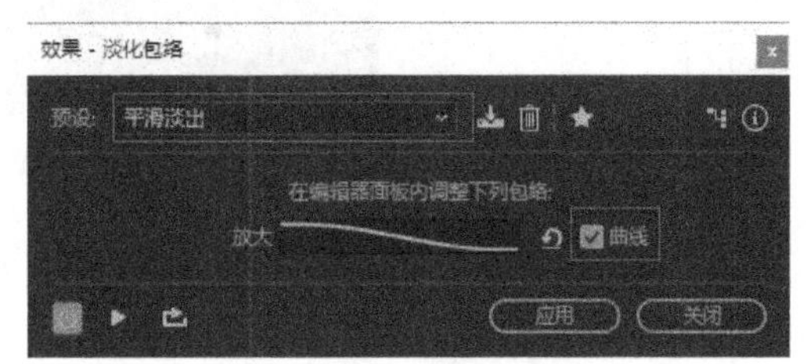

9-67　平滑淡出

（4）选择“文件”→“另存为...”选项，弹出“另存为”对话框，如图 9-68 所示，将处理好的音频保存为“卡农.mp3”即可。

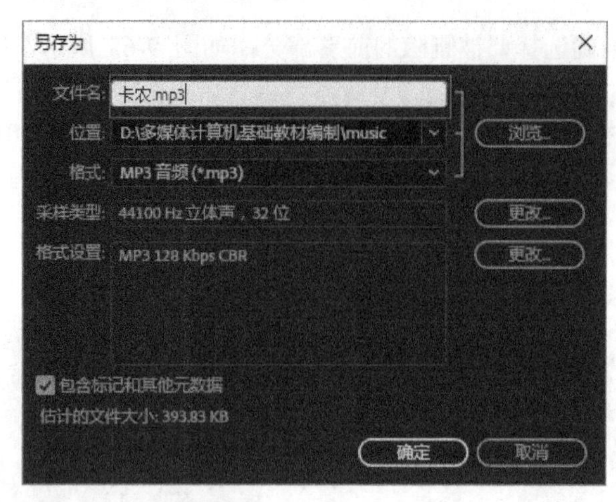

图 9-68 “另存为”对话框

9.6.3 制作个人专辑（多轨案例）

现在网络翻唱已经不是一件陌生的事情，例如，手机里面的“全民 K 歌”软件，用户可以进行翻唱，并将翻唱音频文件上传到网上，与大家分享。

制作环境：电脑需要配置声卡、音箱、麦克风。

制作方法：先从网上下载相关的伴奏素材，在多轨视图模式下，首先根据伴奏进行录音，录音完成之后使用“修剪工具”、“移动/复制剪辑”工具，对音频进行剪辑、组织、制作等操作，最后混缩导出；把导出的文件应用特效进行编辑，例如，应用降噪、振幅、滤波、混响等效果，制作出动听的声音。

（1）单击切换按钮 多轨 ，弹出“新建多轨会话”对话框，如图 9-69 所示，将会话命名为“个人专辑”。

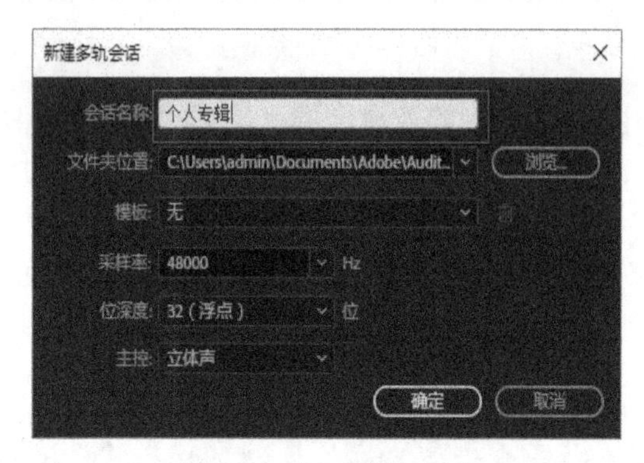

图 9-69 新建多轨会话

（2）双击音频列表区，将“我可以抱你吗伴奏”导入列表中，把该伴奏拖入“轨道 1”中，如图 9-70 所示。

（3）鼠标定位在“轨道 2”中，单击“录制”按钮，再单击“录制准备”按钮，如图 9-71 所示。

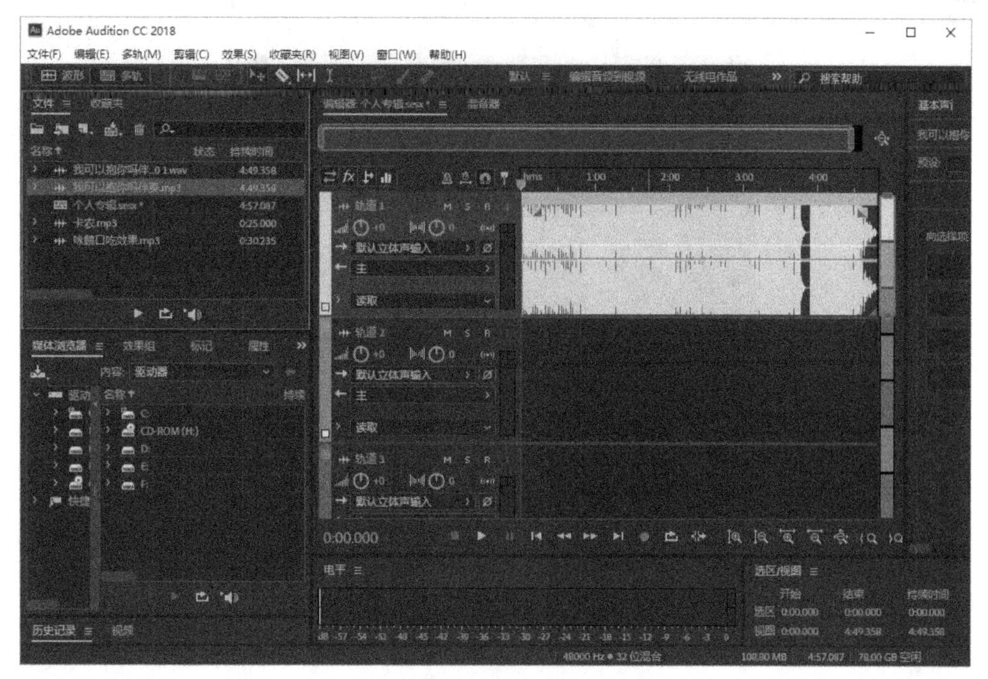

图 9-70　将伴奏拖入“轨道 1”中

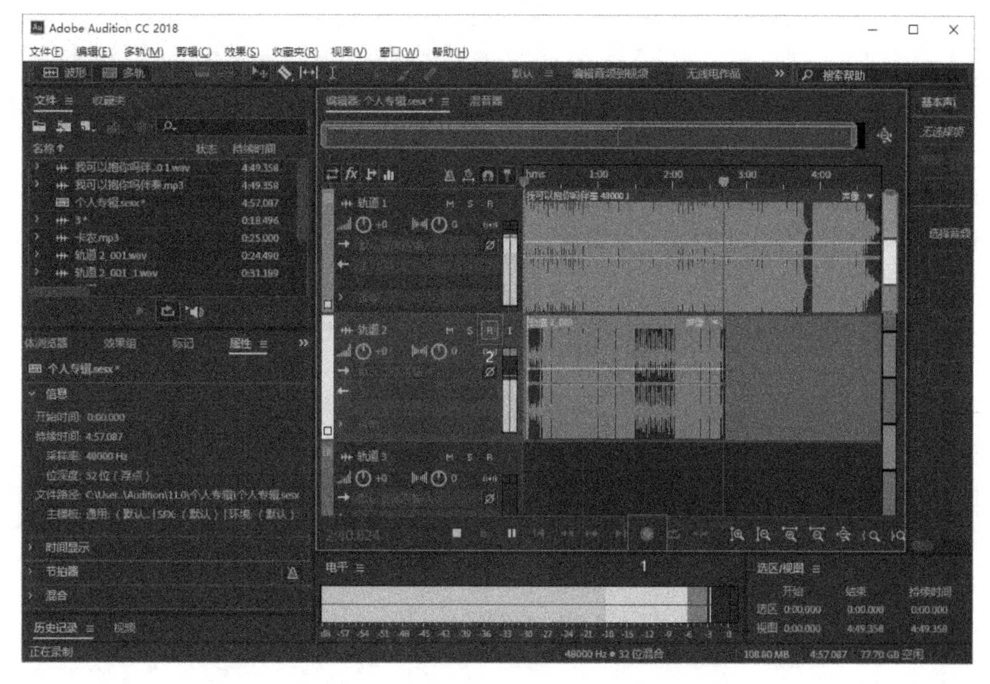

图 9-71　定位在“轨道 2”中，开始录制

（3）进行适当的编辑，调整过后，选择“文件”→“导出”→“多轨混音”→“整个会话”命令，将录制的音频成品导出为“我可以抱你吗成品.mp3”，如图 9-72 所示，操作完成。

Audition CC 2018 是一款应用软件，主要对声音进行处理，如果想对声音进行更有效的处理，还需要进一步学习相关的声乐知识、视频处理知识等，如 Premiere、After Effects 等软件的应用。

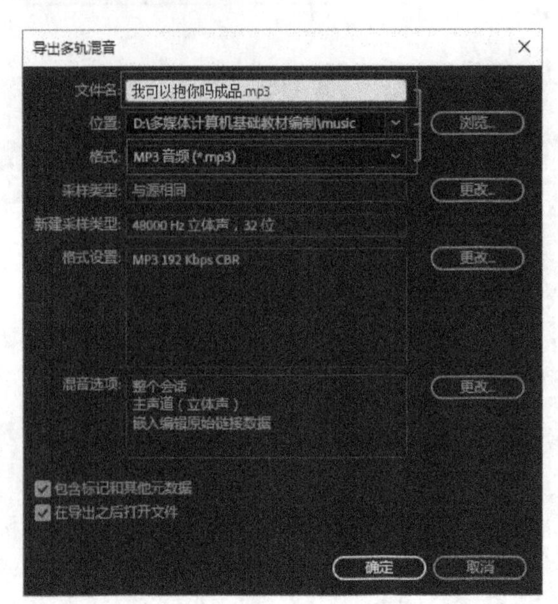

图 9-72　导出多轨混音

【项目考评】

项目考评主要是以学习目标为依据，根据科学的标准，运用一切有效的技术手段，对项目的过程及其结果进行测定、衡量，是整个项目中的重要组成部分之一。通过进行项目考评，激励学生进一步学习，进一步提高学生的学习效果，促进教学最优化。

项目考评的主体有学生、老师、同伴。

项目考评的方法有档案袋评价、研讨式评价。

项目考评表如表 9-1 所示。

表 9-1　项目考评表

项目名称：设计和制作个人专辑音乐						
评价指标	评价要点	评价等级				
		优	良	中	及	差
主　题	能够表现大学生热爱的新潮音乐					
技术性	录制的音频效果自然 音频播放的连贯性 音频在播放过程中，每段剪辑声音过程自然 录制音频噪声处理干净 音频特效应用合理，能够突出主题					
艺术性	声音能够产生动感、有趣 声音与画面情境相符 声音与游戏情境相符 声音能产生群众效应					
总　评	总评等级					
	评语：					

【项目拓展】

同学们还可以去制作一个《动物世界》节目的配音。通过收集各种动物的声音，对声音进行编辑和处理，并保持声音与画面同步；或者为网络的3D游戏设计特殊音效，主要是通过收集各种素材，对素材进行编辑处理。

项目：搞怪声音的制作

在现在的游戏动画中或者视频中，有许多特别的声音，所以制作这些声音具有一定的现实意义，同时也可以增强学生的成就感。

制作环境：电脑需要配置声卡、音箱。

制作方法：先从网上下载相关的音乐素材，在多轨视图模式界面中，使用“修剪”工具、“移动/复制剪辑”工具，对音频进行剪辑、组织、制作等操作，最后混缩导出；把导出的文件放在单轨中应用特效进行编辑，如应用混响效果、制作出魔鬼的声音等。

项目思维导图如图9-73所示。

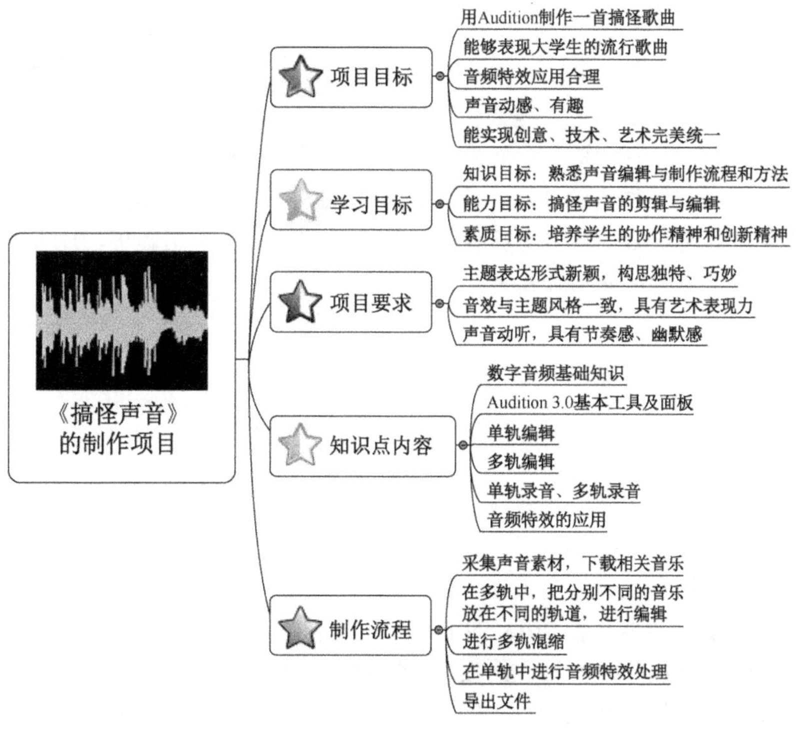

图9-73　项目思维导图

【思考练习】

1．简述模拟信号与数字信号的不同。
2．音频文件主要有哪些格式？简述它们之间的区别。
3．“波形编辑器”和“多轨编辑器”的主要区别是什么？
4．对于数字音频，最常用的采样频率是多少？
5．简述使用Adobe Audition CC 2018软件进行声音录制的过程。

项目十　设计和制作个人电子影集

【项目分析】

当今社会，DV再也不是一个陌生的词，在很多家庭、学校、企事业单位里，特别是影楼或婚纱拍摄中都会用到DV。通过DV进行拍摄，相关内容可以得到更好地宣传或记录。所以数字音视频已经越来越频繁地出现在人们的工作和生活中，对数字音视频的处理也渐渐成为人们的日常需求。会声会影是目前国内应用面非常广的软件，不论是结婚回忆、宝贝成长、旅游记录、个人日记、生日派对、毕业典礼等美好时刻，都可轻轻松松通过会声会影2018剪辑出精彩、有创意的影片，与亲朋好友一同欢乐分享！

会声会影2018操作简单、功能强大，从捕获、剪接、转场、特效、覆叠、字幕、配乐，到刻录。应用会声会影2018，可以制作非常漂亮的电子影集；可以对影片添加各种特殊效果，让他产生变色、形变；可以对多种视频和音频进行合成。

本项目的主要任务是制作一个个人电子影集。在该项目中，学生能够掌握视频的基本编辑、剪辑、视频转场物资的应用、视频特效的应用、字幕的创建，以及运用模板创建电子影集。通过本项目的学习，学生能够制作一个完整的影片、电子影集、片头或片尾。并且，此过程还可以培养学生的团队协作精神、创新精神。

【学习目标】

1. 知识目标

（1）了解视频基础知识及各种音频文件的特点。

（2）熟悉会声会影2018的工作环境及工作流程。

（3）了解获取音频和视频素材方法。

（4）掌握如何使用会声会影2018的主界面、“捕获”工作区、“编辑”工作区、“共享”工作区、“播放器”面板、“时间轴”面板、“素材库”面板等。

（5）了解各个转场特效和视频特效的特点。

（6）了解如何添加音频并保持音画同步，掌握音、视频的合成技术。

2. 能力目标

（1）能够对素材进行采集、加工并进行有效的存储和管理。

（2）能够导入素材并管理素材。

（3）能够使用工具栏进行视频的复制、剪切和移动。

（4）能够对视频应用各种视频转场特效，并设置相应的参数。

（5）能够对视频添加特种音频，并保持音画同步。

（6）能够保存视频，并导出为各种影片格式。

（7）能对视听作品及其制作过程进行评价。

3．素质目标

（1）培养学生的审美观。

（2）培养学生的团队协作精神、创新意识。

（3）通过经历创作视听作品的全过程，培养学生形成积极主动学习和利用多媒体技术参与多媒体作品创作的态度。

（4）能理解并遵守相关的伦理道德与法律法规，认真负责地利用视听作品进行表达和交流，树立健康的信息表达和交流意识。

【项目导图】

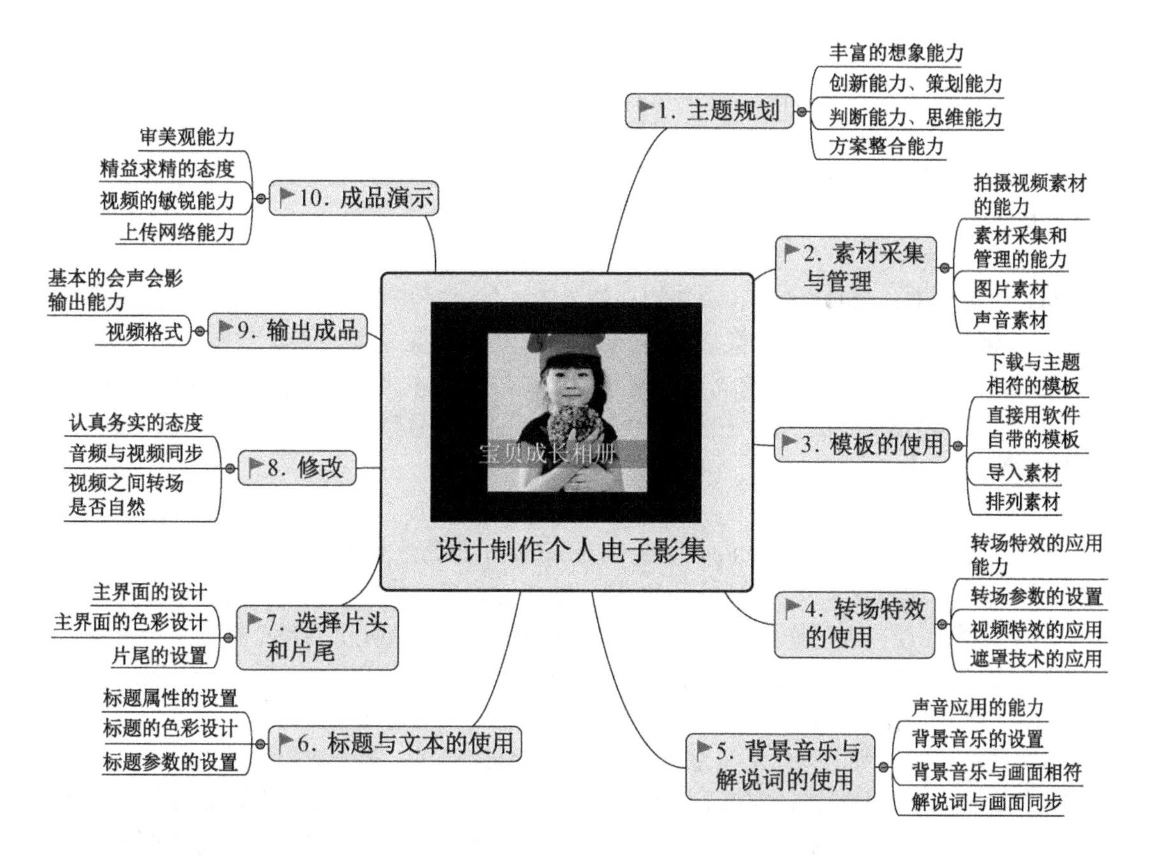

【知识讲解】

10.1　视频文件的基本知识

10.1.1　视频的基础知识

1．视频分辨率

视频分辨率是各类显示器屏幕比例的常用设置，常见的屏幕比例其实只有三种：4∶3、16∶9 和 16∶10，还有一个特殊的为 5∶4。

分辨率是用于度量图像内数据量多少的一个参数。例如，某个视频的 320 像素×180 像素是指它在横向和纵向上的有效像素，窗口小时分辨率值较高，看起来清晰；窗口放大时，由于没有那么多有效像素填充窗口，有效像素分辨率值下降，看起来就模糊了（放大时，有效像素间的距离拉大，而显卡会把这些空隙填满，也就是插值，插值所用的像素是根据上下左右的有效像素“猜”出来的“假像素”，没有原视频信息）。习惯上，我们说的分辨率是指图像的高/宽像素值，严格意义上的分辨率是指单位长度内的有效像素值。图像的高/宽像素值和尺寸无关，但单位长度内的有效像素值和尺寸有关，尺寸越大，分辨率越小。

2．视频带宽

视频带宽指每秒钟电子枪扫描过的总像素数，可以用“水平分辨率×垂直分辨率×场频（画面刷新次数）”公式进行计算。与行频相比，带宽更具有综合性，也更直接地反映显示器性能。

但通过上述公式计算出的视频带宽只是理论值，在实际应用中，为了避免图像边缘的信号衰减，保持图像四周清晰，电子枪的扫描能力需要大于分辨率尺寸，水平方向通常要大 25%，垂直方向要大 8%，过程扫描系数为 8%，所以，真正的视频带宽应该再乘以 1.5。

带宽对于选择一台显示器来说是很重要的一个指标。太小的带宽无法使显示器在高分辨率下有良好的表现。

3．PAL 制式

PAL 电视标准，每秒 25 帧，电视扫描线为 625 线，奇场在前，偶场在后，标准的数字化 PAL 电视标准分辨率为 720 像素×576 像素，24 位的色彩位深，画面的宽高比为 4：3，PAL 电视标准广泛用于中国、欧洲等国家和地区。PAL 制电视的供电频率为 50Hz，场频为每秒 50 场，帧频为每秒 25 帧，扫描线为 625 行，图像信号带宽分别为 4.2MHz、5.5MHz、5.6MHz 等。

4．NTSC 制式

NTSC 是 National Television Standards Committee 的缩写，意思是“（美国）国家电视标准委员会”。NTSC 负责开发一套美国标准电视广播传输和接收协议。此外还有两套标准：逐行倒相（PAL）和顺序与按顺序传送彩色与存储电视系统（SECAM）。NTSC 标准从产生除了增加了色彩信号的新参数之外没有太大的变化。NTSC 信号是不能直接兼容于计算机系统的。

NTSC 电视全屏图像的每一帧有 525 条水平线，这些线是从左到右从上到下排列的，每隔一条线是跳跃的。所以每一个完整的帧需要扫描两次屏幕：第一次扫描是奇数线，另一次扫描是偶数线。每次半帧屏幕扫描需要大约 1/60 秒；整帧扫描需要 1/30 秒。这种隔行扫描系统也叫 interlacing（也是隔行扫描的意思）。适配器可以把 NTSC 信号转换成为计算机能够识别的数字信号。相反地还有种设备能把计算机视频转成 NTSC 信号，能把电视接收器当成计算机显示器那样使用。但是由于通用电视接收器的分辨率要比一台普通显示器低，所以即使电视屏幕再大也不能适应所有的计算机程序。

NTSC 电视标准是每秒 29.97 帧（简化为 30 帧），电视扫描线为 525 线，偶场在前，奇场在后，标准的数字化 NTSC 电视标准分辨率为 720 像素×480 像素，24 位的色彩位深，画面的宽高比为 4：3。NTSC 电视标准用于美、日等国家和地区，场频为每秒 60 场，帧频为每秒 30 帧，扫描线为 525 行。

10.1.2　视频文件

1. AVI 格式

AVI 格式于 1992 年被 Microsoft 公司推出，被称为影音格式的鼻祖。它的英文全称为 Audio Video Interleaved，即音频视频交错格式，所谓“音频视频交错”，就是可以将视频和音频交织在一起进行同步播放。这种视频格式的优点是图像质量好，可以跨越多平台使用，其缺点是体积过于庞大，而且压缩标准不统一，最普遍的现象就是高版本 Windows 媒体播放器播放不了采用早期编码编辑的 AVI 格式视频，而低版本 Windows 媒体播放器也播放不了采用最新编码编辑的 AVI 格式视频。

2. MPEG 格式

MPEG 全称为 Moving Picture Expert Group，即运动图像专家组，常用的 VCD、SVCD、DVD 都是这种格式。MPEG 文件格式是运动图像压缩算法的国际标准，它采用了有损压缩方法减少运动图像中的冗余信息以达到高压缩比的目的，当然这是在保证影像质量的基础上进行的。MPEG 的平均压缩比为 50：1，最高可达 200：1，压缩效率之高由此可见一斑。MPEG 已成功应用于电视节目存储、传输和播出领域。目前 MPEG 格式有三个压缩标准，分别是 MPEG-1、MPEG-2、和 MPEG-4。

（1）MPEG-1：制定于 1992 年，它是针对 1.5Mbps 以下数据传输率的数字存储媒体运动图像及其伴音编码而设计的国际标准，也就是通常所见到的 VCD 制作格式。使用 PEG-1 的压缩算法，可把一部 120 分钟长的电影的文件大小压缩到 1.2GB 左右大小。这种视频格式的文件扩展名包括“.mpg”、“.mlv”、“.mpeg”及 VCD 光盘中的“.dat”文件等。

（2）MPEG-2：制定于 1994 年，设计目标为高级工业标准的图像质量以及更高的传输率。这种格式主要应用在 DVD/SVCD 的制作（压缩）方面，同时在 HDTV（高清数子电视）和一些要求比较高的视频编辑、处理方面有广泛应用，如现有的数字卫星接收机就采用的 PEG-2 标准。使用 MPEG-2 的压缩算法，可以把一部 120 分钟长的电影的文件大小压缩到 4～8GB 的大小（文件的大小和数据传输码流有关，规定的码流为 4～8Mbps）。这种视频格式的文件扩展名包括“.mpg”、“.mpe”、“.mpeg”、“.m2v”、“m2p”及 DVD 光盘上的“.vob”文件等。其中“.m1v”和“.m2v”都表示该影音文件中不包含音频文件，只有视频部分。

（3）MPEG-4：制定于 1998 年，MPEG-4 是为了播放流式媒体的高质量视频而专门设计的，它可利用很窄的带度，通过帧重建技术，压缩和传输数据，以求使用最少的数据获得最佳的图像质量。目前 MPEG-4 最有吸引力的地方在于它能够保存接近于 DVD 画质的小体积视频文件。另外，这种文件格式还包含了以前 MPEG 压缩标准所不具备的比特率的可伸缩性、交互性甚至版权保护等一些特殊功能。这种视频格式的文件扩展名包括“.asf”、“.mov”和“.divx”、“.avi”等。

3. MOV 格式

MOV 文件最早是 Apple 公司开发的一种音频、视频文件格式。微软很早就将该格式引入计算机的 Windows 操作系统中，用户只需在计算中安装 QuickTime 媒体播放软件就可播放 MOV 格式的影音文件。“.mov”文件支持 25 位彩色，支持领先的集成压缩技术，提供 150 多种视频效果，并配有提供 200 多种 MIDI 兼容音响设备的声音装置。新版的 QuickTime 软件进一步扩展了原有功能，包含了基于 Internet 应用的关键特性。QuickTime 软件因具有跨平台、存储空间要求小等技术特点，得到业界的广泛认可，目前已成为数字媒体软件技术领域的工业标准。

4. ASF 格式

ASF 全称为 Advanced Streaming Format，它是微软为了和现在的 Real Player 竞争而推出的一种视频格式，用户可以直接使用 Windows 自带的 Windows Media Player 对其进行播放。其他视频播放器需安装相应插件才可正常播放。由于它使用了 MPEG-4 的压缩算法，所以压缩率和图像的质量都很不错（高压缩率有利于视频流的传输，但图像质量肯定会受损，所以有时候 ASF 格式的画面质量不如 VCD 是正常的）。

5. WMV 格式

WMV 全称为 Windows Media Video，也是微软推出的一种采用独立编码方式并且可以直接在网上实时观看视频节目的文件压缩格式。WMV 文件主要优点包括本地或网络回放、可扩充的媒体类型、部件下载、可伸缩的媒体类型、流媒体优先级化、多语言支持、环境独立性、丰富的流间关系以及扩展性等。

6. RM 格式

RM 全称为 Real Media。RM 格式是 Real Networks 公司开发的一种新型流式视频文件格式，主要分为 Real-Audio、Real Video 和 Real Flash，用户可以使用 Real-Player 或 Real One Player 对符合 Real Media 技术标准的网络音、视频资源进行实况转播，并且 Real Media 可以根据不同的网络传输速率制定出不同的压缩比率，从而实现在低速率的网络上进行影像数据实时传送和播放。RM 和 ASF 格式可以说各有千秋，通常 RM 视频更柔和一些，而 ASF 视频则相对清晰一些。现在 Real-Player 播放软件在网上可以下载到，是上网浏览视频流文件的必备工具。

7. SWF 格式

SWF 是基于微软公司 Shockwave 技术的流式动画格式，是用 Flash 软件制作成的格式。由于它体积小，功能强，交互能力好，现在很多移动播放器都支持 SWF 格式的文件，也越来越多地应用到网络动画中。

10.2 会声会影软件的功能

会声会影，不仅拥有完全符合家庭或个人所需的影片剪辑功能，甚至可以挑战专业级的影片剪辑软件。

创新的影片制作向导模式，只要三个步骤就可快速做出 DV 影片，即使是入门新手也可以在短时间内体验影片剪辑乐趣；同时操作简单、功能强大的会声会影编辑模式，从捕获、剪接、转场、特效、覆叠、字幕、配乐，到刻录，可以让用户剪辑出好莱坞级的家庭电影。

其成批转换功能与捕获格式完整支持功能，让影片剪辑更快、更有效率；画面特写镜头与对象创意覆叠，可随意作出新奇百变的创意效果；配乐大师与杜比 AC3 支持，让影片配乐更精准、更立体；同时 128 组影片转场、37 组视频滤镜、76 种标题动画等丰富效果，让影片精彩有趣。

10.2.1　新增功能

1. 视频编辑快捷键

会声会影 2018 中对常用的工具进行了强化，可以轻松地剪辑、调整文件大小或将媒体直接放置在“预览”面板中，使用新的智能辅助线对齐工具可以轻松地将媒体对齐。整个工具包更快、更容易访问。

2. 简化的时间轴编辑

更新后的时间轴将常用的编辑控件收纳其中，可以对工具栏进行自定义设置，方便对使用的工具进行即时访问。进行任何调整时，都可以直接在时间轴和预览编辑窗口上直接对音轨进行静音操作。集中注意力进行编辑，用全新的控件调整时间轴的高度。

3. 透镜校正工具

会声会影 2018 引入了新的透镜校正工具，可以快速消除广角镜头失真（俗称鱼眼效果）。有时候，这可能是来自生成 GoPro 会话的首选被剪片段，但有时也可以一种快速的方法来消除失真。会声会影可以添加全新的直观控件，让这一过程更加轻松，以便使用户更加专注于视频编辑的乐趣。

4. 章节和提示点

会声会影 2018 增加了新的功能，可以向时间轴添加提示点，大大简化了编辑工作，并可快速查看兴趣点。在时间轴内即可对章节进行规划，只需在编辑时拖放章节标记，导出到磁盘时，章节点即可实现自动识别。

5. 速度和性能

用户可以在会声会影 2018 中更加顺畅地进行编辑，更加快速地实现效果渲染！现在，会声会影新增了来自 Intel 和 nVidia 的新视频硬件加速技术，在提高效率的同时，并大大加快了主流文件格式的渲染过程。凭借创新性智能代理技术，用户可以畅享更快捷、更流畅的 4K 编辑和播放功能。

6. 格式和支持

会声会影对于新的文件格式具有相应的支持功能。新版本中添加了 SD 卡 XAVC-s 授权功能，视频导出后，可以直接在用户的相机上播放。如果希望创建定格动画，会声会影最新版本还增加了对尼康相机的支持，并扩大了对佳能相机的支持范围。

10.2.2　系统要求

要获得会声会影的最佳性能，请确保系统达到建议规格的要求。请注意，有些格式和功能需要特定硬件或软件系统需求如下。

（1）安装、注册和更新：需要，使用产品需要注册。

（2）操作系统：强烈推荐采用 Windows 10、Windows 8、Windows 7 等 64 位操作系统。

（3）处理器：Intel Core i3 或者 AMD A4 3.0 GHz 或者更高。

（4）内存：4GB RAM 或者更大容量，强烈推荐 8+GB 用于 UHD、多相机或者 360° 视频。

（5）硬件解码加速器：不小于 256 MB VRAM，512 MB 或者更大容量。

（6）HEVC（H.265）支持：要求 Windows 10 操作系统，支持计算机硬件或者图形卡和预装 Microsoft HEVC 视频扩展。

（7）程序：可提供 32 或 64 位安装版本。

（8）最低显示分辨率：1024 像素×768 像素。

（9）声卡：Windows 兼容声卡。

（10）安装空间需要不低于 8 GB HDD 空间。

10.3　会声会影的工作区

会声会影有三个工作区，捕获、编辑和共享。这些工作区以视频编辑过程中的关键步骤为基础。每个工作区包含特定工具和控件，可帮助用户快速高效地完成手头任务。在可自定义的工作区，可以重新排列面板，以适应用户的偏好并确保能看到所需要的全部功能。

1．“捕获”工作区

媒体素材可以直接录制或导入到用户计算机的硬盘驱动器中。该步骤允许用户捕获和导入视频、照片和音频素材。

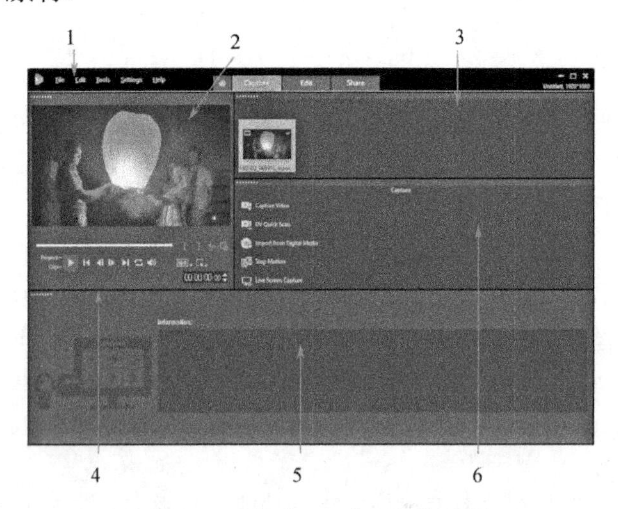

图 10-1　“捕获”工作区操作界面

“捕获”工作区由下列组件构成，如图 10-1 所示。

（1）菜单栏——提供了用于自定义会声会影、打开和保存影片项目、处理单个素材等的各种命令。

（2）“预览”窗口——显示“播放器”面板中当前正在播放的视频。

（3）“素材库”面板——已捕获媒体素材的存储位置。

（4）“导览”区域——提供用于在“播放器”面板中回放和精确修整素材的按钮。

（5）“信息”面板——查看关于正在处理的文件的信息。

（6）“捕获”选项——显示不同媒体捕获和导入方法。

2．“编辑”工作区

打开会声会影时，“编辑”工作区作为默认工作区出现。“编辑”工作区和时间轴是会声会影的核心，可以通过它们排列、编辑、修整视频素材并为其添加效果。

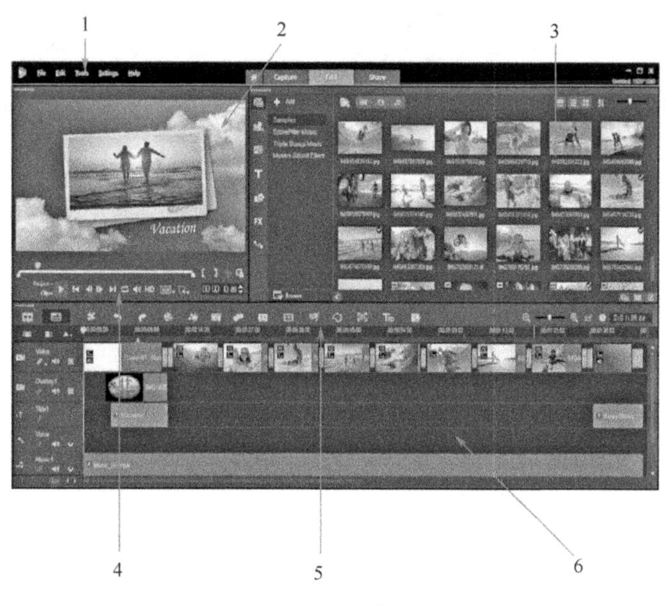

图 10-2　“编辑”工作区操作界面

“编辑”工作区，由下列组件构成，如图 10-2 所示。

（1）菜单栏——提供了用于自定义会声会影、打开和保存影片项目、处理单个素材等的各种命令。

（2）“预览”窗口——显示“播放器”面板中当前正在播放的视频并以交互式的方法编辑对象。

（3）“素材库”面板——存储影片创建所需的全部内容，包括视频样本、照片和音乐素材以及已导入素材，还包括模板、转场、标题、图形、滤镜和路径。“选项”面板可与“素材库”面板共享空间。

（4）“导览”区域——提供用于在“播放器”面板中回放和精确修整素材的按钮。

（5）工具栏——在与时间轴中内容相关的多种功能中进行选择。

（6）“时间轴”面板——时间轴主要是组合视频项目中的媒体素材的位置。

3. “共享”工作区

“共享”工作区由下列组件构成，如图 10-3 所示。

（1）菜单栏——提供了用于自定义会声会影、打开和保存影片项目、处理单个素材等的各种命令。

（2）“预览”窗口——显示“播放器”面板中当前正在播放的视频。

（3）“类别选择”区域——在“计算机”、“设备”、“网络”、“光盘”和“3D 影片”输出类别之间选择。对于 HTML5 项目，可以选择 HTML5 和 Corel 会声会影项目。

（4）“格式”区域——提供大量文件格式、配置文件和描述。对于网络共享，显示用户账户的设置。

（5）“导览”区域——提供用于在“播放器”面板中回放和精确修整素材的按钮。

（6）“信息”区域——查看关于输出位置的信息，提供对文件大小的预测。

图 10-3 “共享”工作区

10.4 会声会影编辑器的基本操作

1. 添加素材

1）从素材库中添加素材

具体操作步骤如下：

（1）启动会声会影，单击应用程序窗口顶部的“编辑”按钮，打开“编辑”工作区。

（2）单击“导入文件”按钮，在弹出的对话框中选择要使用的视频、音频、图片等素材文件，并单击“打开”按钮，如图 10-4 所示。音频文件添加到声音轨道或音乐轨道中。

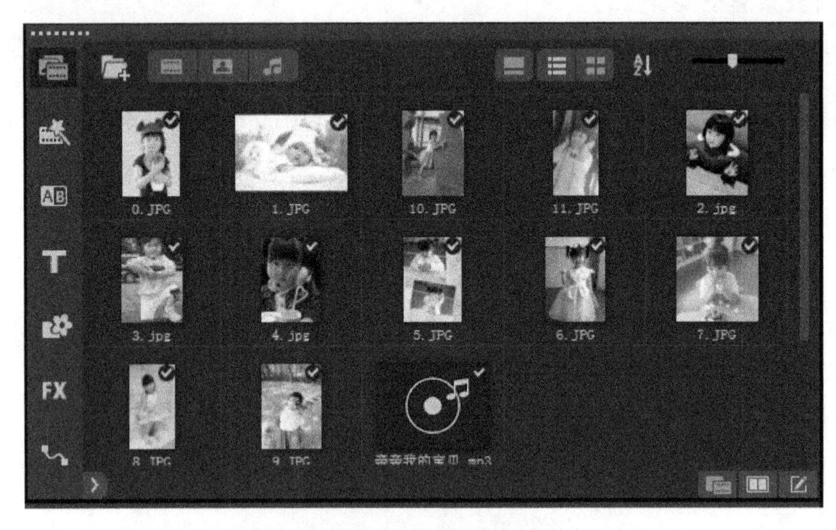

图 10-4 添加到素材库中的图片

（3）将素材库中需要添加的视频素材拖动到时间轴上，释放鼠标后，视频素材就被添加到时间轴上，如图 10-5 所示。

新添加的素材并不是一定要放到影片的最后位置，如果将素材拖动到需要插入的位置，在插入的位置前方将显示“+”标志，释放鼠标后，素材将被插入设置的位置，或按住“Ctrl”键替换素材。

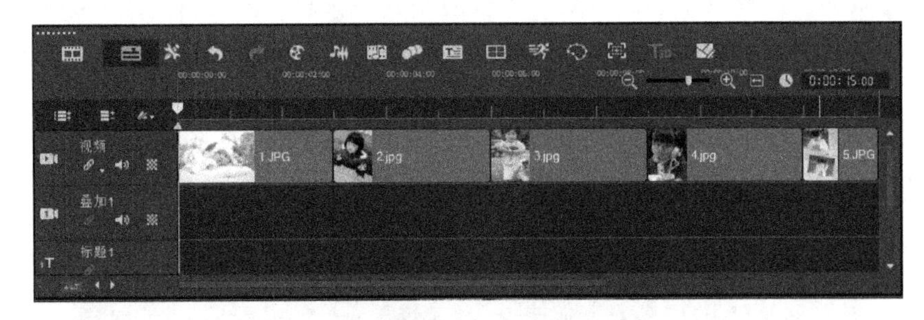

图 10-5　添加了图片素材的时间轴

2．检查和修整视频素材

在计算机上编辑影片的好处在于可以方便地对素材进行精确到帧的分割和修整。将素材分割成两部分，如图 10-6 所示。具体操作步骤如下。

（1）在“编辑”工作区，选择时间轴中的视频素材。

（2）在“播放器”面板的“导览”区域，选择素材，然后单击“播放”按钮。

图 10-6　播放按钮

（3）检查完素材后，将橙色修整标记从原始起始位置拖动至新起始位置，如图 10-7 所示。滑轨移动至所选帧，该帧显示在“预览”窗口中。

图 10-7　左右修整标记和滑轨

（4）将修整标记从原始终止位置拖动至新终止位置。

（5）单击“播放”按钮。

注意：对已导入素材库的文件进行的更改不会影响原始文件。

3．直接在“时间轴”上修整素材

直接在时间轴修整素材的具体步骤如下。

（1）在时间轴中，选择一个素材。

（2）拖动素材某一侧的修整标记来改变其长度，如图 10-8 所示。“预览”窗口中显示了“修整标记”在素材中的位置的变化。

图 10-8　在时间轴上修整素材

10.5　编辑影片的转场效果

转场为场景的切换提供了创意方式，可以应用到视频轨中的素材之间，会声会影为用户提供了多种转场效果。转场必须添加到两段素材之间，因此，在操作之前需要先把影片分割成素材片段，或者直接把多个素材添加到故事板上。

其具体操作步骤如下：单击素材库中的“转场”下拉按钮，如图 10-9 所示，从下拉列表的各种转场类别中进行选择。滚动查看素材库中的转场效果。选择一个效果并将其拖动到时间轴上两个视频素材之间，释放鼠标，此效果将进入此位置。一次只能拖放一个转场效果。

图 10-9　“转场”面板

自动添加“转场”效果的步骤如下。

（1）选择“设置”→“参数选择”命令，弹出“参数选择”对话框，如图 10-10 所示。

（2）勾选“编辑”→“转场效果”→“自动添加转场效果”复选框，两个素材之间会自动添加默认转场效果。

注意：不管是启用还是禁用参数选择中的自动添加转场效果，覆叠素材之间总是会自动添加默认转场。

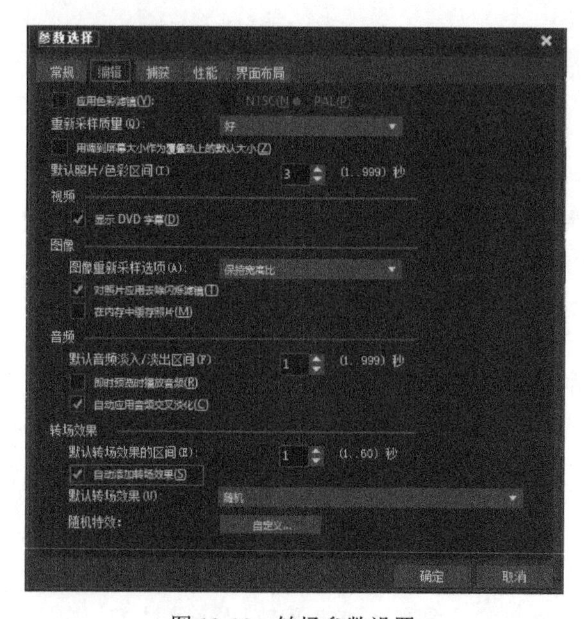

图 10-10　转场参数设置

如果需要更改转场效果，只需要把新的转场拖动到故事板中原来添加的转场效果上，释放鼠标即可。如果需要删除转场效果，只要选中转场效果，然后按“Delete”键删除即可。

10.6　为影片添加和编辑标题

在会声会影中，用户可以很方便地创建出专业化的标题。标题用于为影片添加文件说明，包括影片的片名、字幕等。

1．使用标题安全区域

图 10-11　标题安全区域

如图 10-11 所示，标题安全区域是“预览”窗口上的矩形白色轮廓。将文字置于标题安全区域内将确保标题的边缘不会被剪切掉。

2．使用素材库添加标题

当素材库中的标题类别处于活动状态时，可以添加标题。既可以添加一个或多个简单标题，或者使用预设值添加动画标题，如影片结尾处的滚动鸣谢名单；也可以保存自定义预设值。

其具体操作步骤如下：

（1）在“素材库”面板中单击标题。

（2）双击“预览”窗口，如图 10-12 所示。

（3）在“选项”面板的“编辑”选项卡中选择多个标题。

（4）使用“播放器”面板“导览”区域的控件扫描影片，并选取要添加标题的帧。

（5）双击“预览”窗口并输入文本。输入完成后，在文本框外单击。

（6）重复步骤步骤（4）和步骤（5），可以添加更多标题。

图 10-12　添加标题

3．通过字幕编辑器添加标题

通过字幕编辑器，可为视频或音频素材添加标题，为幻灯片轻松添加屏幕画外音，或为音乐视频轻松添加歌词。手动添加字幕时，使用时间码可以精确匹配字幕和素材；还可以使用声音检测，自动添加字幕，可以在较短时间内获得更为精确的结果。

（1）在时间轴中选择视频或音频素材，单击“字幕编辑器”按钮，弹出“字幕编辑器”对话框，如图 10-13 所示。

（2）在“字幕编辑器”对话框中，播放视频或将滑轨拖动至要添加标题的部分。

（3）使用“回放”控件或手动录制，单击“开始标记”和“结束标记”按钮，定义每个字幕的区间。

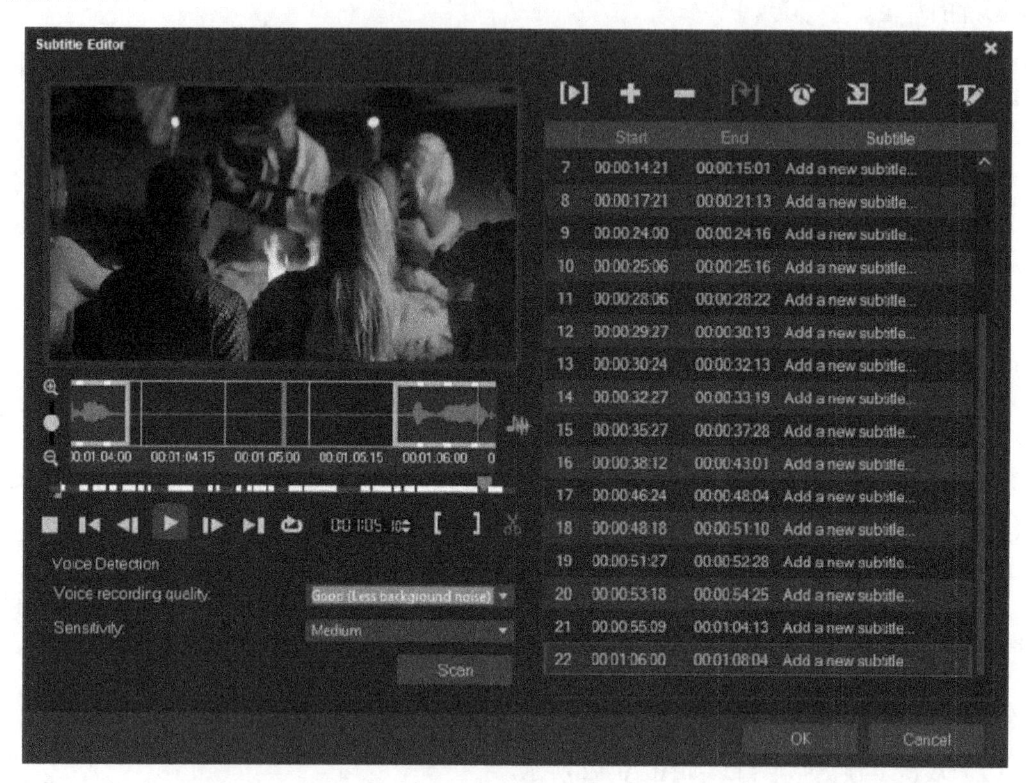

图 10-13　添加字幕

手动添加的每个字幕片段将出现在字幕列表中。

注意：也可以单击“添加新字幕”按钮，在滑轨的当前位置添加字幕片段。如果在滑轨位于已有字幕片段位置时，单击此按钮，程序将无缝创建已有字幕片段的结束点和新字幕片段的开始点。

10.7　添加与编辑声音

声音是决定视频作品是否成功的元素之一。会声会影 2018 允许为项目添加音乐、画外音和声音效果。具体来说，声音主要指影片中的解说词或者是旁白；音乐主要指是背景音乐或是音响。所以，将影片中的解说词或歌声添加到声音轨，将背景音乐或声音效果添加到音乐轨。

声音的添加与编辑和视频的添加与编辑方法大致一样，其具体的操作步骤如下。

（1）把声音文件添加到“素材库”面板中，如图 10-14 所示。

图 10-14　添加声音文件

（2）把解说词和背景音乐分别添加到声音轨和音乐轨中，如图 10-15 所示。

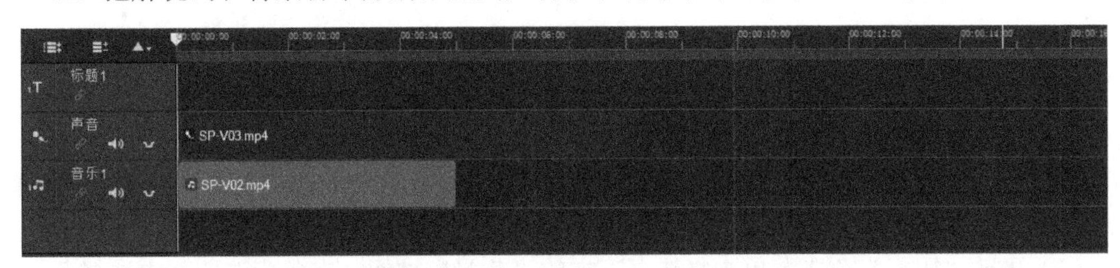

图 10-15　添加解说词和背景音乐

10.8　使用影音快手制作影片

1．创建影音快手项目

打开 FastFlick，可以立即开始新项目或打开已有的文档，进行进一步编辑。或者在会声会影窗口中，选择“工具”→“影音快手”选项，创建一个影音快手项目。

2．选择模板

（1）选择“选择模板”选项卡。

（2）在“选择模板”选项卡中选择主题。 可以选择显示所有主题，或从“主题”下拉列表中选择显示特定主题。

（3）从略图列表中选择模板。

（4）若要预览模板，单击“播放”按钮即可。

3．添加媒体素材

（1）选择“添加媒体”选项卡。

（2）单击“添加媒体”按钮，弹出“添加媒体”对话框。

（3）选择想要添加的媒体文件，单击“打开”按钮即可。

4．编辑标题

（1）在“添加媒体”选项卡上，将滑轨拖动到标有紫色栏的影片素材部分，如图 10-16 所示。这将激活“编辑标题”按钮。

图 10-16 编辑标题

（2）单击“编辑标题”按钮或双击“预览”窗口上的标题，进入选项设置界面。

（3）在弹出的对话框中更改字体样式，从“字体”下拉列表中选择字体。

（4）更改字体色彩，单击“色彩”按钮，在打开的色彩选取器中选择色样。

（5）从“文字”下拉列表中单击选项也可以打开 Corel 色彩选取器或 Windows 色彩选取器。

（6）若要添加阴影，可勾选“阴影”复选框。

（7）更改“阴影”色彩，单击复选框下方的“色彩”按钮，在色彩选取器中选择色样。

（8）调整透明度，单击透明度向下箭头按钮，设置透明度，并拖动滑块。

（9）移动标题，将文本框拖动至屏幕上的新位置。

（10）完成标题的编辑后，在文本框外单击，退出编辑。

5. 添加背景音乐

（1）在“添加媒体”选项卡上，单击“编辑音乐”按钮。

（2）在右侧选项设置界面“音乐选项”栏中，单击“添加音乐”按钮，弹出“添加音乐”对话框。

（3）选择音频文件并单击“打开”按钮。

6. 重新排列音频素材

（1）在“添加媒体”选项卡上，单击“编辑音乐”按钮，进入选项设置界面。

（2）选中“音乐选项”列表中的音频文件。

（3）单击“上移”按钮或“下移”按钮，更改音频文件顺序。

7. 创建视频文件，用于计算机回放

（1）在“保存和共享”选项卡上，单击“计算机”按钮。

（2）单击其中一个按钮，查看并选择视频的配置文件类型。

（3）在“配置文件”下拉列表中，选择一个选项。

（4）在“文件名”文本框中输入文件名。

（5）在“文件位置”文本框中，指定要保存此文件的位置。

（6）单击“保存”按钮保存影片。

10.9　保存影片

1. 保存项目文件

为了便于以后在会声会影编辑器中继续编辑和调整影片，需要将影片的编辑信息等保存起来，这就需要保存会声会影的项目文件，该文件的扩展名为“.vsp”，当再次使用会声会影编辑器打开项目文件时，项目文件仍会以保存时的编辑状态呈现。

具体的操作步骤如下。

（1）选择“文件”→“保存”或“另存为”命令，弹出“另存为”对话框，先将其保存为会声会影项目文件（扩展名“.vsp”）。这样，可以随时返回项目并进行编辑。

（2）在“共享”面板中，单击“计算机”图标，如图 10-17 所示。

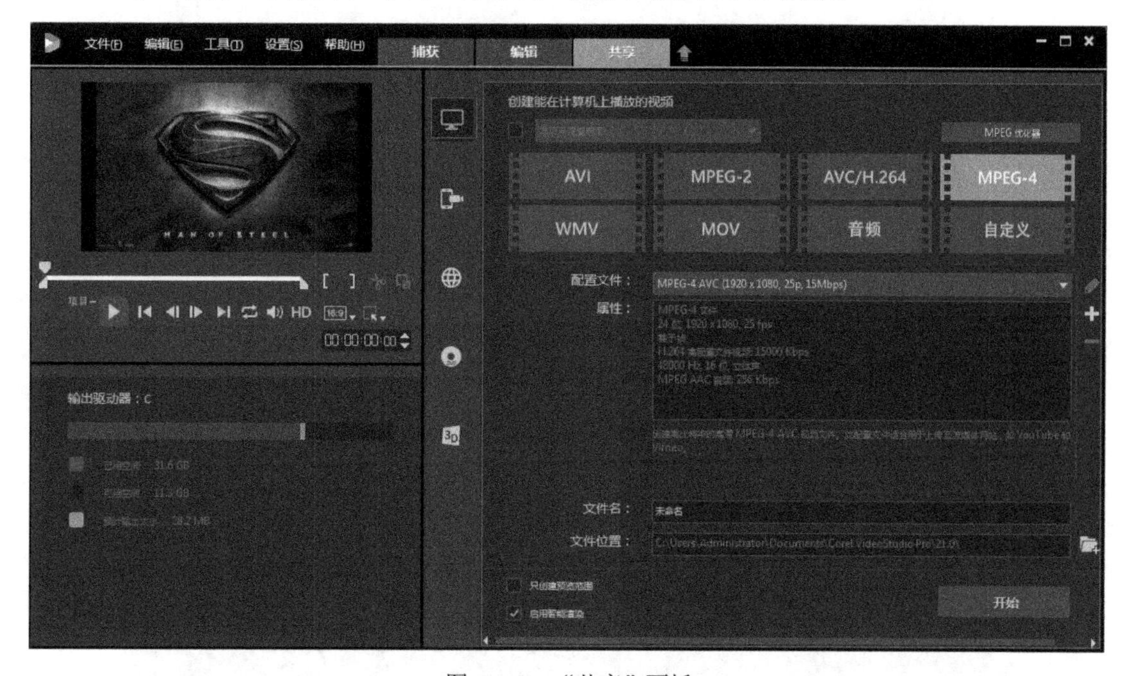

图 10-17　“共享”面板

（3）选择需要创建视频文件的类型，如选择 MPEG-4。输入文件名，选择保存文件的位置，然后单击“开始”按钮，程序开始以指定的格式保存。

【项目实施】

10.10　案例——设计和制作个人电子影集

技术要点：主要运用转场特效、视频特效及遮罩技术。

实例概述：本例主要利用电影素材来制作一个个人影集 MTV。在本案例中，有三个部分，第一部分是片头，第二部分是图片转场，第三部分是背景音乐，为整个作品添加活力。

1）将素材添加素材库

（1）选择应用程序窗口顶部的“编辑”选项卡，进入“编辑”工作区。

（2）单击“添加新文件”按钮，如图 10-18 所示。单击“导入媒体文件”按钮，选择要使用的图片，并单击“打开”按钮。

图 10-18　添加到素材库

2）添加照片和音乐

为视频项目添加素材和照片，将选中的素材和照片从素材库拖到时间轴，如图 10-19 所示。将歌曲添加到音乐轨，对歌曲长度进行合适的修剪。

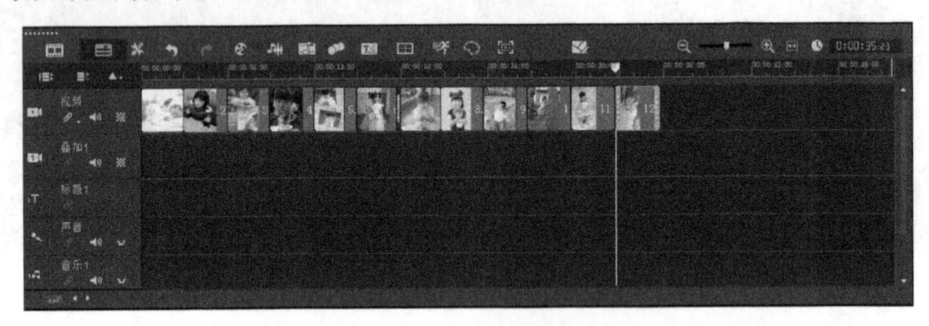

图 10-19　添加照片和音乐

3）设置相片的播放时间

按“Ctrl+A”组合键，选中“素材”列表中的所有相片，在其中一张相片的缩略图上右击，在弹出的快捷菜单中选择“更改照片/色彩区间”选项，在弹出的“区间”对话框中，设置相片的播放时间，如图 10-20 所示，设置完成后单击“确定”按钮。以同样的方法设置自动摇动和缩放。

图 10-20　设置区间

4）添加标题

（1）将滑轨拖到需要的位置，单击素材库略图左边的“标题”按钮。将标题略图从素材库拖动到时间轴中的标题轨中。

（2）编辑标题文本框，双击时间轴中的标题素材，在“预览”窗口中选中文本并输入新文本。如图 10-21 所示，确保文本位于“预览”窗口边缘旁边显示的方框内（称为标题安全区域）。

（3）“选项”面板可以显示在库略图的右侧。在“选项”面板的“编辑”组中，可以使用任何控件设置标题文本的格式。例如，可以对齐文本，更改字体、大小和颜色。

图 10-21　添加标题

5）编辑影片的转场效果

在素材库中，单击“转场”按钮，将其中一个转场略图拖动到时间轴，并将其放置在两张照片之间，如图 10-22 所示。

图 10-22　选择需要的转场

6）保存影片

（1）选择“文件”→“保存”或“另存为”命令，弹出“另存为”对话框，先将其保

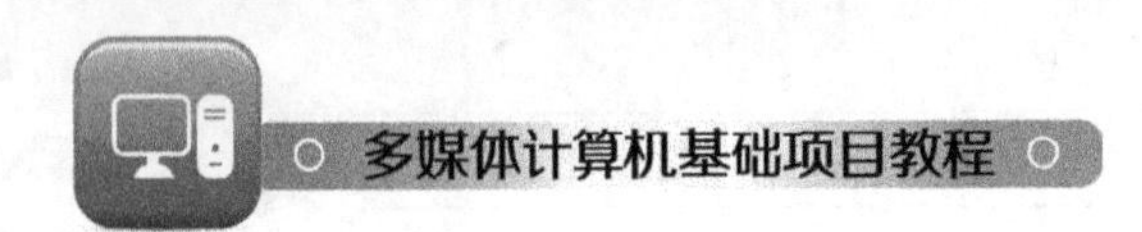

存为会声会影项目文件（扩展名为“.vsp”）。输入个人电子影集文件名，选择保存的位置，如图 10-23 所示。

图 10-23　保存项目文件

（2）在“共享”工作区，单击“计算机”按钮。

（3）在“共享”工作区，选择需要创建视频文件的类型，如 MPEG-4。输入文件名，选择保存文件的位置，然后单击“开始”按钮，程序开始以指定的格式保存，如图 10-24 所示，完成电子影集的制作。

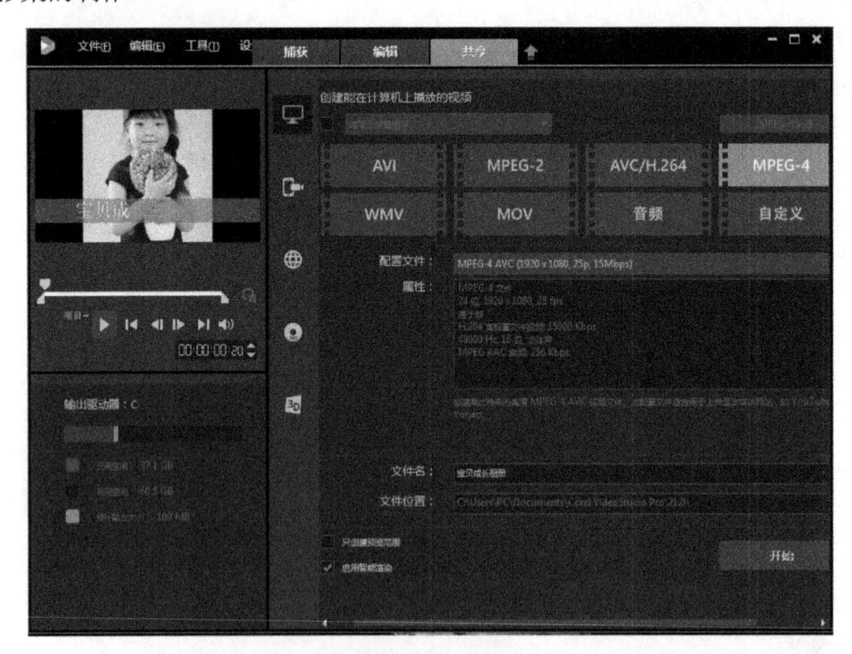

图 10-24　保存视频文件

技术回顾：

在制作这个 MTV 的操作中，片头的时长虽然较短，但操作步骤却不少，技巧性也较高。相片包装的时长较长，但只要做好统一的模板后，就可以进行复制和修改操作了。对于做成什么样的 MTV，各人会有不同的做法，了解技术方法之后，特别是视频转场特效及遮罩技术，发挥创意制作与众不同的效果才是大家所期待的。

【项目考评】

项目考评主要是以学习目标为依据，根据科学的标准，运用一切有效的技术手段，对项目的过程及其结果进行测定、衡量，是整个项目中的重要组成部分之一。通过进行项目考评，激励学生进一步学习，进一步提高学生的学习效果，促进教学最优化。

项目考评的主体有学生、老师、同伴。

项目考评的方法有档案袋评价、研讨式评价。

项目考评表如表 10-1 所示。

表 10-1　项目考评表

项目名称：个人电子影集						
评价指标	评价要点	评价等级				
		优	良	中	及	差
主　题	主题表现冲击力强					
技术性	视频播放的连贯性 视频在播放过程中，每段视频过程自然 视频转场特效应用合理，能够突出主题 文本应用合理 解说词（旁白）与视频同步 背景音乐应用合理					
界面设计	色彩鲜明 页面布局符合审美要求 背景音乐能否进行控制					
艺术性	电子影集能够正常播放 电子影集设计美观 转场特效与影集情境相符 音乐与主题相符 文本设计美观					
总　评	总评等级					
	评语：					

【项目拓展】

会声会影的应用范围特别广泛，题材很多，例如，生日 Party、晚会、运动会、校园新闻、宣传片以及同学们自拍的电影片段等。同学们可以根据自己的兴趣，选择不同的题材，进行编辑、创作作品。

项目 1：班级中秋晚会 MTV 的制作

在大一的时候，学生一般在中秋节都会举办一场中秋晚会。为了纪念这个时刻，所以制作这个中秋晚会的 MTV 是很有必要的，而且也可以提高学生的学习能力，增强学生的学习兴趣。

具体操作步骤如下：

（1）采集素材。由于条件的限制，学生可以用自己的数码照相机拍摄一些照片或者视频。

（2）在会声会影中导入素材。可以利用模板进行编辑，也可以根据性格爱好，从网上下载一些模板。把素材放入故事板中，添加转场特效、标题、背景音乐和声音。

（3）最后添加片头和片尾。

项目 1 思维导图如图 10-25 所示。

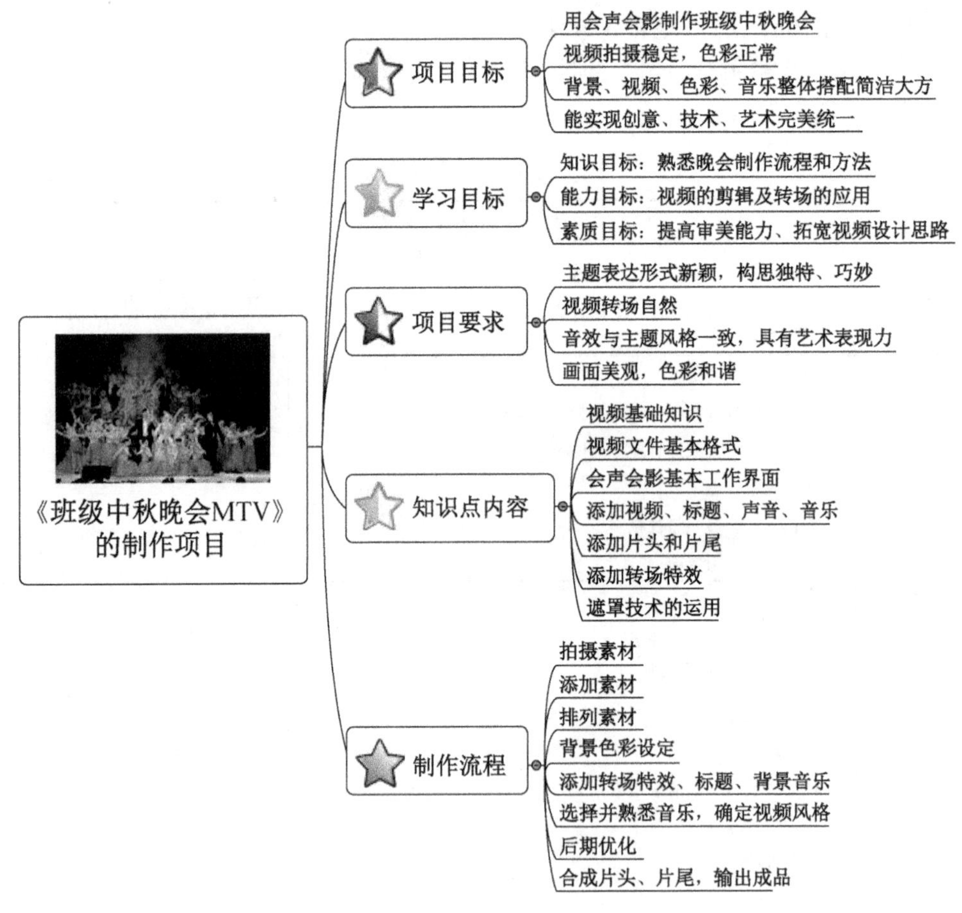

图 10-25 《班级中秋晚会 MTV》制作项目思维导图

项目 2：校园新闻的制作

校园事情天天都会发生，校园新闻天天会有新异，制作一个校园新闻，可以提高学生的观察能力，增强学生的学习兴趣。

具体操作步骤如下：

（1）采集素材。由于条件的限制，学生可以用自己的数码照相机拍摄一些校园动态的照

片或者视频。

（2）在会声会影中，导入素材。可以利用模板进行编辑，也可以根据性格爱好，从网上下载一些模板。把素材放入故事板中，添加转场特效和标题以及背景音乐和声音。

（3）最后添加片头和片尾。

项目 2 思维导图如图 10-26 所示。

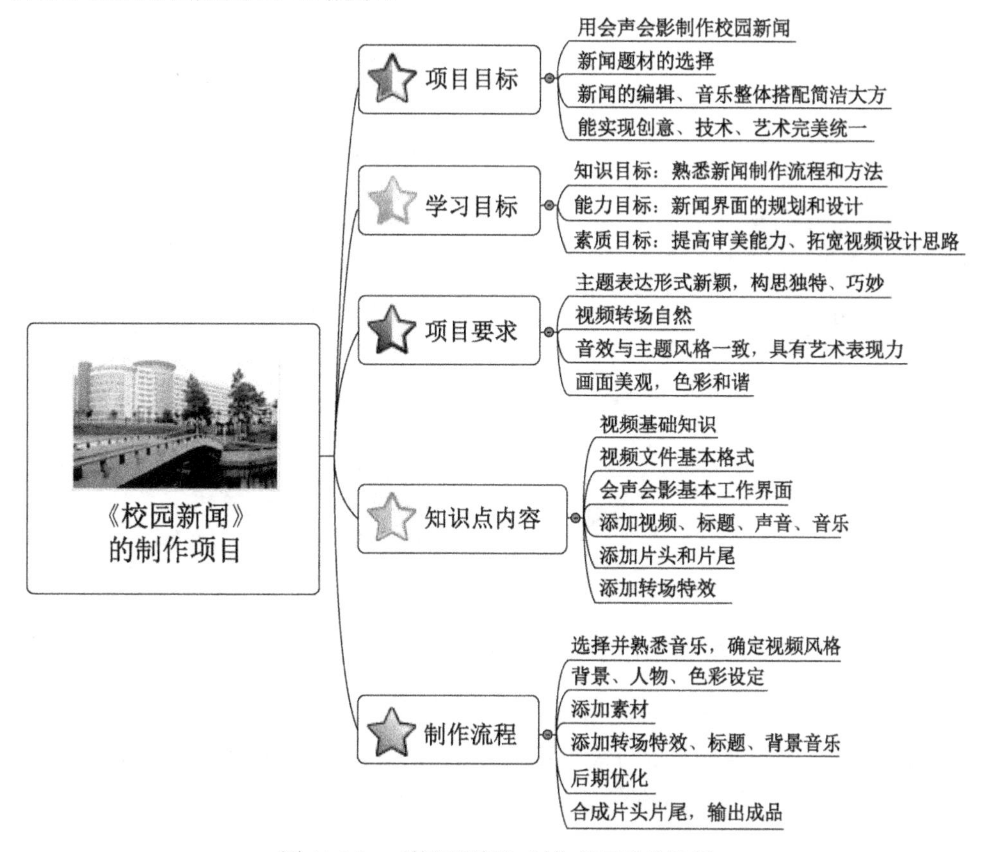

图 10-26　《校园新闻》制作项目思维导图

项目 3：学院宣传片的制作

学生可以根据自己所在的学院，为学院制作一个宣传片，一是可以加强对本专业的了解，二是通过制作这个宣传片，了解制作影片的流程，提高学生的学习能力。

具体操作步骤如下：

（1）采集素材。由于条件的限制，学生可以用自己的数码照相机拍摄一些关于学院的照片或者视频，如学院的领导工作、学生工作场景以及相关专业所取的工作成绩照片等。

（2）在会声会影中，导入素材。可以利用模板进行编辑，也可以根据性格爱好，从网上下载一些模板。把素材放入故事板中，添加转场特效和标题以及背景音乐和声音。

（3）影片可以分几个部分来完成。例如，第一部分，学院概况，总体介绍学院领导及院系的设置；第二部分，学院的学生情况、相关专业和就业的介绍；第三部分，学院的师生所取的成绩及今后的发展方向。

（4）最后添加片头和片尾。

项目 3 思维导图如图 10-27 所示。

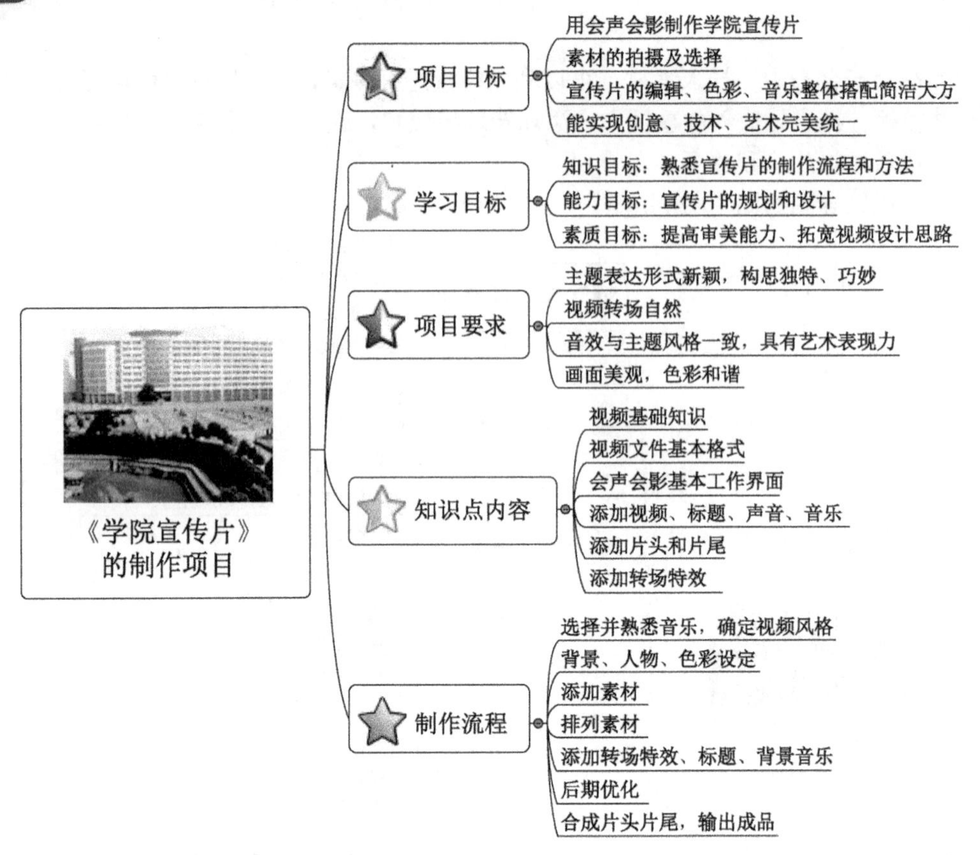

图 10-27 《学院宣传片》制作项目思维导图

会声会影的功能虽然很强大，但相对专业版的视频编辑软件 Premiere CS5 来说，还是有点美中不足，同时对三维视频处理有点困难，所以，同学们也需要在课后，自己多去接触 3ds Max 2010、After Effects CS 5、MAYA 2011 这样的相关软件。

【思考练习】

1．存在哪些视频文件格式，它们之间都有什么区别？

2．为自己班级制作一个电子相册，并为这个相册加上片头、配音、音乐以及片尾，简述其操作过程。

3．制作一个介绍自己生活、学习及团队的影片，并为这个影片加上片头、配音、音乐以及文本，简述其操作过程。

项目十一　“龟兔赛跑”动画短片制作

【项目分析】

广为人知的动画角色“流氓兔”、“小破孩”演绎着 Flash 的传奇，而在日本很有名气的 Flash 系列动画片《nice&neat》以“音乐”为主题，整部动画里充斥着各种不同风格的音乐，表现了 Flash 动画独特的魅力。Adobe Animate CC 动画成为风靡网络的娱乐媒体之一，与我们的生活密切相关。作为 Flash 的替代版，Adobe Animate CC（后简称 An），有比 Flash 更为优秀的特点。下面本项目将从如何取材和构思一个动画剧本，如何绘制动画画面台本，如何利用 An 软件制作动画等方面来介绍动画的制作过程。

动画是一种常见的数字媒体表达形式。本章通过动画的制作可以把作者的想法用动画和声音表现出来，An 动画相对传统动画制作更加方便，设计周期更短。对于学生来说，动画是他们最为熟悉。又是最为陌生的对象。因为每个人都看过很多动画，但却没有人理解动画的原理，更没有亲自动动手制作过动画。

该项目通过讲述“龟兔赛跑”这一动画的整个创作过程，对将动画的基本原理、动画的基础知识、动画设计的一般流程进行介绍。目的在于让学生能熟悉动画制作的一般流程、掌握动画剧本的写作方法、熟悉动画画面台本的绘制方法、理解和应用动画具体制作方法，培养学生基本的设计能力、剧本的写作能力，提升学生发现问题并综合运用所学知识去分析、解决问题的能力。在项目实施过程中提高学生的组织能力、交往能力、创新能力和团队协作能力。

【学习目标】

1．知识目标

（1）熟悉动画制作的一般流程。

（2）掌握动画剧本的写作方法。

（3）掌握动画画面台本的绘制方法。

（4）掌握动画的具体制作方法。

2．能力目标

（1）熟悉动画设计的一般工作流程和基本操作。

（2）能够熟练操作 An 制作软件。

（3）能够进行剧本写作、场景绘画、软件应用和创新应用。

3．素质目标

（1）培养学生注意力和观察力，提高学生对社会现象的敏感性，养成观察社会的习惯。

（2）通过项目任务来驱动学习过程，增强学生的学习兴趣，提升发现问题并综合运用所学知识去分析、解决问题的能力。

（3）在项目实施过程中，提高学生的组织能力、交往能力和团队协作能力。

【项目导图】

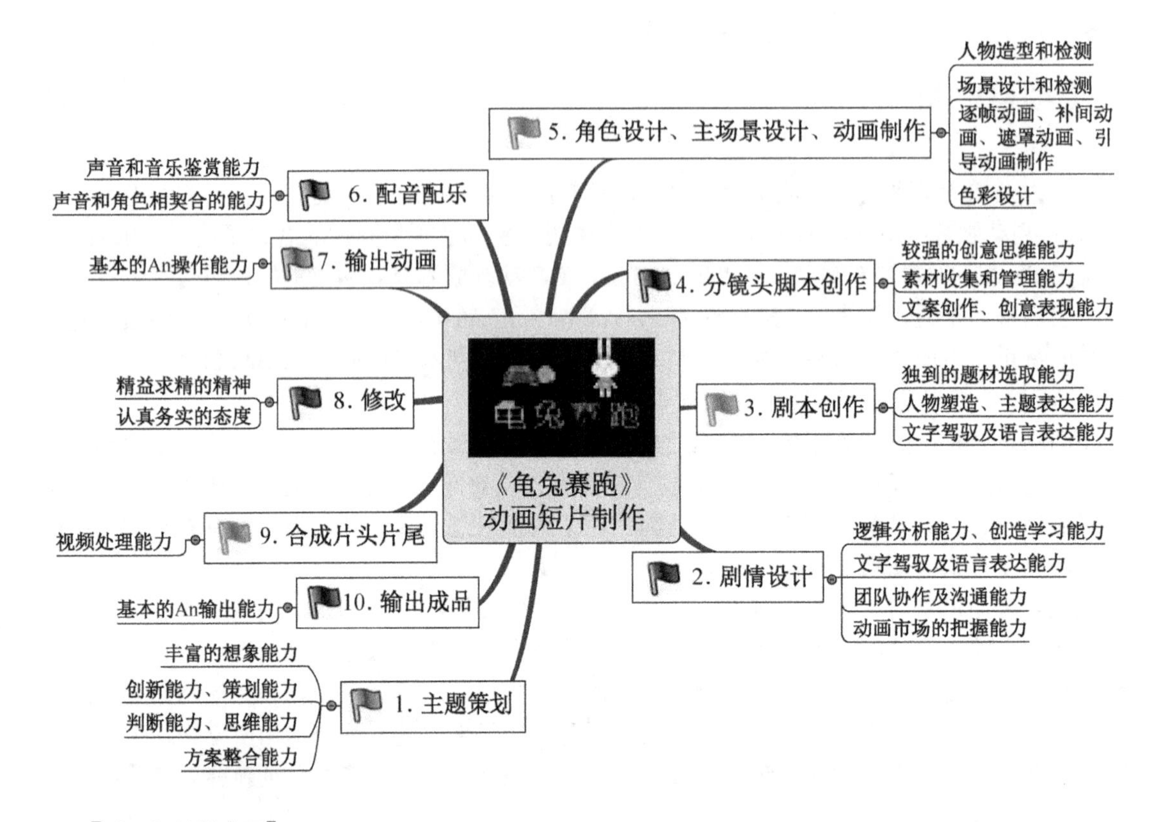

【知识讲解】

11.1 动画的基本知识

1. 动画的基本原理

动画是艺术、技术的综合，是工业社会人类寻求精神解脱的产物，是集合了绘画、漫画、电影、数字媒体、摄影、音乐、文学等众多艺术门类于一身的艺术表现形式。动画是指通过把人和物的表情、动作、变化等分段画成许多画幅，再用摄影机连续拍摄成一系列画面，给视觉造成连续变化的图画。

动画的基本原理同电影及电视原理一样，都是利用“视觉暂留”特性。当人们看到一个物体时，即使它只闪现千分之一秒，在人的视觉中也会停留大约 0.1 秒的时间。利用这一原理，快速地连续播放具有细微差别的图像，就会在人脑中产生物体在“运动”的感觉，觉得原来静止的图像运动起来了。电影胶卷的拍摄和播放速度是 24 帧/秒，比视觉暂存的时间 0.1 秒短，因此看起来画面是连续的，实际上这些连续的画面是由一系列静止图像组成的。所以根据视觉暂留原理，再结合 Adobe Animate CC 2018 的强大功能，可以使一系列静止的素材运动起来，从而表现不同的主题。

2. Adobe Animate CC 2018 简介

Adobe Animate CC 由 Adobe Flash CC 更名得来，在支持 SWF 文件的基础上，加入了对 HTML5 的支持。在 2016 年 1 月份发布新版本的时候，正式更名为“Adobe Animate CC”，缩写为 An。

本节详细讲解 An 的基础知识，包括 An 的界面、面板、工具的简单介绍，An 的基本操作和制作动画的基本技巧。在学习的过程中主要理解各种动画的实现方法、元件的制作、各种动画内容（如图片、文本、声音等）的处理。

11.2　Adobe Animate CC 2018 的界面介绍

安装好 Adobe Animate CC 2018 软件后，双击安装后的运行程序图标（或在 Windows 中选择“开始”→“程序”→“Adobe Animate CC 2018”选项），运行 Adobe Animate CC 2018 程序。Adobe Animate CC 2018 的界面如图 11-1 所示。

图 11-1　Adobe Animate CC 2018 界面

1. 舞台

舞台用来显示 An 文档的内容，包括图形、文本、按钮等，舞台是一个矩形区域，可以放大或缩小显示，舞台的显示效果如图 11-2 所示。

2. 时间轴

时间轴用来显示一个动画场景中每个时间单位内各个图层中的帧。一个动画场景是由许多帧组成的，每个帧会持续一定的时间，在每帧中会显示不同的内容，帧是构成动画的基本元素，时间轴如图 11-3 所示。

（1）更改时间轴显示效果。

在 An 中可以单击时间轴右上角的“线条”按钮 ，隐藏、更改时间轴的显示效果，具体显示效果如图 11-4 和图 11-5 所示。

图 11-2　舞台

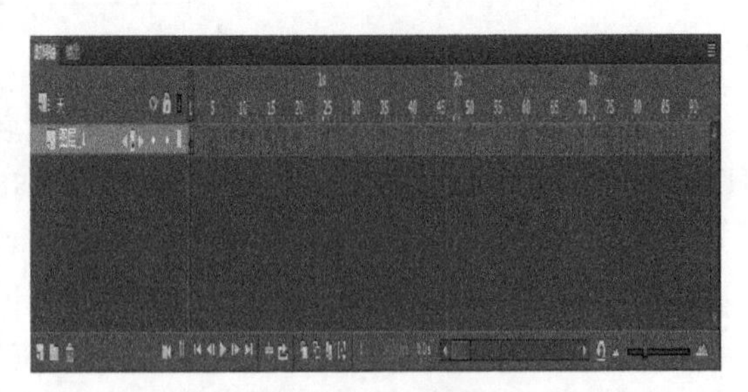

图 11-3　时间轴

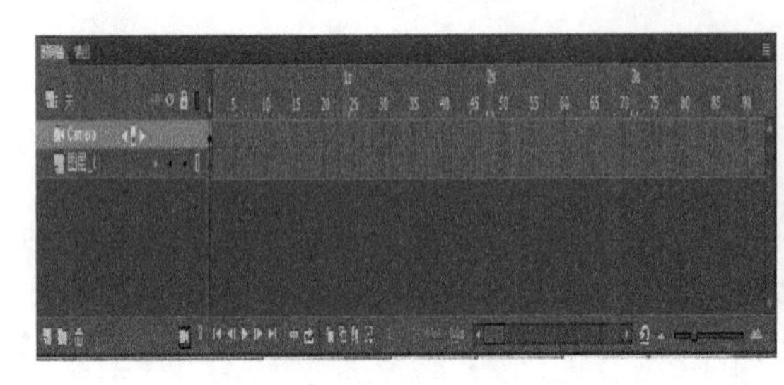

图 11-4　“帧视图”选择“小”选项的显示效果

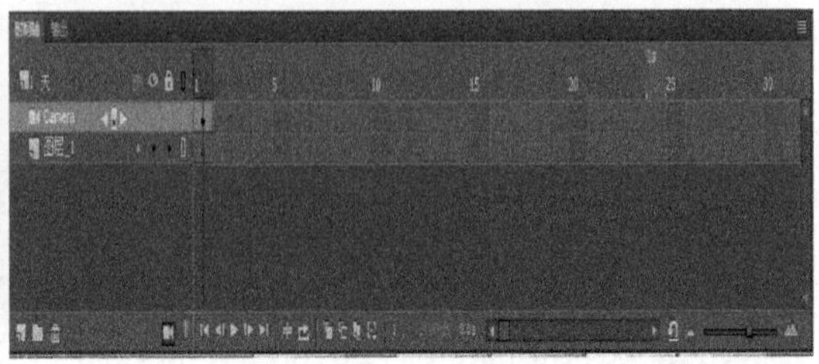

图 11-5　“帧视图”选择“大”选项的显示效果

（2）空白关键帧、帧和关键帧。

在制作 An 文档的过程中，时间轴上包含文档内容的最小单位就是帧和关键帧。关键帧有内容显示，可以编辑；帧不可以编辑，用来显示左边关键帧内容；空白关键帧没有显示内容，但可以编辑和添加内容。它们的显示效果如图 11-6～图 11-8 所示。

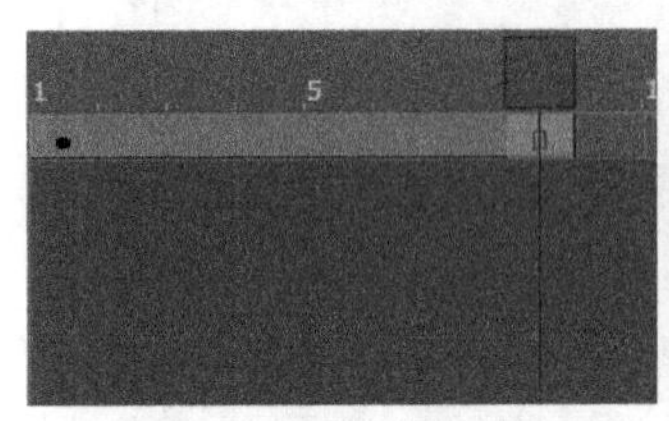

图 11-6　帧的显示效果

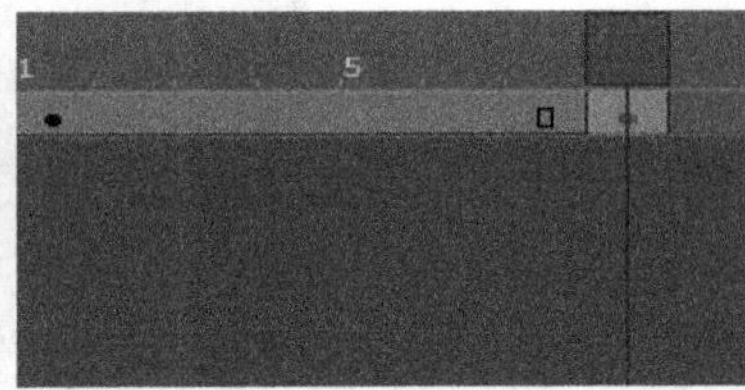

图 11-7　关键帧的显示效果

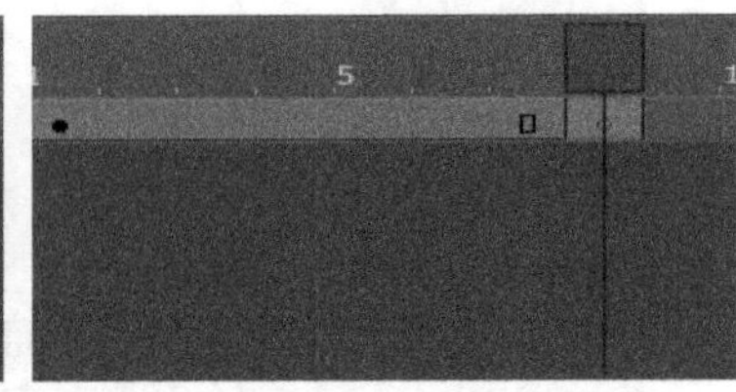

图 11-8　空白关键帧的显示效果

（3）插入、选择、删除帧（或关键帧）。

在 An 中插入、选择、删除帧（或关键帧）的步骤如下：

① 单击时间轴上需要插入帧的位置。

② 右击，在快捷菜单中选择“插入帧”选项，或按“F5”键（插入关键帧按“F6”键，插入空白关键帧按“F7”键）。

（4）复制、粘贴、移动、清除帧（或关键帧）。

在 An 中复制、粘贴、移动、清除帧（或关键帧）的步骤如下：

① 选择所要操作的帧。

② 右击，在打开的快捷菜单中选择相应命令。

3. 图层

An 中的图层和 Photoshop 中的图层类似。在 An 中图层互相叠加在一起，上面的图层中的内容会覆盖下面图层中的内容。

1）管理图层

管理图层的方法如下：

（1）选中图层，右击，在弹出的快捷菜单中选择“插入图层”、“删除图层”、“拷贝图层”、

“粘贴图层”或“剪切图层”命令。

（2）在“时间轴”面板中单击时间轴左下方的“新建图层”、“新建图层文件夹”和“删除图层”或“图层文件夹”按钮 。

2）使用图层文件夹

使用图层文件夹，可以将不同类型或功能的图层归类整理，方便管理各类图层，具体操作如下：

单击“时间轴”面板左下角的“新建文件夹”按钮 ，即可新建一个文件夹。

3）复制、粘贴、删除图层内容或图层文件夹

在制作 An 文档时，经常要进行与图层（或图层文件夹）相关的操作，具体操作方法如下：

（1）右击时间轴上的帧图标，在弹出的快捷菜单中选择“复制帧”、“粘贴帧”、“删除帧”、“清除帧”选项。

（2）选择“编辑”→“时间轴”→“复制帧”命令，复制图层（或图层文件夹）内容。

（3）选择“编辑”→“时间轴”→“粘贴帧”命令，粘贴图层（或图层文件夹）内容。

（4）选择“编辑”→“时间轴”→“删除帧”命令，删除图层（或图层文件夹）内容。

4）移动图层或文件夹

在制作 An 文档时，有时会更改图层（或图层文件夹）的顺序，具体操作方法如下：

（1）单击图层（或图层文件夹）名称，选中图层（或图层文件夹）。

（2）按住鼠标左键，拖动图层（或图层文件夹）到相应的位置。

5）创建运动引导层或遮罩层

运动引导层用来定义图层内容的移动路径，即某个图形沿着引导层画出的路径运动，可以将与遮罩层相链接的图形中的图像遮盖起来。用户可以将多个图层组合放在一个遮罩层下，以创建出多样的效果。具体创建方法如下：

（1）单击图层（或图层文件夹）名称，选中图层（或图层文件夹）。

（2）右击，在弹出的快捷菜单中选择“引导层”或“遮罩层”选项。

4.“工具”面板

使用“工具”面板中的工具可以绘图、上色、选择和修改插图，并可以更改舞台的视图。“工具”面板分为四个部分。

（1）“工具”区域：包含绘图、上色和选择工具。

（2）“查看”区域：包含在应用程序窗口内进行缩放和平移的工具。

（3）“颜色”区域：包含用于笔触颜色和填充颜色的功能键。

（4）“选项”区域：包含用于当前所选工具的功能键。功能键影响工具的上色或编辑操作。

在 Adobe Animate CC 2018 中，“工具”面板中显示的工具如图 11-9 所示。从左到右，各工具及快捷键分别为选择工具（V）、部分选择工具（A）、任意变形工具（Q）、3D 旋转工具（W）、套索工具（L）、钢笔工具（P），文本工具（T）、线条工具（N）、矩形工具（R）、椭圆工具（O）、多角星形工具、铅笔工具（Shift+Y）、刷子工具（Y）、画笔工具（B）、骨骼工具（M）、颜料桶工具（K）、墨水瓶工具（S）、滴管工具（I）、橡皮擦工具（E）、宽度工具（U）、摄像头工具（C）、手形工具（H）、放大镜工具（Z），以及笔触颜色、默认黑白、填充颜色、交换颜色、对象绘制模式、贴紧至对象。

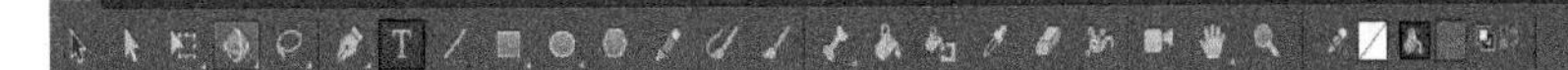

图 11-9 “工具”面板

使用“面板”工具的操作方法如下：

（1）单击工具箱中的某个工具，即选择相应的工具，或使用快捷键选择工具。

（2）工具右下角有下拉按钮的表示该工具有其他子工具。

动画的内容要放到相应帧内，帧内的内容用上述工具绘制、选择。在“属性”面板可以方便地定义帧和舞台中相应内容的属性。“属性”面板中显示的参数和在舞台中选择的内容有关，选择不同的内容，如文本、元件、按钮，“属性”面板中会显示不同的属性。当选择内容为位图时，“属性”面板的显示效果如图 11-10 所示。

6．“颜色”和“样本”面板

使用“颜色”和“样本”面板可以方便地定义内容使用的填充颜色。其中，“颜色”面板中可以定义更加复杂的颜色，而“样本”面板中只可以选择 216 种网页使用的安全色。

（1）“颜色”面板。

“颜色”面板用来定义各种工具使用的颜色。其中，可以使用单一颜色，也可以使用各种渐变颜色，其效果如图 11-11 所示。

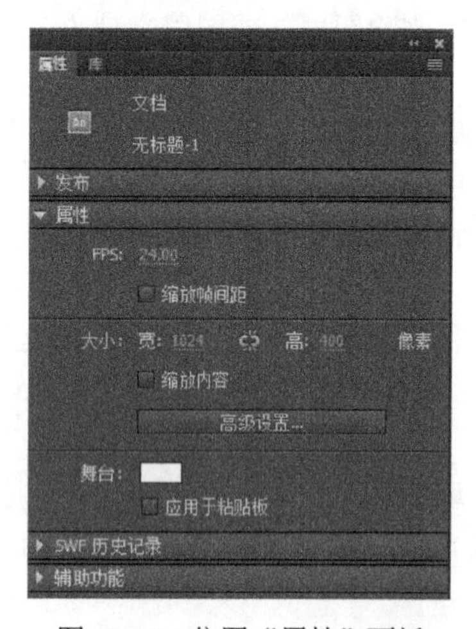

图 11-10　位图“属性”面板

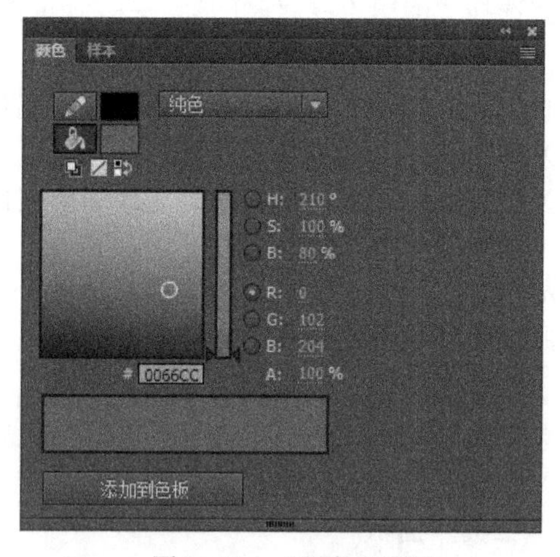

图 11-11　“颜色”面板

（2）“样本”面板。

“样本”面板用来显示可选择的 216 种 Web 安全色，以及各种渐变或放射填充等，其显示效果如图 11-12 所示。

7．“库”面板

“库”面板用来显示当前文档中使用的各种位图、按钮、影片剪辑等。“库”面板分为两部分：上一部分显示所选库项目的预览效果；下半部分显示库中的所有项目。在制作 An CC 文档时，可以将“库”面板中的各种内容和元件直接拖放到舞台中。拖放后，库中的内容不会消失，所以库中的内容可以重复使用，其显示效果如图 11-13 所示。

8．定义首选参数

在 An 中可以通过定义首选参数来定义各种内容的显示效果。在“首选参数”对话框中，可以定义常规、同步设置、代码编辑器、脚本文件、编译器、文本、绘制，如图 11-14 所示。

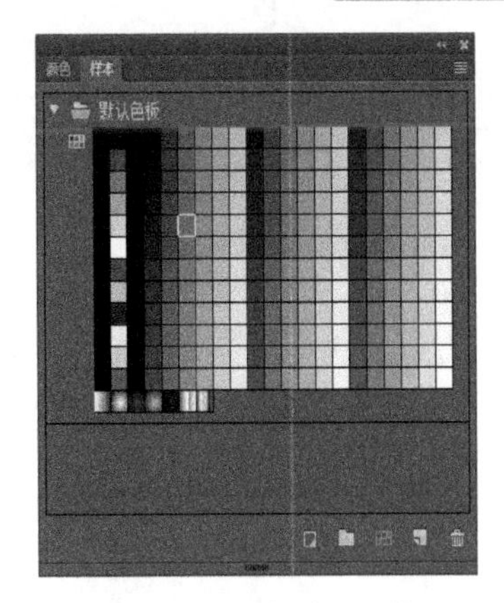

图 11-12　“样本”面板

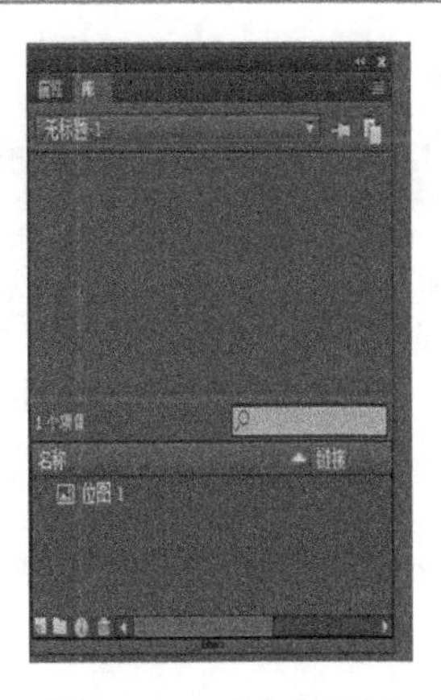

图 11-13　“库”面板

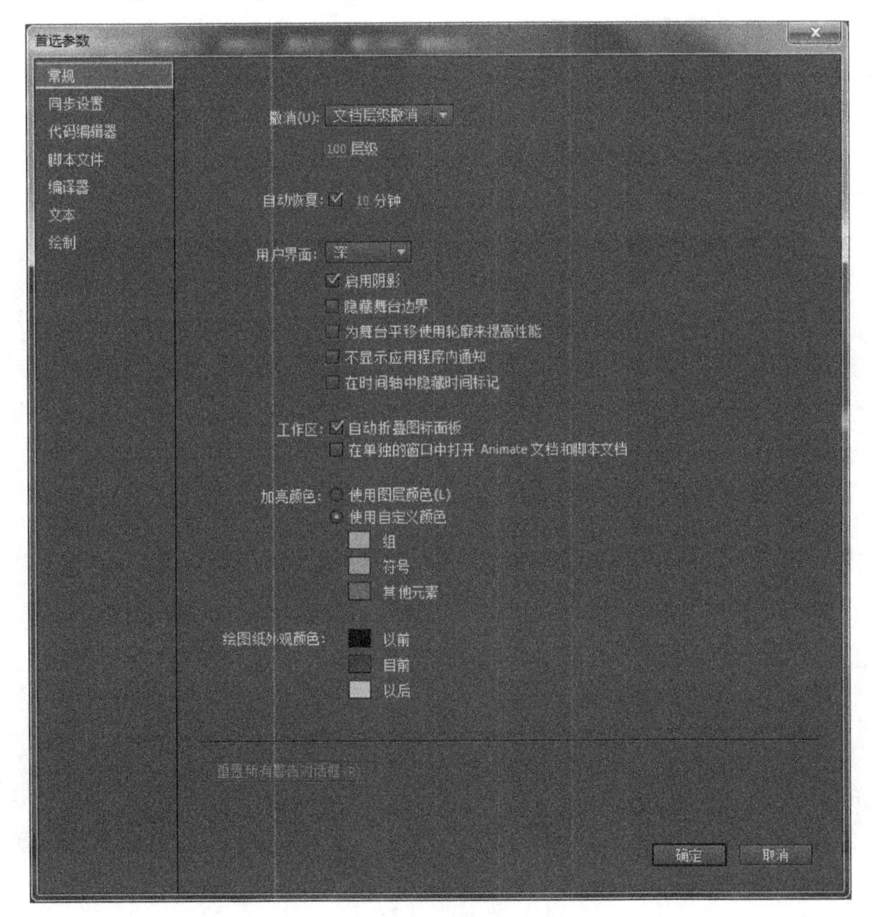

图 11-14　“首选参数”对话框

11.2.1　Adobe Animate CC 2018 的基本操作

本节介绍的 Adobe Animate CC 2018 基本操作包括新建、保存、测试、发布文档、元件、补间动画，以及添加脚本等内容。

1．新建和保存文档

“新建文档”对话框如图 11-15 所示。“另存为”对话框如图 11-16 所示。

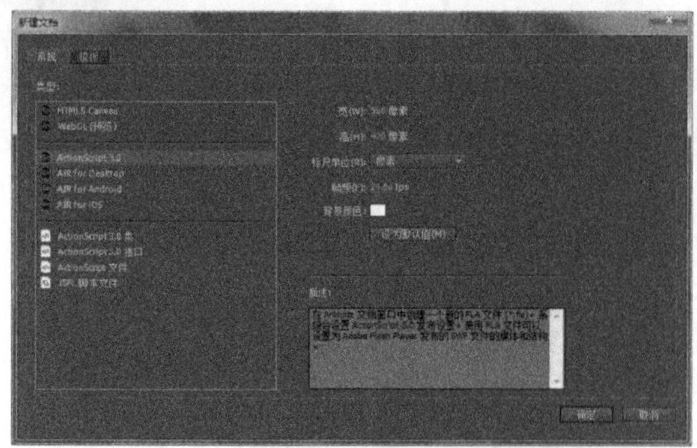

图 11-15 “新建文档”对话框

图 11-16 “另存为”对话框

2. 新建图形元件

图形元件用于静态图像内容，不能在图形元件中添加声音文件等内容。新建图形元件的操作步骤如下：

（1）打开或新建文档。

（2）选择“插入”→“新建元件”命令，弹出“创建新元件”对话框，如图 11-17 所示。

（3）在“类型”下拉列表中选择“图形”选项，其“属性”面板如图 11-18 所示。

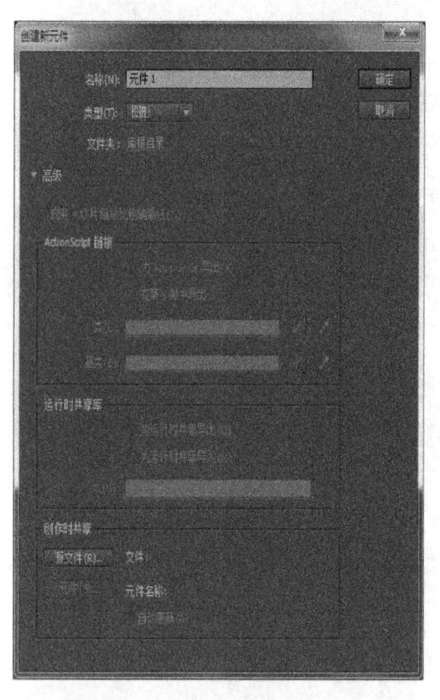

图 11-17 “创建新元件”对话框

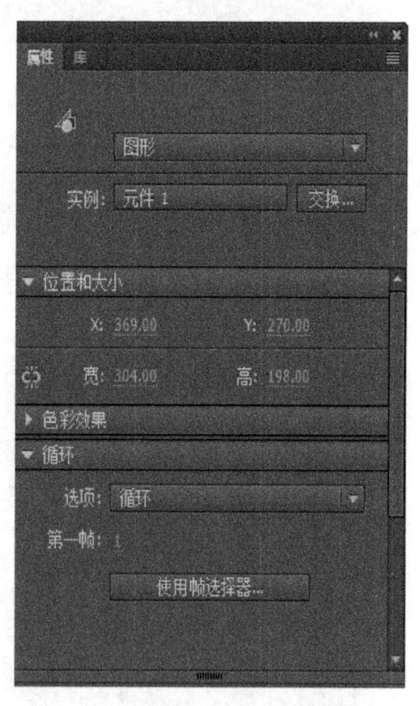

图 11-18 图形元件的“属性”面板

3. 新建按钮元件

按钮实际上是四帧的交互影片剪辑。当为元件选择按钮行为时，Animate CC 2018 会创建一个包含四帧的时间轴。前三帧显示按钮的三种可能状态；第四帧定义按钮的活动区域。按钮在时间轴上并不播放，它只是对指针运动和动作做出反应，跳转到相应的帧。要制作一个交互式按钮，可把该按钮元件的一个实例放在舞台上，然后给该实例指定动作。必须将动作分配给文档中按钮的实例，而不是分配给按钮时间轴中的帧，其显示效果如图 11-19 所示。

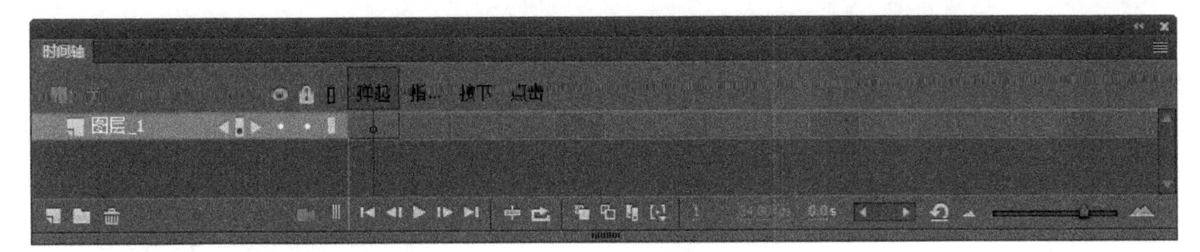

图 11-19 按钮元件的时间轴

按钮元件的时间轴上的每一帧都有一个特定的功能：

（1）第 1 帧是弹起状态，代表指针没有经过按钮时该按钮的状态。

（2）第 2 帧是指针经过状态，代表指针滑过按钮时该按钮的外观。

（3）第 3 帧是按下状态，代表单击按钮时该按钮的外观。

（4）第 4 帧是单击状态，定义响应鼠标单击的区域。

4．新建影片剪辑元件

影片剪辑元件用于制作可重复使用的动画片段。该动画片段在文档的场景中可以独立播放，而不受场景中时间轴的限制。新建影片剪辑元件的操作过程如下：

（1）打开或新建文档。

（2）选择“插入”→“新建元件”命令，弹出“创建新元件”对话框。

（3）在对话框“类型”下拉列表中选择“影片剪辑”选项，并定义新元件的名称为“影片剪辑元件”。

5．编辑和删除元件

创建各种元件之后，如果要修改元件的内容，或某些元件将不会再被使用时，就要编辑和删除已建立的元件，编辑和删除元件的操作步骤如下：

（1）打开或新建文档。

（2）选择“窗口”→“库”选项（如果在文档中“库”面板已经打开，则可以省略此步）。

（3）打开“库”面板，右击，在打开的快捷菜单中选择相应命令。

6．创建传统补间

传统补间是两个对象生成一个补间动画，具体操作步骤如下：

（1）打开或新建文档，新建一个图层。

（2）在第 1 帧处右击，在弹出的快捷菜单中选择“插入关键帧”命令。

（3）使用图形工具，绘制对象。

（4）在第 50 帧处右击，在弹出的快捷菜单中选择“插入关键帧”命令，修改对象的属性，如位置、颜色、旋转等。

（5）选中第 1 帧至最后一帧之间的任意一帧处右击，在弹出的快捷菜单中选择“创建传统补间”命令。

（6）按“Enter”键预览动画。

7．创建补间动画

An 与之前的版本有一个根本性的改变，之前的版本基本都是定头（开始帧）、定尾（结束帧）做动画（创建动画动作）。而 An 中，则是定头，然后鼠标在哪一帧操作场景中的对象时，时间轴自动添加关键帧，变成了定头做动画（开始帧，选中对应帧，改变对象位置）。创建补间动画的操作过程如下：

（1）在舞台上选择要补间的一个或多个对象（对象可驻留在下列任何图层类型中：常规、引导、遮罩或被遮罩）。

（2）选择“插入”→“补间动画”命令，其显示效果如图 11-20 所示。

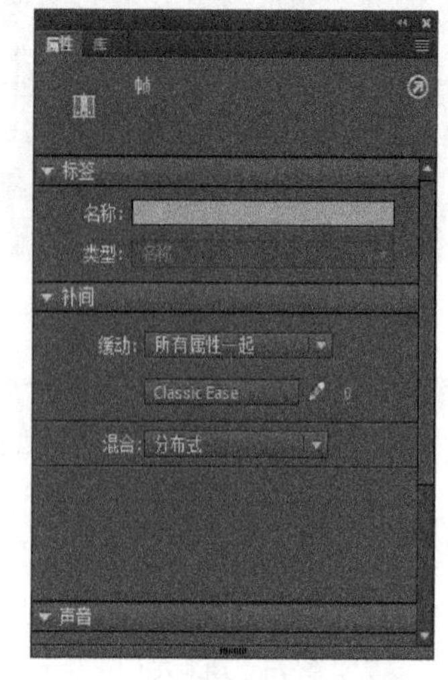

图 11-20 创建补间动画后的“属性”面板

如果对象是不可补间的对象类型，或如果在同一图层上选择了多个对象，将显示一个对话框。通过该对话框可以将所选内容转换为影片剪辑元件，之后即可创建补间动画。

如果原始对象仅驻留在时间轴的第一帧中，则补间范围的长度等于一秒的持续时间；如果帧速率是 24 帧/秒，则范围包含 24 帧，如果帧速率不足 5 帧/秒，则范围为 5 帧；如果原始对象存在于多个连续的帧中，则补间范围将包含该原始对象占用的帧数。

如果图层是常规图层，它将成为补间图层。如果是引导、遮罩或被遮罩层，它将成为补间引导、补间遮罩或补间被遮罩图层。在时间轴中拖动补间范围的任一端，以按所需长度缩短或延长范围。

若要将动画添加到补间，只需将播放头放在补间范围内的某个帧上，然后将舞台上的对象拖到新位置。

8．创建补间形状

An 可以自动根据两个图形之间的帧值和形状差异来创建动画，它可以实现两个图形之间颜色、形状、大小、位置的相互变化。形状补间动画建立后，时间轴面板的背景色变为淡绿色，在起始帧和结束帧之间也有一个长长的箭头；构成形状补间动画的元素多为用鼠标或压感笔绘制出的形状，而不能是图形元件、按钮、文字等，如果要使用图形元件、按钮、文字，则必先打散（快捷键为“Ctrl+B”）后才可以做形状补间动画。

以下步骤演示如何在时间轴的第 1 帧～第 30 帧之间创建补间形状。

（1）在第 1 帧中，使用“矩形工具”绘制一个正方形。

（2）选择同一图层的第 30 帧，选择“插入”→“时间轴”→“空白关键帧”命令或按“F7”键，添加一个空白关键帧。在舞台上，使用“多边形工具”在第 30 帧中绘制一个五边形。

（3）在时间轴上，从位于包含两个形状的图层中的两个关键帧之间的多个帧中选择一帧。选择“插入”→“创建补间形状”命令。

（4）按“Enter”键预览动画。

若要对形状的颜色进行补间，请确保第 1 帧中的形状与第 30 帧中的形状具有不同的颜色。

若要向补间添加缓动，请选择两个关键帧之间的某一个帧，然后在“属性”面板中的“缓动”字段中输入一个值。若输入一个负值，则在补间开始处缓动。若输入一个正值，则在补间结束处缓动，其显示效果如图 11-21 和图 11-22 所示。

图 11-21　初始帧图形

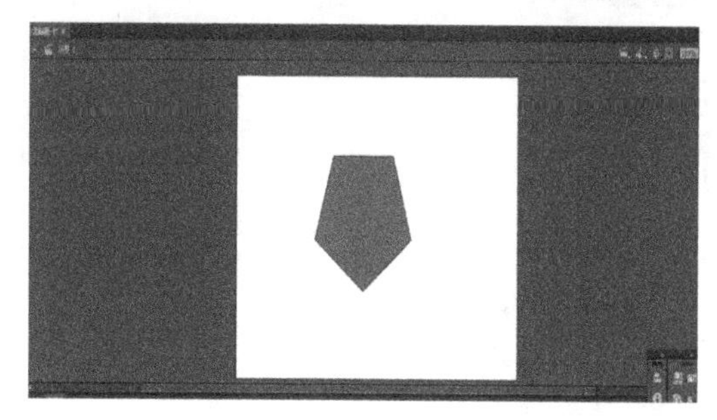

图 11-22　终止帧图形

9．在关键帧中添加动作

使用“动作”面板可以在关键帧中添加动作，方法是在所选关键帧上右击，在弹出的快捷菜单中选择“动作”选项，添加想要的动作，如控制动画的播放和停止等。在关键帧中添加动作代码，如图 11-23 和图 11-24 所示。

图 11-23　在关键帧上添加代码

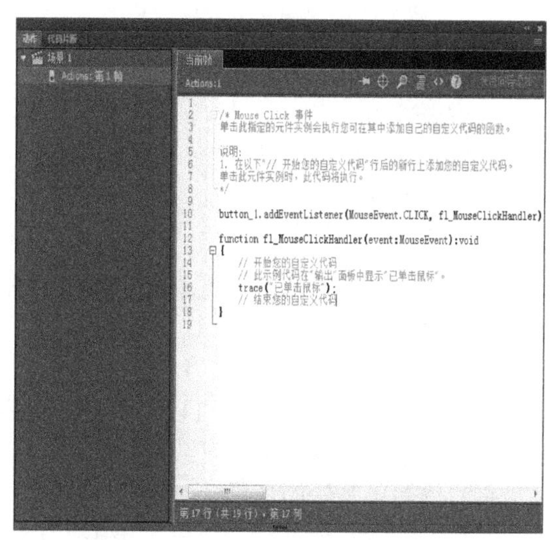

图 11-24　在按钮元件实例上添加代码

10．测试影片

在制作文档的过程中，要随时测试影片播放是否正常，如为按钮实例添加超链接等。测试影片的步骤如下：

选择“控制”→“测试影片”命令。

测试影片显示效果如图 11-25 所示。

11．发布和导出影片

（1）发布影片

制作好的 An CC 文档，保存后的格式为 FLA 格式，扩展名为“.fla”，但不能在网页中直接使用，所以在制作好 An CC 文档后，要将文档发布为 SWF 格式。SWF 格式的动画文件可以在网页中直接使用。操作步骤如下：

选择“文件”→“发布设置”命令，弹出“发布设置”对话框，在该对话框中设置相应参数，如图 11-26 所示。

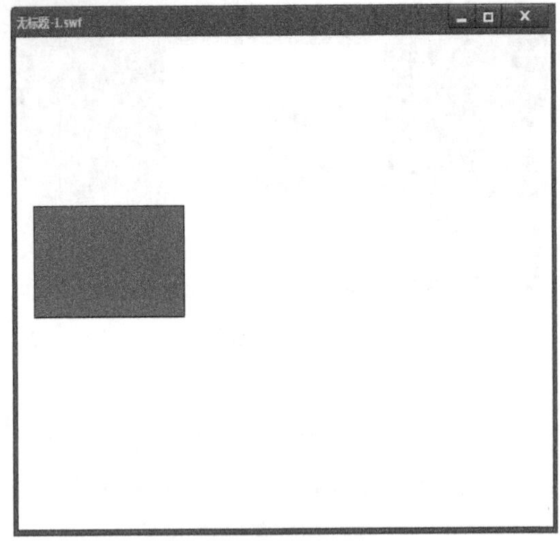

图 11-25　测试影片效果

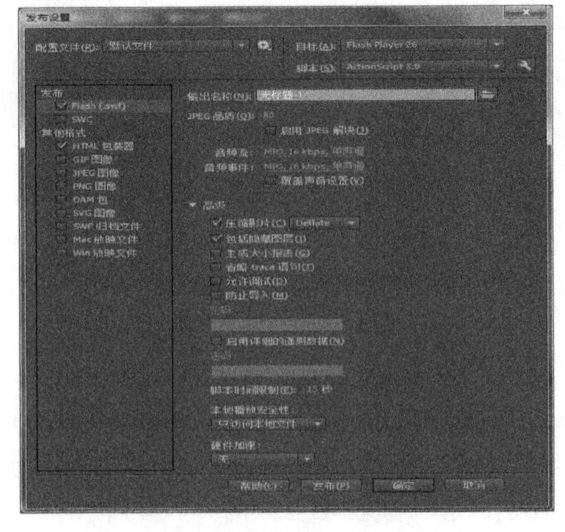

图 11-26　“发布设置”对话框

（2）导出影片。

操作步骤如下：

选择“文件”→“导出”→“导出影片”命令，在弹出的对话框中选择相应格式。

11.2.2　绘图和处理图片

本小节主要讲解使用“工具”面板中的各种工具绘制矢量图形，以及处理导入文档中的位图的方法。

1．使用“铅笔工具”和“刷子工具”

在 An 中“铅笔工具”可以自由地绘制线条粗细相同的图形或线条，通过相应的按钮，还可以控制绘制线条的平滑度或伸直度。

1）“铅笔工具”的使用

若要绘制线条和形状，使用“铅笔工具”绘画的方式与使用真实铅笔大致相同。若要在绘画时平滑或伸直线条和形状，需要为“铅笔工具”选择一种绘制模式。

“铅笔工具”使用方法如下：

（1）选择“铅笔工具”。

（2）选择“窗口”→“属性”命令，打开“属性”面板，然后选择笔触颜色、线条粗细和样式。

（3）在“工具”面板的选项下，选择一种绘制模式。

① 若要绘制直线，并将接近三角形、椭圆、圆形、矩形和正方形的形状转换为这些常见的几何形状，则选择“伸直”方式。

② 若要绘制平滑曲线，则选择“平滑”方式。

③ 若要绘制不用修改的手画线条，则选择“墨水”方式。

2）“刷子工具”的使用。

“刷子工具”可以绘制像刷子一样粗细不均的线条。通过“刷子工具”提供的相应按钮，可以控制刷子的大小，以及刷子的形状等。“刷子工具”使用方法如下。

（1）选择“刷子工具”。

（2）选择“窗口”→“属性”命令，在打开的“属性”面板中，选择一种填充颜色。

（3）单击“刷子模式”下拉列表，在下拉列表中选择一种涂色模式。

① 标准绘画：可对同一图层的线条和填充涂色。

② 颜料填充：对填充区域和空白区域涂色，不影响线条。

③ 后面绘画：对舞台上同一图层的空白区域涂色，不影响线条和填充。

④ 内部绘画：在“属性”面板的“填充”框（）中选择填充颜色，若要将刷子笔触限制为水平和垂直方向，按住“Shift”键拖动即可。

2. “线条工具”和图形工具

在 An 中，“线条工具”比较简单，用来制作各种直线线条或形状。图形工具用来制作各种椭圆或多边形形状，包含“矩形工具”、“椭圆工具”、“基本矩形工具”、“基本椭圆工具”、“多角星形工具”5 个子选项。

3. 使用“钢笔工具”

在 An 中，“钢笔工具”用来制作细致、精确的路径，在“钢笔工具”组中除“钢笔工具”以外，还包含“添加描点工具”、“删除描点工具”、“转换描点工具”等几个辅助工具。

若要创建曲线，只需在曲线改变方向的位置处添加锚点，并拖动构成曲线的方向线。方向线的长度和斜率决定了曲线的形状。如果使用较少的锚点拖动曲线，可使曲线更容易调整。使用锚点过多可能会在曲线中造成不必要的凸起。

“钢笔工具”使用方法如下：

（1）选择“钢笔工具”。

（2）将“钢笔工具”定位在曲线的起始点，单击。此时会出现第一个锚点，同时“钢笔工具”指针变为箭头。

（3）拖动要创建曲线段的斜率，然后释放鼠标。

（4）若要创建 C 形曲线，则向与上一方向线相反的方向拖动，然后释放鼠标。绘制曲线中的第二个点 A，开始拖动第二个平滑点 B，向远离上一方向线的方向拖动，创建 C 形曲线点 C。释放鼠标后创建的 C 形曲线如图 11-27 所示。

（5）若要创建 S 形曲线，则向与上一方向线相同的方向拖动，然后释放鼠标，绘制 S 形曲线点 A，开始拖动新的平滑点 B，向上一方向线相同的方向拖动，创建 S 形曲线点 C。释放鼠标后创建的 S 曲线如图 11-28 所示。

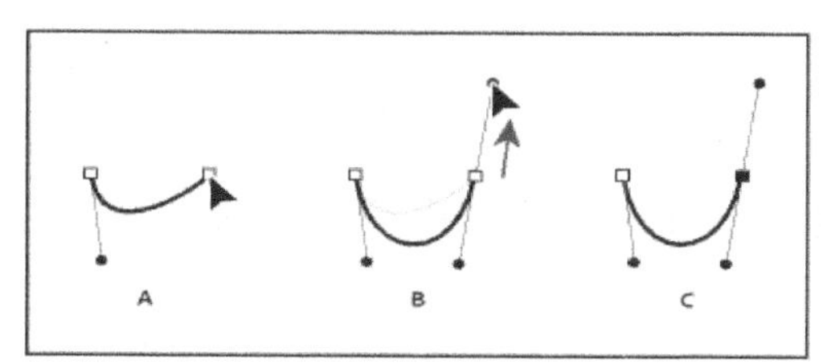

图 11-27 “钢笔工具”创建 C 形曲线

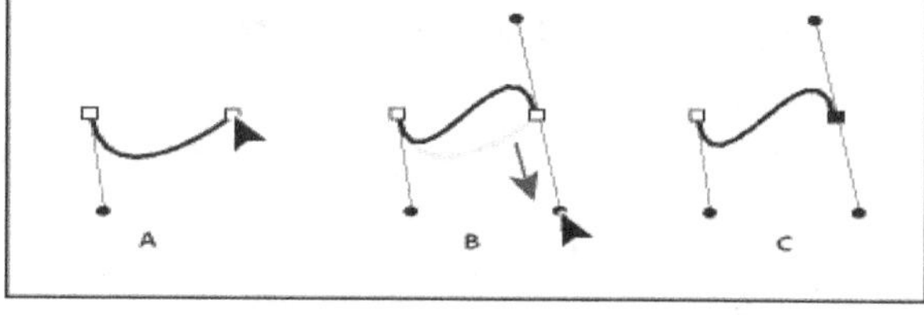

图 11-28 “钢笔工具”创建 S 曲线

（6）若要创建一系列平滑曲线，则应继续从不同位置拖动“钢笔工具”。将锚点置于每条曲线的开头和结尾，而不放在曲线的顶点。

注意：*若要断开锚点的方向线，则按住“Alt”键并拖动方向线。*

（7）若要闭合路径，则将“钢笔工具”定位在第一个（空心）锚点上。当位置正确时，“钢笔工具”指针旁边将出现一个小圆圈，单击或拖动圆圈以闭合路径。

（8）若要保持为开放路径，则按住“Ctrl”键并单击所有对象以外的任何位置，然后选择其他工具或选择“编辑”→“取消全选”命令。

4．使用选取工具

在An中的选取工具有两个：一个是“选择工具”，另一个是“部分选择工具”。使用“选择工具”可以选择对象的全部；使用“部分选择工具”可以选择对象的一个部分，如路径中的一个节点等。

5．定义边框和填充的颜色

在An中，通过“属性”面板或“工具”面板中相应的选项，可以定义边框和填充的颜色。“颜色”面板和边框显示效果如图11-29和图11-30所示。

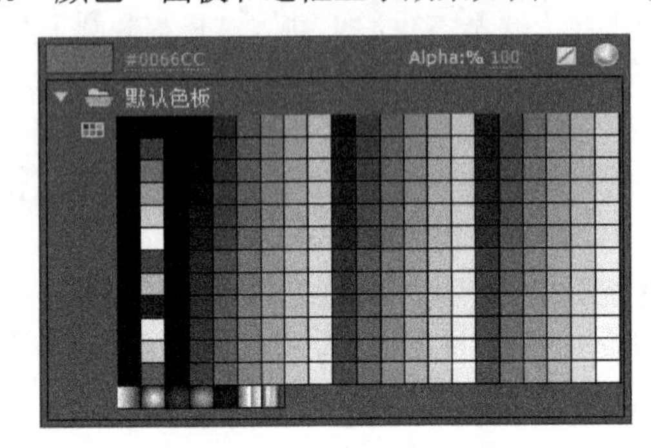

图11-29　“颜色”面板

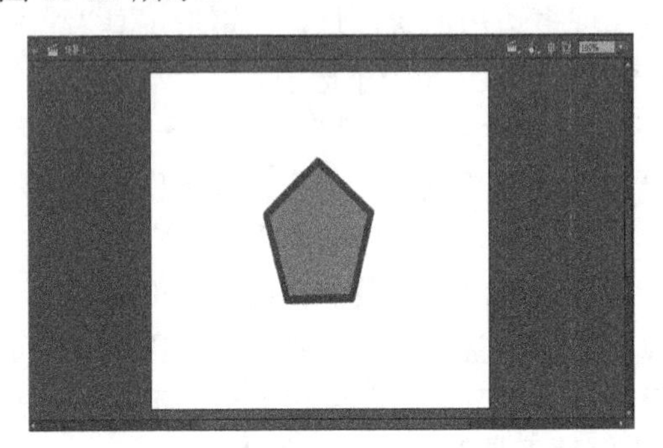

图11-30　边框显示效果

6．定义渐变颜色

在An中可以通过“颜色”面板定义渐变填充的颜色。

7．导入图像

在An中可以导入各种格式的位图和矢量图文件到文档的库或舞台中，其中支持导入的矢量或位图图像格式有JPG、PNG、GIF、AI等。

操作步骤如下：选择“文件”→“导入”→“导入到库”命令。

8．设置和编辑位图

在An中，可以通过位图的“属性”面板定义位图的相应属性，并对位图进行编辑。

操作步骤如下：选项“文件”→“导入”→“导入到库” 命令，选择该位图后，右击，在弹出的快捷菜单中选择“属性”命令即可。

9．分离位图和将位图转换为矢量图

1）分离位图

将位图分离位后可以使用 An绘画和涂色工具对图像进行修改。具体操作步骤如下：

（1）选择当前场景中的位图。

（2）选择“修改”→“分离”命令。

2）将位图转换为矢量图形

“转换位图为矢量图”命令可将位图转换为具有可编辑的离散颜色区域的矢量图形。将图像作为矢量图形处理时，可以压缩文件大小。将位图转换为矢量图形时，矢量图形不再链接到“库”面板中的位图元件。

位图转换为矢量图操作步骤如下：

（1）选择当前场景中的位图。

（2）选择“修改”→“位图”→“转换位图为矢量图” 命令，弹出“转换为矢量图”对话框。

（3）在对话框中输入一个颜色阈值。

当两个像素进行比较后，如果它们在 RGB 颜色值上的差异低于该颜色阈值，则认为这两个像素颜色相同。如果增大了该阈值，则意味着降低了颜色的数量。

① 最小区域：用来输入一个值，以设置为某个像素指定颜色时需要考虑的周围像素的数量。

② 曲线拟合：用来确定绘制轮廓所用的平滑程度。

③ 转角阈值：用来确定保留锐边还是进行平滑处理。

注意：如果导入的位图包含复杂的形状和许多颜色，则转换后的矢量图形的文件比原始的位图文件大。若要找到文件大小和图像品质之间的平衡点，可以尝试使用“转换位图为矢量图”对话框中的各种设置。若要创建最接近原始位图的矢量图形，则需进行一下设置。

颜色阈值：10；最小区域：1 像素；曲线拟合：像素；转角阈值：较多转角。

10．组合对象

在 An 中，可以通过组合的方法，将几个对象作为一个对象来处理。组合后的对象，可以进行整体移动和编辑，其具体操作步骤如下：

（1）选择“文件”→“新建”命令，新建一个文档。

（2）选择使用图形工具中的椭圆工具，在舞台中画出两个椭圆图形，分别转换为图形元件。

（3）框选两个元件。

（4）选择“修改”→“组合”命令。

11．处理对象

在 An 中，可以对对象进行变形、扭曲、缩放、旋转等操作。具体操作步骤如下：

（1）选择“文件”→“新建”命令，新建一个文档。

（2）选择使用图形工具中的“矩形工具”，在舞台中画出一个矩形。

（3）选中该矩形，选择“修改”→“变形”→“扭曲”命令。

扭曲效果如图 11-31 所示。

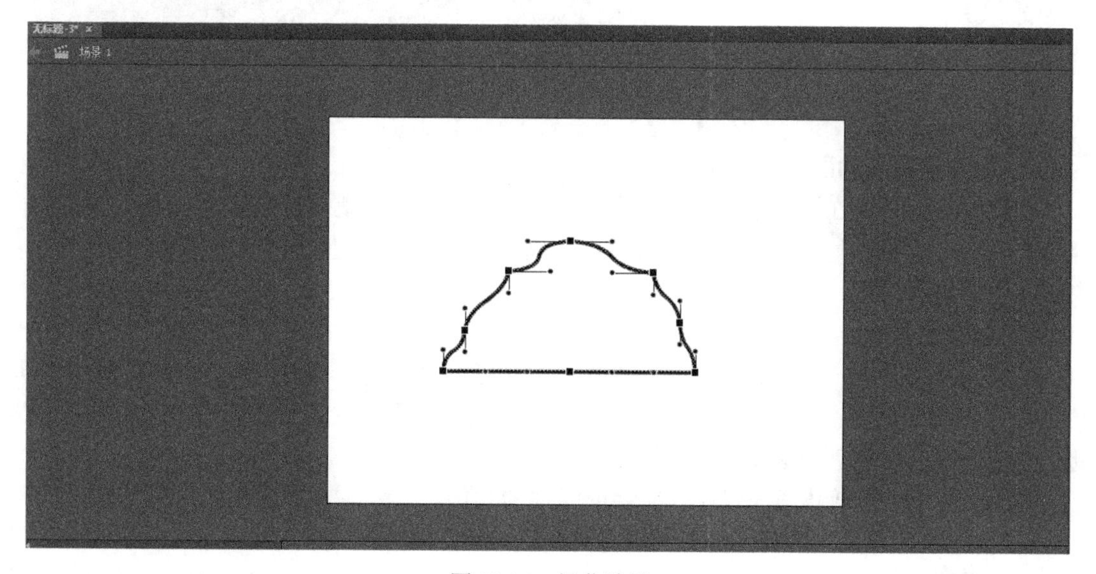

图 11-31　扭曲效果

11.2.3　制作动画

1．制作引导层动画

引导层动画是指在引导层中制作动画的路径，然后将其他的图层链接到引导层。矢量图形、补间实例、组等内容可以沿引导层的路径运动。制作引导层动画的界面如图 11-32 所示。

引导层动画实例——滚动的小球：

（1）新建文件。选择使用工具箱中的“椭圆工具”并按住“Shift”键绘制一个正圆。

（2）使用工具箱中的“颜料桶工具”为圆形填充颜色。

（3）使用“选择工具”选中圆的边框线，按“Delete”键删除。

（4）使用“选择工具”框选圆，右击，在弹出的快捷菜单中选择“转换为元件”命令。

（5）新建图层“图层 2”，使用“铅笔工具”绘制一条平滑的曲线，在 25 帧处添加关键帧。右击，在弹出的快捷菜单中选择“引导层”命令。

（6）选中图层“图层 1”，在第 1 帧处将小球放在曲线的一端，在 25 帧处，将小球拖放在曲线的另一端。

（7）在首末两个关键帧之间右击，在弹出的快捷菜单中选择“创建传统补间”命令。选中图层“图层 1”，按住左键将其向右拖动，使其置于图层“图层 2”的下一级，如图 11-33 所示。

（8）测试影片。

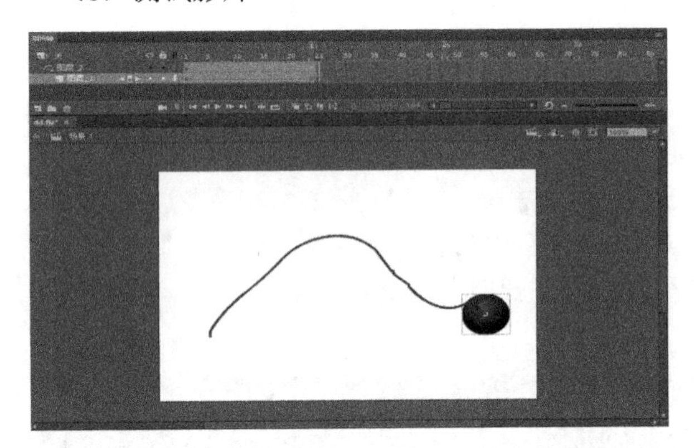

图 11-32　引导层动画的制作界面

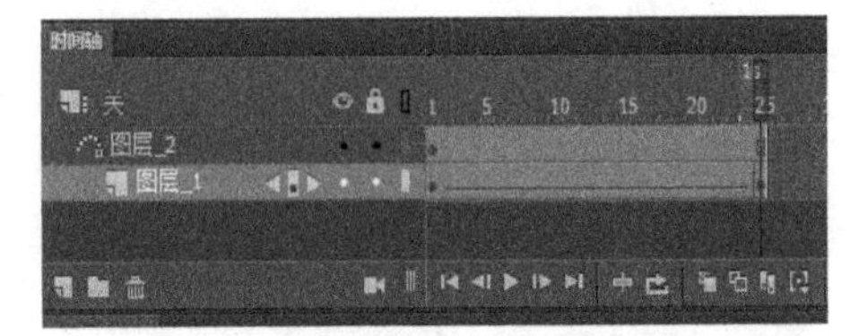

图 11-33　置于图层“图层 2”的下一级

2．制作遮罩层动画

遮罩层动画是指在遮罩层中建立一个遮罩，当其他图层与遮罩层关联时，包含遮罩的内容将会显示，遮罩以外的内容将会被隐藏。在遮罩层中，可以创建补间动画或补间形状，用来制作动态遮罩效果。

1）创建遮罩层

（1）选择或创建一个图层，其中包含出现在遮罩中的对象。选择“插入”→“时间轴”→“图层”命令，在其上创建一个新图层。遮罩层总是遮住其下方紧贴着它的图层，因此需要在正确的位置创建遮罩层。

（2）在遮罩层上放置填充形状、文字或元件的实例。

An 会忽略遮罩层中的位图、渐变、透明度、颜色和线条样式。在遮罩中的任何填充区域都是完全透明的；而任何非填充区域都是不透明的。右击舞台窗口或按住“Ctrl”键的同时并

单击时间轴中的遮罩层名称，选择“遮罩”选项，将出现一个遮罩层图标，表示该层为遮罩层。其下面的图层将链接到遮罩层上，其内容会透过遮罩上的填充区域显示出来。被遮罩图层的名称将以缩进形式显示，其图标将更改为一个被遮罩的图层的图标。若要在 An 中显示遮罩效果，则需要锁定遮罩层和被遮住的图层。

2）创建被遮罩层

执行下列操作之一：

（1）将现有的图层直接拖到遮罩层下面。

（2）在遮罩层下面的任何地方创建一个新图层。

（3）选择“修改”→“时间轴”→“图层属性”，然后选择“被遮罩”命令。

3）断开图层和遮罩层的链接

选择要断开链接的图层，然后执行下列操作之一：

（1）将图层拖到遮罩层的上面。

（2）选择“修改”→“时间轴”→“图层属性”命令，在弹出的对话框中选择“一般”选项。

遮罩动画的显示效果如图 11-34 所示。

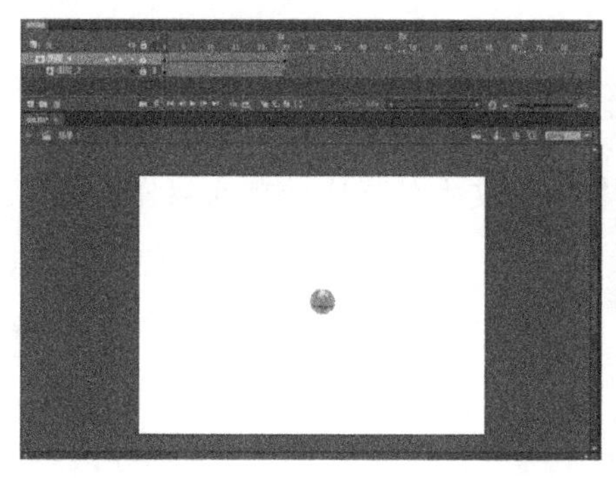

图 11-34　遮罩动画的显示效果

3. 制作逐帧动画

逐帧动画是指在动画中每一帧都是关键帧，在每一帧中有不同的内容。制作一个按笔画写字的逐帧动画，具操作步骤如下：

（1）选择“文件”→“新建”→“Action Script 3.0”选项，新建一个文档。

（2）选择图层“图层 1”中的第 1 帧，输入一个“梅”字，通过“属性”面板，设置字体为宋体，字号为 96，颜色为蓝色。右击输入的文字，在弹出的快捷菜单中选择“分离”选项。

（3）在第 2 帧处插入关键帧，利用“橡皮擦工具”擦除编辑区中汉字的最后一个笔画。

（4）每增加一个关键帧，擦除一个笔画，直至汉字全部擦完。

（5）为达到正常的书写效果，选中所有的关键帧，右击，在弹出的快捷菜单中选择“翻转帧”命令，实现前后帧的交换。

（6）修改文档属性中的帧速率，改为 1fps，按“Ctrl+Enter”组合键测试影片。

11.2.4　使用文本

文本是网页中传递信息的主要方式，本节主要讲解如何使用文本内容，以及如何对文本内容进行相关设置。

1. 创建文本

在 An 中，可以创建的文本有三种：静态文本、动态文本和输入文本。其中，静态文本是指固定不变的文本，可以使用“文字工具”进行文本输入；动态文本是指可以动态更换的文本；输入文本是指可以输入到表单或调查表中的文本。

（1）选择使用“文本工具”。

（2）在“属性”面板修改文本状态。

2. 定义文本的属性

在文本的“属性”面板中，最常用的功能有如下几种：

（1）字体：可以在“字体”下拉列表中选取编辑文本的字体。选择不同的字体，可以得到不同的效果。

（2）字体大小：可以通过下拉滑块或修改文本框中的数值来设定字体的大小。

（3）文本（填充）颜色：单击“颜色”按钮，可在打开的“颜色”面板上选取文本的颜色。

（4）切换粗体：当选中文本后，单击此按钮可以设置文字为粗体，对于已经是粗体的文本将取消粗体。

（5）切换斜体：设置字体是否为斜体。

（6）段落格式：调整文本段落格式。

3. 分离文本

在 An 中可以分离文本，其功能是将文本框中的文本分离成独立的部分。分离后，可以对每个独立的文字进行处理。

11.2.5 使用声音

An 中对声音的操作非常方便。导入到 An 中的声音保存在库中，只需导入声音文件的一个副本就可以在文档中以多种方式使用。如果想在 An 文档之间共享声音，则可以把声音包含在共享库中。

An 包含一个声音库，其中包含可用作效果的多种有用的声音。要打开声音库，可选择“窗口”→“公用库”→“声音”选项。若要将声音库中的某种声音导入 FLA 文件中，可将此声音从声音库中拖动到 FLA 文件的“库”面板中，也可以将声音库中的声音拖动到其他共享库中。

一般情况下，无压缩声音文件会占用大量的磁盘空间和内存。但是 MP3 格式的声音数据经过了压缩，它比 WAV 或 AIFF 声音数据小。通常使用 WAV 或 AIFF 文件时，最好使用 16～22kHz 单声（立体声使用的数据量是单声的两倍），但是 An 可以导入采样率为 11kHz、22kHz 或 44kHz 的 8 位或 16 位的声音。当将声音导入到 An 中时，如果声音的记录格式不是 11kHz 的倍数（如 8kHz、32kHz 或 96kHz），将会重新采样。An 在导出时，会自动把声音转换成采样比率较低的声音。

1. 添加声音

在 An 中通常可以使用 WAV 格式、MP3 格式、AIFF 格式、QuickTime 格式、Sun AU 格式的声音文件。在使用声音文件时，一般要将声音文件导入“库”面板中，然后在图层中使用声音文件。声音的“属性”面板如图 11-35 所示。

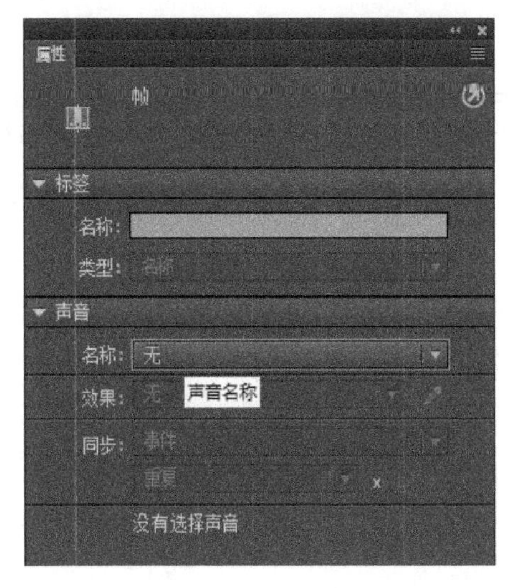

图 11-35 声音的“属性”面板

2．控制声音的播放

选定新建的声音层后，将声音从“库”面板中拖曳到舞台中，声音就会添加到当前层中。可以把多个声音放在一个图层上，或放在包含其他对象的多个图层上。但是，建议将每个声音放在一个独立的图层上，每个图层都作为一个独立的声道。播放 SWF 文件时，会混合所有图层上的声音。操作步骤如下：

（1）在时间轴上，选择包含声音文件的第 1 个帧。

（2）选择“窗口”→“属性”命令，然后单击右下角的箭头以展开属性检查器。

（3）在“属性”面板的“声音”栏中选择声音文件。

在“属性”面板中通常会 “效果”和“同步”两个选项，其含义如下。

（1）“效果”选项。

“效果”下拉列表中包括以下几个效果选项。

① 无：不对声音文件应用效果。选中此选项，将删除以前应用的效果。

② 左声道/右声道：只在左声道或右声道中播放声音。

③ 从左到右淡出/从右到左淡出：会将声音从一个声道切换到另一个声道。

④ 淡入：随着声音的播放逐渐增大音量。

⑤ 淡出：随着声音的播放逐渐减小音量。

⑥ 自定义：允许使用“编辑封套”功能创建自定义的声音淡入和淡出点。

（2）“同步”选项

“同步”下拉列表中包括以下几个同步选项。

注意：如果放置声音的帧不是主时间轴中的第 1 帧，则选择“停止”选项。

① 事件：将声音和一个事件的发生过程同步起来。事件声音（如，用户单击按钮时播放的声音）在显示其起始关键帧时开始播放，并独立于时间轴完整播放，即使 SWF 文件停止播放也会继续。当播放发布的 SWF 文件时，事件声音会混合在一起。如果事件声音正在播放，而声音再次被实例化（如，用户再次单击按钮），则第一个声音实例继续播放，另一个声音实例同时开始播放。

② 开始：其功能与“事件”选项的功能相近，但是如果声音已在播放，则新声音实例不

会播放。

③ 停止：其功能使指定的声音静音。

④ 流：其功能是将声音同步，以便在网站上播放。An 强制动画和音频流同步。如果 An 不能足够快地绘制动画的帧，它就会跳过帧。与事件声音不同，音频流随着 SWF 文件的停止而停止。而且，音频流的播放时间绝对不会比帧的播放时间长。当发布 SWF 文件时，音频流混合在一起。

⑤ 重复：其功能为重复输入一个值，以指定声音应循环的次数，或选择“循环”以连续重复声音。要连续播放，应输入一个足够大的数，以便在扩展持续时间内播放声音。例如，若要在 15 分钟内循环播放一段 15 秒的声音，应输入 60。不建议循环播放音频流，如果将音频流设为循环播放，帧就会添加到文件中，文件的大小就会根据声音循环播放的次数而倍增。

【项目实施】

本节主要通过“龟兔赛跑”项目实例让学习者更深入地走进 An 动画，了解 An 动画制作的基本流程，了解项目实例中每个环节所需要的基本知识，以及相互之间的关系。

一个完整动画短片的主要制作流程包括：主题策划→剧情设计→剧本创作→分镜头脚本创作→角色设计、主场景设计、动画制作→配音配乐→输出动画→修改→合成片头片尾→输出成品。

无论多么大型复杂的动画片都是由一个个小动画构成的，而这些小动画又是由基本的动画有机地组合在一起而完成的，如眨眼、挥手、抬脚等。但这些小动画不是凭空绘制而出的，需有一定的思路指导。所以任何一部优秀动画的制作，它都是一个系统工程，一个优秀团队的创作结晶。

1. 主题策划

众所周知，做任何一项工作之前都会有一个预期的主题，而不是盲目幻想，例如，学生学习 An，就是为了掌握 An 制作技巧，在行动之前制作者大脑里都会有一种预想的目标或主题，它会指导制作者的行动，所以在做 An 作品之前也必须先有一个主题，这个过程通常称之为主题策划。An 主题策划就是通过一系列分析筛选，拟定动画所要表现的主旨的过程。

现在需要通过分析并寻找一个适合的主题。在寻找之前，必须设计一个捕捞主题的“渔网”，就像大海中捕“鱼”一样，把不需要的小鱼小虾通过“渔网”后自动筛选掉。

在这里，“渔网”设置如下：

首先，这个主题是初学者通过技术手段所能表现的。

其次，主题符合主流价值观，有一定教育意义。

再次，这个主题是大家比较熟悉的，同时也是比较简单、易实现的。

经过三个条件的相互交织，根据大学生目前学习比较浮躁，眼高手低，忘记脚踏实地，机会是给有准备的人的情况。本项目通过耳熟能详的寓言故事“龟兔赛跑”，来警示学生要脚踏实地，不断进取，不要抱怨，要做一个有准备的人。

2. 剧情设计

在拟定主题之后，需要思考通过什么样的故事、情节设计去表现这一主题。这就是学习

者在剧情设计中应该完成的工作。

剧情就是在剧中发生的一些事件，将这些事件通过一定的线索连贯起来就构成整个影片的脉络。如何根据主题完成剧情的设计是一个非常重要和复杂的工作。

关于骄傲使人落后，谦虚使人进步有很多典型的事件，可以将很多没有在同一个场合或人物身上发生的事件富有创意地设计在一个大家熟悉的寓言故事中，进而使得动画更具有说服力和代表性。

3．剧本创作

将剧本的剧情设计完后，需要用文字将整个剧情描写出来，形成一个完整的文字短片。

项目实例可以这样描述：很久以前，乌龟与兔子之间发生了争论，它们都说自己跑得比对方快。于是它们决定通过比赛来一决雌雄。确定了路线之后它们就开始跑了起来。兔子一个箭步冲到了前面，并且一路领先。看到乌龟被远远抛在了后面，兔子觉得，自己应该先在树下休息一会儿，然后再继续比赛。于是，它在树下坐了下来，并且很快睡着了。乌龟慢慢地超过了它，并且完成了整个赛程，无可争辩地当上了冠军。兔子醒了过来，发现自己输了……

创作完剧本之后还需展现镜头的指导文本，也就是分镜头脚本。分镜头脚本又称摄制工作台本，是将文字转换成立体视听形象的中间媒介。分镜头脚本，就像建筑大厦的蓝图，它是摄影师进行拍摄、剪辑师进行后期制作的依据和蓝图，也是演员和所有创作人员领会导演意图、理解剧本内容、进行再创作的依据。在An影片的制作过程中，摄像、剪辑、演员都集中到了制作人身上，因此An动画分镜头脚本与电视片的分镜头脚本功能和重要性几乎相同。选择一小段剧本，将其转换为分镜头脚本，分镜头脚本如表11-1所示。

表11-1　分镜头脚本

镜头编号	镜头角度及运动	景别	时间	画面	配音	字幕及效果
1	平视，固定	中景	3s	龟兔标题	报动画名	打字
2	平视，固定	近景	5s	预备比赛场景	舞曲	无
3	平视，固定	近景	5s	起跑场景	舞曲声音减小，观众欢呼声音	无
4	平视，固定	全景	5s	比赛中途场景	舞曲声音增大	将兔子跑步速度进行夸张
5	平视，固定	中景	3s	兔子睡觉场景	打鼾声	兔子打鼾
6	平视，固定	中景	5s	乌龟胜利场景	胜利的声音	无
7	平视，固定	中景	5s	领奖场景		

4．角色设计、主场景设计和动画制作

分镜头脚本制作完成后，就开始利用An软件进行基本素材的制作，主要包括角色和场景的制作。动画制作就是将做好的角色和场景组合在一起，根据分镜头脚本让角色和场景按照剧情要求运动起来的过程。尽管这个过程有分镜头脚本的指导，但很大一部分还得依赖制作人的主观判断，如动画场景和人物的布局、构图等，所以想要做出优秀的动画作品必须要有艺术审美能力，这种能力需要长时间的艺术欣赏和练习才能提高。

使用 Adobe Animate CC 2018 制作动画的主要步骤如下：

（1）创建新文件，设置场景大小，新建一个影片剪辑，设置播放画面的大小。

（2）制作动画元件——绘制各种图形、导入图形文件、制作动画元件等，然后把它们安排到影片中。

（3）将元件插入影片剪辑中，设置动画效果。

（4）测试动画效果（在制作过程中，随时测试动画效果是否达到要求，以便随时修改）。

（5）保存文件（这是很重要的一步，如果不保存，退出软件后就无法再现已经做出的影片效果）。

（6）输出动画（通过发布设置功能可以把 An 动画导出成其他的格式）。

5．项目中镜头制作

场景一：亮标题，标题界面如图 11-36 所示。

图 11-36　标题界面

（1）将背景改为黑色。修改文档背景颜色为黑色。

（2）新建一个图层，将其命名为“龟”。在第 1 帧处插入关键帧，将乌龟的影片剪辑（此元件是乌龟由下向上慢慢爬）拖入场景中，放在舞台的左下方，适当调整大小；在第 35 帧处插入关键帧，将第 1 帧上的乌龟向上移动到适当位置，由于此处乌龟是影片剪辑，因此不用加补间动画。在第 36 帧处插入空白关键帧，并将乌龟的图形元件拖到舞台中，调整大小，使其与舞台中原有乌龟重合。在第 37 帧处插入关键帧，并将这一帧上的乌龟图形元件全部打散。在第 45 帧处插入空白关键帧，选择合适的字体、大小、颜色，在原有乌龟处输入“龟”字，同第 37 帧处一样，将“龟”字全部打散。在第 36～45 帧之间插入形状补间，实现由乌龟形状转换为“龟”字。锁定该图层。

（3）新建图层，将其命名为“兔”。在第 46 帧处插入空白关键帧，将兔子的影片剪辑（此元件是兔子由左向右慢慢走）拖入场景中，放在舞台的左侧，适当调整大小。在第 70 帧处插

入关键帧，将第46帧上的兔子向右移动到适当位置，由于此处兔子是影片剪辑，所以不用加补间动画。在第71帧处插入空白关键帧，并将兔子的图形元件拖到舞台中，调整大小，使其与舞台中原有兔子重合。在第72帧处插入关键帧，并将这一帧上的兔子图形元件全部打散。在第80帧处插入空白关键帧，选择合适的字体，大小，颜色，在原有兔子处输入“兔”字，同第72帧处一样，将“兔”字全部打散。在第72～80帧之间插入形状补间，实现由兔子形状转换为“兔”字。锁定该图层。

（4）新建图层，将其命名为“赛”。在第81帧处插入空白关键帧，选择合适的字体、大小、颜色，在舞台的右侧插入“赛”字，新建引导层，画一个弧形的引导线。回到图层“赛”，在第81帧处将“赛”字的中心点与引导线的最右端重合。在第95帧处插入关键帧，并将“赛”字的中心点与引导线的最左端重合。为了效果更逼真，可以将第81帧处的“赛”字适当缩小，并在第81～95帧之间建立形状补间，注意两帧处的字都必须打散。这样就实现了“赛”字由舞台右侧跳入舞台的动画效果。锁定该图层。

（5）新建图层，将其命名为“跑”。在第96帧处插入关键帧，在舞台中适当位置插入“跑”字。调整字体大小，在第96帧处将字缩到最小，并将Alpha值改为0。在第100帧处插入关键帧，将“跑”字调整到适当大小，将Alpha值改为100。在第96～100帧之间插入形状补间，同样要注意打散。这样就实现了“跑”字由小到大的变化。锁定该图层。

（6）新建图层，将其命名为“乌龟”。在第101帧处插入关键帧，将库中乌龟的图形元件拖曳到舞台的左上方。在第120帧处插入关键帧，并将乌龟向下移动，移至“龟兔”二字上方。在第101～120帧之间插入动画补间。锁定该图层。

（7）新建图层，将其命名为“兔子”。在第101帧插入关键帧，将库中兔子的图形元件拖曳到舞台的左上方。在第120帧处插入关键帧，并将兔子向下移动，移至“赛跑”二字上方。在第101～120帧之间插入动画补间。锁定该图层。

测试影片，观看效果，并做适当调整，场景一制作完成。

场景二：预备比赛，预备比赛场景如图11-37所示。

图11-37 预备比赛场景

（1）新建图层，将其命名为“背景”。选择一些元件拖曳到舞台中，注意适当调整大小，构成场景二的背景。并将兔子和乌龟的图形元件放入背景中适当位置。

（2）新建图层，将其命名为“黑幕”。在第 1 帧处插入关键帧，使用“矩形工具”画一个黑色的长方形，与舞台大小一致，在右上角的太阳位置删除一个圆形，露出太阳。在第 20 帧处插入关键帧，通过对黑幕上圆形的变形使整个舞台都露出来。并在第 1～20 帧之间插入动画补间，这样就形成黑幕缓缓变大，最终露出整个舞台的效果。

（3）新建图层，将其命名为“蜻蜓”。在第 21 帧处插入关键帧，将库中的蜻蜓元件拖入场景中，尽量缩小，并将其 Alpha 值修改为 10。在第 35 帧处插入关键帧，调整蜻蜓大小并设置 Alpha 值为 100。在第 21～35 帧之间创建动画补间，同样要注意将两帧上的蜻蜓打散。

（4）新建图层，将其命名为“字幕”。在第 36 帧处插入关键帧，在蜻蜓的旁边画上一个矩形框，输入文字“比赛马上就开始了！”。再在第 60 帧处插入关键帧。

（5）新建图层，将其命名为“拉镜头”。在第 61 帧处插入关键帧，然后将整个场景选中，复制粘贴到此图层第 61 帧上。在第 85 帧处插入关键帧，将整个场景一起放大，并调整在舞台中的位置，以确保兔子和乌龟在舞台中央。在第 90 帧处插入关键帧。

场景三：起跑，起跑场景如图 11-38 所示。

图 11-38　起跑场景

（1）新建图层，将其命名为“背景”。选择一些元件拖曳到舞台中，注意适当调整大小，构成场景三的背景。

（2）新建图层，将其命名为“乌龟”。在第 1 帧处插入关键帧，拖入乌龟侧面爬行的影片剪辑，放置在舞台的右侧。在第 5 帧处插入空白关键帧，拖入乌龟侧面的图形元件，放置在起跑线的位置。第 20 帧处插入空白关键帧，再次拖入乌龟侧面爬行的影片剪辑。在第 45 帧处插入关键帧。

（3）新建图层，将其命名为“兔子”。在第 6 帧处插入关键帧，将兔子侧面行走的影片剪辑拖曳到场景中。在第 15 帧处插入空白关键帧，并拖入兔子侧面的图形元件，同样放置在起

跑线的位置。在第 20 帧处插入空白关键帧，再次拖入兔子侧面行走的影片剪辑。在第 45 帧处插入关键帧。

（4）新建图层，将其命名为“枪声”。在第 17 帧和第 20 帧处插入关键帧，然后在这两帧之间插入枪声。

场景四：比赛中途，比赛中途场景如图 11-39 所示。

图 11-39 比赛中途场景

此场景比较简单，只需将背景图层布置完毕后，新建一个乌龟和字幕的图层，兔子是站在原地不动的，所以只要使用图形元件就行。

场景五：兔子睡觉，兔子睡觉场景如图 11-40 所示。

图 11-40 兔子睡觉场景

此场景中兔子也是不动的，只需要使用一个躺在路边打呼噜的元件就行。乌龟可以单独占一个图层，还是通过创建补间动画的方式实现爬行，缓缓地从兔子身边爬过。最后的拉镜头和场景二中的拉镜头相似，只是在镜头拉近到兔子特写时加一个打呼噜声的声音图层。

场景六：乌龟胜利，乌龟胜利场景如图 11-41 所示。

图 11-41　乌龟胜利场景

（1）新建“背景”图层，布置出终点的场景。

（2）新建图层，将其命名为“乌龟”。在第 1 帧处将乌龟爬行的影片剪辑拖曳到场景中，放置在快要到终点的地方。然后在第 35 帧处插入关键帧。

（3）新建图层，将其命名为“兔子”。在第 20 帧处插入关键帧，将兔子行走的影片剪辑拖入场景中，放置在离乌龟很远的地方。

场景七：领奖，领奖场景如图 11-42 所示。

图 11-42　领奖场景

此场景都是静止的，只需在布置完背景后，将乌龟正面元件与兔子正面元件放入就行。

但是为了避免此场景一闪而过，还是要将所有图层延长到第 60 帧处。

6．整合动画

（1）所有场景都做完后，可以在场景与场景之间插入描述性的文字和声音，这样能够更好地表现故事。

例如，场景一与场景二之间插入下一个场景，文字也可以通过形状补间的形式，由小到大呈现出来。

（2）在动画中的适当位置加上声音，例如，小兔子打呼噜声、发令枪的声音、小动物的欢呼声等。

配音配乐是为影片或多媒体加入声音的过程。配音在狭义上指配音员替角色配上声音，或以其他语言代替原片中角色的语言对白。同时由于声音出现错漏，由原演员重新为片段补回对白的过程亦称为配音。配乐一般是指在电影、电视剧、纪录片、诗朗诵、话剧等文艺作品中，按照情节的需要配上的背景音乐或主题音乐，大多是为了配合情节发展和场景的情绪，起到烘托气氛的作用，以增强艺术效果。

对 An 动画配音配乐时也应遵循电影电视配音的相关原则，依照分镜头脚本将音频文件与动画画面组合在一起。An 动画配音有多种方法，可以在制作影片剪辑的过程中插入声音，也可以在后期动画合成中用其他软件（如 Premiere）添加音效，也可以将两个软件配合使用。

在本项目实例配音方法可以参照本实例的添加声音步骤。

7．输出动画

输出动画就是将 An 软件中零碎的素材元件等整合连接成为整体动画，使其能够脱离 An 软件利于播放和传播，同时也能够导入其他编辑软件中进行效果的处理。基本操作和动画导出相同。

8．修改

需要对输出的动画进行反复播放观察，思考动画中每个镜头的衔接是否合理，如景深变化中相关人物是否也同步进行了大小变化？如果出现了不合理的地方则需要回到相应步骤对动画进行修正。

9．合成片头片尾

合成片头片尾可以在 An 软件中完成，基本操作类似于动画制作。在这里我们建议使用 Premiere 视频编辑软件进行合成。具体步骤在此不再详述。

10．输出成品

将合成调整好的动画导出为合适的视频格式。每一种视频格式都有各自的优点，也有各自的缺点，有的清晰度高但是内存占用大，有的则压缩率高但清晰度较低。所以在选择导出成品格式时需要依据需求而定。例如，在本项目实例中，作品是为了在网络上与朋友们分享，所以选择 FLV 格式进行导出（这里的导出格式的方法与合成片头片尾使用的软件相关）。

11．小结

Adobe Animate CC 2018 是一个功能非常强大的软件，在以上简短的介绍中不可能将每个功能操作都讲解得面面俱到。它需要用户了解基本操作后，逐步进行自我探究，这需要用户长时间进行项目实践练习。在学习的过程中尽量和其他软件配合使用（如 Photoshop、CorelDRAW 、Premiere、3ds Max 等），做到举一反三，这样才能创作出高品质的动画。

【项目考评】

项目考评可将本项目内容的学习进行总结，考评总分为 120 分，其中自评、师评和互评各占 40 分。总分 97～120 分为优，73～96 分为良，48～72 分为中，0～48 分为差。

项目考评表如表 11-2 所示。

表 11-2　项目考评表

项目名称："龟兔赛跑"网络动画短片制作						
评价指标	评价要点	评价等级				
		优	良	中	及	差
An 动画制作一般流程	对动画项目实施的步骤的熟悉程度					
An 动画剧本写作方法	动画剧本的创作和写作方法的掌握程度					
An 动画场景、造型绘制法	对 An 绘制工具和手法的掌握程度					
An 动画具体制作方法	对 An 各种工具和各种动画效果的制作及应用的熟练程度					
动画设计能力	对 An 动画制作的创新及创作能力					
剧本写作能力	对动画剧情的写作、语言表达及镜头表达能力					
动画绘画能力	对角色、场景、镜头等的绘制能力					
软件应用能力	对 An 软件的理解及综合应用能力					
总评	总评等级					
	评语：					

【项目拓展】

项目：An 相册制作、生日贺卡制作、An MV 制作

当今网络技术和通信技术高度发达，人与人之间的沟通也变得更加便捷。但在这信息爆炸的时代，人们的感情却越来越淡薄。人们日常的交流工具都局限于单纯的文字、语音。如果能够把 An 动画这种媒体引入我们的日常交流中，就会显得别出心裁，因为 An 动画能够将人们想要表达的东西通过动画形式展现出来。例如，在朋友过生日或其他节日的时候，给其制作一份带有特定故事情节的 An 动画贺卡，它不同于一般的贺卡，它的受众是唯一的，只能发送给特定的一位朋友。动画中可以出现与朋友有关的文字、图片、音乐、视频等。

请创设一个小课题：选择你的一位好友，通过策划并制作出一段表达你和你朋友友谊的动画，可以是一本记录你们俩友谊的相册，也可以是你送给好朋友的生日贺卡，也可以是一首歌曲的 MV。制作相应的 An 动画作品，项目导图分别如图 11-43～图 11-45 所示。

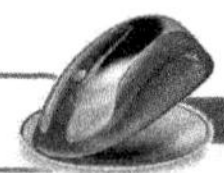

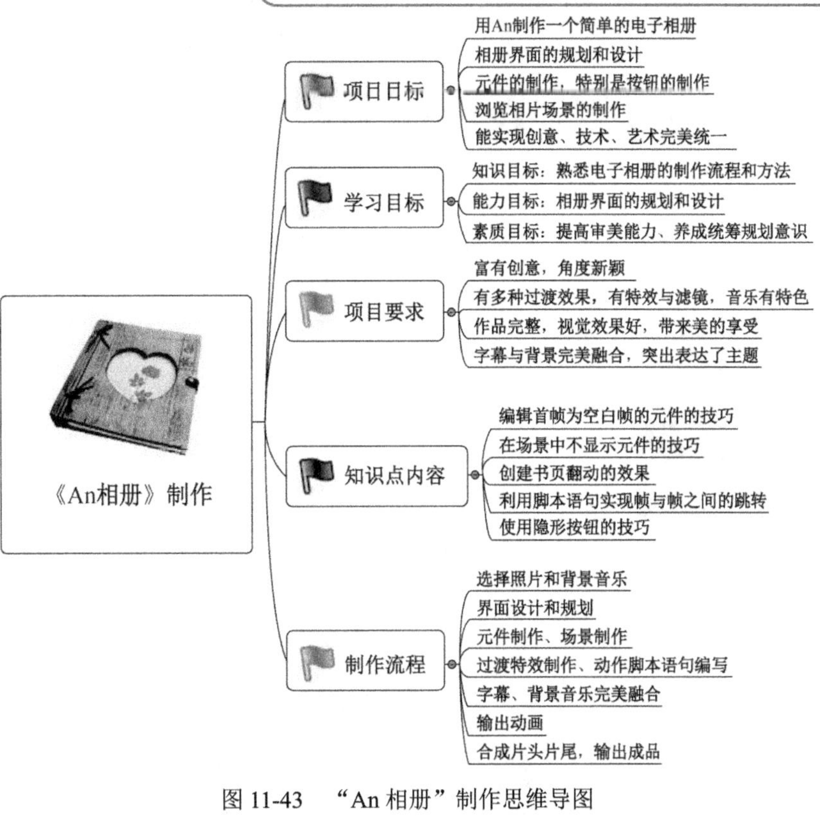

图 11-43 “An 相册”制作思维导图

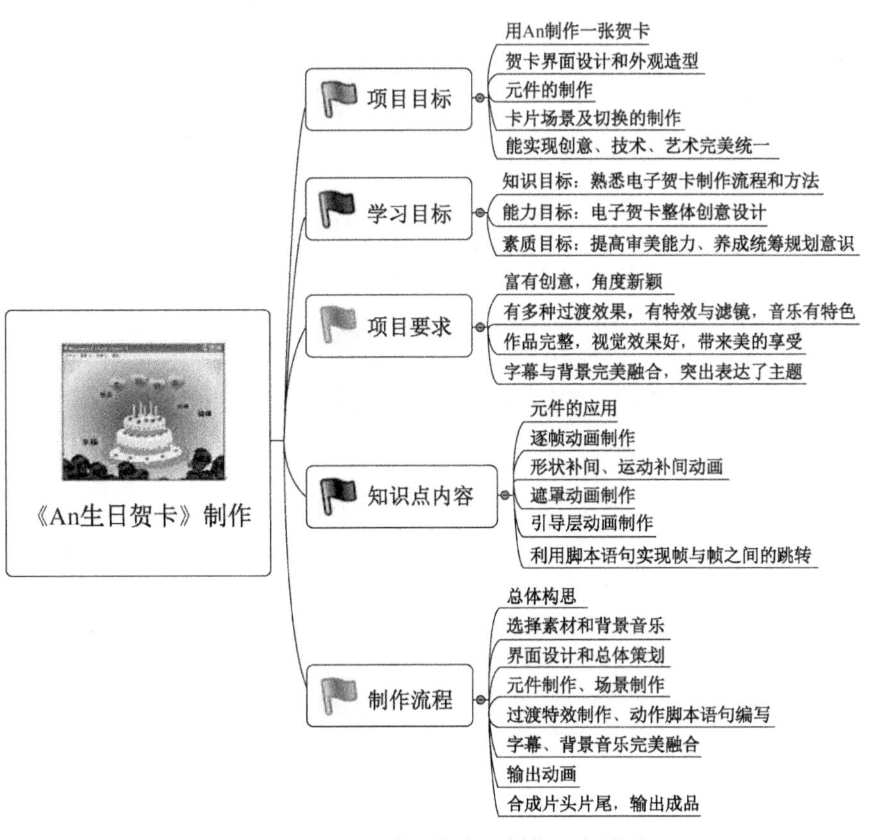

图 11-44 “An 生日贺卡”制作思维导图

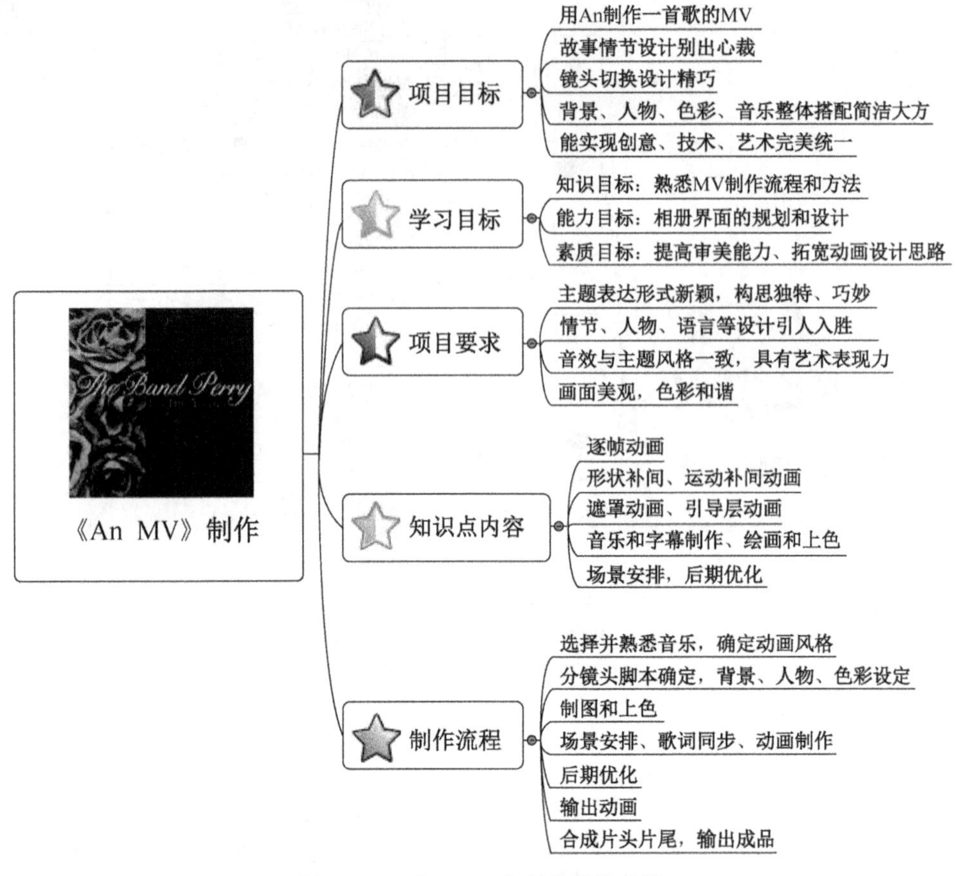

图 11-45 “An MV”制作思维导图

【思考练习】

1．设计并制作一个小球从高空落在地面上不断弹跳的动画。

2．从现实生活中选择某一现象，并模拟制作成简单动画。要求有场景中不少于 5 个元件，时间不低于 10 秒。

3．设计一张 An 节日贺卡，写出制作脚本，并完成贺卡的制作。

项目十二　设计和制作“我的个人网站”

【项目分析】

随着现代计算机科学的发展，网络已经越来越普及，如今网络已成为人们生活中的一部分，同时网络也提供了一种很好的信息交换平台，网页则是一个可以在网络上展示各种信息的方便手段。公司和企业想拥有自己的网站作为企业形象和产品的宣传平台；个人想设计网站，表达自我情感等多方面的需求。因此，网页设计与制作技术成为当今社会需求的计算机基本技能之一，很多技术员和网页设计爱好者都争先恐后地投入网页设计的工作中。或许有很多人都会疑问，这些绚丽多彩的网页究竟是如何制作的呢？通过应用 Adobe Dreamweaver CC 2018 软件，可以轻松实现各种网页的制作。

Dreamweaver 是集网页制作和管理网站于一身的所见即所得网页编辑器。它是第一套针对专业网页设计师特别发展的视觉化网页开发工具，利用它可以轻而易举地制作出跨越平台限制和跨越浏览器限制的充满动感的网页。

本项目通过“我的班级”网站实例，从网站的需求到网站的建设和维护的整个设计流程进行详细的讲解，旨在让同学们体验设计步骤的同时，学习 Dreamweaver 的基本知识点和界面基本操作、熟练掌握网页制作的相关技术（网页的色彩运用、网页布局的设计、网页元素的插入和编辑、超链接技术的运用、灵活运用 CSS 样式设计网页、网站的发布与维护等知识）。

本项目的实施以网页设计的初学者为主要对象，运用准确、通俗易懂的语言并配合插图，讲述实例的具体操作步骤，学习过程轻松，容易上手。在学习理论知识的同时兼顾实际操作能力的培养，不但能大幅度提高解决实际问题的能力，还可以促进基于问题、协作的学习习惯的养成。

【学习目标】

总体能力目标：学习网页设计的工作流程以及网页设计的相关知识；熟练掌握网页设计的基本操作技能；培养学生综合运用知识分析、处理实际问题的能力；有利于学生基于问题、协作的学习习惯的养成；提高学生的合作、交往以及沟通能力，使其具备良好的信息素养。

1．知识目标

（1）知道网页设计的基本术语以及网页设计的基本流程。

（2）熟悉 Adobe Dreamweaver CC 的工作环境。

（3）了解基本的色彩搭配原则。

（4）能根据不同的网页主题，选择合适的布局方案设计网页。

（5）使用 Dreamweaver 的工作界面、属性面板、CSS 样式、表格来进行网页布局。

（6）熟练掌握在网页中插入文本、图像、表格、视频、动画、声音、超链接、程序等网页元素的方法。

（7）能在合适的网页布局下添加各种网络元素，制作出精美的网页。

（8）学会站点的发布和管理。

2．能力目标

（1）熟悉网页设计的基本流程和相关术语，熟记各种网页元素的特点。

（2）能够安装 Dreamweaver CC 软件。

（3）了解获取网页素材的方法和途径。

（4）能够熟练运用 Dreamweaver CC 在网页中插入各种媒体素材（文字、图片、声音、视频、动画等）。

（5）熟练掌握使用表格来完成网页布局的方法。

（6）掌握各种超链接技术在网页设计中的运用方法。

（7）了解网站的发布和维护工作的具体流程。

3．素质目标

（1）培养学生的设计能力。

（2）培养学生的团队协作精神和交往能力以及创新意识。

（3）经历“我的个人网站”制作的全过程，培养自主、基于问题的学习能力。

（4）能理解并遵守相关的伦理道德与法律法规，认真负责地利用网页作品进行表达和交流，树立健康的信息表达和交流意识。

【项目导图】

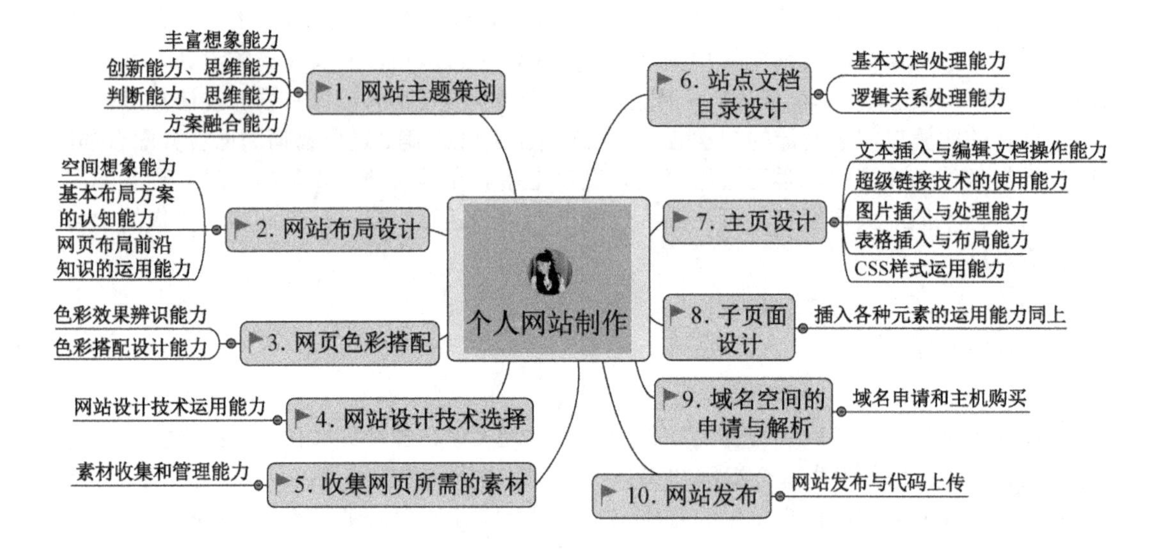

【知识讲解】

12.1　网页设计概述

12.1.1　网页基础知识

“网页”是什么？日常所见的“新浪”、“搜狐”、“网易”等，即俗称的“网站”。而当人

们访问这些网站的时候，最直接访问的就是“网页”。这许许多多的网页则组成了整个站点，也就是网站。网页是一种网络信息传递的载体，这种媒介的性质和日常生活中的“报纸”、“广播”、“电视”等传统媒体是可以相提并论的。在网络上传递的相关信息，如文字、图片甚至多媒体音影，都是存储在网页中的。浏览者只需要通过浏览网页，就可以了解到相关信息。在设计一个网站前，首先需要了解一下几个网页设计的术语。

1. 网页

网页（Web Page），是网站中的一“页”，通常是由 HTML 语言（超文本标记语言）创建的，在网页上右击，在弹出的快捷菜单中选择“查看源文件”选项，就可以通过记事本看到网页的代码内容。可知，网页实际上只是一个纯文本文件，它通过各式各样的标记对页面上的文字、图片、表格、声音等元素进行描述（如字体、颜色、大小），而浏览器则对这些标记进行解释并生成页面，于是就得到现在所看到的画面。

文字与图片是构成一个网页的两个最基本的元素。文字，可以表达网页的内容；图片，既可以丰富网页的内容，还可以使网页更美观。除此之外，网页元素还包括动画、声音、视频、超链接、表单、程序，等等。

网页有多种分类，最常见的分类是静态网页和动态网页。这里所讲的静态和动态不是指是否有动态的画面，这是初学者很容易误解的地方。它们的区别不是从视觉上呈现的效果是否动态，而是是否以数据库技术为基础且具有交互功能。通过动态网页可以实现访问者与 Web 服务器的信息交互，如微博、网上商城等都是动态网页。静态网页都是事先做好并存放在 WWW 服务器中的网页，当客户通过浏览器向 WWW 服务器发出网页请求时，服务器查找相应的网页，不加处理直接运行在客户端的浏览器上，常常以“.html”或者“.htm”为扩展名。随着计算机技术的快速发展，现在大多数网页都是采用动态和静态结合的方式设计开发的。

2. 网站

网站（Web Site）是指在 Internet 上，根据一定的规则，利用 HTML 等工具制作的用于展示特定内容的相关网页的集合。这些网页通过各种链接相关联，实现网页之间的跳转。

3. 主页

主页（Home Page），是进入一个网站看到的第一个网页，相当于网站的目录或者封面，集成了指向下一级网页及进入其他网站的链接，浏览者可以通过主页访问到整个网站的内容。

对于整个网站来说，主页的设计非常重要。如果主页精致美观，就能体现网站的风格和特点，容易引起浏览者的兴趣。反之，很难给浏览者留下深刻的印象。

12.1.2　网站建设的基本流程

网站的建设从创建到最后发布，最终被大众所熟知的过程包含了一个完整的工作流程。网站的设计过程就像搭建一幢大楼一样，有其特定的工作流程。每个工作流程下又包含很多细致的工作。只有严格遵循工作流程，才能设计出一个满意的网站。现将一个典型的网站建设的基本工作流程介绍给大家。

1. 网站准备阶段

无论我们要设计的是企业网站，还是个人网站，或者是信息量很大的政府网站，对网站进行需求分析、布局设计、色彩选择、开发环境和工具选择以及资料收集等准备阶段的工作都必是不可少的。因为这些工作直接关系到网站的功能是否完善、层次是否清晰、页面是否美观，最终落实到是否能满足客户需求。

规划一个网站，可以借助图形工具来将网站所应包含的页面用树形结构图展示出来，同时网站设计还需要考虑到网站的扩充性。

1）确定需求分析

现代网站设计随着图形图像处理技术的高速发展，设计的网站与之前的网站比较，更加美观、个性化、具有时代感。因此，在设计网站时要首先明确网站的用途，它应该包含的内容有哪些，主题是什么，需要放进的内容是什么。一般情况下，网站分为大众门户型和广告设计创意型两类。前者，主页中大量采用文本或是图像链接技术，主要传递文字信息，这类网站的用途很广泛，一般以企业、政府网站居多。而后者，主页中加入大胆的色彩搭配，设计新颖，关注网站提供给浏览者的视觉享受，这类网站一般多以艺术、娱乐网站居多。

2）网页布局设计

在明确了网页需求后，就要考虑网页的布局。不同的网页布局，带给人的视觉效果是有很大区别的。选择合适的布局方案，将网页内容进行合理分配，能在很大程度上提升网页的美感和可观赏性。以下是几种最常见的网页布局方式。

（1）“国”字形布局：上端为网址标题、中间为正文；左右分别两栏，用于放置导航或广告；最下面是网站基本信息，这是一种最常见而行之有效的布局方式，如图 12-1 所示。

（2）“T”字形布局：其页面的顶部一般放置网站的标志或 Banner 广告，下方左侧是导航栏菜单，下方右侧则用于放置网页正文等主要内容，如图 12-2 所示。

（3）标题正文型：最上面是标题，下面是正文，这类通常用于设计网站的注册界面。

（4）左右框架型：其布局结构主要分为左右两侧的页面。左侧一般主要为导航栏链接，右侧则放置网站的主要内容

（5）上下框架型：上下框架型布局与前面的左右框架型布局类似。其区别仅在于这是一种上下分为两页的框架。

（6）综合框架型：综合框架型布局是结合左右框架型布局和上下框架型布局的页面布局技术。

图 12-1　“国”字形布局

图 12-2　“T”字形布局

（7）POP 布局：POP 布局是一种颇具艺术感和时尚感的网页布局方式。页面设计通常以一张精美的海报画面为布局的主体，如图 12-3 所示。

（8）Flash 布局：Flash 布局是指网页页面以一个或多个 Flash 动画作为页面主体的布局方式。在这种布局中，大部分甚至整个页面都是 Flash 动画，如图 12-4 所示。

图 12-3 POP 布局

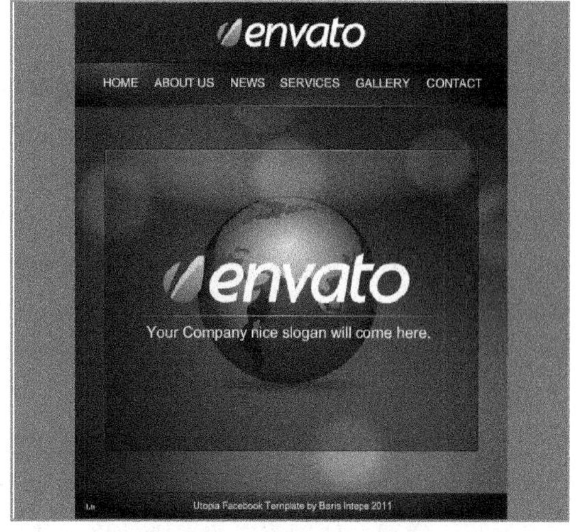

图 12-4 Flash 型布局

3）网站色彩设计

网站色彩的设计要与网站的主题相吻合，因为色彩带给人的视觉效果非常明显。一个网站设计成功与否，在某种程度上取决于设计者对色彩的运用和搭配。因此，在设计网页时，必须要高度重视色彩的搭配，尽力避免使用单色，建议采用 3 种颜色以内的色彩搭配方法，可采用色带上相邻近的颜色、素雅的背景色，若为了突出主题，还可以使用对比色来强调效果。以下是几种常见的色彩搭配方式。

（1）红色：代表热情、活力、温暖、祥和，容易引起人们的注意。

（2）黄色：代表明朗、愉快、高贵和希望。黄色混入少量其他色，就会给色相感和色性带来较大的变化。

（3）白色：代表纯洁、快乐、朴素和明快。

（4）紫色：代表优雅、魅力、神秘。因为它是所有色彩中色调最低的，所以常常用来做女性网站。

（5）蓝色：代表深远、永恒、智慧、公正权威。大多数政府均采用蓝色为主色调表示公证。

（6）绿色：代表希望、和平、青春。教育类网站常常会使用绿色代表希望、充满活力。

（7）灰色：代表柔和、高雅，属于中性颜色，大多数高科技企业均采用此色调。

4）网站设计技术选择

在完成了布局设计和色彩选择后，根据网站需求选定网站设计的技术，根据是静态还是动态网站的区别，来选择是否需要 Web 服务器平台、网页开发的软件、Web 数据库、动态网页技术等。

5）收集相关素材

相关资料的收集与准备，包括全部网页文字脚本，每个网页所需图标、图形、声音、视频等多媒体资料的收集与整理。实际上现在各类多媒体文件都可以作为网页素材来使用，这些素材可以自己制作，也可以从网络上收集，也可以通过调查整理得到。

6）站点文档目录结构

设计合理的站点文档目录结构，可以方便对站点的维护管理。应具体确定站点根目录下创建哪些子文件夹，每个子文件夹应放哪些同类网页，同时要考虑如何给文件夹和网页取名，取名一定要恰当，以便看到文件夹名或文件名就能大致知道里面的内容，即“见名知义”，通常使用容易理解且便于记忆的英文单词或中文拼音取名，因为很多 Web 服务器使用英文操作系统，中文文件名可能导致浏览错误或访问失败。

2．网页设计阶段

网站设计的前期工作看起来似乎很多，但是每一步都是必须考虑和完成的，因为这关系到一个网站生命周期的长短。下面开始正式制作网页。在 Dreamweaver 的网页视图中制作网页非常简单，可以插入文字、图像、Flash 动画、表、动态 HTML 效果、声音以及超链接，设计阶段完成以下几项工作。

1）主页和其他页面的制作

在前期准备工作奠定设计基础后，最先需要完成的是主页的设计，也就是网站中第一个网页的制作工作。选用一种合适的网页布局方式以最佳浏览效果将文字、图片等资料编排在网页的不同位置，使浏览者的视觉效果与使用效果达到最佳状态。

然后，确定子页面的个数，并对每个页面确定网页布局。

2）在网页中插入元素

确定网页布局的目的不光为了好看，也是为了告诉设计者每个部分应该添加的内容是什么，继而在网页中插入各种网页元素。

3．网页完成后阶段

网站设计工作完成后，需要为它申请域名，网站不允许取相同的域名。然后，上传网站文件，最后是推广网站，让用户浏览和使用，在使用中不断完善网站，使之更加壮大。

12.2 Dreamweaver CC 简介

Adobe Dreamweaver，简称“DW”，中文名称“梦想编织者”，最初为美国 Macromedia 公司开发，2005 年被 Adobe 公司收购。DW 是集网页制作和管理网站于一身的所见即所得网页代码编辑器。利用对 HTML、CSS、JavaScript 等内容的支持，设计人员和开发人员可以在几乎任何地方快速制作和进行网站建设。

Adobe Dreamweaver CC 2018 版引入了多种新增功能和增强功能，包括 HDIPI 支持、多显示器支持、Git 增强功能支持等。

12.2.1 Dreamweaver CC 的工作界面

Dreamweaver CC 的操作界面由标题栏、菜单栏和工作区组成，如图 12-5 所示。其中，工作区是 Dreamweaver CC 最重要的部分，绝大部分操作都是在工作区中完成的。熟悉和灵活掌握操作界面，会有效地提高工作效率。

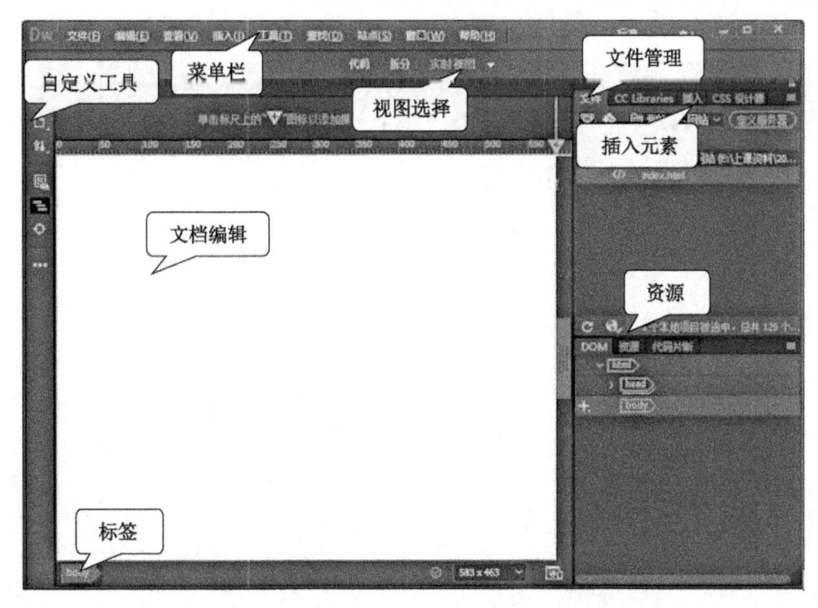

图 12-5　Dreamweaver CC 的工作界面

1．标题栏

标题栏的组成包括程序按钮、程序名、当前文档名、模式选择按钮、“最小化”按钮、“最大化”按钮、“关闭”按钮。在打开 Dreamweaver CC 时候，首先选择开发模式，如果是初学者，建议使用标准模式，如图 12-6 所示。

图 12-6　选择模式

2．菜单

Dreamweaver CC 的菜单栏包括“文件”、“编辑”、“查看”、“插入”、“工具”、“查找”、“站点”、“窗口”、“帮助”9 个菜单项以及若干子菜单，如图 12-7 所示。这里主要介绍以下几个重要的菜单项。

Dw　文件(F)　编辑(E)　查看(V)　插入(I)　工具(T)　查找(D)　站点(S)　窗口(W)　帮助(H)

图 12-7　Dreamweaver CC 菜单栏

（1）首选参数。

选择“编辑”→“首选参数”命令，在打开的“首选项”对话框中，可以帮助用户调整软件外观，使之更加符合自己的使用习惯，提高工作效率，如图 12-8 所示。

（2）网页视图工具。

选择“查看”→“实时代码”或“拆分”或“查看模式”等命令，都可以实现视图的切换，实现设计者多视角设计的目的，如图 12-9 所示。

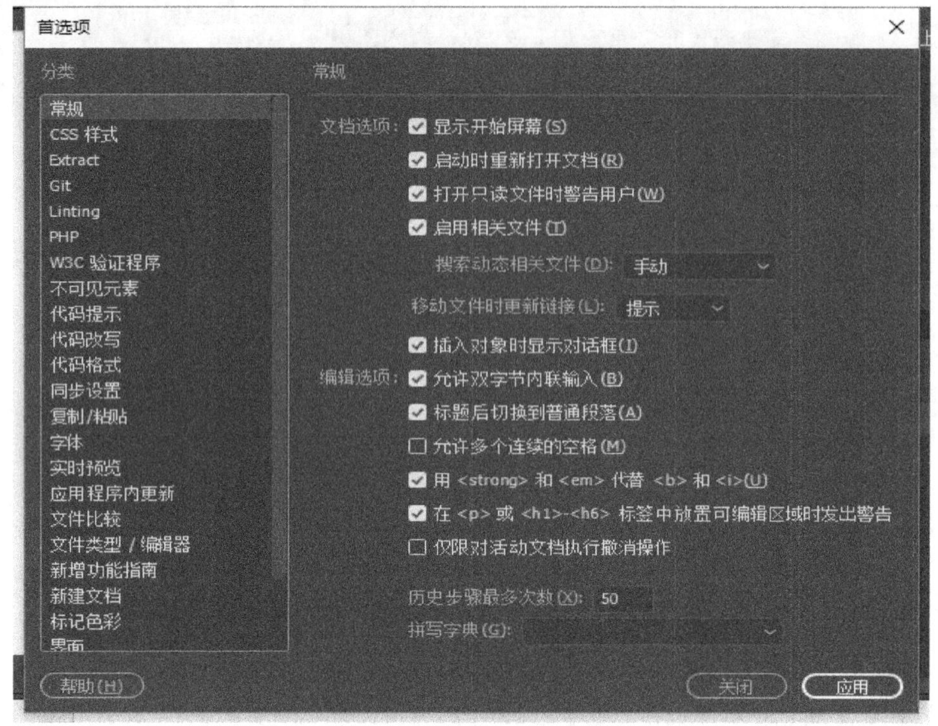

图 12-8　“首选项”对话框

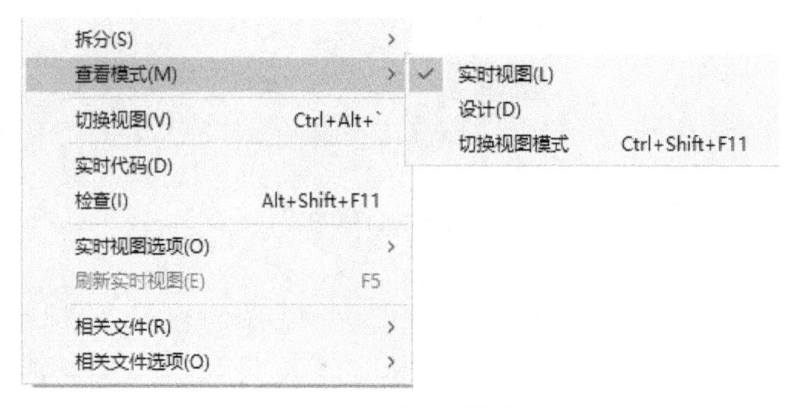

图 12-9　视图查看模式

3.“插入”栏

“插入”栏包含用于创建和插入对象（如表格、层和图像）的按钮，这些按钮被组织到几个类别中，可以在各个类别中进行自由切换。这些类别主要有 Div、Image、段落、标题、Table、HTML、表单、jQuery Mobile 等，如图 12-10 所示。

（1）“Div”类别包含用于页面布局等的功能，通常采用定位方式进行排版。

（2）“Image”类别用于以调用路径方式显示页面图片。

（3）“段落”类别用以在显示文章时，设置段落标记。

（4）“标题”类别包含 h1 到 h6 标记，用于标题显示，h1 字号最大。

（5）“Table”类别用于页面布局等，通常用行和列来规划布局。

（6）“HTML”类别包含各种 HTML 语言标记。

（7）“表单”类别包含各种的表单元素，如文本框、单选框等。

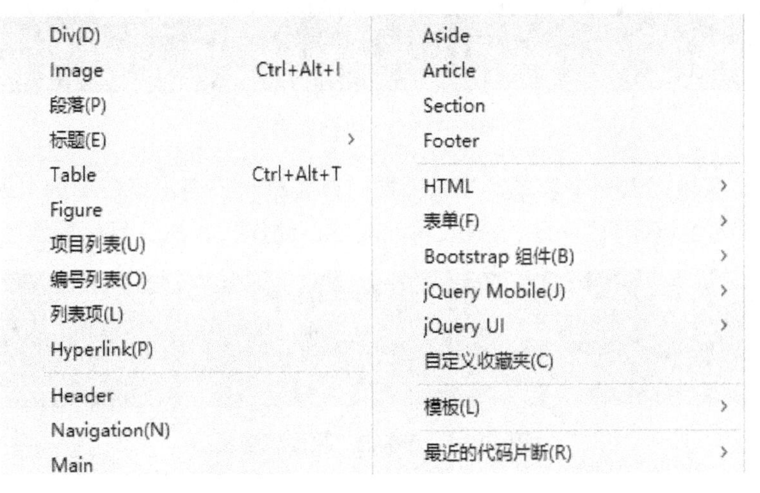

图 12-10 插入元素

4．“文档”工具栏

“文档”工具栏包含了一些设计文档时常用的按钮和弹出式菜单，如图 12-11 所示。

图 12-11 “文档”工具栏

（1）“代码”视图用于编写和编辑 HTML、JavaScript、服务器语言代码（如 PHP 或 ColdFusion 标记语言 CFML）及其他类型代码的手工编码环境。

（2）“拆分”视图用于在单个窗口中同时查看同一文档的“代码”视图和“设计”视图。

（3）“实时视图”用于实时显示页面效果，等同于网页浏览。

（4）“设计”视图用于可视化页面布局、可视化编辑和快速应用程序开发的设计环境。在该视图中，Dreamweaver 显示文档的完全可编辑的可视化表示形式，类似于在浏览器中查看页面。

5．状态栏

标记状态栏会显示文档编辑区域选定对象的 HTML 标记，反之，当选定状态栏的某一 HTML 标记时，编辑区域的相关对象会被选定，并且可以设定编辑窗口大小、浏览方式等，如图 12-12 所示。

图 12-12 状态栏

6．“属性”面板

“属性”面板主要用于查看和更改所选对象的各种属性，在 Dreamweaver CC 中，需要在窗口中把“属性”面板调出，“属性”面板才会显示，每种对象都具有不同的属性，如图 12-13 所示。

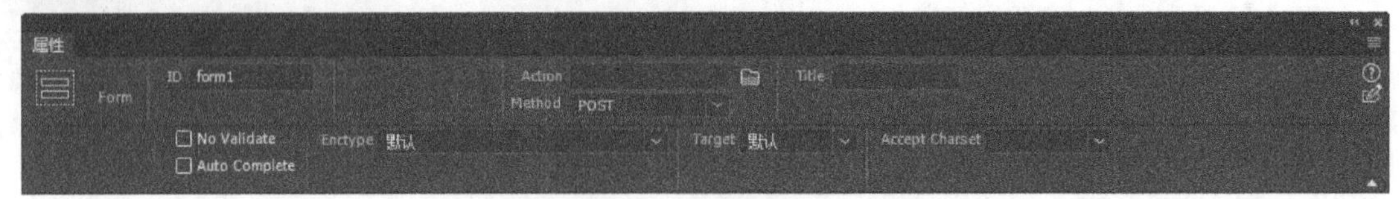

图 12-13 “属性”面板

在文档编辑区域插入一个表单，当鼠标指向该表单时，会出现表单的“属性”面板，如图 12-14 所示。通过该面板，可以设置表单的名称、动作、方法、目标等属性。

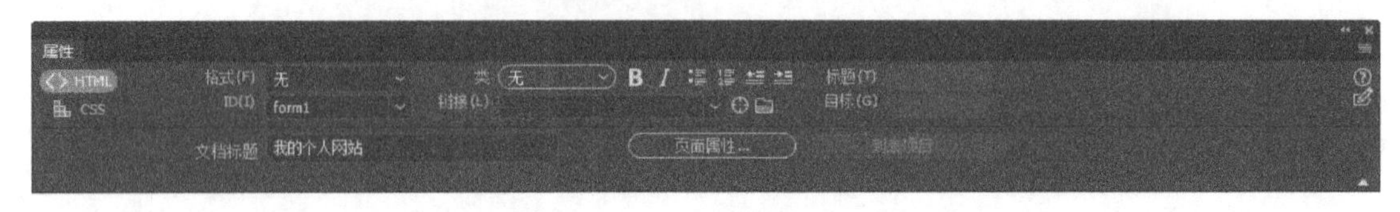

图 12-14 表单的“属性”面板

在文档编辑区域插入一个表格，当鼠标指向该表格时，会出现表格的“属性”面板，如图 12-15 所示。通过该面板，可以设置表格的行、列、高、宽、边框颜色、间距等属性。

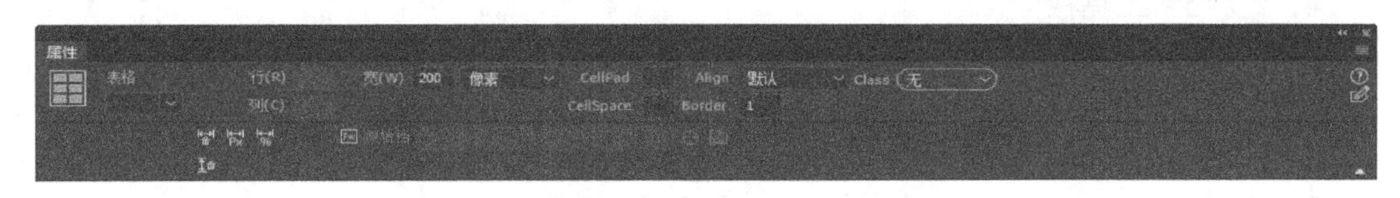

图 12-15 表格的“属性”面板

事实上，每一个网页上的不同对象都有不同的“属性”面板。这里不再介绍，学习者可以举一反三，仔细体会“属性”面板对网页设计的妙处。

7. 面板组

面板组是分组在某个标题下面的相关面板的集合，单击组名称左侧的展开箭头，可以展开一个面板组。按“F4”键可以显示/隐藏面板组。

12.2.2 Dreamweaver 的基本操作

对于网页制作的初学者，在进行网页设计和 Web 开发程序之前，首先应该学习如何运用 Dreamweaver 来创建一个 HTML 格式的网页文档，并熟练掌握打开、关闭、保存、预览文档效果等基本操作。

1. 创建文档

为了让用户更加方便地按照自己的习惯创建文档，Dreamweaver 提供两个种创建类型。

（1）“常规”类型：选择“文件”→“新建”命令。

（2）“模板”类型：选择“新建文档”，在“文档类型”中选择“HTML”，在“框架”的“文档类型”下拉列表中选择“HTML5”，单击“创建”按钮，如图 12-16 所示。

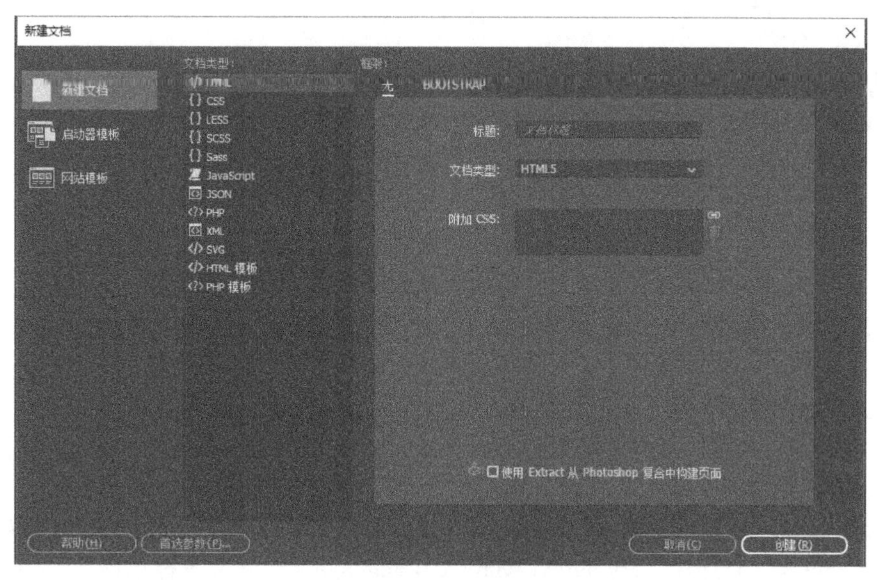

图 12-16　创建文档

2．保存文档

因为网页文档中还具有其他网络元素，不同于普通文档，所以在保存时 Dreamweaver 提供以下几种保存方式，如图 12-17 所示。

（1）选择“文件”→“保存”命令。

（2）选择“文件”→“另存为”命令。

（3）选择“文件”→“保存全部”命令。

（4）选择“文件”→“保存所有相关文件”命令。

（5）选择“文件”→“另存为模板”命令。

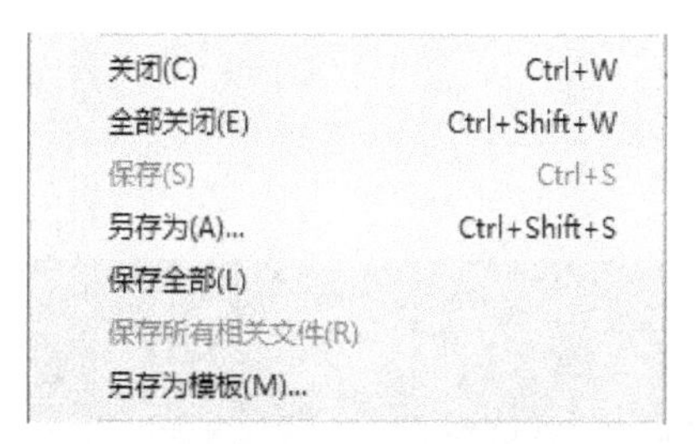

图 12-17　保存文档

3．打开现有文档

设计完成并成功保存的文档有三种方式可以打开。

（1）菜单方式：选择“文件”→“打开”命令。

（2）文件拖拽方式：直接将文件拖放到 Dreamweaver 的窗口中。

（3）快捷键方式：按“Ctrl+O”组合键。

4．预览文档效果

在设计过程中，设计者往往要通过预览设计的实际效果，来对设计工作的进度和实现程度进行修改。使用预览的方法如下：选择“文件”→“在浏览器中预览”命令或者按“F12”键，然后选择一个列出的浏览器，Dreamweaver CC 会启动此浏览器，预览当前文档的实际效果。

小提示：

（1）Dreamweaver CC 不能很好地支持中文的文件路径和文件名，因此，保存时最好将路径和文件名设置为英文的。

（2）“保存”命令的快捷键为“Ctrl+S”；“另存为”命令的快捷键为“Ctrl +Shift+S”。

12.2.3 HTML 语言

1989 年，欧洲物理量子实验室（CERN）的信息专家蒂姆·伯纳斯·李发明了超文本链接语言，使用此语言能轻松地将一个文件中的文字或图形链接到其他的文件中去，这就是 HTML 的前身。1991 年，蒂姆·伯纳斯·李在 CERN 定义了 HTML 语言的第一个规范，之后成为 W3C 组织为专门在互联网上发布信息而设计的符号化语言规范。

2014 年 10 月 29 日，万维网联盟宣布，经过接近 8 年的艰苦努力，完成了第五次重大修改，制定完成了 HTML5 标准。

要设计网页就必须先创建一个 HTML 格式的文档，实际上这里提到的 HTML 文档就是人们耳熟能详的网页。HTML（Hypertext Marked Language，即超文本标记语言），是一种用来制作超文本文档的简单标记语言。它是构成“万维网”（WWW，World Wide Web）的基础。用 HTML 编写的超文本文档称为 HTML 文档，但是它属于纯文本文件（可以用任意一种文本编辑器来编写的文件），其语法比较简单，虽然用到了编程思想，但没有被设计者们当成编程语言来使用。因此，其语法相对浅显，格式固定，变化不大，学习和掌握起来是相对容易的。目前，绝大多数网页都遵循着 HTML 语言规范或者由 HTML 语言发展而来的。

1. HTML 文档的结构

一个完整的 HTML 文档由以下 5 个结构标记组成，这 5 个结构标记形成了 HTML 文档的基本结构，如图 12-18 所示。

（1）! doctype 标记。

（2）html 标记。

（3）head 标记。

（4）title 标记。

（5）body 标记。

```
1    <!doctype html>
2 ▼  <html>
3 ▼  <head>
4    <meta charset="utf-8">
5    <title>我的个人网站</title>
6    </head>
7
8    <body>
9    </body>
10   </html>
```

图 12-18 HTML 文档结构

2. 标记和属性

HTML 是典型的标记型语言，其语法最重要的两个组成部分：标记和标记属性。标记和 HTML 语言关系犹如书签和书的关系。

1）标记

单击工具栏的“代码”按钮，自动切换到“代码”视图窗口下。可以看到如下代码：

```
<html>
<head>...</head>
<body>...</body>
</html>
```

可以发现 HTML 语言的标记是容易认识和记忆的，因为大多数都是标准的英文单词，并且格式统一，都是以“<>”和“< />”的形式成对出现的。

（1）<html>标记在最外层，表示这对标记间的内容是 HTML 文档。

（2）<head>之间包括文档的头部信息，包含文档的标题、样式定义等信息，若不需头部信息则可省略此标记。

（3）<body>标记一般不省略，表示文件主体部分的开始，可以放置要在访问者浏览器中显示内容的所有标记和属性。

因此，<body>中标记的运用是学习的重点，下面将通过一个案例的讲解，帮助大家认识并深入理解标记的实际运用方式，如图 12-19 所示。

图 12-19　标记代码效果

2）标记的属性

（1）<body>属性。

① link 表示可链接文字的色彩。

② alink 表示正被单击时文字的色彩。

③ vlink 表示被单击后文字的色彩。

④ leftmargin 表示页面左上方的空白。

⑤ topmargin 表示页面上方的空白。

（2）<hr>标尺线。

标尺线的几个重要属性：size、width、align、noshade、color。例如，在<hr size=#>中，#=像素值，表示了该标尺线的 size，即厚度。

（3）段落格式化。

（4）标题标记格式：<h1>…</h1><h2>…</h2>…<h6>…</h6>设置各种大小不同的标记。

（5）段落标记格式：<p>…</p>设置段落标记。

（6）分区显示标记格式：<div>…</div>。

（7）词标记
格式：
就相当于回车。它与<p>的区别在于</p>结束后会自动再空一行。

12.3 在网页中插入元素

12.3.1 建立站点

在开始做网站之前，需要先建立站点，这是为了方便地把网站的所有文件和文件夹放在一个站点根目录下，以保证网站的完整。在网站根目录内，所有的文件和文件夹命名，不建议使用中文命名。

选择“站点”→“新建站点”命令，输入站点名称和网站根目录文件夹的存放路径，如果是静态网站，则直接单击“保存”按钮，如图 12-20 所示。

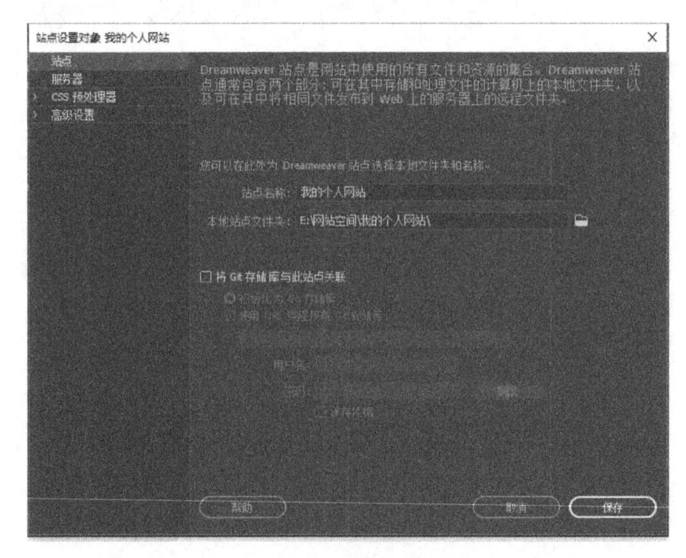

图 12-20 新建站点

12.3.2　新建 HTML 文件

在建立好站点后，需要创建一个 HTML 页面，一般首页都有规范的命名，如 index 或 default。选择“文件”→“新建”命令，弹出“新建文档”对话框，在对话框中打开“新建文档”面板，文档类型选择 HTML，单击“创建”按钮，如图 12-21 所示。或者在“文件”面板，右击，在弹出的快捷菜单中选择“新建文件”命令，如图 12-22 所示。并将文件命名为“index.html”。

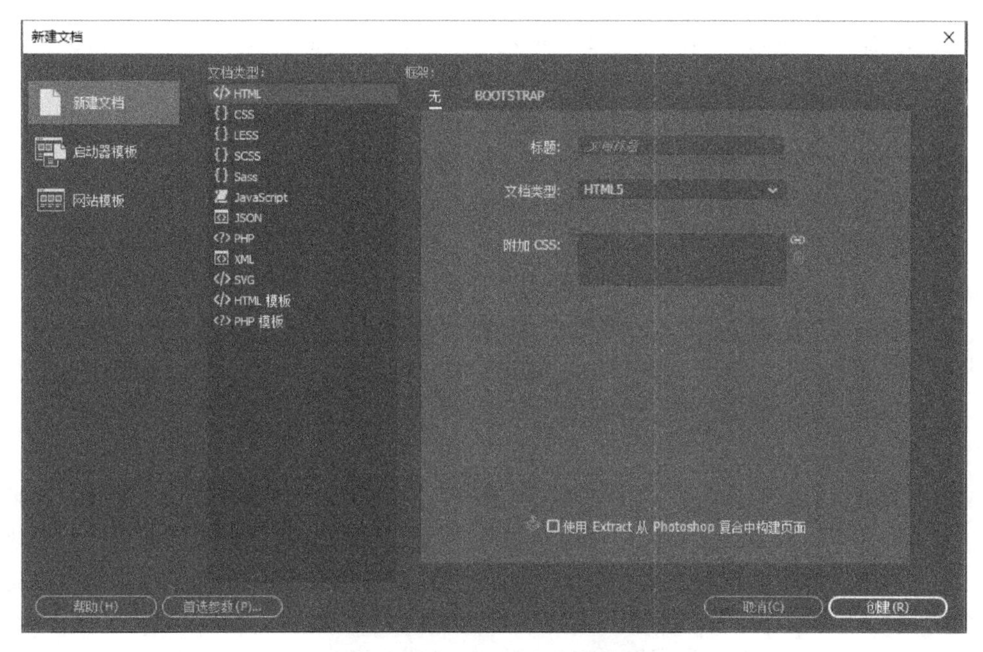

图 12-21　单击“创建”按钮

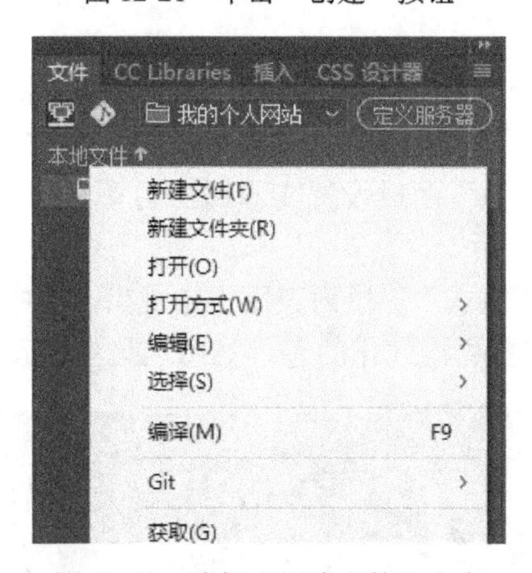

图 12-22　选择“新建文件”命令

12.3.3　在网页中插入文本

网页中最常见的元素是文本，文本虽然没有图像直观形象，但它却能准备地表达信息的内容和含义。在网页中对文本的操作包括插入、编辑文本内容、设置文本格式、段落格式，设置文本超链接等。通常，在处理网页中的文本时，要注意以下几点：

（1）字体默认为 12px，标题或者需要突出显示的文字加粗显示。

（2）同一个页面最好不超过 3 种以上的字体，否则会显得杂乱无章。

（3）字体间距要疏密得当，不要留有大量空隙。设计时注意段落首行缩进以及适当的行间距。

（4）文字的颜色默认为黑色，默认链接是蓝色，鼠标单击过后变成紫红色。

（5）适当地运用文字图像化，既有艺术效果，又能强调文字功能。

1．插入文本

在网页中输入文本的方法，与其他 Windows 应用软件没有太大的区别，若需要修改现有文本时，选中要修改的文本，直接修改即可。插入文本的方式大致有以下 3 种：

（1）确定定位插入点，直接将文本输入页面。

（2）从其他文档复制和粘贴文本。

（3）从其他应用程序拖放文本。

2．设置文本属性

设置文本属性的操作都是在文本“属性”面板中进行的，选中要设置的文本部分，文本“属性”面板将出现当前选中文本的属性信息，通过修改其中各项参数来实现对文本格式、字体和大小、文字样式、对齐方式和超链接等信息的设置修改。设置文本格式有两种方法：

（1）使用 HTML 标记格式化文本。

（2）使用层叠样式表（CSS）。

使用 HTML 标记和 CSS 都可以控制文本属性，包括特定字体和字大小；粗体、斜体、下画线；文本颜色等。两者区别在于，使用 HTML 标记仅仅对当前应用的文本有效，当改变设置时，无法实现文本自动更新。而 CSS 则不同，通过 CSS 事先定义好文本样式，当改变 CSS 样式表时，所有应用该样式的文本将自动更新。此外，使用 CSS 能更精确地定义字体的大小，还可以确保字体在多个浏览器中的一致性。应用 CSS 格式时，Dreamweaver 会将属性写入文档头或单独的样式表中。

默认情况下，Dreamweaver CS4 使用 CSS 而不是 HTML 标记指定页面属性。CSS 功能强大，除控制文本外，CSS 还可以控制网页中的其他元素，具体内容将在后面的知识点中详细讲解。这里主要介绍使用“属性”面板设置文本属性的基本操作。

1）设置文本格式

选择 HTML 标记。其中“格式”下拉列表用于定义当前选中文本的格式类型，可选值有：无、段落、标题 1～标题 6 和预先格式化的等，如图 12-23 所示。

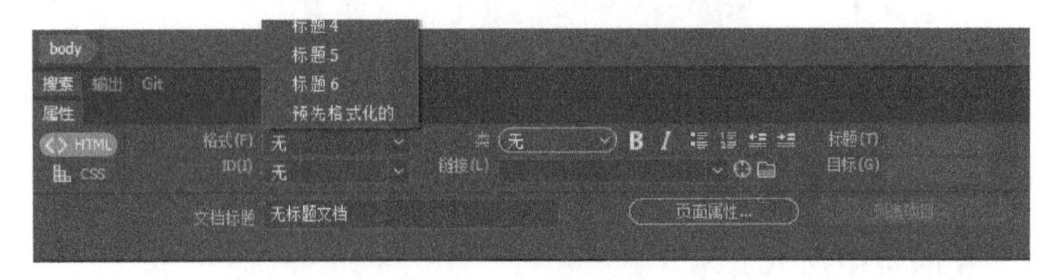

图 12-23　设置文本格式

2）设置文本基本属性

选择“CSS”样式，打开“外观（CSS）”选项卡，可调节文字字体、大小、对齐方式、

颜色，如图 12-24 所示。

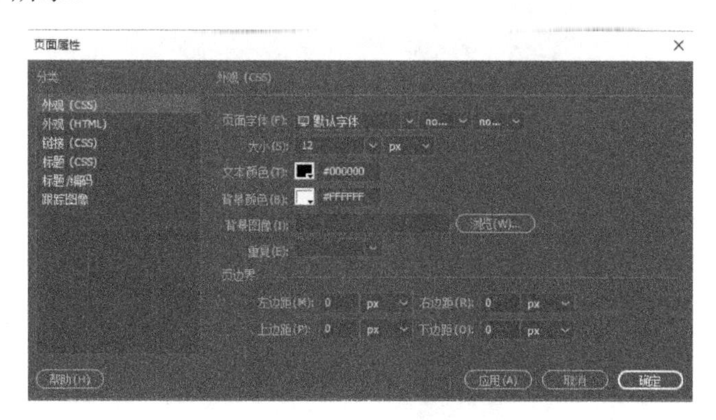

图 12-24　“外观（CSS）”选项卡

选择“窗口”→“属性”命令，打开“属性”面板，单击“页面属性”按钮，打开“页面属性”面板，在“外观（CSS）”选项卡中设置相应的字体大小、背景颜色、上边距等，如图 12-24 所示。

3）设置文本段落格式

Dreamweaver 中，增加段落标志有以下三种方式可以实现。

（1）在目标文本后定位插入点，直接按“Enter”键，目标文本即被设置成一个独立段落。

（2）选择“插入”→“HTML”→“段落”选项，可在当前位置插入一个新的段落。

（3）选中文本，在文本“属性”面板中，设置“格式”→“段落”。

4）设置换行和空格

（1）换行操作：按“Shift+Enter”组合键或者选择“插入”→“HTML”→“字符”→“换行符”命令，可实现插入换行。

（2）空格操作：插入一个空格，按“Space”键；如果要连续插入多个空格可以使用“Ctrl+Shift+Space”组合键或通过专门的插入空格操作实现，再或者可以将输入法的半角状态改为全角状态。

12.3.4　在网页中插入图像

图像是网页构成中最重要的元素之一，美观的图像会为网站增添生命力，同时也会加深用户对网站良好的印象。与文字相比，它更直观、生动，可以很容易把文字无法表达的信息表达出来，易于浏览者理解和接受。在 Dreamweaver 文档中主要插入 GIF、JPG 和 PNG 三种格式的图像，插入的位置可以是文本段落中、表格内、表单和层等。

1. 插入图像

网页中插入图像的方法有如下两种方式。

1）菜单法

将光标放置在打开的网页文档的任意位置，选择“插入”→“Image”命令，如图 12-25 所示，在弹出的“选择图像源文件”对话框输入所选择的图像文件。

如果要插入网络图像，则直接复制该网络图像 URL 地址，粘贴到 URL 文本框中即可。单击“确定”按钮，在弹出的“图像标记辅助功能属性”对话框中设置文本和详细说明信息，如果没有，可以直接单击“确定”按钮完成插入操作，如图 12-26 所示。

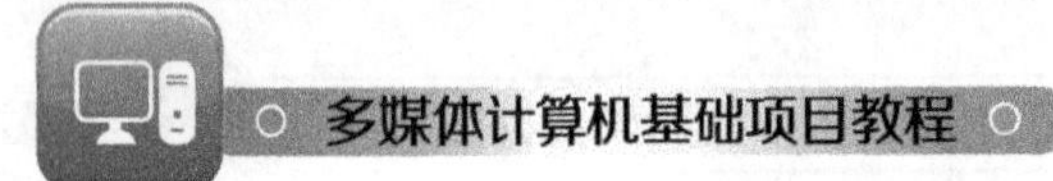

图 12-25 选择“插入”→“Image”命令

图 12-26 “选择图像源文件”对话框

2）拖入法

一般来说，需要先在站点中建立专门放置的图片文件夹，文件夹可以用中文或数字命名，如“images”文件夹，把相应的图片文件复制到该文件夹下，在“文件”面板中选择相应的图片文件直接拖入页面的相应位置即可，如图 12-27 所示。

图 12-27 拖入图像

2．编辑图像

Dreamweaver 提供自带的图像编辑器，选中已插入的图像可以进行以下属性的调整：调整大小、设置相关信息、设置边距、设置边框、设置对齐方式和设置超链接等，如图 12-28 所示。

图 12-28　编辑图像

12.3.5　在网页中插入 An 动画

随着网络速度的不断提高，多媒体技术在互联网中得到了更加广泛的应用。如今的网站不仅仅局限于采用静态图像的表现手法，而是更多地加入了 An 动画等多媒体应用，An 动画也成为当前网页设计中不可或缺的重要网页元素之一。

作为同一公司旗下的系列产品，Dreamweaver CC 对 An 提供了最完善的支持，主要实现插入 SWF/FLV 格式的 An 文件，并设置 Flash 动画、按钮、文本、视频等多种 An 对象。

1．插入 SWF 格式的 An 动画和 FLV 格式的 An 视频

在 Dreamweaver CC 下插入 An 动画的操作和插入图像的操作没有太大区别。所不同的是，插入 An 过程生成的 HTML 代码使用<object>标记，而不是<img>标记；An 动画以对象的形式插入文档中，其 HTML 代码较图像更为复杂一些。

在已经打开的网页文档中，将光标置于要插入 An 动画或者视频的位置，选择“插入”→“HTML”→“FlashSWF”→“Flash SWF”命令，在弹出的“选择文件”对话框中选择文件名称，单击“确定”按钮，成功插入 An 影片。影片在编辑状态下，只能看到 An 动画的标志，在“预览网页效果”下才能看到影片效果。

2．调整 An 显示大小

在 An 动画“属性”面板中设定宽和高的数值就可以调整 An 显示大小，如图 12-29 所示。

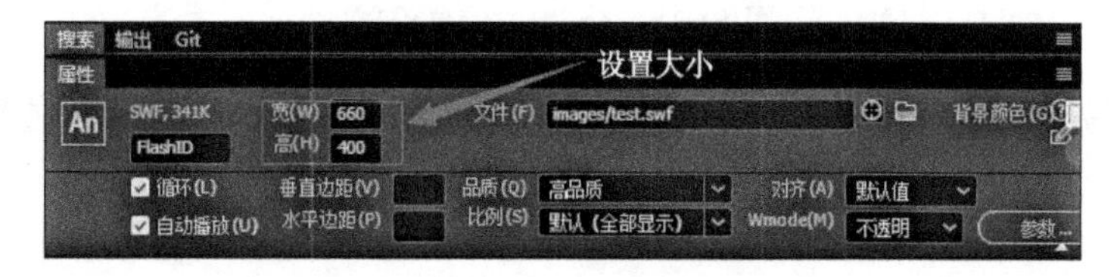

图 12-29　调整 An 显示大小

另外一种调整 An 显示的方法就是在“设计”视图中拖动选择控制器，如图 12-30 所示。

3．An 相关信息设置

An 相关信息设置的内容包括对象名称、文件路径、类选择器等，如图 12-31 所示。

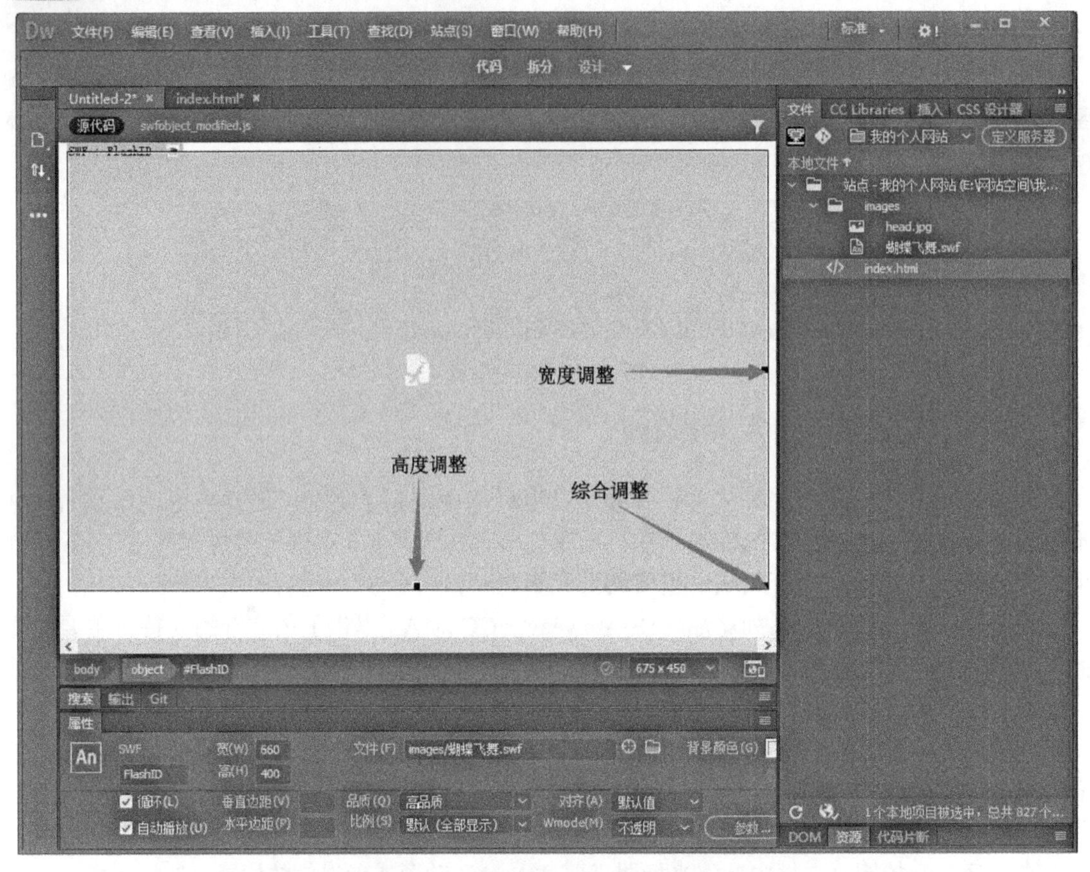

图 12-30　拖动选择控制器调整大小

图 12-31　An 相关信息设置

（1）“对象名称”文本框用于当前 An 动画设置一个 ID 以便 Web 应用程序、网页脚本对其进行控制。

（2）文件路径用于设置当前 An 对象的文件路径信息，对本地 An 文件可通过单击“指向文件”按钮或者“浏览文件”按钮方便地进行选择设置，对于外部 An 地址直接复制该 An 文件的 URL 地址到该对话框中即可。

（3）“类选择器”下拉列表用于当前 An 动画指定预定义的类。

4．An 播放控制

在 An 动画“属性”面板中，调节播放控制操作，如图 12-32 所示。

图 12-32　An 播放控制

12.3.6　在网页中插入背景音乐

在网页中添加背景音乐，可以增加网页的视听感受，巧妙地烘托出网页主题元素。在这里，主要介绍两种插入背景音乐的方法。

1. 利用<bgsound>标记来进行设置

在“代码”视图中，在<head>与</head>标记之间插入一段代码“<bgsound src="音乐文件URL 地址">”即可实现网页背景音乐的设置，如图 12-33 所示。

```
Dw 文件(F) 编辑(E) 查看(V) 插入(I) 工具(T) 查找(D) 站点(S) 窗口(W) 帮助(H)
代码 拆分 设计
Untitled-2.html × index.html × Untitled-3* ×
1  <!doctype html>
2  <html>
3  <head>
4  <meta charset="utf-8">
5  <bgsound src="背景音乐路径" loop="-1">
6  <title>无标题文档</title>
7  </head>
8
9  <body>
10 </body>
11 </html>
12
```

图 12-33　添加背景音乐

2. 插件法

在 Dreamweaver CC 的“设计”视图中定位背景音乐的插入点，在“插入”面板中单击“插件”按钮即可插入背景音乐，如图 12-34 所示。

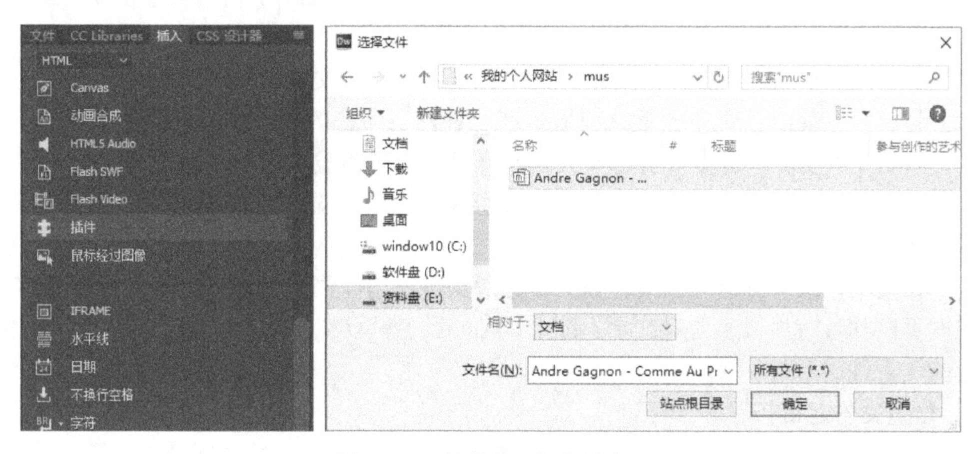

图 12-34　插件法添加背景音乐

12.3.7 在网页中添加视频

HTML 网页文档除支持 FLV 格式的 An 视频外，对各种传统的视频格式也提供了良好的支持，这些格式包括“MPG”、“AVI”、“WMV”、“RM”、“RMVB”、“MOV”、“ASF”、“RA”等。要播放某种格式的视频文件，必须安装对应的播放软件。

在网页中插入视频文件的方法与插入音乐的方法类似，相对于插入 An 对象要稍稍复杂一些。最常见的方法就是选择“插入”→“插件”命令，插入视频文件。在插入本地视频文件时，要注意必须先将文件复制到当前文档所在文件夹下，以免出现问题。

12.3.8 创建超链接

超链接是 HTML 乃至整个互联网的灵魂所在，熟练在网页设计中熟练运用超链接技术能显著提高网页设计的水平。通过超链接，可以方便地访问到互联网上的许多相关页面，而不用输入难以记住的 URL 地址。可以说，超链接是网络的核心、灵魂，没有超链接，就没有 WWW。

1．超链接的分类

超链接可以根据使用方式的不同，主要分为以下 3 类。

（1）外部超链接。

通常用于使网页中的文字或者图像链接到该站点以外的其他站点目标。最常见的用途在于设计友情链接系统。

（2）内部超链接。

内部超链接是网站中最基本，也是最常用的超链接方式。通过内部的超链接将一个站点内的各个页面有机联系起来。常常以导航栏的形式组织在一起，单击导航栏的超链接信息，便可在站点内的各个页面之间互相跳转。

（3）锚点超链接。

锚点超链接是一种比较特殊的链接类型，它链接的既不是外部站点对象，也不是同一个站点的其他页面或文件，而是链接到当前页面的不同位置上。锚点就像是书签的作用一样，可以迅速地将屏幕移到页面中设置锚点的地方。

链接可以实现不同文件之间的跳跃，Dreamweaver 对目标对象的打开主要提供以下几种方式：

（1）目标=“_blank”：在弹出的新窗口中打开所链接的文档。

（2）目标=“_self”：浏览器默认设置，在当前网页所在的窗口中打开链接的网页。

（3）目标=“_top”：链接的目标文件显示在整个浏览器窗口中（取消了框架）。

（4）目标=“_parent”：当框架嵌套时，链接的目标文件显示在父框架中；否则与 top 相同，显示在整个浏览器窗口中。

（5）如果不设置“目标”选项，链接目标对象将在当前浏览器窗口打开，代替原有内容。

在网页制作过程中，通常对文字、图像、An 动画等网络元素运用超链接技术，来增加网页设计的美观性。

2．设置文本超链接

文本超链接是超链接技术中最基础的，也是运用最广泛的一种。创建文本链接前首先要选中被链接的文本，创建超链接有以下两种方式：

（1）选择“插入”→“HTML”→“Hyperlink”命令，在弹出的“超级链接”对话框的“链接”文本框中输入网址。

（2）选中要链接的文本，在“属性”面板中的“链接”文本框中输入链接的地址，或者单击“链接”文本框后的浏览图标，在弹出的“选择文件”对话框中选择要链接的对象地址。

3．图片超链接

图文并茂是网页的一大特色，图像不仅能使网页生动、形象和美观，而且能使网页中的内容更加丰富多彩，因此图像在网页中的作用是举足轻重的。

为已经处理过的图像设置超链接的操作实际是比较简单，和创建文本超链接方法一样，首先选中被链接的图片，选择“插入”→“创建链接”命令，在弹出的“超级链接”对话框的“链接”文本框中输入地址。

4．图像热点链接

一般来说，一幅图像创建一个超链接对象。可是，有的时候需要在图像的不同部位设置不同的链接目标，这就是热点链接。就好像在一张地图上，以其中某一区域作为超链接一样。Dreamweaver 中提供三种热点区域，如图 12-35 所示。

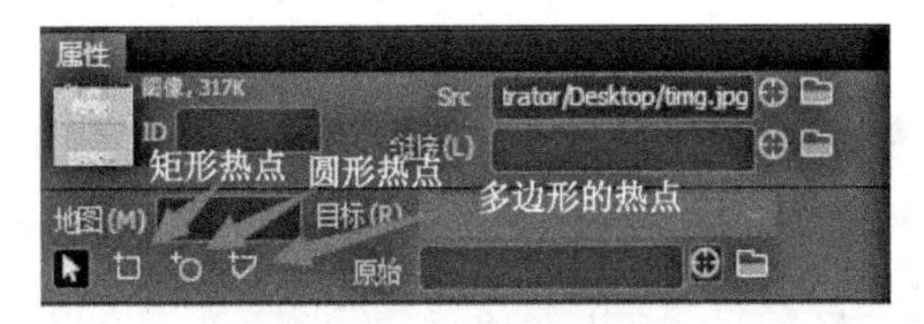

图 12-35　图像热点链接

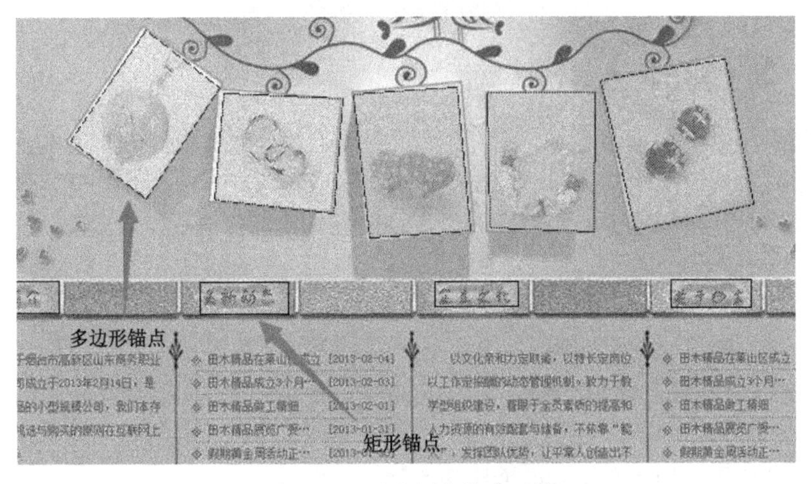

图 12-36　选定图像热点区域

绘制图像热点的前提是文档中已有图像存在，因为图像热点只能应用于图像。热点最主要的作用就是承载超链接信息，选中某个热点后即在“属性”面板中为热点设置链接信息。操作步骤如图 12-36 所示。

5．创建电子邮件链接

电子邮件链接是指当浏览者单击该超链接按钮时，系统会启动默认的客户端电子邮件程序（如 Outlook Express），并进入创建新邮件状态，使访问者能方便地撰写电子邮件。

（1）在打开的文档中，将光标置于插入电子邮件链接的位置，这个位置可以在网页底部，可以是文字或者图像，选择“插入”→“HTML”→“电子邮件链接”命令。

（2）在弹出的“电子邮件链接”对话框的“文本”文本框中输入“单击给我发送邮件”，在“电子邮件”文本框中输入电子邮件地址。操作步骤如图 12-37 所示。

图 12-37 “电子邮件链接”对话框

（3）创建电子邮件链接的快捷操作。直接在欲链接的地址前加入文字“mailto:”。例如，对以上电子邮件链接的快捷操作：选中“单击给我发送邮件”文本，然后在“属性”面板的“链接”文本框中输入“mailto：285970110@qq.com”即可，如图 12-38 所示。

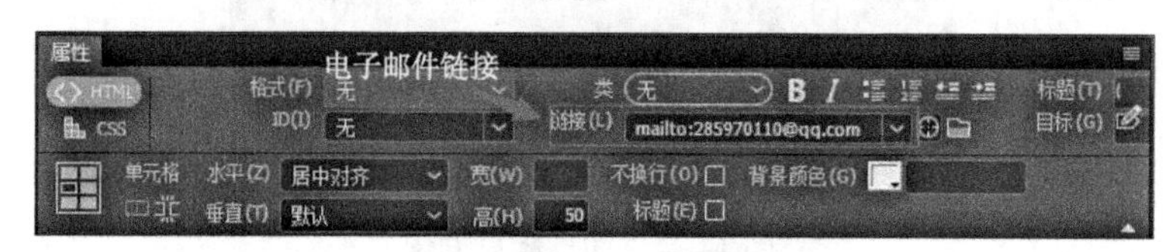

图 12-38 创建电子邮件链接的快捷操作

12.3.9 在网页中插入表格

表格是网页排版中常见的元素，它主要用于网页上显示数据以及对文本和图像进行布局。对于初学者来讲，学习用表格来设计网页布局是非常重要的任务。利用表格可以实现所想的任意排版效果。在开始创建表格之前，先对表格的基本组成部分做简单介绍。表格由 6 个基础部分组成。

（1）行：表格的横向水平空间。

（2）列：表格的纵向垂直空间。

（3）单元格：行列相交部分空间。

（4）边距：单元格中的内容和边框之间的距离。

（5）间距：单元格和单元格之间的距离。

（6）边框：整张表格的边缘。

选中整个表格，将出现表格“属性”面板，可以在“属性”面板上设置表格的相关属性。

在要选择的单元格中单击，并拖动鼠标至单元格末尾，即可选中此单元格。选中单元格后“属性”面板将会显示相关属性。

1．插入表格

在已打开的网页文档中，将光标放置在要插入表格的位置。选择“插入”→“table 表格”选项，在弹出的“表格”对话框中，分别设置“行数”、“列数”、“表格宽度”，单击“确定”按钮，表格插入完成，如图 12-39 所示。

2．设置表格属性

当选定表格时，“属性”面板可以用来显示和修改表格的属性。此外，还可以通过使用“格式化表格”命令对选定表格快速应用预置的设计。对表格的设置的主要内容如图 12-45 所示。

（1）对齐：设置表格的对齐方式，该下拉列表中共包含“默认”、“左对齐”、“居中对齐”和“右对齐”4 个选项。

（2）填充：单元格内容和单元格边界之间的像素数。

（3）间距：相邻的表格单元格间的像素数。

（4）边框：用来设置表格边框的宽度。

（5）：表格清除行高。

（6）：将表格宽度由像素转换成百分比。

（7）：将表格宽度由百分比转换成像素。

（8）：将清除列高。

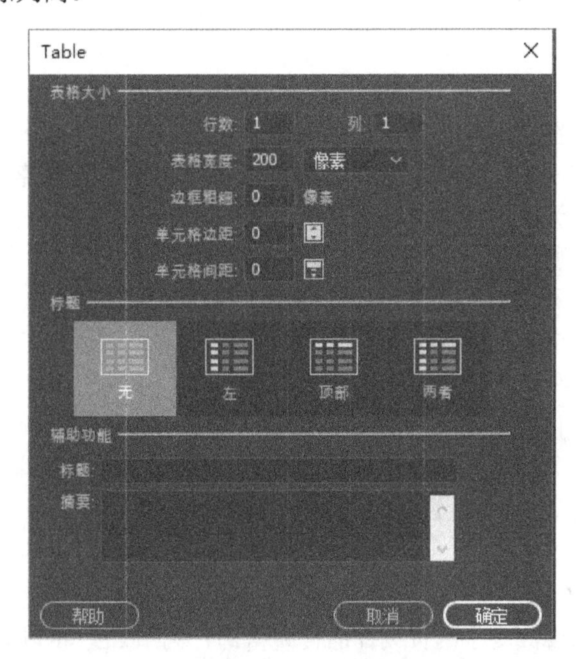

图 12-39　插入表格

3．设置单元格属性

在设置好表格的整个属性后，还可以根据不同的要求，设置相应单元格属性，如图 12-40 所示，对单元格的设置主要包含以下几类。

（1）水平：该下拉列表中包含 4 个选项：“默认”、“左对齐”、“居中对齐”和“右对齐”4 个选项。

（2）垂直：该下拉列表中包含 5 个选项：“默认”、“顶端”、“居中”、“底部”、“基线”5 个选项。

（3）宽与高：用于设置单元格的宽与高。

（4）不换行：表示单元格的宽度将随文字长度的不断增加而加长。

（5）标题：将当前单元格设置为标题行。

（6）背景颜色：设置表格的背景颜色。

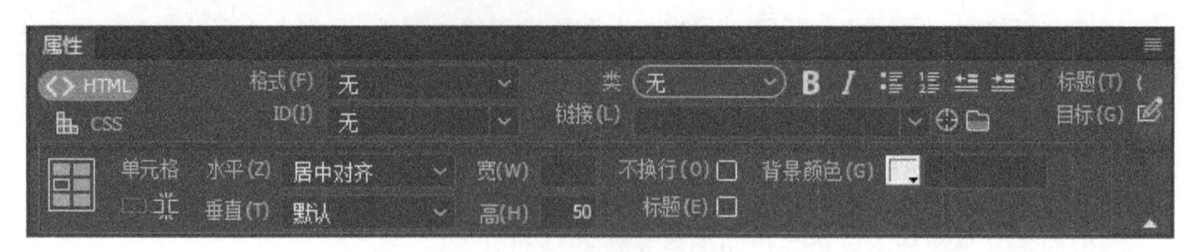

图 12-40　设置单元格属性

4．拆分和合并单元格

（1）拆分单元格：插入表格后，可以通过拆分表格的行数和列数，满足用户不同的需求，并设计出不规则的表格图形。在“属性”面板中单击“拆分”图标即进行拆分。

（2）合并单元格：选中可以构成完整矩形的若干单元格，在“单元格（或行、列）”属性面板的“扩展”面板中单击“合并单元格”按钮，可实现所选单元格的合并操作。

5．选择表格对象

1）选取整个表格

（1）在“设计”视图中，单击直接选中表格。

（2）移动光标到表格中，在状态栏中单击 table 标记，可以选取整个表格。

（3）单击任一个单元格，接着按两次“Ctrl+A”组合键选取整个表格。

2）选取整行或整列单元格

将光标放置在选择行或列的第一个单元格中，按住鼠标左键不放并拖动鼠标到最后一个单元格，可以选取整行或整列。

3）选取单个单元格

（1）移动光标到表格中，在状态栏中单击 TD 标记，可以选取单个单元格。

（2）若要选择不相邻的单元格，在按住“Ctrl”键同时并单击要选择的单元格、行或列。

12.3.10　网页中 CSS 样式的应用

CSS 是 Cascading Style Sheets（级联样式表）的缩写，意为“层叠样式表”，是一种网页设计的新技术。它的出现改变了网页设计的传统格局，利用 CSS 可以方便地设置网页中同类元素的共有样式，也可以单独为某一个元素设置专门的样式，并且这些样式设置被集中起来十分便于管理和分类。同样的样式可以在不同的地方通用，当 CSS 样式有所更新或被修改之后，所有应用了该样式表的文档都会被自动更新，大大简化了网页设计的工作强度和难度。

与 HTML 类似，CSS 也可以在任意纯文本编辑器下进行编辑，然后保存为独立的 CSS 文档或直接插入 HTML 文档<style></style>标记之间以供 HTML 文档及其中的元素调用。

1．CSS 样式的定义的方式

CSS 样式的定义方式主要包含以下几类。

（1）单一选择符方式：即定义中只包含一个选择符，通常是需要定义样式的 HTML 标记。

（2）选择符组合方式：可以把相同属性和值的选择符组合起来书写，用逗号将选择符分开，以便减少式样的重复定义。

（3）类选择符方式：在前面章节中介绍各网页元素对应的“属性”面板时，常常提到一

个“类”选择器，这个“类”就是指采用类选择符方式定义的 CSS 样式。类选择符方式实际上就是把设计者认为是同一类型的元素用类选择符方式为其定义一种样式，然后将该类直接应用到这些元素上。类选择符要以“.”符号开头，其具体名称可由设计者自己定义。

（4）id 选择符方式：该方式与类选择符方式相似，在 HTML 页面中为某个元素设置了 id 属性后，可以使用 id 选择符来对这个元素定义单独的样式。定义时选择符应以“#”开头，具体名称可由设计者自定义。

（5）包含选择符方式：该方式可单独对某种元素的包含关系进行样式定义。

2．CSS 样式选择器类型

CSS 样式中，提供以下三种选择器类型。

（1）“类”选择器类型：用于创建“类”选择符方式的 CSS 样式规则。

（2）“标记”选择器类型：用于创建单一选择符方式的 CSS 规则，即为对应的 HTML 标记设置 CSS 样式。

（3）“高级”选择器类型：该项默认是专门用于对超链接对象设置各种状态下（链接、鼠标经过、已访问、活动）的 CSS 样式。另外，id 选择符方式和包含选择符方式，也可以使用该选择器类型进行创建和编辑。

3．CSS 样式的用途

CSS 是一种样式表语言，主要应用与 HTML 文档定义布局方式。CSS 可涉及字体、颜色、边距、高度、宽度、背景图像、高级定位等方面的使用。

4．添加 CSS 样式

下面以创建一个“标记”选择器 CSS 样式规则的过程，来说明 CSS 样式的创建过程和方式。

（1）选择“窗口”→“CSS 设计器”命令，打开“CSS 设计器”面板。

（2）在“CSS 设计器”面板中单击“+”按钮，在弹出的快捷菜单中选择“在页面中定义”命令。

（3）在“选择器”中选择相应的 HTML 标记，如 div。

（4）在“属性”面板中添加相应的属性。

CSS 样式如图 12-41 所示。

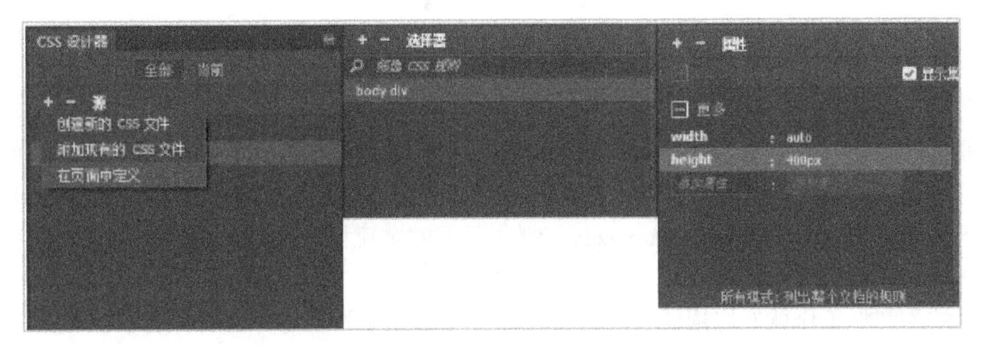

图 12-41　CSS 样式设计

5．定义 CSS 样式的属性

在 Dreamweaver CC 的样式里包含了所有的 CSS 属性，这些属性分为类型、背景、区块、方框、边框、列表、定位和扩展 8 个部分，如图 12-42 所示。

（1）“类型”：用于定义 CSS 样式的基本字体、类型等属性。

（2）“背景”：用于定义 CSS 样式的背景属性，通过该分类可以对页面中各类元素应用背景属性。

（3）“区块”：用于定义标记和属性的间距和对齐方式。

（4）“方框”：用于定义元素放置方式的标记和属性。

（5）“边框”：用于定义元素的边框（包括边框宽度、颜色和样式）。

（6）“列表”：用于为列表标记定义相关属性（如项目符号大小和类型）。

（7）“定位”：用于对元素进行定位设置。

（8）“扩展”：用于设置一些附加属性，包括滤镜、分页和指针选项等，这些属性设置在不同的浏览器中受支持的程度有所不同。

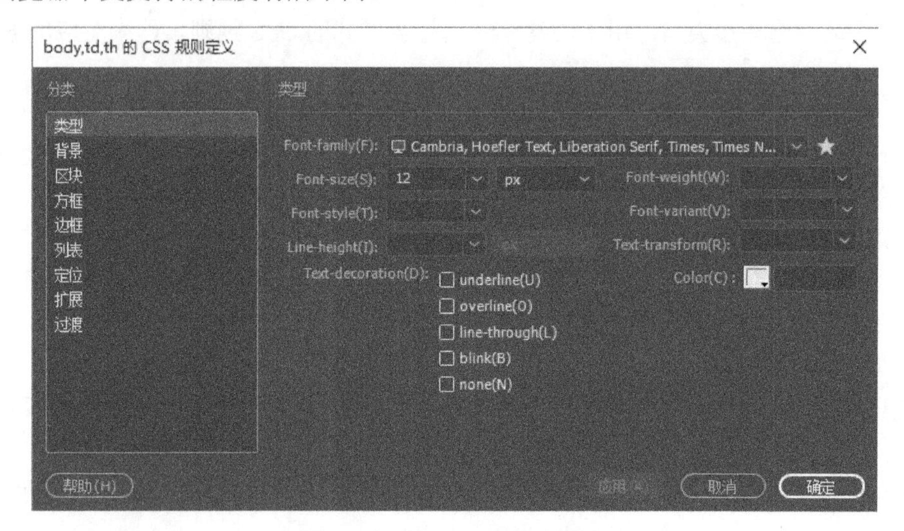

图 12-42　定义 CSS 样式属性

【项目实施】

12.4　网页制作综合知识运用

通过对网页制作的基本知识和流程的介绍，相信学习者已经详细地学习了制作网页的基本操作和技巧。本节将引入一个“我的班级”网站制作项目实例，带领大家进一步认识 Dreamweaver CC，学习使用 Dreamweaver 制作网页的全流程，在项目学习中熟练掌握和运用项目网页制作的综合知识。

网站的制作工作就好比搭建一个大楼，是一个系统工程，每一个操作都有其确定任务和意义，只有规范整个设计流程，才能设计出禁得起推敲和借鉴的作品来。一个网站的设计基本流程大致分为以下几个部分。

（1）选定网页主题。

（2）确定网页布局。

（3）收集相关素材并对素材进行分类存放。

（4）确定开发工具，设置开发环境。

（5）新建站点。

（6）为每个页面设计新建 HTML 文档，并设计文档的层次关系。

（7）制作主页面，并完成相应的插入网页元素的各种操作以实现主页功能。

（8）制作子页面，完成网页需要的各种功能。

（9）站点管理和发布。

12.4.1　网页主题

古语有说：“工欲善其事，必先利其器”。不少初学者在制作网页时都喜欢直奔主题，不做任何准备工作，就投入到站点的制作中。当制作完成后才发现主题不恰当，开始修改甚至推倒重来，在这种情况下，很难制作出精品来。长此以往，将会对自己的学习过程形成困扰，打击自信心。在进行网站制作前，需要考虑以下几个问题：

（1）建立网站的目的是什么？

（2）网站主题的辐射范围有多大？

（3）网站主题是否合法，内容是否健康？

（4）网站主题范围适用的人群？

（5）网站主题是跟风还是创新？

对于本项目，首先明确的是建站的目的不是赢利也不是为了凸显个人个性，而且是面向广大初学者的学习需求；浏览和关注的人群大多是大学生，因此需要确立一个符合大学生特色的积极向上、健康奋进的主题，主题既能反映大学生的生活和关心的人和物，还能将身边发生的事情以时尚、感性的方式展示出来。综上因素，选择设计并制作一个班级网站，以“我的班级”名义将班级建成一个温馨的家，在这个大家庭中记录了每个同学成长、学习、生活的经历，体现出青春、动感的元素，展示给大家温暖、朝气、积极向上的当代大学生的精神面貌。

12.4.2　网页布局

在确定了网站主题后，需要考虑用什么样式将主题完美地体现出来？一个值得欣赏、推荐的网站，它的色彩搭配、页面内容、网页布局等方面一定都能配合好，并能很好地反映网站主题。本项目为了能给浏览者留下深刻、美观的印象，项目在设计上有一定的突破。

1）布局巧妙

主页选用有特色的 POP 布局，各子页面为了保持风格统一，子页面均选用拐角型布局。在主页顶部插入一幅类似书香气很浓的画卷，在画卷上设置对称且平衡的导航条，区别于以往的横向或纵向导航区，以求给人新鲜的感觉。

2）色彩搭配恰当

网页选择蓝色作为网页的主色调，适应现在简约大气，能展现活泼、乐观、希望、充满生命力的气氛，具有强烈的视觉吸引力。辅助色为黄色，与蓝色形成强烈的视觉差，从而产生强烈的视觉效果，能够使网站特色鲜明、重点主题突出。

3）形态呼应

就其整体的形态来说以方形为主，其中不乏活泼可爱的插图，搭配有书的图像能彰显出同学们“书山有路勤为径”勇攀高峰的精神，还以学生拿球拍的图像体现大学生热爱运动、热爱生活的态度，体现积极向上的活力与激情。整个设计追求的是在简单中有变化，静中有动、动静结合，给人不单板、生动有趣的感觉，很好地突出大学生追求变化、喜欢求新的欲望。

12.4.3　素材收集

素材的收集工作要紧扣网站的主题和整体风格，既要能满足设计要求，又不能对整个网站产生不利影响。个人网站的素材大致分为以下几类。

（1）文字：个人简介、个人照片、联系方式等。

（2）图片：个人相册。

（3）视频：个人视频。

（4）声音：背景音乐。

（5）动画：透明动画。

12.4.4　与网站设计相关的软件

（1）图片处理软件：如 Photoshop。

（2）网页设计软件：Dreamweaver。

（3）动画设计软件：An。

12.4.5　网站文件层次结构图

网站文件组织结构图如图 12-43 所示。

图 12-43　网站文件组织结构图

12.4.6　网站主页和部分子页面的实现

（1）打开 Dreamweaver CC，新建站点，在 E 盘创建个文件夹“myweb”，并定义站点名称为“我的个人网站”，如图 12-44 所示。

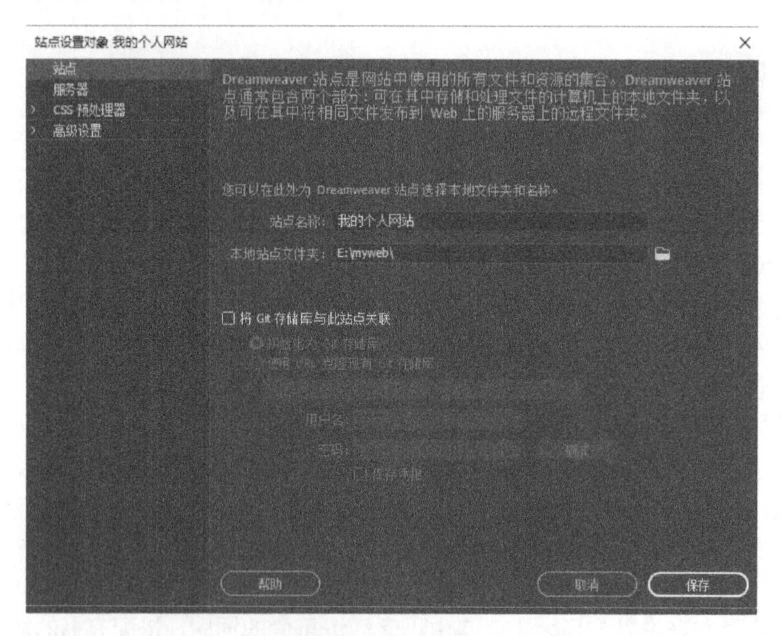

图 12-44　创建站点

（2）依照图 12-43 所示，依次建立相应文件夹和 HTML 文件。

（3）打开“index.html”文档，在“设计”视图下编辑网页，“属性”面板，单击“页面属性”按钮，在“页面属性”对话框中选择“外观（CSS）”设置各项参数，如图 12-45 所示；在“标题/编码”中，设置标题为“我的个人网站”。

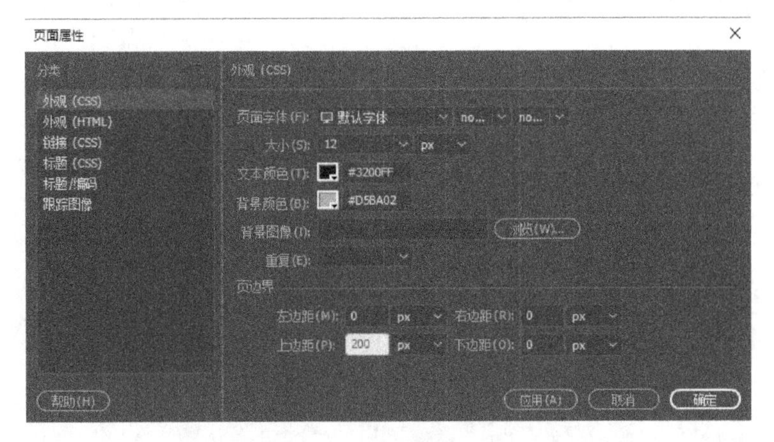

图 12-45　设置页面属性

（4）选择“插入”→“table”选项，在弹出的“Table”对话框中设置表格属性，插入表格，如图 12-46 所示。

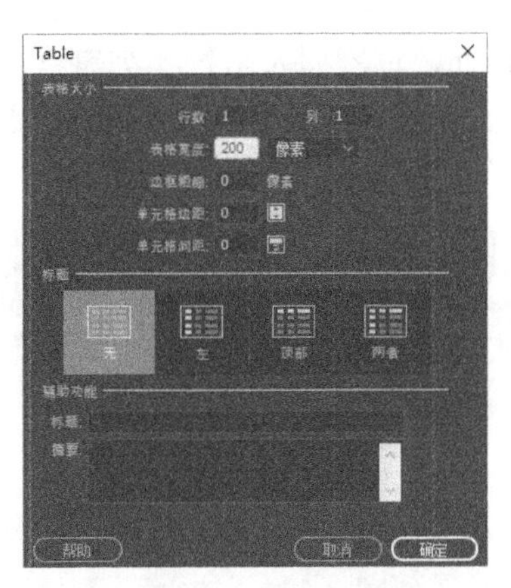

图 12-46　插入表格

（5）选中表格“table”标记，在“属性”面板中设置“Align”为居中对齐，如图 12-47 所示：

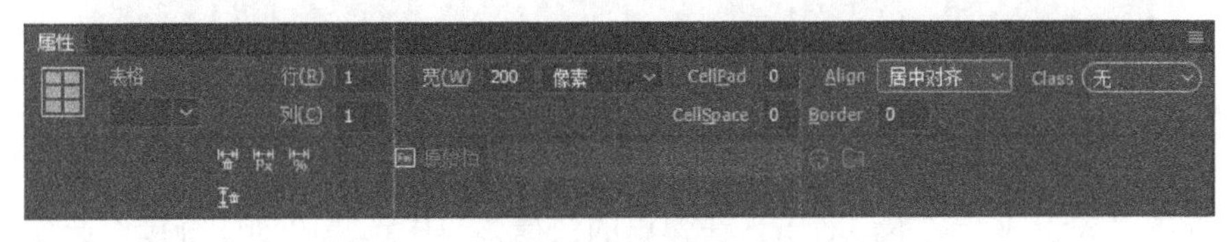

图 12-47　调整表格

（6）把自己的头像用 Photoshop 裁剪成 200 像素×200 像素大小，复制到站点根目录“images”（E：\myweb\images）目录下，并命名为“head.jpg”。把光标移入之前插入的单元格内，选择“插入”→“images”选项，选中“images”文件夹下的“head.jpg”文件，如图 12-48 所示。

图 12-48 插入头像

（7）把光标放置在表格的后面，再次插入 1 行 4 列表格，表格宽度为 400 像素，并设置表格属性为居中，单元格高度为 40 像素，宽度为 100 像素，居中对齐。依次在表格输入文字“关于我”、“照片墙”、“视频秀”、“联系我”，效果如图 12-49 所示。

图 12-49 插入导航表格

（8）选中“关于我”文本，右击，在弹出的快捷菜单中选择“创建链接”选项，在弹出的“选择文件”对话框中选中“include.html”，如图 12-50 所示。

（9）按照步骤（8）的方法，依次将“照片墙”、“视频秀”创建链接，链接的文件分别是“photo.html”、“video.html”，“联系我”创建邮件链接，如图 12-51 所示。

图 12-50　创建链接 1

图 12-51　创建链接 2

（10）选中“head.jpg”图片，选择“窗口”→“CSS 设计器”命令，打开“选择器”面板，在选择器中单击“+”按钮，添加“img”标记，如图 12-52 所示。

图 12-52　“选择器”面板

（11）在属性里加入“border-radius”属性，值设为“50%”（border-radius 表示圆角，50%，表示圆角的度），如图 12-53 所示。

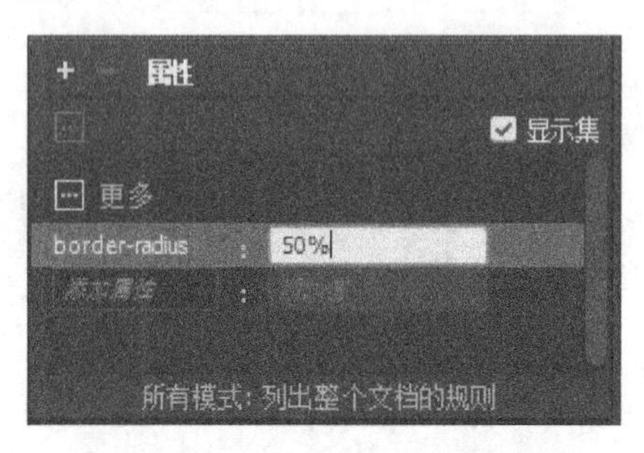

图 12-53　添加 img CSS 样式值

（12）用同样的方法，在 CSS 选择器中加入“table”标记，在属性里添加“margin-top”属性，值设为“100px”。

（13）完成首页设计，按“F12”键，进行浏览，效果如图 12-54 所示。

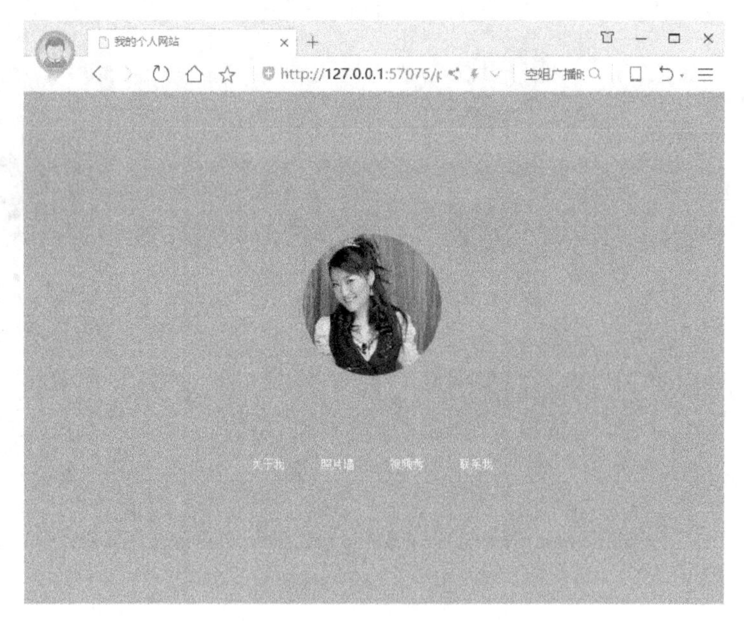

图 12-54　首页浏览

（14）在“文件”面板打开“include.html”文件，设置页面属性，标题设置为“个人秀——我的个人网站”，背景颜色设置为白色，具体设置如图 12-55 所示。

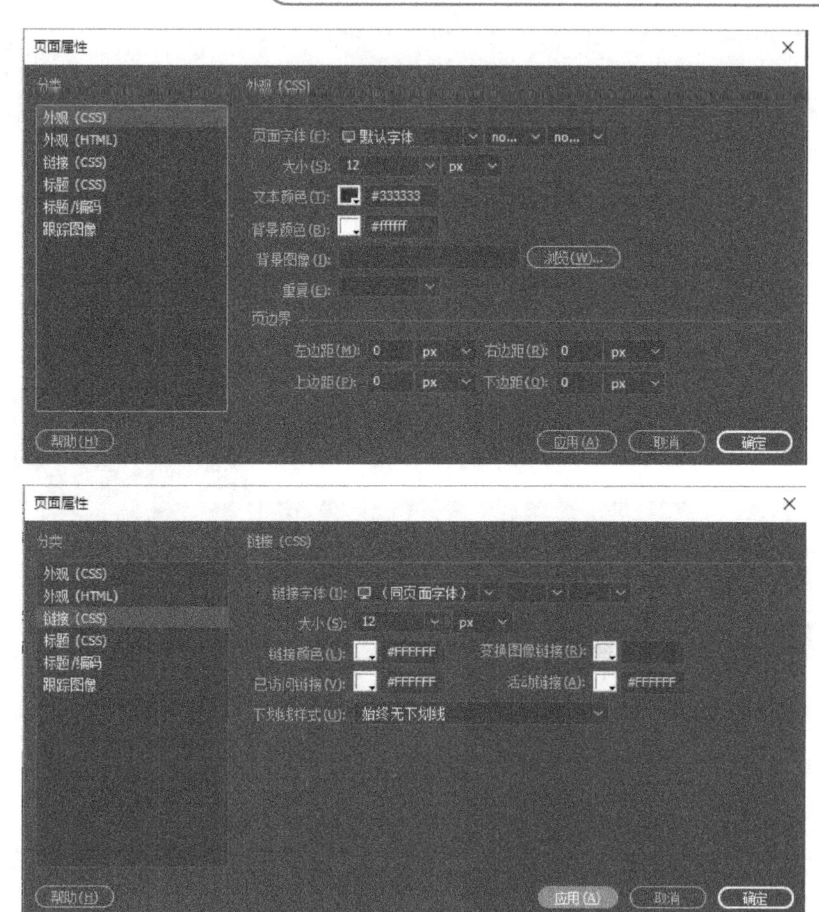

图 12-55　设置个人秀页面属性

（15）插入一个两行一列的表格，表格宽度为 100 百分比，如图 12-56 所示。

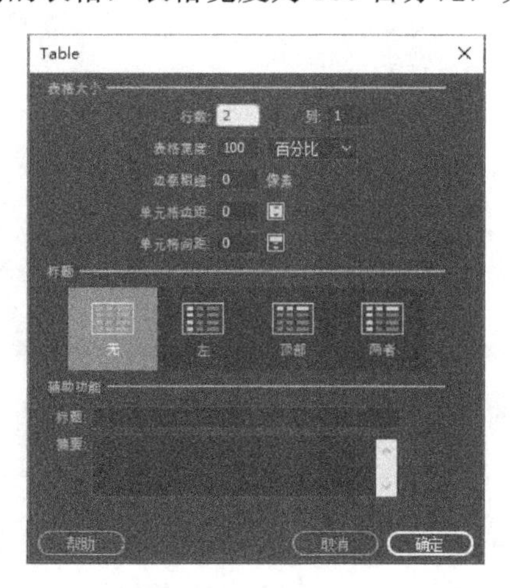

图 12-56　插入表格

（16）光标停留在第一行单元格内，设置背景颜色为“#D5BA02”，居中对齐，高度为 150px，如图 12-57 所示。

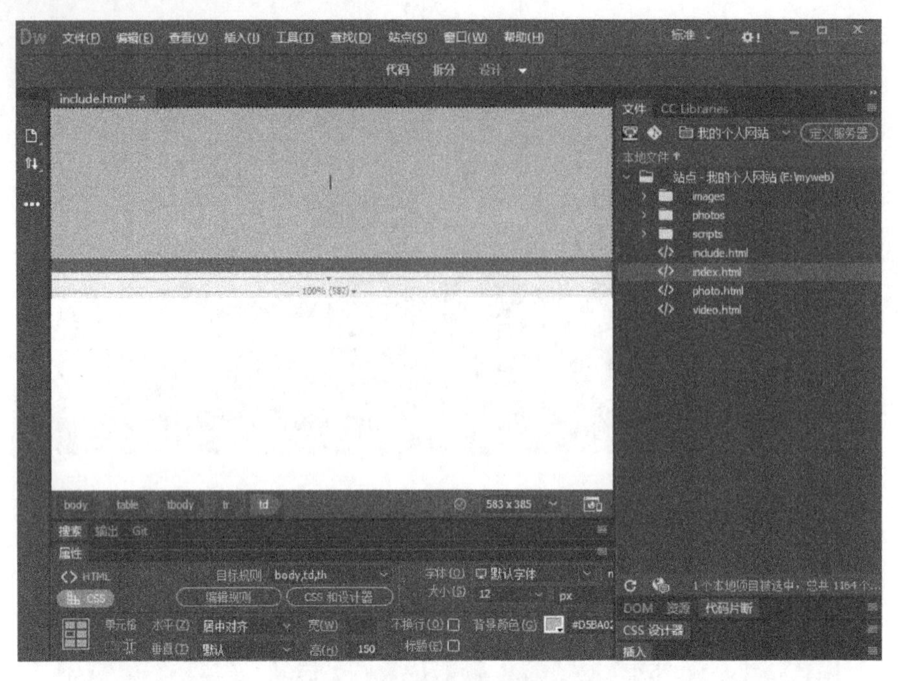

图 12-57　设置表格属性 1

（17）光标停留在第二行单元格内，设置背景颜色为“#D5BA02”，居中对齐，高度为 50px，如图 12-58 所示。

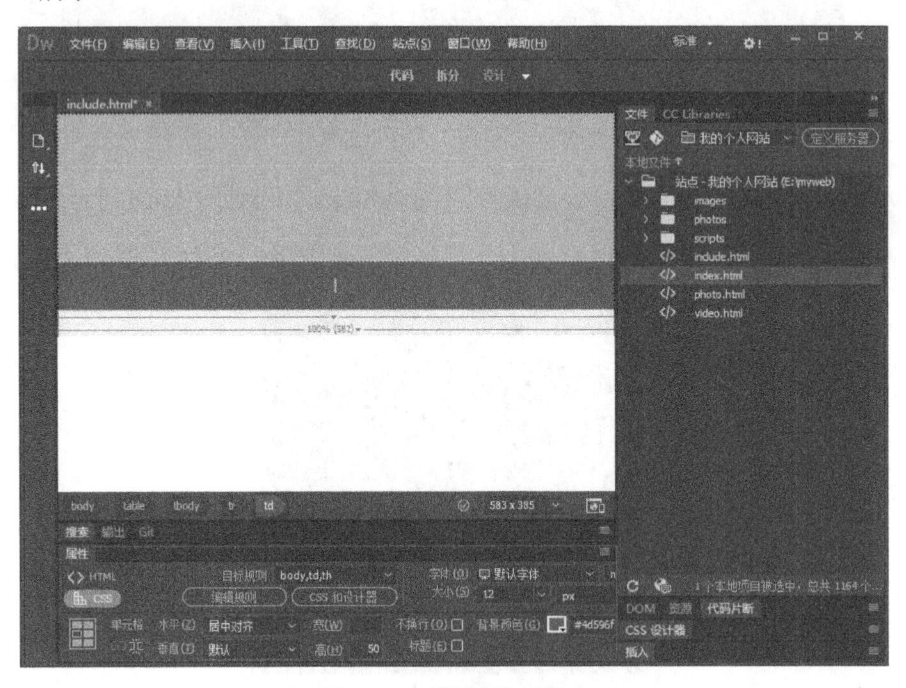

图 12-58　设置表格属性 2

（18）把设计好的头部图片复制到“images”文件夹下。光标停留在第一行单元格内，选择“插入”→“image”命令，选择刚复制的文件“head2.png”，如图 12-59 所示。

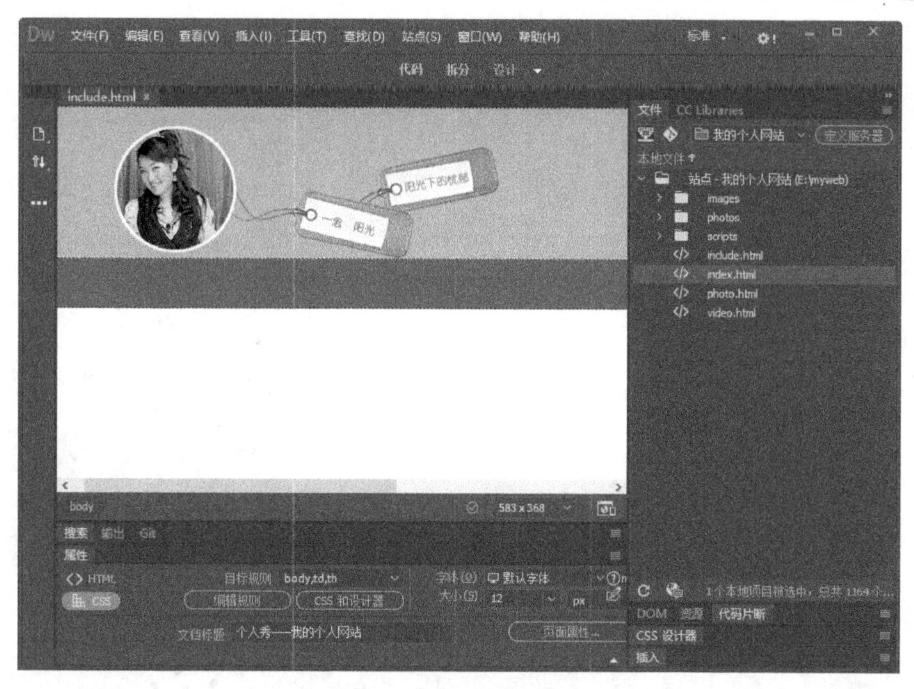

图 12-59　插入头部图片

（19）光标停留在第二行单元格内，选择“插入”→“table”命令，插入一个 1 行 1 列的表格，宽度为 1000px，如图 12-60 所示，并设置表格居中对齐。

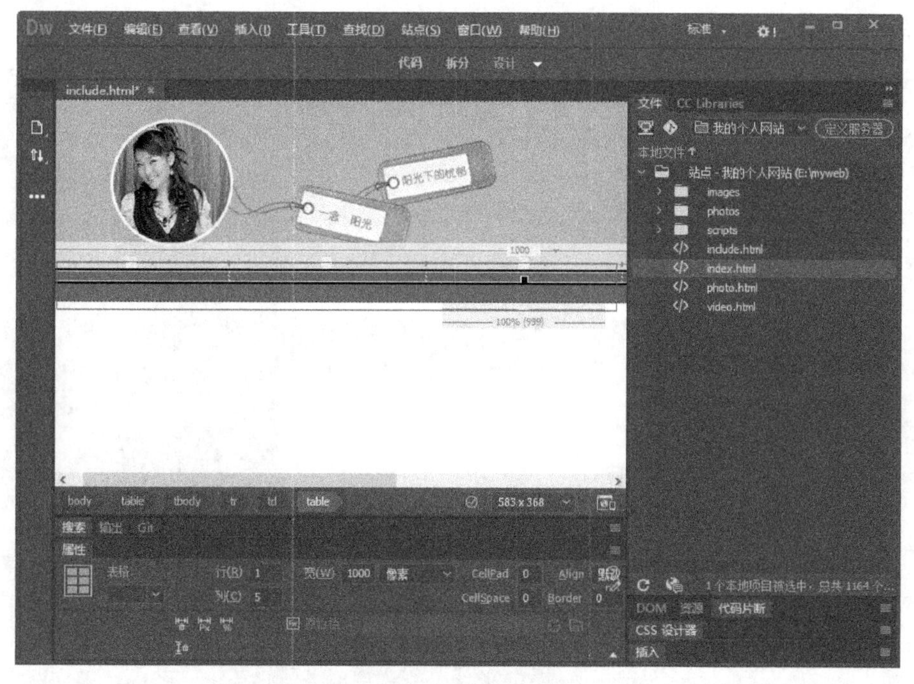

图 12-60　插入表格

（20）用光标选择该表格的所有单元格，设置为居中对齐，设置高度为 50px，宽度为 200px，如图 12-61 所示。

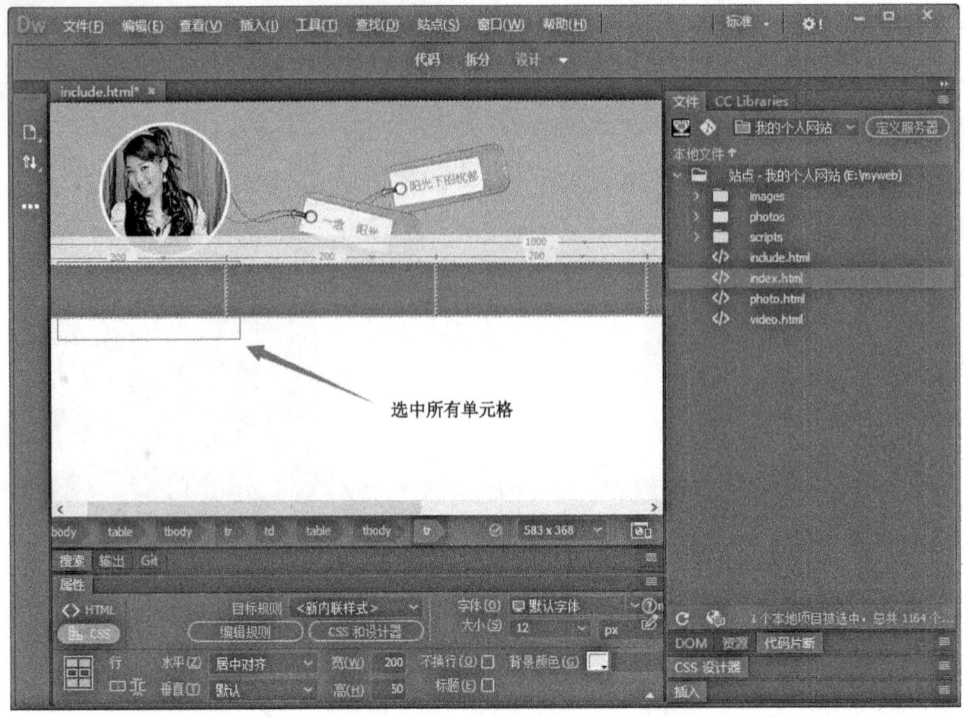

图 12-61　设置单元格属性

（21）在单元格内依次插入“首页”、“关于我”、“照片墙”、“视频秀”、“联系我”文字，并创建相应的链接，如图 12-62 所示。

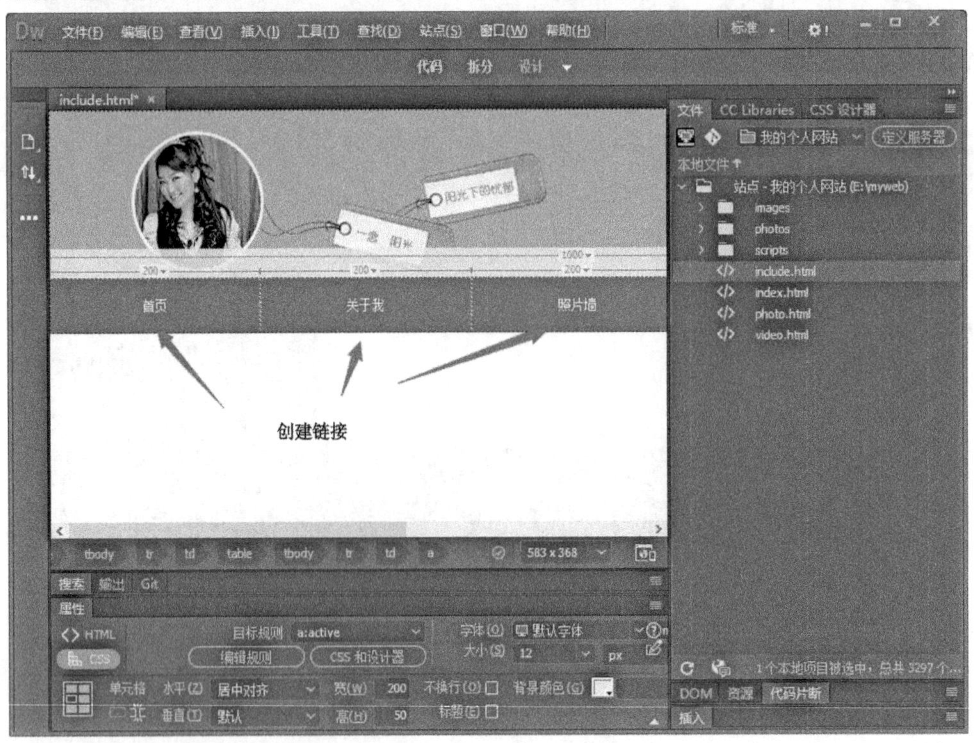

图 12-62　创建头部链接

（22）把光标放置在头部下面的空白地方，选择“插入”→“table”命令，插入一个宽 1000px 的 1 行 1 列的表格，如图 12-63 所示。

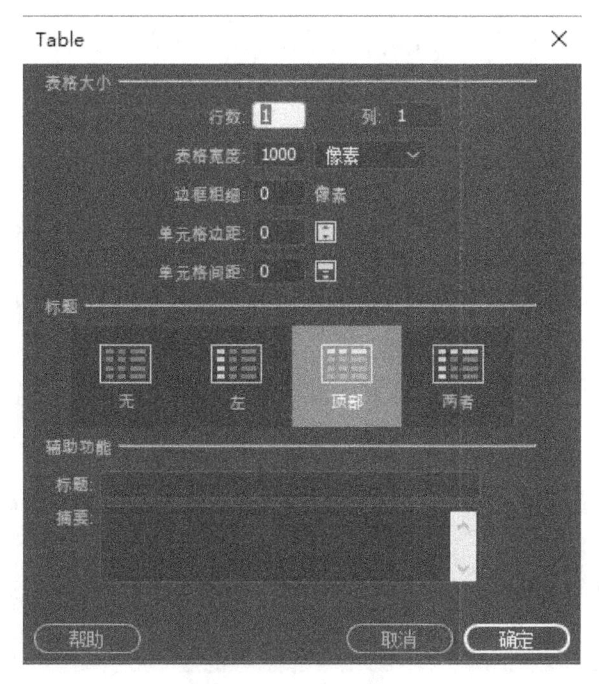

图 12-63　插入表格

（23）选择“窗口”→“CSS 设计器”命令，打开“CSS 设计器”面板，单击“+”按钮，在快捷菜单中选择“在页面中定义”选项，在“选择器”面板中创建“.matter”规则，在“属性”面板中添加相应属性和值，如图 12-64 所示。

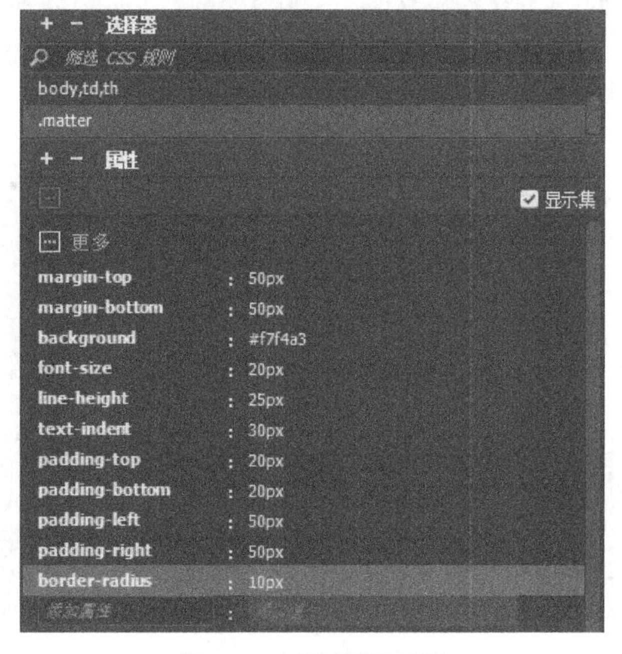

图 12-64　“选择器”面板

（24）选中插入的表格，在“属性”面板中把表格设置为居中对齐，“Class”选择为“matter”，如图 12-65 所示。

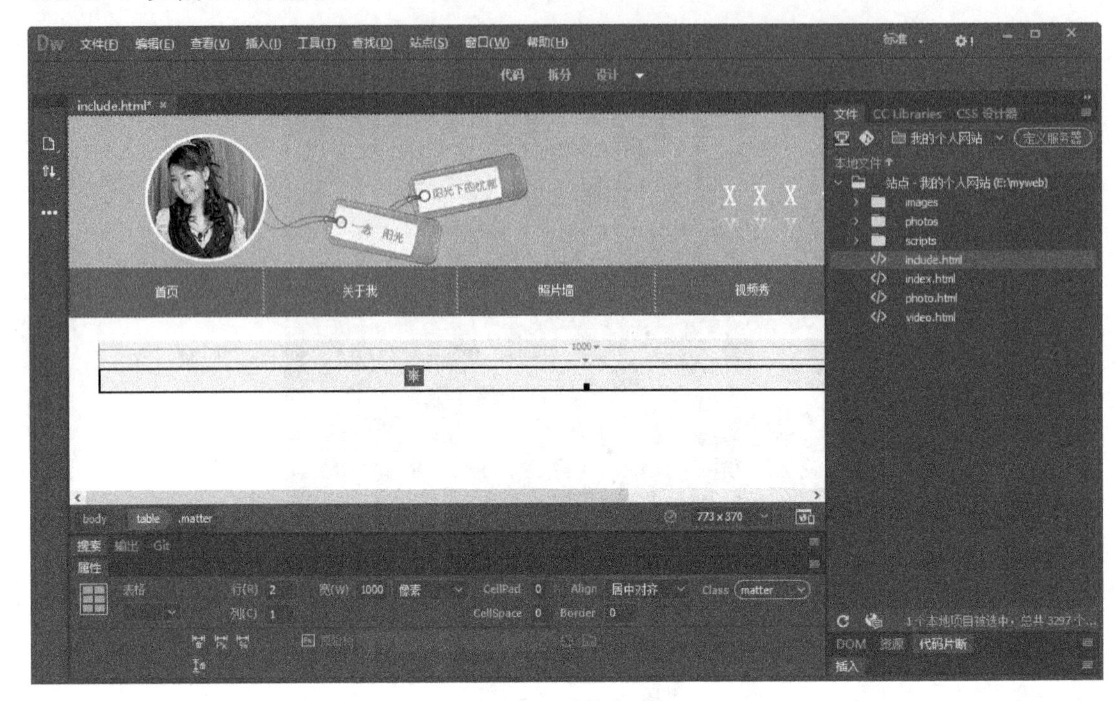

图 12-65　设置表格属性

（25）把光标停留在添加的表格单元格内，插入自我介绍的文本，并在“属性”面板中设置文本为左对齐，如图 12-66 所示。

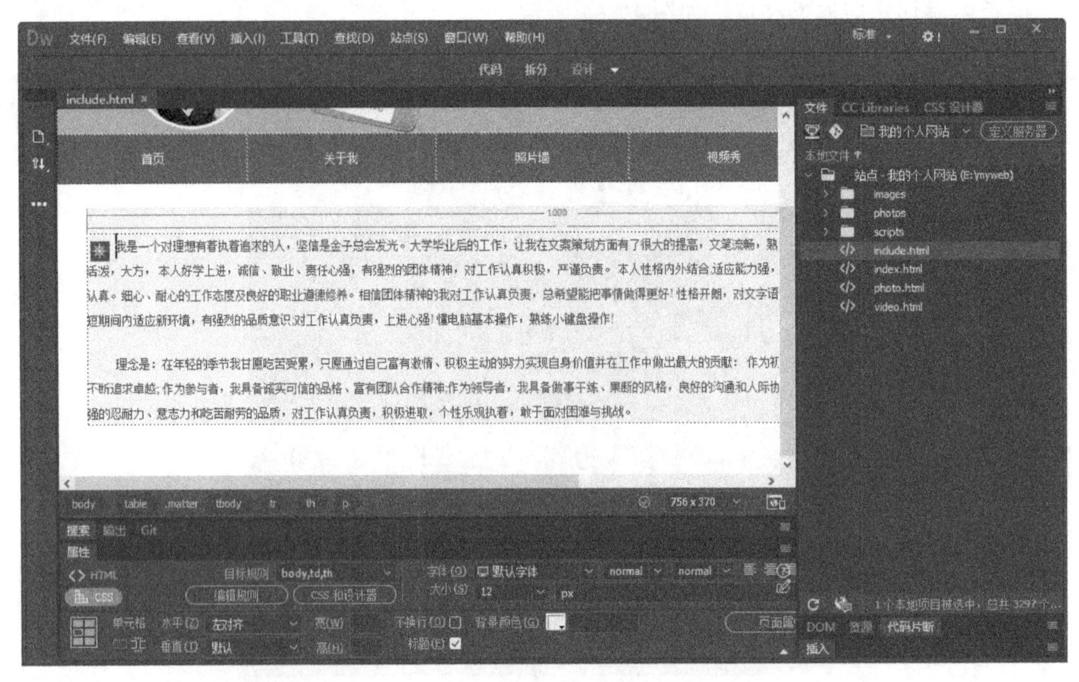

图 12-66　插入文本

（26）把光标停留在添加的表格单元格内文字前面，选择“菜单”→“image”命令，插入一张自己的照片，照片大小最好在 300 像素×300 像素之内，如图 12-67 所示。

图 12-67　插入照片

（27）把滚动条移到最下面，在空白的地方，插入一个 1 行 1 列的表格，表格宽度为 100 百分比，如图 12-68 和图 12-69 所示。

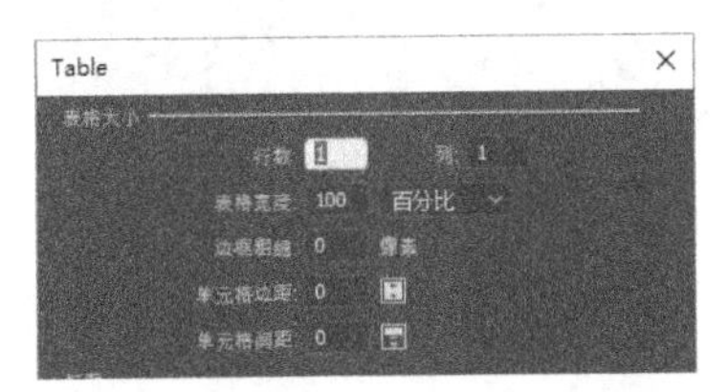

图 12-68　“Table”对话框

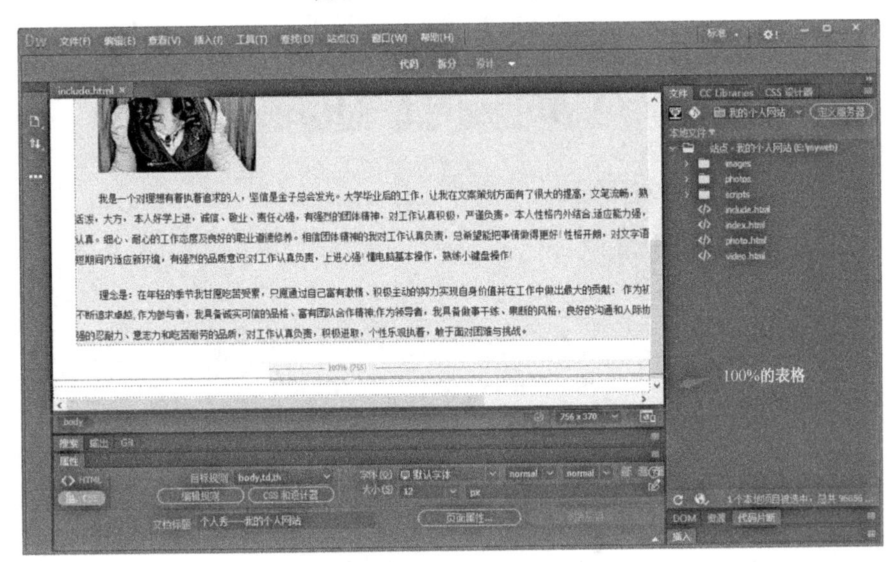

图 12-69　插入表格

（28）把光标停留在该单元格内，在“属性”面板中设置背景颜色、居中方式、高度等，具体如图 12-70 所示。

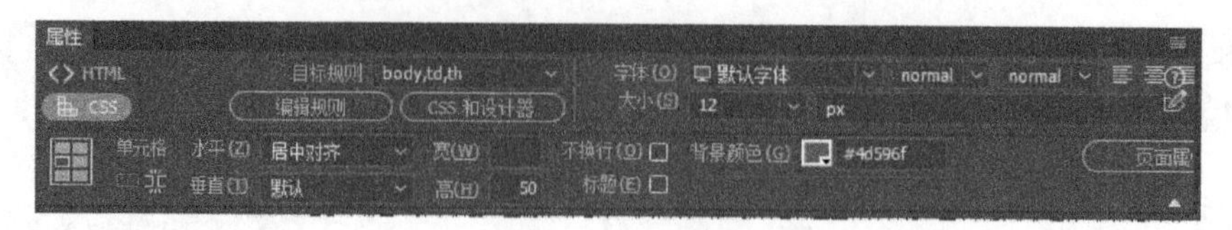

图 12-70 单元格属性

（29）在单元格中输入“×××个人网站 @2018”等底部信息，如图 12-71 所示。

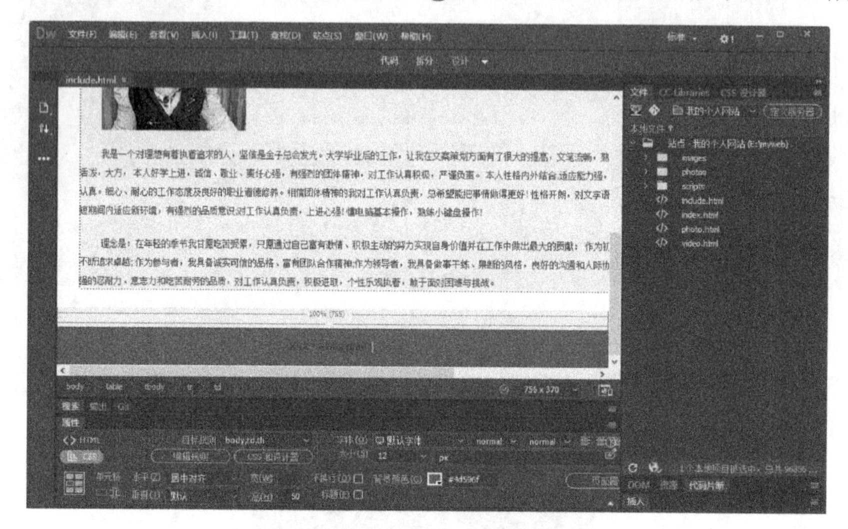

图 12-71 输入底部信息

（30）按“F12”键预览本页，“关于我”效果图如图 12-72 所示。

图 12-72 “关于我”效果图

（31）打开“photo.html”文件，切换到“代码”视图，把“include.html”的所有代码复制粘贴到“photo.html”文件中，如图 12-73 所示。

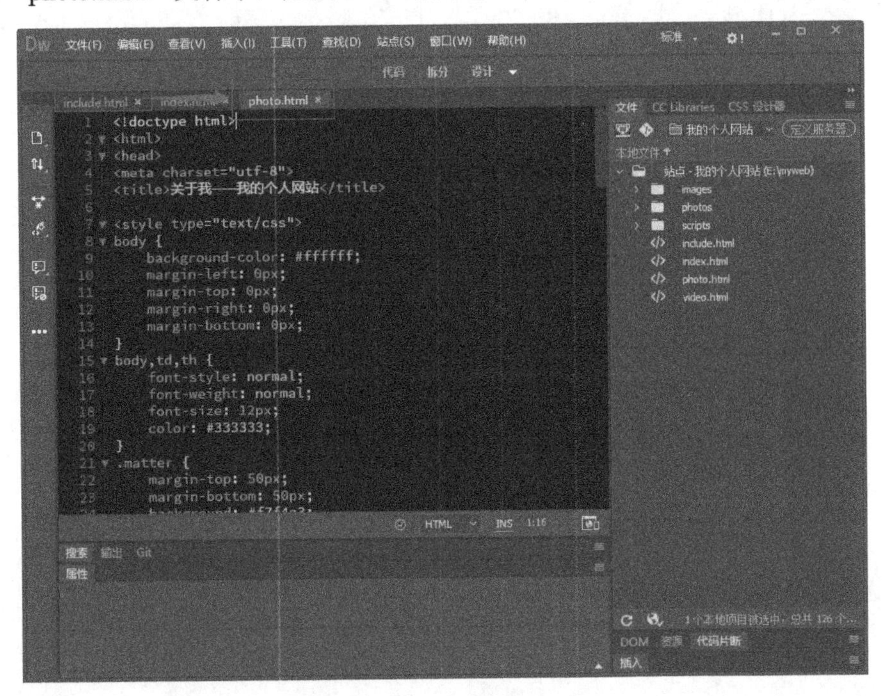

图 12-73　复制代码

（32）把“photo.html”文件中的“关于我—我的个人网站”改成“照片墙—我的个人网站”，如图 12-74 所示。

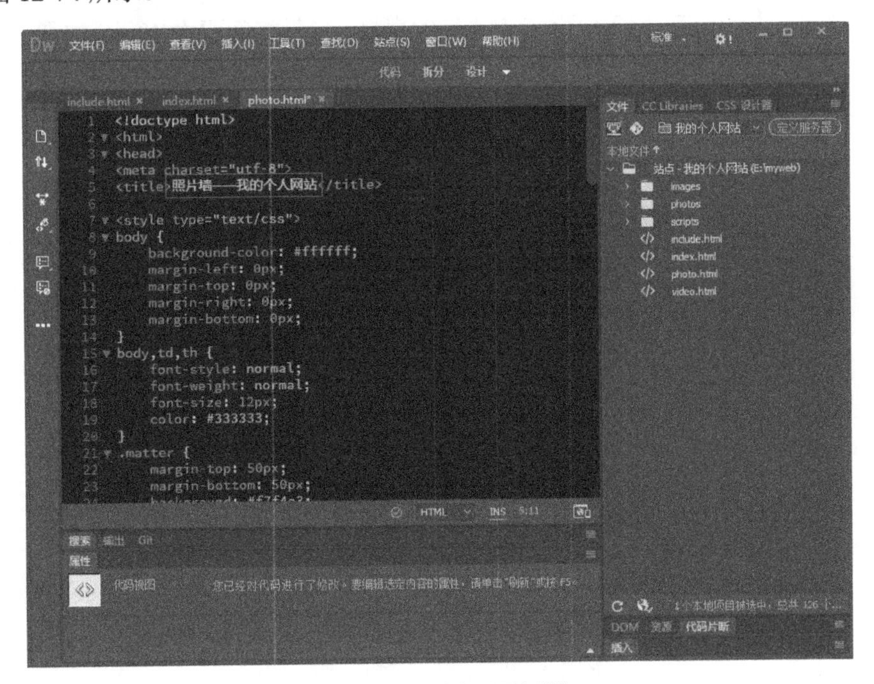

图 12-74　更改网页标题

（33）切换到“设计”视图，把个人介绍的内容部分删除，如图 12-75 所示。

图 12-75　删除单元格内的内容

（34）在删除的内容后，插入一个 4 列 4 行的表格，单元格间距为 40px，如图 12-76 所示。

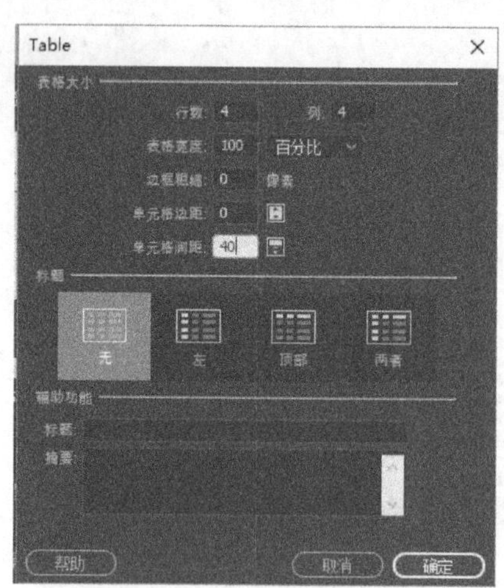

图 12-76　插入表格

（35）选中所有的单元格，设置宽度为“25%”，如图 12-77 所示。

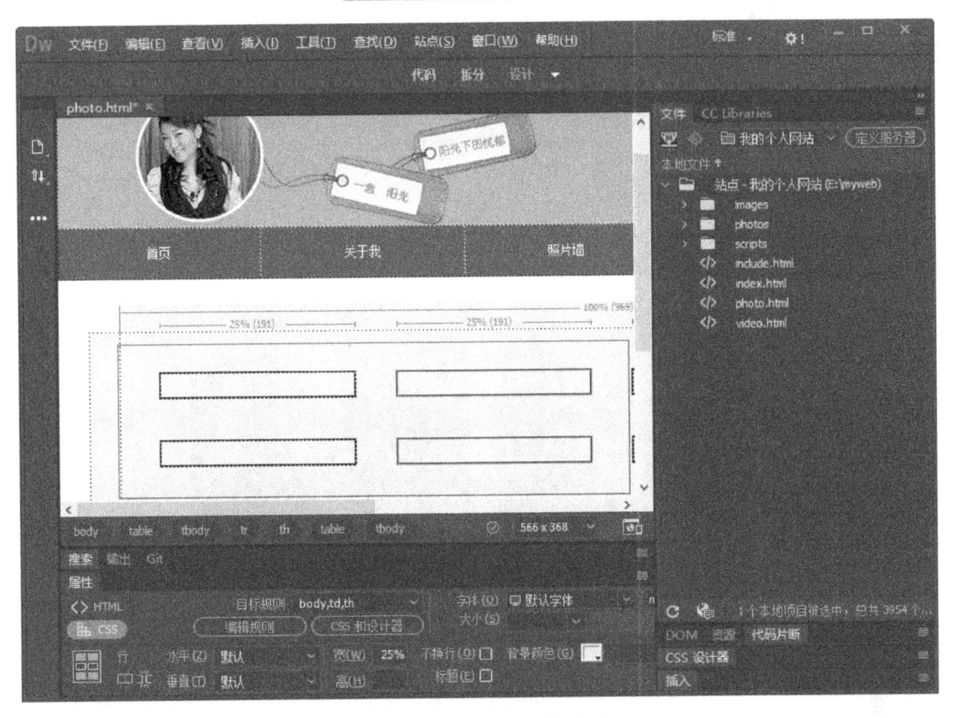

图 12-77　设置单元格宽度

（36）把处理好的照片复制到站点的“photos”文件夹下（照片宽度为190px，高为242px），刷新右侧的文件资源，依次把照片拖入到单元格内，如图 12-78 所示。

图 12-78　插入照片

（37）完成照片墙页面的制作，按“F12”键预览，效果如图 12-79 所示。

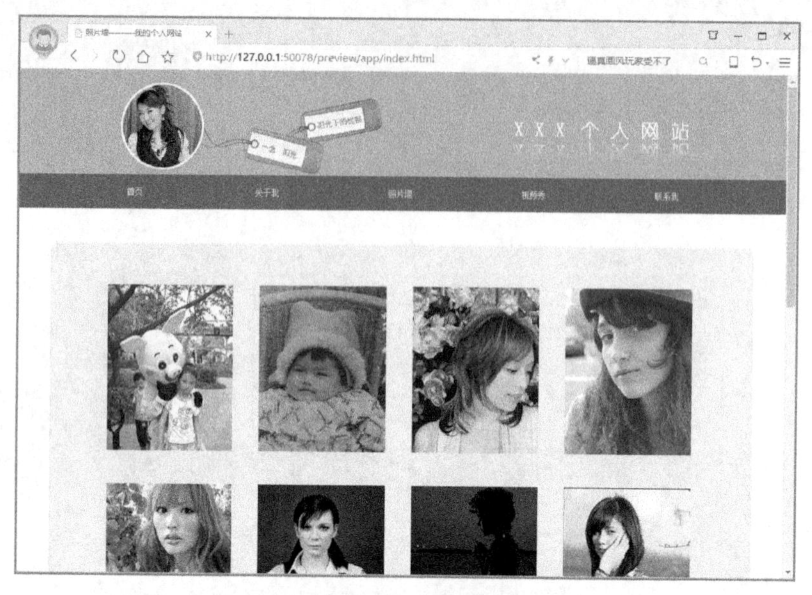

图 12-79　预览照片墙

（38）依照步骤（33）的方法，处理“video.html”文件，插入一个 2 行 3 列的表格，单元格宽度设置为 33%，并把相应的视频文件，复制到“video”文件夹（视频格式为 FLV 格式，可以用格式工厂软件转换），选择“插入”→“HTML”→“Flash video”命令，插入 FLV 视频。“插入 FLV”对话框如图 12-80 所示。

图 12-80　“插入 FLV”对话框

（39）单击“浏览”按钮，选择 FLV 视频，并设置宽度为 190px，如图 12-81 和图 12-82 所示。

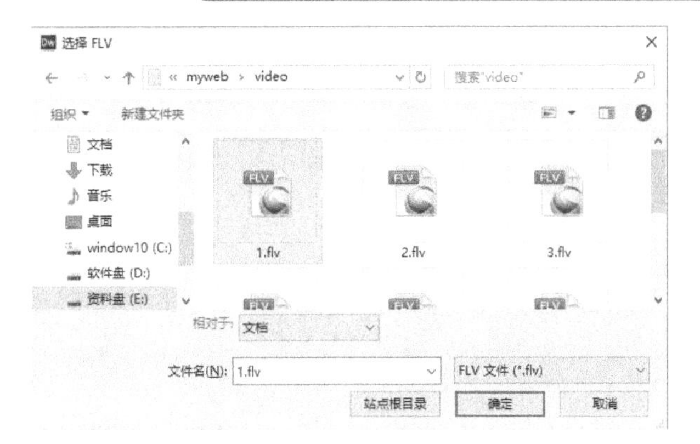

图 12-81　选择 FLV 视频文件

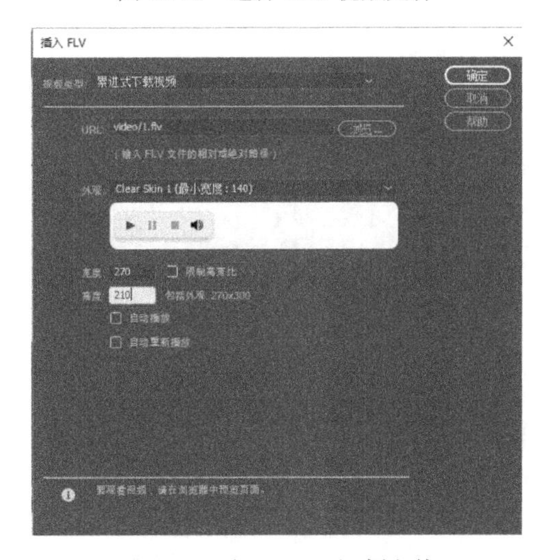

图 12-82　插入 FLV 视频文件

（40）其他单元格依次插入视频，完成“视频秀”页面制作，按“F12”键预览。“视频秀”页面预览效果如图 12-83 所示。

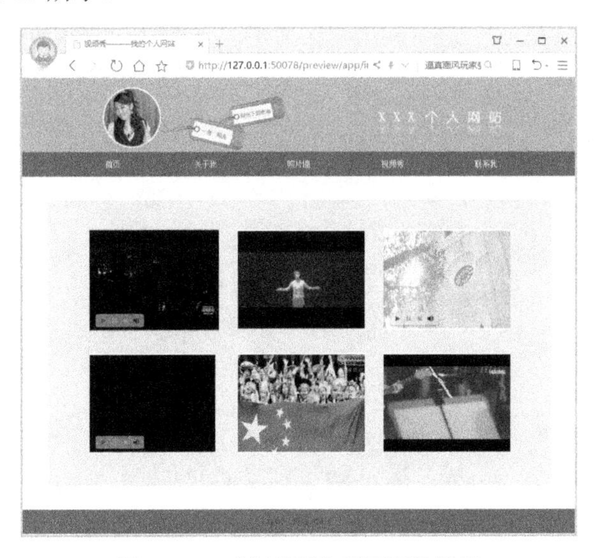

图 12-83　“视频秀”页面预览效果

（41）打开网站阿里云（https://www.aliyun.com），选择“产品”→“域名与网站”→“注册域名”和“云虚拟主机”（需要备案）或者“海外云虚拟主机”（无须备案）命令，在域名与网站分类和云虚拟主机导航中，购买相关的域名和虚拟主机（虚拟主机选用 Windows 系统）。购买成功后，到控制台进行域名解析，如图 12-84 所示。

图 12-84　域名解析

（42）进入“云虚拟主机”工作界面后，获取主机 IP，如图 12-85 所示。

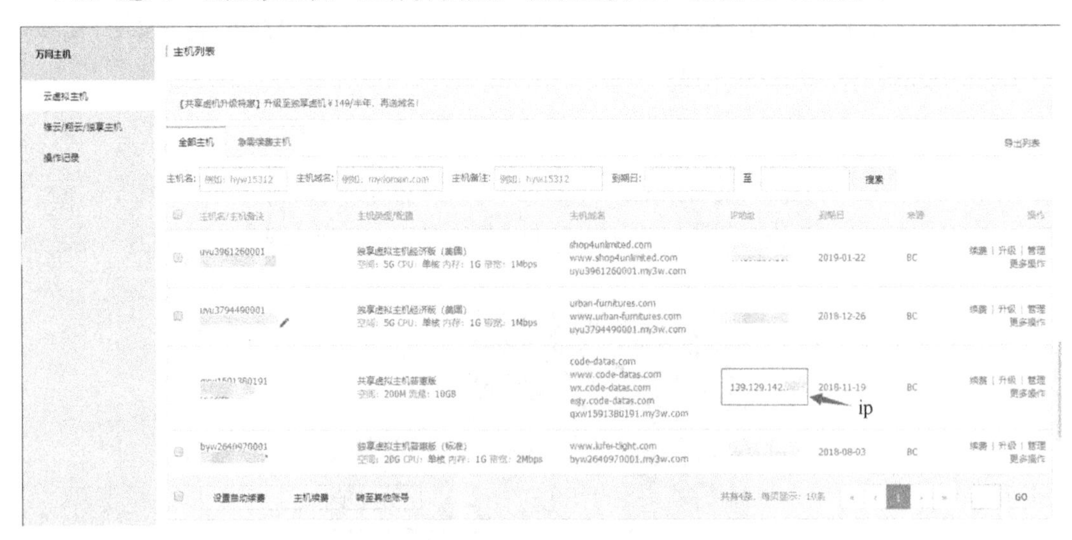

图 12-85　获取主机 IP

（43）进入“域名”界面后，单击“解析”按钮，进行域名解析如图 12-86 所示。

域名	域名类型	域名状态	域名分组	注册日期	到期日期	操作
	gTLD	正常	未分组	2018-01-15 15:38:45	2023-01-15 15:38:45	续费 | 解析 | SSL证书 | 备注 | 管理
	gTLD	正常	未分组	2017-12-27 08:31:51	2018-12-27 08:31:51	续费 | 解析 | SSL证书 | 备注 | 管理
code-datas.com	gTLD	正常	未分组	2017-11-25 19:17:40	2018-11-25 19:17:40	续费 | 解析 | SSL证书 | 备注 | 管理
	gTLD	正常	未分组	2017-11-19 17:14:24	2018-11-19 17:14:24	续费 | 解析 | SSL证书 | 备注 | 管理

解析

图 12-86　域名解析

（44）在“添加解析”对话框中添加 A 记录，如图 12-87 所示。

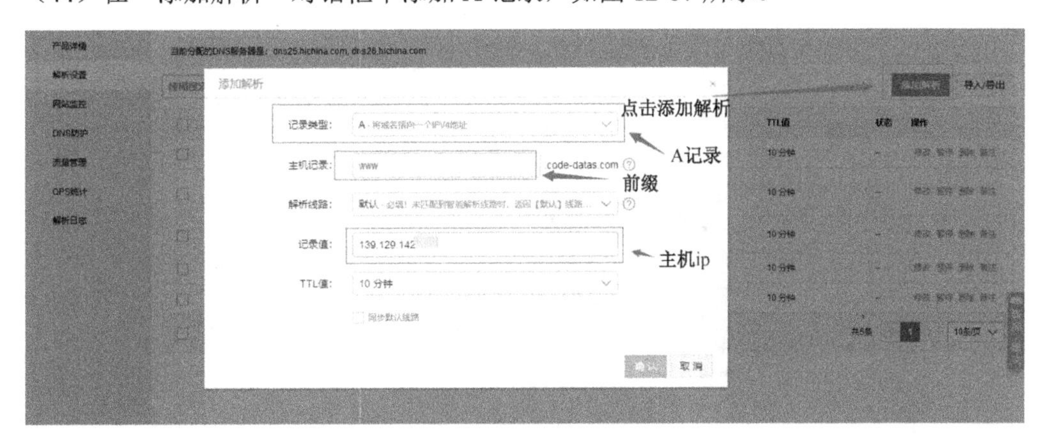

图 12-87　添加 A 记录

（45）解析完毕后，进入主机管理控制台，绑定域名如图 12-88 和图 12-89 所示。

图 12-88　主机绑定域名

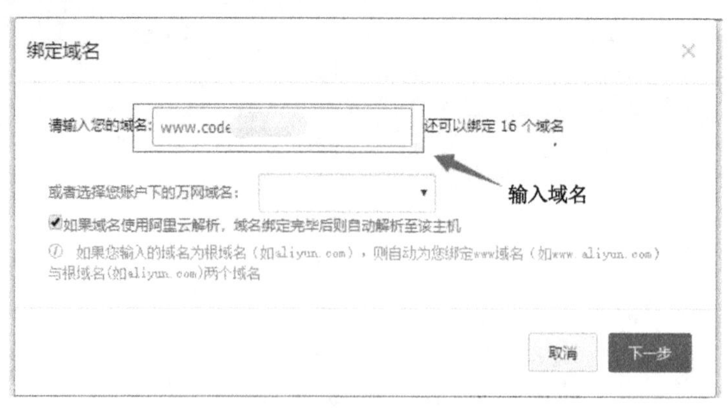

图 12-89　输入绑定域名

（46）完成上述过程后，用 FTP 软件（如 FlashXP），把制作的网站上传到主机，如图 12-90 所示，完成整个网站的制作，之后就可以通过域名浏览网站。

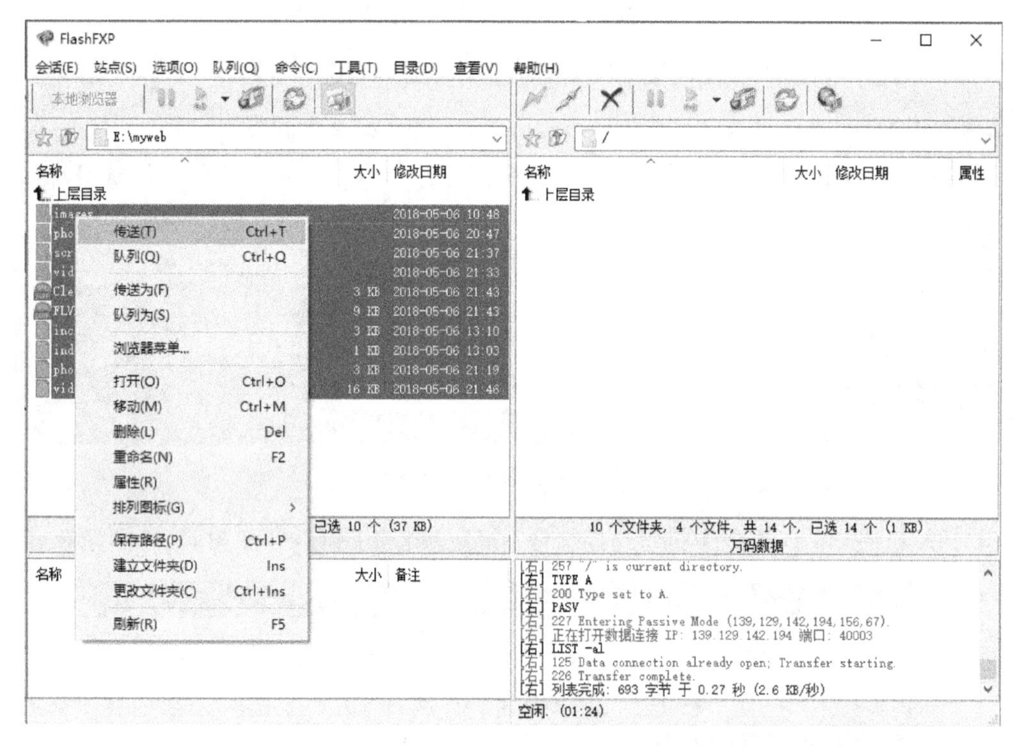

图 12-90　上传文件

12.4.7　小结

在项目具体步骤的讲解过程中，相信大家已经感受到 Dreamweaver CC 作为一款可视化的网页设计软件的优越性和易操作性。在本书案例中大量反复地运用文字、图像、An、视频、音频的插入和超链接技术，感受到表格作为网页布局的快捷和通用，这对于初学者是说非常适用的一种布局设计技巧。

当然，在这里不可能通过一个项目就将 Dreamweaver CC 的强大功能一一展示，其中，大部分制作网站的都是通过编写代码完成网站制作的。在本项目中，仅仅只制作了静态网站

（HTML），还有动态网站编程，但需要掌握数据库、PHP 或 JavaWEBASP、NET 等技术，还需要同学们不断努力，才能把网站做得更好。

【项目考评】

对于本项目设计的班级网站这个个体而言，使用的主体是教师、学生。班级网站的价值在于作为一个班级资源的载体，能长期保留班级同学们成长过程中的事件。那么，大家在学习这个班级网站的建设过程中学习到了哪些知识点呢？能否运用这些知识点来设计出适用而精美的网页作品，在实践中提高自己的网页设计水平呢？

最后，将列出一个网站设计评价表，考虑到设计要求，对每个知识点的运用情况评定出五个等级：优、良、中、及、差。通过总评分数来考察项目学习的情况，并给出指导意见。

网站设计考评表如表 12-1 所示。

表 12-1　网站设计考评表

项目名称：“我的个人网站”制作						
评价指标	评价要点	评价等级				
		优	良	中	及	差
网站主题策划 栏目规划	栏目规划是否紧扣主题思想，相关素材准备充分、归档正确					
网页制作流程	对网页制作实施步骤的熟悉程度					
创建内容多样化的图文网页	运用 Dreamweaver 在网页中插入文字、图像、超链接操作的熟练程度					
网页中表格的使用	运用 Dreamweaver，是否能灵活运用表格来设计任意效果网页布局					
使用 CSS 样式表设计网页	运用 Dreamweaver 提供的 CSS 样式表，设计文本格式、格式嵌套以及文本格式定位					
网页设计能力	网页色彩搭配美观、视觉效果好、布局设计美观、页面之间的设计合理、一致					
网页创新能力	版面设计新颖，能设计出动、静结合的网页，给人留下深刻印象					
软件应用能力	对 Dreamweaver 软件的理解及综合应用能力					
总评	总评等级					
	评语：					

【项目拓展】

在信息爆炸的年代，信息网络化传达给人们的不仅是信息本身，还有信息的时效性和艺术感受。网页设计将文字图像化、图像立体化、资源多样化。美感成为任何一个网页所需要具备的基本因素，网页信息不仅是为了满足使用者的需求，更重要的是创造一种愉悦的视觉环境，使浏览者全身心的得到享受和共鸣。

项目 1：设计一个企业网站

为企业设计和制作一个网站，通过页面，展示企业信息、产品等内容。项目 1 思维导图如图 12-91 所示。

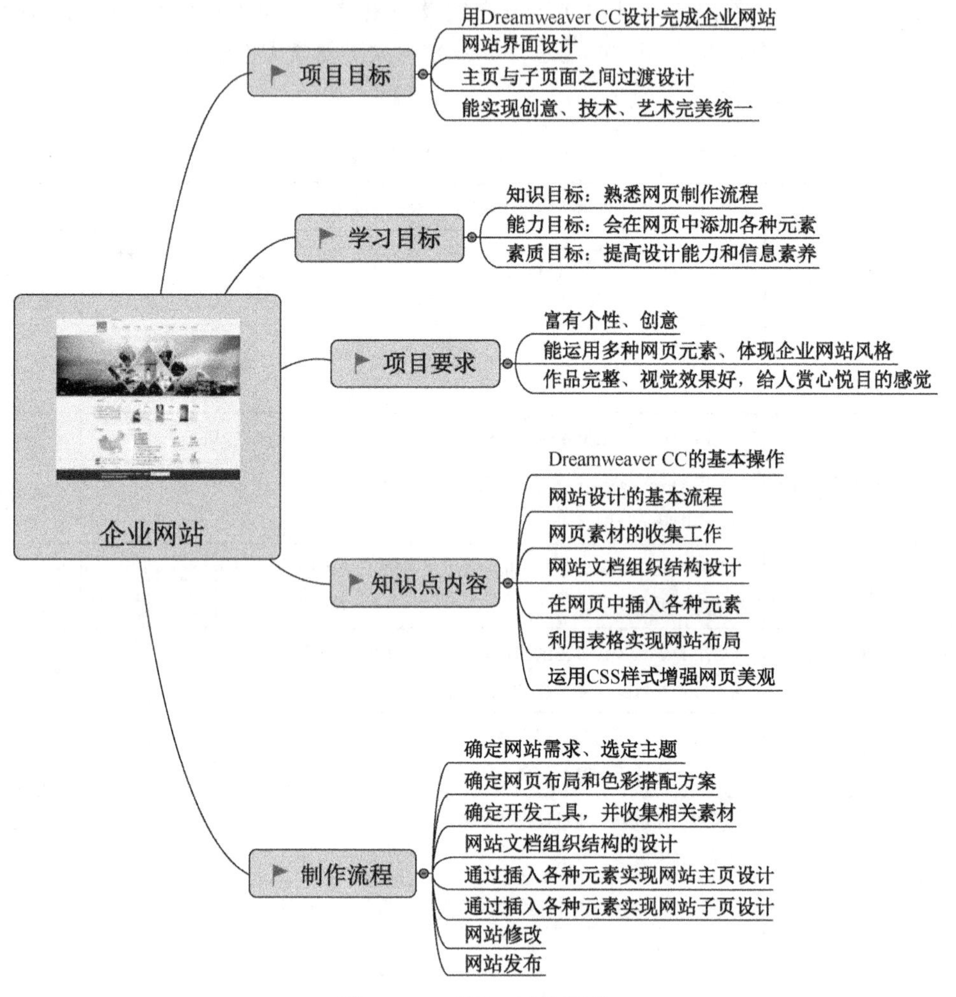

图 12-91　项目 1 思维导图

项目 2：设计企业手机网站的制作

为企业设计和制作一个手机网站，页面适合手机屏幕，通过页面展示企业信息、产品等内容。项目 2 思维导图如图 12-92 所示。

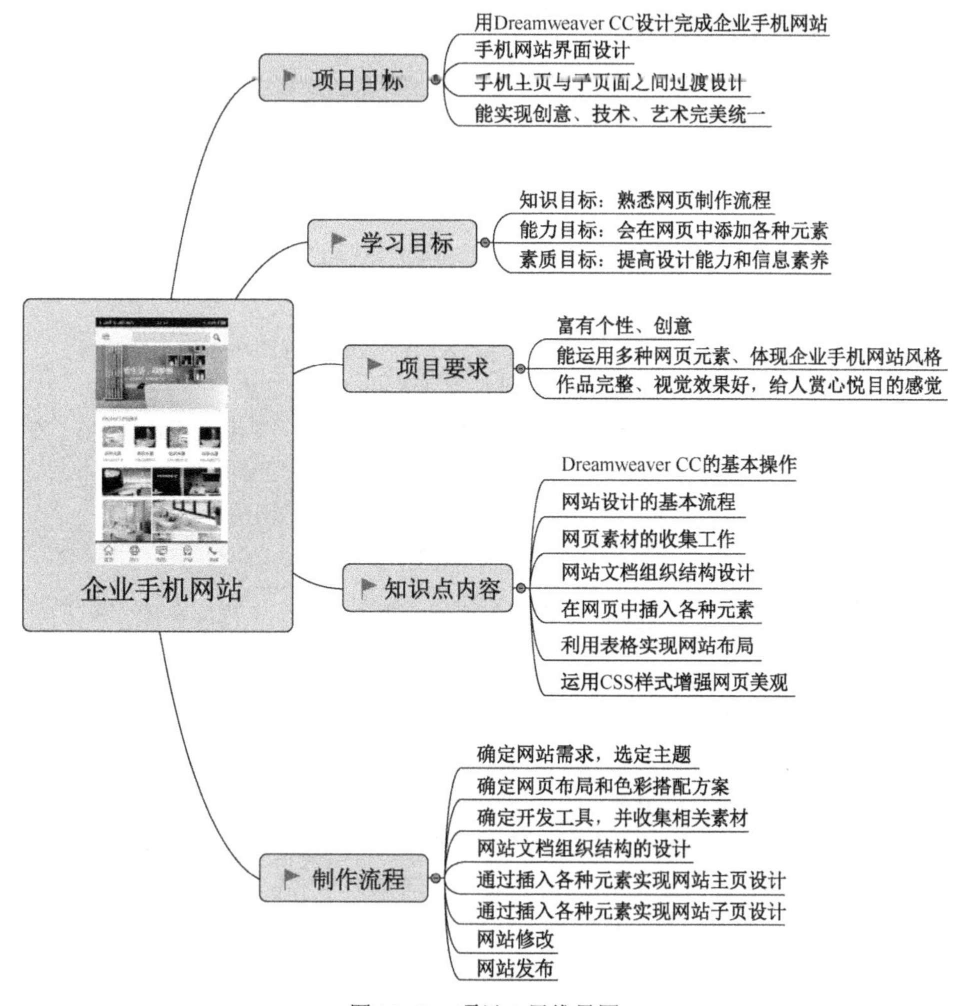

图 12-92　项目 2 思维导图

【思考练习】

1．选择项目中没有实现的但是自己感兴趣的某个子页面，实现整个设计过程，体会 Dreamweaver 软件在网页设计中的运用情况。

2．选择一位自己的好友，为他设计并制作一个关于好友的个人主页，主要体现个人信息，网页设计时采用动态和静态结合的方式，体现页面的活力，子页面个数不少于 5 个。

参 考 文 献

[1] 李继灿. 计算机硬件技术基础[M]. 北京：清华大学出版社，2015.
[2] 林福宗. 多媒体技术基础[M]. 北京：清华大学出版社，2010.
[3] 彭斌，梅龙宝. 多媒体计算机应用基础[M]. 北京：机械工业出版社，2014.
[4] 艾德才. 计算机文化基础[M]. 北京：中国水利水电出版社，2000.
[5] 田玉晶. 计算机应用基础 Windows 7+Office 2010[M]. 广州：中山大学出版社，2013.
[6] 许华虎. 多媒体应用系统技术[M]. 北京：机械工业出版社，2009.
[7] 杨振山，龚沛曾. 大学计算机基础[M]. 4 版. 北京：高等教育出版社，2006.
[8] 冯博琴，姚普选，沈红. 计算机文化基础教程[M]. 2 版. 北京：清华大学出版社，2006.
[9] 黄智诚，黄凯昕，招华全. 计算机应用基础[M]. 北京：冶金工业出版社，2006.
[10] 缪亮. 多媒体技术实用教程[M]. 北京：清华大学出版社，2009.
[11] 陈宗斌. Adobe Flash CS5 中文版经典教程[M]. 北京：人民邮电出版社，2010.
[12] 朱仁成. Photoshop CS4 广告设计艺术[M]. 北京：电子工业出版社，2009.
[13] 王华. Adobe Audition 3.0 网络音乐编辑入门与提高[M]. 北京：清华大学出版社，2009.
[14] 刘强，等. Adobe Audition 3.0 标准培训教材[M]. 北京：人民邮电出版社，2009.
[15] 杰诚文化. 会声会影 X2 DV 视频编辑经典 100 例[M]. 北京：中国青年出版社，2010.
[16] 邓建功. 硬件选购与组装完全 DIY[M]. 北京：清华大学出版社，2008.
[17] 薛凯. Dreamweaver CS3 网页设计快学易通[M]. 北京：机械工业出版社，2008.
[18] 马震. Flash 动画制作案例教程[M]. 北京：人民邮电出版社，2009.
[19] 汪兰川. Flash MV 制作[M]. 北京：印刷工业出版社，2008.
[20] 邹水龙. 大学计算机基础[M]. 沈阳：辽宁大学出版社，2009.
[21] 管正. Dreamweaver CS4 网页制作与网站组建教程[M]. 北京：清华大学出版社，2009.
[22] 董旻. Adobe Audition 3.0 白金手册[M]. 北京：中国铁道出版社，2010.
[23] 李萍. 会声会影 X2 DV 剪辑从新手到高手[M]. 北京：中国电力出版社，2010.
[24] 陈宗斌. Adobe Dreamweaver CS5 中文版经典教程[M]. 北京：人民邮电出版社，2011.
[25] 步山岳. 计算机系统维护[M]. 北京：高等教育出版社，2003.
[26] 朱卫东. 计算机硬件技术基础[M]. 北京：高等教育出版社，2001.
[27] 周琛. 多媒体技术与应用基础[M]. 北京：清华大学出版社，2001.
[28] 李利平. 多媒体技术基础及应用教程. 北京：科学出版社，2014.
[29] (美)Andrew Faulkner Conrad Chavez. Adobe Photoshop CC 2017 经典教程[M]. 王士喜译. 北京：人民邮电出版社，2017.
[30] 麓山文化. 会声会影 X6 从入门到精通[M]. 北京：机械工业出版社，2013.
[31] 陈宗斌. Adobe Dreamweaver CS5 中文版经典教程[M]. 北京：人民邮电出版社，2011.